现代表面工程技术丛书

现代涂装技术

主　编　刘秀生
副主编　肖　鑫　钟　萍

机械工业出版社

本书系统地介绍了各种涂装技术及其实际应用，主要内容包括涂料品种简介、涂装工艺方法、涂装工艺设计及设备、涂装预处理、刷涂、滚涂与辊涂、浸涂、喷涂、电泳涂装、粉末涂装、防火涂装、其他涂装方法、涂装质量检测与控制、涂装作业安全与环保等。本书以涂装工艺为主，侧重于涂装技术的实际应用，内容丰富翔实，重点突出；书中配有丰富的生产应用实例，实用性强。

本书可供从事涂装生产的工程技术人员、工人阅读使用，也可供相关专业在校师生及研究人员参考。

图书在版编目（CIP）数据

现代涂装技术/刘秀生主编. —2 版. —北京：
机械工业出版社，2017.11（2025.1 重印）
（现代表面工程技术丛书）
ISBN 978-7-111-58470-4

Ⅰ.①现… Ⅱ.①刘… Ⅲ.①涂漆 Ⅳ.①TQ639

中国版本图书馆 CIP 数据核字（2017）第 277640 号

机械工业出版社（北京市百万庄大街 22 号　邮政编码 100037）
策划编辑：陈保华　责任编辑：陈保华
责任校对：任秀丽　李锦莉
责任印制：邓　博
北京盛通数码印刷有限公司印刷
2025 年 1 月第 2 版·第 4 次印刷
184mm×260mm·22.5 印张·555 千字
标准书号：ISBN 978-7-111-58470-4
定价：79.00 元

前　言

涂装是一种利用涂料在基体材料表面形成涂层的材料保护技术，是现代产品制造工艺中的一个重要环节。涂装技术是一个系统工程，包括选择适用的涂料，设计合理的涂层体系，确定良好的作业环境条件，进行预处理、涂布施工、干燥或固化、三废处理等工序作业，以及质量监控、工艺管理和技术经济评价等重要环节。随着经济建设的快速发展，涂装技术已深入到机械、车辆、轻工、家电、船舶、能源、石油化工、电子电工、航空航天等国民经济的各个领域，众多新技术、新产品得到广泛推广应用，涂装生产线逐渐经历了由手工到生产线、再到自动化生产线的发展过程，环境保护也提升到前所未有的高度。

本书以涂装工艺为主，侧重于涂装技术的实际应用，内容丰富翔实，重点突出；书中配有丰富的生产应用实例，实用性强。全书主要内容包括涂料品种简介、涂装工艺方法、涂装工艺设计及设备、涂装预处理、刷涂、滚涂与辊涂、浸涂、喷涂、电泳涂装、粉末涂装、防火涂装、其他涂装方法、涂装质量检测与控制、涂装作业安全与环保等。

本书是在《涂装技术与应用》（机械工业出版社出版）的基础上修订而成的。在修订过程中，重点介绍了涂料涂装技术相关的新进展与新方向，补充了一些新的工艺方法与技术参数，删除了部分过时的内容。

本书是在"特种表面保护材料及应用技术国家重点实验室"的组织与协调下完成的，得到了武汉材料保护研究所、湖南工程学院、肇庆学院、中国腐蚀与防护学会涂料涂装及表面保护专业委员会、湖北省机械工程学会表面处理与涂装专业委员会和机械工业出版社等单位的大力支持与帮助，在此深表感谢。

本书由刘秀生任主编，肖鑫、钟萍任副主编。编写分工是：易翔编写第 1 章，肖鑫编写第 2、4、14 章，林鸣玉编写第 3 章，刘兰轩编写第 5 章，刘秀生编写第 6~8 章，缪天文编写第 9 章，汪洋编写第 10 章，李冬冬编写第 11 章，吴锋景、廖有为编写第 12 章，钟萍编写第 13 章和附录。

由于现代涂装技术涉及面广、发展速度快，作者学识水平有限，因而书中的内容、观点和方法等难免会存在一定的局限性与错误、疏漏之处，敬请读者提出宝贵意见，批评指正。

作　者

目　　录

第1章 涂料品种简介

涂料的质量和作业配套性是获得优质涂膜的基本条件。在选用涂料时，要从涂膜性能、作业性能和经济效果等方面综合衡量，可以吸取他人的经验或通过试验来确定。如果单纯考虑降低涂料的成本而忽视涂膜的性能，则会明显地缩短涂膜的使用寿命，造成早期补漆或重新涂漆，反而会带来更大的损失。如果涂料选用不当，即使精心施工，所得涂膜也不可能持久耐用，例如，选择不耐候的涂料用作户外产品的面漆，就会早期失光、变色或粉化。

常用的涂料品种有油脂涂料、天然树脂涂料、酚醛树脂涂料、沥青涂料、醇酸树脂涂料、氨基树脂涂料、硝化纤维素涂料、纤维素涂料、过氯乙烯树脂涂料、乙烯树脂涂料、丙烯酸树脂涂料、聚酯树脂涂料、环氧树脂涂料、聚氨酯涂料、元素有机涂料、橡胶涂料、新型涂料等。

1.1 传统涂料

1. 油脂涂料

油脂涂料是以干性油（如桐油、亚麻油、梓油等）为主要成膜物质的涂料，由干性油、天然树脂、颜料、溶剂和催干剂等组成。

油脂涂料易于生产，价格低廉，涂刷性好，涂膜柔韧性、附着力好。其缺点是干燥慢，涂膜不易打磨，耐候性、耐水性和耐酸碱的能力较差。

油脂涂料的主要品种有清油、厚漆、调和漆和油性防锈漆四大类。

（1）清油 清油是用干性植物油加热熬炼后加催干剂调制而成的，可用于帆布织物、纸张防水和木器罩光，多数情况下用于调制厚漆和红丹防锈漆。

（2）厚漆 厚漆是将着色颜料、体质颜料加入精炼干性油中研磨而成的厚浆状物，主要用于要求不高的建筑物上。

（3）调和漆 油性调和漆相比厚漆而言，颜料含量较少，黏度小。磁性调和漆则是在漆料中加入树脂，从而改善涂料的光泽和硬度等性能。调和漆多用于建筑物门窗、室内外钢铁件表面的涂装。

（4）油性防锈漆 油性防锈漆是将各种防锈颜料（如红丹、锌粉等）、体质颜料与精炼干性油混合研磨，然后加入催干剂、溶剂而制成的涂料。油性防锈漆主要用于钢铁材料的表面防腐。

2. 天然树脂涂料

天然树脂涂料是以干性植物油和天然树脂经过熬炼后，加入颜料、催干剂、溶剂制得的涂料。

天然树脂涂料原料来源广、制造容易、涂装方便，涂膜的干燥性、光泽、硬度及柔韧性等均优于油脂涂料，但耐候性差，不宜于户外使用。

天然树脂涂料的主要品种如下：

（1）松香及其衍生物涂料　松香的主要成分为松香酸，为玻璃状脆性物，不能用来直接制漆，涂料中多采用松香衍生物来制取涂料。

1）钙脂漆。用松香酸与氢氧化钙反应而制得钙脂，再与干性油炼制便得到钙脂漆。钙脂漆主要用于室内木器表面涂装，如地板漆、黑板漆等。

2）酯胶漆。它是用松香与甘油酯化，再与干性油炼制而成的涂料产品。酯胶漆主要用于室内金属、木器表面的涂装。

3）虫胶漆。虫胶是南亚热带的一种寄生昆虫产生的分泌物，又名紫梗、紫胶，将它溶于酒精便得到虫胶漆。

虫胶漆干燥快，涂装方便，但耐水性差，涂膜易泛白。它主要用于木器、弹壳、铭牌的表面涂装。

（2）大漆及其改性涂料　大漆又称为"国漆"，是漆树树干的分泌物，主要产于亚洲东部的一些国家。大漆的使用在我国已有三千多年的历史，其主要成分为漆酚和漆酶。

大漆的涂膜具有优良的耐候性、耐酸性、耐水性、耐溶剂性、耐油性、耐土壤腐蚀性、耐磨性，涂膜坚硬而光亮，附着力好；但涂膜不耐碱，且漆料具有毒性，易引起皮肤过敏。

大漆的主要产品有：

1）金漆。它由大漆加熟桐油配制而成，用于木器制品。

2）大漆改性涂料。它包括漆酚缩甲醛树脂涂料、漆酚环氧树脂涂料、漆酚聚苯乙烯涂料、漆酚有机硅树脂涂料。这些涂料克服了大漆存在的耐碱性差、毒性大、干燥时间长的缺点，可用于金属表面的防腐。

3. 酚醛树脂涂料

酚醛树脂是酚和醛经缩合反应而得到的一类树脂产品，在工业生产中，主要采用苯酚和甲醛为原料来制取。

酚醛树脂生产过程中，酚和醛的质量比不同，采用的催化剂不同，树脂的性质也不同。酚醛树脂有热塑性酚醛树脂和热固性酚醛树脂两种类型，见表1-1。

以酚醛树脂为主要成膜物质的涂料称为酚醛树脂涂料。该涂料的特点是干燥快，硬度高，光泽好，耐水，耐化学腐蚀，但涂膜脆，易泛黄，不宜制成白漆。

表1-1　热塑性酚醛树脂和热固性酚醛树脂比较

项　　目	热塑性酚醛树脂	热固性酚醛树脂
酚和醛的质量比	1:(0.5~0.8)	1:(1~2)
催化剂	酸性催化剂	碱性催化剂
树脂的性质	加热熔融	加热反应固化

（1）油溶性纯酚醛树脂涂料　它是用甲醛与对烷基或对芳基取代酚缩聚制得酚醛树脂，再与干性油共炼而成的涂料，可用于船舶、飞机表面的涂装，也可作为电器绝缘漆使用。

（2）松香改性酚醛树脂涂料　它是用松香改性热固性酚醛缩合物，再以甘油酯化而得到松香改性酚醛树脂，然后与干性油混合熬炼而制成的涂料，广泛用于家具、门窗的涂装。

（3）丁醇改性酚醛树脂涂料　它是用丁醇酯化热固性酚醛缩合物，再与油或其他合成树脂共炼而制成的涂料，可用于化工防腐和罐头内壁涂料。

4. 沥青涂料

以沥青为主要成膜物的涂料称为沥青涂料。涂料用沥青的种类有天然沥青（软化点高、黑度好、用于装饰性沥青漆）和人造沥青（是石油工业、煤焦工业的副产品，软化点低，黑度稍差，用于防腐性沥青漆）。

沥青涂料的耐水性、耐潮性、耐化学腐蚀性优良，具有较好的绝缘性，原料来源广，价格便宜，是一种应用广泛的防腐涂料。以天然沥青制成的涂料，涂膜黑亮、丰满，具有好的装饰性。沥青涂料的主要品种如下：

（1）水罗松　它是将沥青溶于 200# 溶剂汽油而制成的涂料，广泛用于车辆底盘、地下管道和室内金属器材的涂装。

（2）沥青-树脂涂料　它是将煤焦沥青与酚醛树脂、环氧树脂等配制而得的防腐涂料，可用作船底漆。

（3）沥青-油脂涂料　它是将沥青与干性油炼制后溶于有机溶剂而制得的涂料，多作为绝缘漆使用。

（4）沥青-油脂-树脂涂料　它是由沥青、干性植物油、漆用树脂炼制而成的一种沥青烘漆，涂膜黑亮、坚硬、装饰性好，可用于自行车、缝纫机等表面涂装。

5. 醇酸树脂涂料

醇酸树脂涂料是指以醇酸树脂为主要成膜物的一类涂料。

涂料用醇酸树脂根据所用改性原料不同，分为油脂改性醇酸树脂和其他树脂改性的醇酸树脂。醇酸树脂涂料的特点如下：

1）涂膜干燥后呈网状结构，不易老化，耐候性好。

2）涂膜坚韧、耐磨，对基体附着力好。

3）涂膜丰满、光亮。

4）涂膜耐热性、耐溶剂性较好。

5）涂膜耐水性、耐碱性差。

醇酸树脂涂料的主要品种如下：

（1）干性油改性长油度醇酸树脂涂料　它是一种耐候性优良的自干涂料，可用作户外装饰性涂膜。

（2）醇酸磁漆　它是用干性油改性的中油度醇酸树脂来配制的通用自干涂料，可用于机床、工程机械、大型车辆及建筑工程门窗的涂装。

（3）醇酸防锈漆　它是以长油度醇酸树脂为主要成膜物质，加入防锈颜料调制而成的，可用于船舶、桥梁等金属材料防腐。

（4）其他树脂改性醇酸漆　其他树脂改性醇酸漆主要作为工业用漆。

6. 氨基树脂涂料

氨基树脂涂料是以氨基树脂和醇酸树脂为主要成膜物的一类涂料。

氨基树脂自身在成膜后，涂膜脆且附着力差，所以不能单独制漆，需要加入其他树脂进行改性。

（1）氨基醇酸树脂涂料　氨基醇酸树脂涂料是氨基树脂涂料的主要品种，它是用醇酸树脂对氨基树脂改性而获得的。混合树脂中，氨基树脂含量越高，涂膜的光泽、硬度、耐磨性等综合性能越好，但其成本高，涂膜易脆，多用作罩光漆。工业中使用的多是中氨基含量的氨基醇酸树脂，它烘烤成膜后，涂膜富有光泽而丰满，耐候性、耐化学药品腐蚀性优良，具有较好的耐磨性、绝缘性、装饰性，广泛应用于轻工业产品、机电设备等金属制品表面的涂装。

（2）酸固化型氨基树脂涂料 该涂料以酸作为催化剂，使氨基树脂在常温下交联固化形成涂膜。该涂料涂膜光亮、丰满，但耐水性、耐湿变性差，可用于木材、家具用涂料。

（3）氨基树脂改性硝基涂料 该涂料是由氨基树脂与硝基化纤维素混溶而制得的，具有优良的耐候性、保光性的透明漆，可用于户外。

（4）水溶性氨基树脂涂料 该涂料是由六甲氧基六甲基三聚氰胺与水溶性醇酸树脂配制的水性涂料。其物化性能优于溶剂性氨基醇酸树脂涂料，但耐老化性不及后者。

7. 硝化纤维素涂料

棉花纤维或棉籽短绒纤维经混酸（硝酸与硫酸）硝化而成为硝化纤维素，以它作为主要原料制得的涂料称为硝化纤维素基涂料或硝基涂料。

硝化纤维素的硝化程度不同，则分子结构中含氮量不同，其性能和用途也有差别。含氮量低，则黏度高，多用于皮革表面涂装；含氮量高，则黏度低，常用于汽车、木器表面的抛光涂饰；而中黏度的硝基涂料则作为一般的工业用漆。

硝基涂料具有固体含量低、溶剂用量大等特点，故涂膜薄而脆、附着力差。因此，硝基涂料组分中加入合成树脂、增塑剂等成分来改善其性能，使它能得到广泛的应用。

硝基涂料是一种快干漆，只需 10min 便可固化成膜。涂膜坚硬耐磨、具有可抛光性，涂膜耐化学药品腐蚀，耐水、耐油性好。加入增塑剂的硝基涂料，具有较好的柔韧性。但该涂料的溶剂用量大，气味刺鼻，容易燃烧，固体含量低，一次涂覆得到的涂膜薄。

硝基涂料广泛应用于汽车、飞机、轻工产品、机电产品、木器、皮革表面的涂装。因其干燥速度迅速，大大提高了生产节奏，符合现代工业生产的要求。

8. 纤维素涂料

纤维素涂料是由天然纤维素经化学处理后生成的纤维素醚、酯等作为主要成膜物质的涂料。其依靠溶剂的挥发而干燥成膜，属于挥发型涂料，干燥速度很快。纤维素涂料的涂膜强度大，很早就应用于涂料、塑料、层压材料和黏结剂等方面。目前，纤维素涂料主要有以下四种：

（1）醋酸纤维素涂料 醋酸纤维素是纤维素与醋酸酐、冰醋酸酯化生成，经部分水解后可溶解于丙酮中。由于它的混溶性差，不适于制配涂料，主要用于塑料、胶片工业。用于涂料的醋酸纤维素，其乙酰基含量为 38.5% ~39.5%（质量分数）。

（2）醋酸丁酸纤维素涂料 醋酸丁酸纤维素是由纤维素与醋酸酐、丁酸酐在催化条件下酯化生成。与纯醋酸纤维素相比，其混溶性得到改善。虽存在增塑剂用量大、附着力差的缺陷，但涂膜的耐紫外线性、耐候性较好，主要用作飞机蒙布漆和罩光漆。另外，醋酸丁酸纤维素可作为流平剂广泛应用于合成树脂涂料。

（3）乙基纤维素涂料 乙基纤维素是一种纤维素醚，由碱纤维素和氯乙烷进行醚化反应而制得。涂料用乙基纤维素的乙氧基含量为 43% ~50%（质量分数）。乙基纤维素涂料不易燃烧，与树脂混溶性好，涂膜的柔韧性、保光保色性好，可配制成快干清漆、皮革漆、纸张用漆、金属用漆。

（4）苄基纤维素涂料 苄基纤维素是一种纤维素醚，由碱纤维素和氯化苄进行醚化反应而制得，能溶解于苯、酯、醚中。苄基纤维素涂料耐化学性和绝缘性好，但磨光性和光稳定性差，且价格高，尚未广泛使用。

9. 过氯乙烯树脂涂料

聚氯乙烯树脂进一步氯化，使树脂中的含氯量达到 61% ~ 65%（质量分数），便可制得过氯乙烯树脂。以过氯乙烯树脂为主要成膜物的涂料称为过氯乙烯树脂涂料。

涂料用过氯乙烯树脂是聚合度相对较小、黏度较低的树脂。它具有良好的耐化学药品性、耐水性、耐候性，但附着力差，涂膜光泽度低，丰满度差，必须在涂料中加入其他树脂改性。过氯乙烯树脂在光和热的作用下不稳定，易分解。故加入稳定剂来防止树脂分解，延长涂膜寿命。此外，加入增塑剂可提高涂膜的柔韧性和附着力。过氯乙烯树脂涂料除过氯乙烯树脂、溶剂、颜料等基本组成外，还包括有改性树脂、增塑剂、稳定剂等成分。

过氯乙烯树脂涂料具有干燥快、耐大气曝晒、耐水、耐霉菌、耐碱等特点，是一种综合性能优良的耐蚀涂料。该涂料具有不易燃烧的特点，可用作防火涂料的基料。但它的缺点是附着力差，受热易分解，固体含量低。此外，该涂料虽表面干燥快，但内部溶剂释放慢，故实干时间较长。

过氯乙烯树脂涂料根据其用途，可分为以下几种：

（1）防腐漆　防腐漆主要用于化工设备、管道、建筑物的防腐蚀。

（2）外用漆　外用漆是以醇酸树脂改性的过氯乙烯树脂涂料，可用于机床、车辆表面的装饰性防腐涂装。

（3）专用漆　专用漆包括利用附着力差的特点而制得的过氯乙烯可剥涂料，以及利用其不易燃烧的特性而制得的防火涂料。

（4）木器罩光漆　木器罩光漆是以硬质树脂改性的过氯乙烯树脂涂料。其涂膜具有坚硬、光亮、丰满的特性。

10. 乙烯树脂涂料

乙烯树脂涂料是含有双键的乙烯及其衍生物经聚合或彼此共聚而成的高分子树脂所制得的涂料。

（1）氯乙烯醋酸乙烯共聚树脂涂料　氯乙烯醋酸乙烯树脂结构稳定，溶解性和附着力差，须引入其他单体共聚。通常加入顺丁烯二酸酐而制成带羟基氯乙烯醋酸乙烯共聚树脂，再配制成涂料。该种涂料性能类似过氯乙烯树脂涂料，其户外耐候性、干燥性、附着力、柔韧性、耐水性等优于过氯乙烯树脂涂料，价格也略贵一些，可用于化工、船舶的防腐。

（2）聚醋酸乙烯树脂涂料　聚醋酸乙烯树脂涂料是由醋酸乙烯在过氧化物引发下聚合而成。低黏度树脂能与硝化纤维素、乙基纤维素、氯化橡胶等合用。聚醋酸乙烯树脂与硝化纤维素、醋酸丁酸纤维素或氯乙烯树脂共用，可提高涂膜的抗光性。纯醋酸乙烯树脂涂膜具有耐光性好，加热不变黄的特点，可用来制备建筑用乳胶漆，用作内墙或外墙的装饰涂料。

（3）氯乙烯偏二氯乙烯共聚树脂涂料　氯乙烯偏二氯乙烯共聚树脂改进了氯乙烯树脂在有机溶剂中的溶解性，且柔韧性、附着力较好，所以涂料中无需加入其他树脂、增塑剂来改性。但它仍具有氯乙烯树脂在光和热的作用下易于分解的特性。因而其涂料组分中需加入稳定剂。这种涂料因化学稳定性优良而广泛用于化工防腐蚀，也用于建材、纸张、皮革的防水涂装。

（4）聚乙烯醇缩醛树脂　用醋酸乙烯水解制成聚乙烯醇，再与甲醛或丁醛缩合而成聚乙烯醇缩醛树脂，以它为成膜物制成的涂料，具有很好的附着力、柔韧性、耐光耐热性，用于制备绝缘漆和电容器漆。此外，聚乙烯醇缩醛树脂也是制备磷化底漆的理想材料。

11. 丙烯酸树脂涂料

丙烯酸树脂是由丙烯酸或甲基丙烯酸酯类、腈类、酰胺类等单体聚合而成，以它为基料制成的涂料称为丙烯酸树脂涂料。涂料用丙烯酸树脂有两种类型：一种是热塑性丙烯酸树脂，其分子结构中不含活性官能团，故无固化反应，受热易软化变形；另一种是热固性丙烯酸树脂，其分子结构中含有活性官能团，在加热或加入交联剂的情况下，能产生交联固化反应，形成体型结构的高分子涂膜。因此，丙烯酸树脂涂料因所用树脂种类不同，其涂装施工方法及涂膜性能也不同。

（1）热塑性丙烯酸树脂涂料　该涂料的涂膜硬度高，色泽浅，不泛黄，耐大气性、保光保色性好。但涂料固体含量低，挥发成膜后涂膜丰满度差，主要用于航空工业的铝合金表面涂装。

（2）热固性丙烯酸树脂涂料　该涂料多采用氨基树脂、环氧树脂等作为固化剂，高温烘烤成膜。涂膜物理力学性能优良、光亮度高、硬度大、丰满度和保色性好，耐候性、耐水性、耐油性较好，适用于轿车、轻工产品、家用电器的涂装。

12. 聚酯树脂涂料

聚酯树脂是由多元酸与多元醇缩聚而成的。聚酯树脂涂料根据所用聚酯树脂的类型，分为不饱和聚酯涂料和饱和聚酯涂料，它们的性能如下：

1）不饱和聚酯涂料是一种无溶剂型涂料，一次涂装的涂层厚，可在常温下固化，也可加热固化，涂膜光泽、硬度、耐化学性优良，具有一定的耐热性和耐寒性，但涂料需多组分包装，因而造成使用不便。此外，涂膜较脆，干燥时收缩大而影响附着力。该涂料主要用于高级木器、电器外壳的装饰涂装。

2）饱和聚酯涂料又称无油醇酸漆，涂料中常加入三聚氰胺树脂作为交联剂。在加热条件下，能与饱和聚酯树脂发生交联固化形成涂膜。饱和聚酯涂料的涂膜硬度大，柔韧性好，具有良好的保光保色性，广泛用于后加工性要求高的预涂卷材上。

13. 环氧树脂涂料

环氧树脂是含有环氧基的高分子缩聚物，涂料常用环氧树脂是双酚 A 型环氧树脂。它由环氧氯丙烷和二酚基丙烷在碱性条件下缩聚而成，其平均相对分子质量在 3000～7000 之间，呈黏稠液体或坚硬的固体。

环氧树脂分子中所含环氧基数量直接影响其性质，它通过环氧树脂的环氧值或环氧当量来体现。环氧树脂的型号和规格见表 1-2。

表 1-2　环氧树脂的型号和规格

产品名称	产品型号	软化点/℃	环氧当量/100g	有机氯当量/100g	无机氯当量/100g	挥发分（质量分数,%）	平均相对分子质量
618	E-51		0.48～0.54	≤0.02	≤0.001	≤2	180～200
6101	E-44	12～20	0.41～0.47	≤0.02	≤0.005	≤1	210～240
634	E-40	21～27	0.35～0.45	≤0.02	≤0.001	≤1	200～280
638	E-31	40～45	0.23～0.38	≤0.02	≤0.005	≤1	260～430
601	E-20	64～74	0.18～0.22	≤0.02	≤0.001	≤1	900～1000
604	E-12	85～95	0.09～0.14	≤0.02	≤0.001	≤1	1400
607	E-06	110～135	0.04～0.07	—			2900
609	E-03	135～155	0.02～0.04	—			3800

环氧树脂涂料黏附能力强，尤其在金属表面附着力良好，耐化学腐蚀性好，涂膜固化过程中收缩性小，具有较好的保光、保色性和电绝缘性。双酚 A 环氧树脂因不耐紫外线，多用于户内，而脂肪族环氧树脂可用于户外。环氧树脂涂料因其良好的耐蚀性，广泛应用于化工、船舶、车辆、机械设备和管道的防腐。

（1）胺固化环氧树脂涂料　这种环氧树脂涂料为双组分涂料，树脂与固化剂（胺）分装，使用前按比例混合，可在常温下反应而固化成膜，常用于钢铁件表面作为防护涂膜。

（2）环氧酯涂料　环氧酯涂料是由环氧树脂与植物油的脂肪酸反应制得的，具有较强的黏结力，可作为底漆使用，但它的耐蚀性比胺固化的环氧树脂涂料差。

（3）合成树脂固化环氧树脂涂料　该涂料既可以是以氨基树脂或酚醛树脂等作为固化剂，与环氧树脂混合制成的烘漆产品，也可以是用聚酚或硝基纤维素固化环氧树脂而制成的常温固化环氧树脂涂料。

（4）其他环氧树脂涂料　其他环氧树脂涂料包括环氧粉末涂料、水溶性环氧树脂涂料等新型产品。

14. 聚氨酯涂料

聚氨酯树脂是指分子结构中含有一定数量的氨基甲酸酯链的高分子化合物。它是由异氰酸酯和含羟基聚合物反应制得，以该树脂为主要成膜物质的涂料称为聚氨酯涂料。

聚氨酯涂料具有良好的物理力学性能，涂膜坚韧、光亮、耐磨、附着力强，耐蚀性好，能耐酸碱、耐油，有良好的电性能，与其他树脂涂料混溶性好。该涂料的装饰性和耐蚀性均很优良，但价格较贵，涂装要求较高，广泛用于木器、飞机、汽车、机械、电器及石油化工等行业的表面涂装。

聚氨酯涂料的类型、特性和用途见表 1-3。

表 1-3　聚氨酯涂料类型、特性和用途

类　型	固化方式	游离-NCO 含量（质量分数,%）	颜料分散性	干燥时间/h	耐蚀性	主　要　用　途
改性油（单组分）	油脂中的双键通过空气中的氧而氧化聚合	0	常规的	0.4～4	一般	室内装饰用漆、船舶、工业防腐、维修漆、地板漆
湿固化（单组分）	空气中的水	<15	难，不适宜碱性颜料	0.2～8.2	良好	木材、钢铁、塑料、地板、水泥壁面等防腐蚀涂料
封闭型（单组分）	加热	0	常规的	0.5（150℃）	绝缘性好	绝缘漆、特殊烤漆
催化剂固化（双组分）	催化剂加预聚物	5～10	难，不适宜碱性颜料	0.1～2	良好	各种防腐蚀涂料、耐磨涂料、皮革橡胶用漆
多羟基化合物固化（双组分）	多羟基组分加预聚物	6～12	多羟基组分与颜料预先磨成色浆	2～16	优异	各种防腐蚀涂料和装饰性涂料、木材、钢铁、塑料、有色金属、皮革、橡胶用漆

15. 元素有机涂料

元素有机涂料是指有机高分子化合物的化学结构主链上除碳、氮、氧、硫原子以外，还含有其他元素的一种化合物，如有机硅、有机氟、有机钛等。这一类涂料是伴随着原子能工业、航空航天工业的发展而发展起来的新型涂料产品，具有特殊的热稳定性，能耐高温、耐寒、耐化学药品腐蚀，因而有独特的应用价值。

（1）有机硅树脂涂料　高分子聚合物中含有 Si—O 键，其键能高达 452kJ/mol，在 350℃才能断裂，具有优良的耐热性。此外，该涂料耐寒性、耐候性优良，能耐化学药品、耐油，绝缘性、附着力好，可用于电动机、电压器的绝缘及船舶、飞机的发动机和排气管、锅炉、烟囱、灶具等长期处于高温条件下的工件表面涂装。

（2）有机氟树脂涂料　树脂分子的结构中含有 C—F 键，键能达 466kJ/mol，因而热稳定性好，主要的品种有聚四氟乙烯、聚三氟氯乙烯等。它与有机硅涂料类似，其耐候性优良，并且耐各类化学药品腐蚀。此外，该涂料成膜后，表面摩擦因数小，因而具有较好的耐污性。该涂料主要用于船舶、桥梁的防腐。

16. 橡胶涂料

橡胶涂料是以天然橡胶衍生物或合成橡胶为主要成膜物质的涂料。

橡胶涂料具有干燥快、耐碱、耐化学腐蚀、柔韧好、耐水、耐磨、耐老化等优点，但固体含量低、不耐紫外线。该涂料主要用作船舶、水闸、化工防腐蚀涂料，也可制成防水、防火涂料。

（1）氯化橡胶涂料　由天然橡胶经过塑炼解聚或异戊二烯橡胶溶于四氯化碳中，通入氯气而制得氯化橡胶。它的附着力差，易老化，不宜单独制漆，通常加入其他合成树脂、增塑剂、稳定剂来进行改性，制成涂料产品。这种涂料能耐酸碱、耐燃、耐水、耐盐雾，但在光和热作用下易于老化，主要用于化工防腐和船舶防腐。

（2）氯丁橡胶涂料　这种涂料成膜主要通过"硫化"作用，常用氧化锌或氧化镁作为硫化剂。此外，须加入促进剂、补偿剂等，也可加入交联剂（如异氰酸酯）配成室温固化涂料。这种涂料对金属表面附着力好，耐化学药品、耐候性、耐油性较好，但涂膜在光和热作用下易变色，故不宜制成浅色漆。该涂料主要用于水下或地下管道防腐、船舶防腐。另外，用氯丁橡胶制成的可剥涂料可用于铝材、钢材加工时的临时保护涂膜。

（3）氯磺化聚乙烯橡胶涂料　该涂料又名海伯隆，是聚乙烯溶解于四氯化碳，在偶氮二异丁腈作用下与氯气和二氧化碳反应制成的可交联的弹性体。该涂料的抗臭氧性优良，耐磨性、耐候性、耐热性好，涂膜柔韧，耐水性、耐油性优越，主要用作耐化学腐蚀涂膜或耐油涂膜。

（4）丁基橡胶涂料　该涂料主要由异丁烯和异戊二烯的共聚物组成，它除了具有橡胶涂料耐化学药品腐蚀、耐大气腐蚀性好的特点以外，还具有气密性好、耐溶剂腐蚀等优点，可用于化工防腐和水下建筑防腐。

17. 其他涂料

这一类涂料是指不用油和合成树脂而以某些无机物为主要成膜物质的无机涂料。它摆脱了对石油化工原料的依赖，节省能源和资源，利于环保，所以备受关注。目前生产的主要品种有无机富锌涂料、无机防火涂料、环烷酸铜防虫涂料。

（1）无机富锌涂料　无机富锌涂料由水玻璃和锌粉配制而成。对于金属离子为钾、钠的硅酸盐溶液（即水玻璃）来说，当其与锌粉混合后，即与之反应生成硅酸锌（$ZnSiO_3$）。当涂料涂装于钢铁件的表面时，铁也与基料发生微弱的反应，生成 $Fe_2(SiO_3)_3$。与此同时，吸收空气中的水分与二氧化碳，继续反应，生成不溶性涂膜和网状硅酸锌配合物。将它作为底漆使用，既有物理屏蔽作用，又能起到阴极保护的效果，故耐化学腐蚀性优良，耐油性、耐盐雾性、耐候性、耐热性好，涂膜坚硬、耐磨，涂料无毒无味，改善了涂装条件。其缺点是涂膜柔韧性差，不能在低温及潮湿的条件下施工，表面处理要求严格，否则涂膜不牢固。此外，若要提高涂膜耐酸、耐碱性，应与环氧和乙烯类面漆配套使用。

另有以部分水解正硅酸烷酯预聚物为漆基的无机富锌涂料。以醇为溶剂，涂装后借助空气中的潮气继续水解，聚合成无机的硅氧聚合物而成膜，可用作预涂底漆。

无机富锌涂料目前广泛用于钢铁材料防腐，如船舶、桥梁、油罐、水塔等，特别是对船舶和各种海洋钢铁结构的防腐蚀，其使用寿命可达 14～20 年。

（2）无机防火涂料　无机防火涂料是由水玻璃、耐火颜料、海藻酸钠、水杨酸溶液和自来水配制而成。其防火机理不同于有机防火涂料，后者在遇火燃烧时，通过形成骨架状膨胀层，将火焰与底材隔离达到防火目的；而前者是基于无机硅酸盐在高温下形成致密的玻化层而隔离火焰，保护基体。该涂料施工方便，干性好，涂膜牢固，可用于室内木器、木质建材的防火。因不耐水，故不能用于户外。

（3）环烷酸铜防虫涂料　环烷酸铜防虫涂料是以环烷酸铜为主要成膜物，并兼有杀虫能力的一类涂料。该涂料具有防止木材生霉腐蚀及海水侵蚀的作用，适用于木船船底、织物、木板等防护涂装。

1.2　新型涂料

与传统的溶剂型涂料不同，新型涂料是符合环保要求、节省能源、减少污染的现代涂料。这类涂料大大减少溶剂的用量，减少溶剂挥发所致的危害，是涂料工业发展的方向。新型涂料包括非水分散体涂料、水性涂料、粉末涂料、高固体分涂料、辐射固化涂料等。

1. 非水分散体涂料（NAD）

非水分散体涂料是将高相对分子质量的聚合物，以胶态质点的形式分散在非极性的有机稀释剂中而制得涂料产品。该涂料具有固体含量高而黏度低、涂膜厚而不流挂的特点。

非水分散体涂料组成中，分散质点是主要成膜组分。常用的是丙烯酸类聚合物，分散介质以低极性的脂肪族烷烃为主。分散稳定剂是由可溶于分散介质的部分，与难溶于分散介质而亲聚合物质点的部分两者组成的接枝共聚物，是连接质点与介质的"桥"，在非水分散体涂料中起着"空间稳定作用"。

非水分散体涂料主要用于配制金属闪光漆，应用于汽车、轻工产品表面作为装饰涂膜。

2. 高固体分涂料

高固体分涂料是一种固体含量高、挥发性低的溶剂型涂料，喷涂时固体分＞75%（质量分数），刷涂固体分＞85%（质量分数），因此，涂装效率通常要高于一般溶剂型涂料。这类涂料采用低相对分子质量聚合物为成膜物，同时保证这些低相对分子质量聚合物都含有较多的反应官能团，以便交联固化。在涂装施工中，为降低高固体分涂料的施工黏度，常利用提高涂料施工温度的方法来达到目的。

　　高固体分涂料的主要品种有高固体分氨基无油醇酸烘漆、高固体分热固性丙烯酸树脂涂料、双组分聚氨酯涂料等。作为低污染产品，其被广泛应用于汽车、飞机等表面涂装，代表了环保型涂料的一个重要发展方向。

3. 水性涂料

　　水性涂料是以水为溶剂或分散介质的涂料。传统的溶剂型涂料在制造及涂装中使用了大量的溶剂，溶剂挥发易造成大气污染，引起中毒、火灾、爆炸等危险。而水性涂料是以水部分或全部代替有机溶剂，消除了溶剂的危害，节约了大量的有机溶剂。随着水性涂料品种的不断丰富，生产技术的日益完善，性能的不断改进，它的应用范围将会逐渐扩大，从而减少溶剂型涂料的用量。

　　（1）水性涂料的类型与特点　水性涂料的主要成膜物为水性化树脂。目前，实现树脂水性化主要途径有：①在分子链上引入相当数量的阳离子或阴离子基团，使之具有水溶性或增溶分散性；②在分子链上引入一定数量的亲水基团（如羧基、羟基、醚基、氨基、酰胺基等），通过自乳化分散于水中；③外加乳化剂乳液聚合或树脂强制乳化形成水乳液。上述三种方式可组合应用，以提高树脂水分散液的稳定性。

　　根据树脂水性化途径的不同，水性涂料有水溶型、胶束分散型、乳液型三种类型，其性能比较见表1-4。

表1-4　水性涂料性能比较

项目	乳液型	胶束分散型	水溶型
外观	不透明	半透明	透明
粒径/μm	$0.1 \sim 1.0$	$0.01 \sim 1.0$	<0.01
相对分子质量	$(0.1 \sim 1) \times 10^6$	$(1 \sim 5) \times 10^4$	$5 \times 10^3 \sim 10^9$
黏度	小，与相对分子质量无关	从小到大，与相对分子质量有关	取决于相对分子质量大小
颜料分散性	差	较好	好
颜料稳定性	一般	与颜料有关	与颜料有关
黏度调节性	需增稠剂	需助溶剂增稠	由相对分子质量控制
成膜性	一般，需成膜助剂	较好，需成膜助剂	好
固体分	高	中等	低
光泽	一般	较好	好
抗介质性	好	较好	一般
坚韧性	好	一般	差
耐久性	优良	好	较好

　　水性涂料与溶剂型涂料比较具有以下特点：①水性涂料仅含百分之几的助溶剂或成膜助剂，污染小，避免大量溶剂带来的易燃易爆危险，且节省石油资源；②涂膜均匀平整，展平性好；③电泳涂料在内腔、焊缝、边角部位涂覆良好，提高工件整体防锈能力；④可在潮湿表面施工，对底材表面适应性好，附着力强。

　　水性涂料存在的问题主要有：①稳定性差，有的耐水性差；②烘烤型能耗大，自干型干燥慢；③表面污物易导致涂膜产生缩孔缺陷；④涂装施工要求严格。

　　（2）水性涂料的应用　目前，水性涂料的广泛应用已经是大势所趋。建筑乳胶涂料已经是产量最大的涂料品种；电泳底漆已普遍应用到金属工件的底漆涂装；水性浸漆、水性中涂及水性底色漆在汽车涂装中得到成功的应用，底、中、面全水性的轿车车身涂装线在国内已建成；水性家具漆、地板漆逐渐成为家装市场的主流；水性重防腐涂料在桥梁、轨道交通防腐涂装领域已有成功案例。由此可见，水性涂料的发展非常快，将来必将替代溶剂涂料。

（3）水性涂料的品种　目前的水性涂料产品主要有以下几种：

1）电泳涂料。目前，电泳涂料已广泛用于汽车、轻工、家电、仪器仪表等工业部门。

电泳涂料分为阴极电泳涂料和阳极电泳涂料。阴极电泳涂料的成膜物是阳离子型树脂，被涂物为阴极；而阳极电泳涂料的成膜物是阴离子型树脂，被涂物为阳极。早期阳极电泳涂料品种有马来化油、醇酸、环氧酯、酚醛等，它们普遍都存在稳定性差、泳透力低、防护性差等问题，后来开发的聚丁二烯阳极电泳涂料和丙烯酸阳极电泳涂料在稳定性和防护性方面都有较大改善。阴极电泳涂料的品种主要是环氧叔胺，相对于阴极电泳涂料，其稳定性和泳透力良好，涂膜的附着力和耐蚀性更高。

2）水性自干漆。水性自干漆是在成膜树脂分子中引入亲水基，溶解于水中而制成的水性涂料，以水溶性醇酸树脂为代表，未改性前抗水解稳定性、耐水性、干燥性较差，需采用丙烯酸、聚氨酯等树脂改性，可作为底漆、面漆和防腐涂料，可在低温高湿条件下自行干燥成膜。现已有双组分的水性环氧和水性聚氨酯涂料面世，其性能可接近同类的溶剂型涂料产品。

3）水性烘漆。水性烘漆包括水性浸漆、中涂漆、面漆。它主要靠离子化基团和强极性基团赋予水溶性、增溶分散和自乳化能力；同时，这些基团又具有交联性，如羟基、酰胺基等，在交联剂 HMMM 的作用下，加热交联固化而成膜。例如，水性丙烯酸烘漆，其涂膜性能优于溶剂型漆，可用作水性浸漆、底色漆及面漆；而水性聚酯烘漆的涂膜坚韧，多用于卷材涂料和抗石击类涂料。

几种水性烘漆的主要性能见表1-5。

表1-5　水性烘漆的主要性能

性能	水性丙烯酸烘漆	水性丙烯酸环氧烘漆	水性环氧酯烘漆
膜厚/μm	20~25	25	35
冲击强度/N·cm	490	490	490
附着力/级	1	1	2
硬度	2H	H	>2H
盐雾试验时间/h	200	—	≥300
盐水（质量分数为3%）浸泡时间/h	—	160	—

4）乳胶漆。乳胶漆由水分散聚合物乳液加颜料水浆制成。乳胶漆中的聚合物是以微小的颗粒悬浮于水中，随水分蒸发，颗粒聚集、挤压、变形，最后融合成连续的涂膜。因此，乳胶漆的成膜温度不可太低（>15℃），较小的湿度和良好空气的流通有利于它的成膜。

乳胶漆最主要的应用是作为墙漆用于建筑物内外。其中，聚醋酸乙烯乳胶漆因易于老化，主要用作内墙漆，而丙烯酸系列的乳胶漆因耐候性优良，可作为外墙漆使用。此外，乳胶漆中加入防锈颜料，可作为钢铁件表面的防锈底漆。

5）自泳涂料。自泳涂料又称为自泳漆或自沉积涂料，是一种水分散乳液涂料，依靠化学反应将成膜物质覆盖到钢铁件表面，经烘烤固化形成涂膜。

自泳漆的槽液由带负电荷（阴离子）的乳胶聚合物或分散体、氟化铁络合物和去离子水等组成。固体分在3%~7%（质量分数），黏度接近水，含有少量或不含有机溶剂。当钢铁工件浸在自泳漆槽液中时，槽液中的低浓度氢氟酸、氟化铁与工件表面的金属铁反应，溶解出少量二价铁离子，富集在钢铁件表面。这些带正电荷的铁离子与带负电荷的乳胶或分散体发生相互作用，在钢铁件表面上沉积一层涂膜。目前的主要品种有丙烯酸、聚偏二氯乙烯（PVDC）和环氧聚酯类自泳涂料。

自泳涂料操作简单，管理方便，同阳极电泳、阴极电泳相比，具有成本低、无公害、环保、效益好等特点，适用于某些外观质量要求不高的钢铁件的涂装，如汽车零配件、金属家具结构件、家用电器、仪器仪表、机电产品等。

4. 粉末涂料

粉末涂料是粉末状的无溶剂涂料，是随各种粉末涂装方法的开发，在粉末塑料的基础上发展起来的（尤其是静电粉末涂装法的开发）。其与传统的液态涂料相比，在涂料性能、制造方法和涂装作业等方面都存在很大差异，两者的性能比较见表1-6。

表1-6 粉末涂料和液态涂料涂装性能比较

项　目	粉末涂料	液态涂料
可使用的树脂	必须能热融的固态树脂	必须能分散在溶剂中的树脂
喷涂损失（质量分数）	10%以下	20%~50%
涂料回收使用	可能	不可能、困难
溶剂挥发	无	有
热损失	无	有
一次涂厚性	良好	易流挂
薄膜涂装	难以进行、不平滑	良好
涂装次数	1次	2~3次
晾干	不需要	需要
边角覆盖性	良好	不良
涂装时更换颜色	困难	容易
涂料调色	困难	容易
自动化	适用	适用

粉末涂料是粉末粒子的集合体，具有一般的粉末特性。它易凝集、堵塞，易吸湿，易黏附，在气流带动下易飞散、流动；而且因其比表面积大，易于造成粉尘爆炸。但与液态涂料相比，减少了溶剂所带来的环境污染，降低了涂装作业的中毒危害性和火灾隐患，减少了涂料的损耗，提高了涂装效率和涂膜质量。另一方面，粉末涂料也存在着一些缺点，如调色、换色困难，涂料受压力、温度、湿度等影响易结块，烘烤温度高，薄膜涂装困难等。

粉末涂料的品种虽然没有溶剂型涂料那样丰富，但是很多合成树脂都可以作为粉末涂料的原料。粉末涂料可以分为热固性和热塑性两大类（见表1-7）。

粉末涂料主要用于金属器材表面，如汽车部件、输油管道、机电、仪器、建材以及化工防腐和电气绝缘等涂装。随着粉末涂料的发展，新品种将不断出现，应用范围也越来越宽，目前已逐步扩大到玻璃、陶瓷、纤维等工业。

表 1-7　粉末涂料种类和特性

涂料类型	热塑性粉末涂料					热固性粉末涂料		
底漆层	多数场合需涂底漆					多数场合不需涂底漆		
工业应用的粉末涂料品种	乙烯树脂系	聚酰胺系	纤维素系	聚酯系	烯烃树脂系	环氧树脂系	聚酯系	丙烯酸树脂系
涂膜的特性	耐候性、弯曲性、耐蚀性好	耐磨性、耐寒性、耐溶剂性好	耐候性、涂膜外观好	耐候性、涂膜外观好	弯曲性、耐水性、耐溶剂性好	耐蚀性、耐化学药品性、电气绝缘性好	耐候性、涂膜外观好	耐候性、耐污性、涂膜外观好
相对分子质量	高					较低		
熔点	高→极高					低→高		
薄膜涂装	困难					比较容易		
涂膜耐污性	差					良好		
涂膜耐溶剂性	较差					较好		

5. 辐射固化涂料

辐射固化涂料是用高辐射能来引发涂膜内含不饱和键的聚合物和活性溶剂进行自由基或阳离子聚合，从而固化成膜的涂料。它是当前涂料领域发展较快的涂料体系，具有固化速度快、挥发性有机物（VOC）值低、污染小、耗能少等特点，尤其是在低温下快速固化，特别适宜于塑料、纸张等热敏材料的涂装。

辐射固化涂料体系包括光固化涂料（UVC）、电子束固化涂料（EBC）、红外线固化、微波固化等，其中以光固化涂料和电子束固化涂料应用最为广泛。

（1）光固化涂料　光固化涂料是应用光能（紫外线）引发而固化成膜的涂料。由聚合型树脂（光敏树脂）、光敏剂（光聚合引发剂）、活性稀释剂及其他组分组成。聚合型树脂是其主要成膜组分，多是含有双键的预聚物或低聚物，常用品种有不饱和聚酯、丙烯酸聚酯、丙烯酸聚氨酯、丙烯酸环氧酯等。光敏剂是在紫外线的激发下能产生自由基的物质，具有光活性和热稳定性，能在较宽的波长范围内被激发，是决定光固化涂料固化速度的关键。常用作光敏剂的物质是二苯甲酮和安息香醚。活性稀释剂既能降低树脂黏度，又能参与共聚反应，起到使树脂交联固化的作用，常用的有苯乙烯、丙烯酸丁酯等。由于光固化涂料的自由基聚合反应能被氧阻聚，所以涂料中须添加阻氧剂，如石蜡。

由于颜料对紫外线的透过率低，所以光固化涂料多为清漆，主要用于木材、塑料、纸张表面涂装，也可用于金属涂装。光固化涂料的种类及用途见表 1-8。

表 1-8　光固化涂料的种类及用途

种　类	主　要　用　途	涂　装　方　式	固化时间/s
木材封闭底漆	刨花板底漆、胶合板填孔	逆向辊涂机辊涂	<60
蜡型清漆	一般木材用清漆	刷涂、辊涂、喷涂、幕式涂装	60～120
无蜡型清漆	木材打底	喷涂、辊涂、幕式涂装	<90

（续）

种　　类	主　要　用　途	涂装方式	固化时间/s
塑料清漆	塑料真空镀膜后用漆	喷涂	<120
金属清漆	铝材用清漆、罐用清漆、罩光清漆	辊涂	1～120
纸张清漆	印刷纸张用面漆	辊涂	0.5～1

（2）电子束固化涂料　电子束固化涂料的结构和光固化涂料相同，只是不加光引发剂。因电子束的能量大，足够使涂膜中的含乙烯基低聚物产生自由基，并能穿透颜料，所以电子束固化涂料可制成色漆，涂膜厚度可达1mm。但涂装设备投资较大，对工作人员应采取特殊防护。

电子束固化涂料的固化程度，与电子束剂量和加速电压有关，在相关参数确定的情况下，它比热固化涂料更容易控制，不会出现烘烤过度或不足的现象。

目前，电子束固化涂料多用于大批量的木器、塑料、纸张、金属等材料的表面涂装。

第2章　涂装工艺方法

2.1　手工涂装法

1. 刷涂法

刷涂法是一种使用最早和最简单的涂装方法，适用于涂装任何形状的物件。除了初干过快的挥发性涂料（硝基漆、过氧乙烯漆、热塑性丙烯酸漆等）外，可适用于各种涂料。刷涂法涂装很容易渗透金属表面的细孔，因而可加强对金属表面的附着力。缺点是生产率低，劳动强度大，装饰性能差，涂膜表面有时留有刷痕。近年来，对刷涂用具进行了改革。

（1）凹型刷帚　这种平面凹型刷帚由尼龙纤维丝制作，刷毛由两个部位组成，中间留有空隙，并附有手把，便于涂装，适用于各种砂浆、混凝土墙面涂装，特别是可蘸吸较多的涂料，适合涂刷面积较大的物面。

（2）手泵式涂装装置　这种背负式涂装器利用手泵打气，可将罐中的漆沿一软管压送到刷子上，在刷端装有控制阀，可通过手指控制供漆量的多少。

2. 擦涂法

利用柔软的棉花球裹上纱布成一棉团，浸漆后进行手工擦涂。例如硝基清漆、虫胶漆等涂饰木器家具时即采用此法。也可利用废棉纱头、细麻丝等浸漆，擦涂金属或木材表面，如船舶、油罐、管道、管架等装饰性要求不高的表面作为底涂层。也可使用弹性好的旧尼龙丝团擦涂。涂料可从缝隙中比较均匀地流出，因尼龙丝团不容易结块，而且耐擦、耐洗，比废棉纱头经久耐用。图 2-1 所示为擦涂法中纱布球使用方法和涂擦方法。

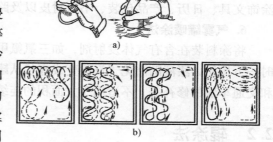

图 2-1　擦涂法中纱布球使用方法和涂擦方法
a）纱布球的使用方法　b）纱布球移动的路线

3. 滚涂法

滚涂法又称为滚筒刷涂法，主要用于乳胶漆和一般工业漆的涂装施工。滚筒是一个直径不大的空心圆柱，表面粘有合成纤维制的长绒毛，圆柱两端装有两个垫圈，中心带孔，弯曲的手柄即由这个孔中通过，使用时先将滚涂工具浸入漆中浸润，然后用力滚涂到所需的表面上，如图 2-2 所示。采用空气压缩机压送涂料的滚涂装置，可显著提高涂装施工效率。

4. 刮涂法

刮涂法是使用金属或非金属刮刀，如硬胶皮片、玻璃钢刮刀、牛角刮刀等进行手工涂刮，用于涂刮各种厚浆涂料和腻子。

5. 丝网法

丝网法的涂装，可在白铁皮、胶合板、硬纸板上涂饰成多种颜色的套版图案或文字，操

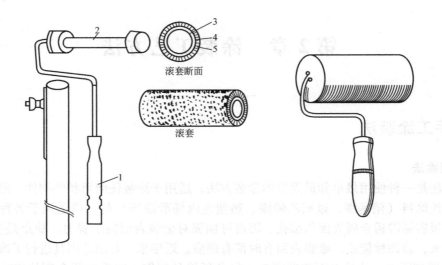

图2-2　滚涂工具
1—长柄　2—滚子　3—芯材　4—黏着层　5—毛头

作时将已经刻印好的丝筛（包括手工雕刻、感光膜或涂膜移转法等）平放在欲涂刮的表面，用硬橡胶刮刀将涂料刮在丝网表面，使涂料渗透到下面，形成图案或文字。这种方法适用于涂饰文具、日历、产品包装、书籍封皮以及路牌、标志等。

6. 气雾罐喷涂法

将涂料装在含有气体发射剂，如三氯氟甲烷或二氯二氟甲烷的液化气的金属罐中，使用时按下按钮，漆液随液化气汽化变成雾状从罐中喷出。这种喷涂方法仅适用于家庭用小物件和交通车辆的修补等，不适用于大面积的连续生产的产品。

2.2　辊涂法

辊涂法又称机械滚涂法，是利用专用的辊涂机，进行平板或带状的平面底材的涂装。辊涂机系由一组数量不等的辊子所组成，支撑辊一般用钢铁材料制成，涂覆辊则通常为橡胶的，相邻两个辊子的旋转方向相反，通过调整两个辊子的间隙可控制涂装涂膜的厚度。辊涂机又分板材一面涂装与两面同时涂装两种结构。

辊涂法适用于连续自动生产，生产率极高。由于能采用较高黏度的涂料，涂膜较厚，也节省了稀释剂，而且涂膜的厚度能够控制，材料利用率高，涂膜质量也较好。辊涂法广泛用于金属板、胶合板、硬纸板及皮革、塑料薄膜等平整物面的涂装，有时与印刷并用。图2-3所示为辊涂法涂装。

这种涂装方法的特点是设备投资大，在加工时会在金属板断面切口和损伤，须进行修补。

现在的预涂卷材（又称有机涂层钢板、彩色钢板等）的生产工艺就是辊涂涂装法的最新进展。预涂卷材的生产线与钢板轧制线连接起来，形成一条包括卷材引入、预处理、涂装、干燥和引出成卷（或切成单张）的流水作业线，连续完成了涂装的三个基本工序。卷材涂装工艺流程如图2-4所示。

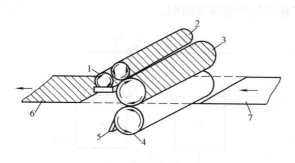

图 2-3　辊涂法涂装

1—储槽及浸涂辊　2—转换辊　3—涂覆辊　4—压力辊
5—刮漆刀　6—涂过涂料的板材　7—未涂过涂料的板材

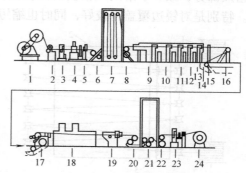

图 2-4　卷材涂装工艺流程

1—卷材输入　2—调整　3—末端切断器　4—焊接机
5—平边机　6—进口控制　7—进口调整　8—拉力控制
9—脱脂　10—热水洗涤　11—表面处理　12—水洗
13—后处理　14—导辊　15—干燥　16—变向辊
17—涂装机　18—烘干机　19—冷却机　20—主动轮
21—出口调整　22—出口控制
23—切断机　24—卷材成品

2.3　浸涂法

将被涂物件全部浸没在盛有涂料的槽中，经短时间的浸渍，从槽内取出，并将多余的漆液重新流回漆槽内。这种方法适用于小型的五金零件、钢质管架、薄片以及结构比较复杂的器材或电器绝缘材料等。浸涂法的优点是生产率高，材料消耗量低，操作简单；缺点是仅限于上下底面一致的颜色，如果要求套色，就不太适用。

浸涂的方法很多，批量涂装有传动浸涂法、回转浸涂法、离心浸涂法、真空浸涂法及浸涂-流涂法等，另外还有手工浸涂法。图2-5所示为漆包线传动浸涂法涂装。

大型浸漆槽装有加热或冷却设施、连续循环泵和过滤器等附属设备。

1. 离心浸涂法

离心浸涂法适用于形状不规则的小零件，如螺钉、弹簧、手轮等的整体涂饰。这种工艺由两个主要过程组成：首先将零件放在金属网篮中，并将它浸入涂料储槽中，槽上装有排出溶剂蒸气的通风装置；取出后，立刻送入离心滚桶中经短时间高速回转（一般时间为 1～2min，转速为1000r/min左右），甩去多余的涂料，然后进行干燥。

2. 真空浸涂法

真空浸涂法使用的设备由浸漆槽、真空泵、空气压缩机、导管和控制仪表等组成，浸漆槽需耐4.05～6.08MPa的试验压力。工作压力为2.03MPa，其中一个在真空下工作，另一个在压力下工作。此种浸涂方法适用于电器线圈、电极、木材、多孔铸件、防腐蚀用的各种非金属材料等。图2-6所示为真空浸涂设备的组成。

浸涂法一般易产生薄而不均匀的涂膜，有流挂和急骤蒸发时间过长等弊病。若用三氯乙烯涂料浸涂时，由于利用涂料储槽上部有较重的三氯乙烯蒸气层，这种蒸气层成为整个浸涂的组成部分，减少了溶剂从槽内的蒸发量，并具有不易燃烧等特点，从而可获得均匀的涂膜。特别是对锐边覆盖得较好，同时也缩短了在空气中的挥发时间。

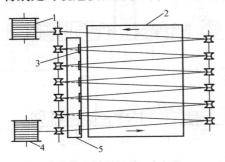 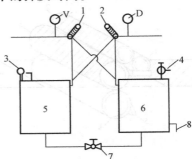

图 2-5　漆包线传动浸涂法涂装
1—已浸过漆的漆包线　2—烘炉
3—模孔　4—未浸过漆的铜丝
5—盛有绝缘漆的储槽

图 2-6　真空浸涂设备的组成
1、2—三通阀　3、4—通大气阀
5、6—浸漆槽　7—阀　8—放漆阀
V—真空泵　D—气压计

2.4　喷涂法

使用压缩空气及喷枪使涂料雾化的施工方法，统称喷涂法（见图 2-7）。它的特点是喷涂后的涂膜质量均匀，生产率高；缺点是有一部分涂料被挥发损耗，同时由于溶剂的大量蒸发，影响操作者身体健康。

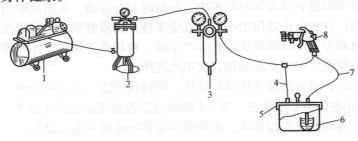

图 2-7　喷涂设备
1—空气压缩机　2—油水分离器　3—压力表和控制器　4—压力输送管
5—密闭盖　6—涂料储罐　7—涂料输送管　8—喷枪

目前喷涂主要采用的方法有：空气喷涂法、热喷涂法、无空气喷涂法、双口喷枪喷涂法、静电喷涂法和自动喷涂法。

2.5　电泳与自泳涂装法

1. 电泳涂装

电泳涂装也称电沉积涂装，是 20 世纪 60 年代发展起来的一项涂装技术工艺，现已广泛应用于交通车辆、飞机、电动机以及其他机械装置等。

电泳涂装采用水性涂料，它与一般溶剂型漆的涂装工艺相比较，具有如下特点：

1）改善劳动条件，消除了有机溶剂中毒的危险和漆雾的飞溅，保证了工人的健康。

2）用水溶性漆以水代替溶剂，价廉易得，消除了火灾危险，保证了安全生产。

3）易于实现流水线连续机械化操作，减轻了体力劳动，提高了生产率。

4）涂膜均匀一致，附着力强，适于任何形状复杂的工件，消除了凹凸棱角及其他遮盖部分涂不上漆或涂膜过厚缺陷。

5）对于磷化或酸洗除锈处理后的器材，可不经烘干即可涂装。

6）涂料利用率可高达95%（质量分数）左右，既节约耗漆量又可降低成本。

但是，电泳涂装还存在着一些不足之处，如涂膜不能涂得太厚，所用的电器设备装置投资较高，涂膜必须高温烘烤干燥，储漆槽内涂料稳定性不易控制，以及清洗后的污水带来污染处理问题等。这些不足之处亟待解决。

2. 自泳涂装

用在酸性条件下长期稳定的水分散性合成树脂乳液成膜物质制成的涂料（也可加有机颜料和填料），在酸和氧化剂存在下，依靠涂料自身的化学和物理作用，将涂膜沉积在金属表面，这种涂料称为自泳涂料（也称自动沉积涂料），其涂装方法称自泳涂装（也称自动沉积涂装）。

2.6　粉末涂装法

粉末涂装是最近30年发展起来的一种涂装工艺，它具有公害小、耗电少、省工、成本低、利于大批量施工和实现流水线自动化操作等优点。因此，这种工艺发展很快，目前已广泛用于电动机、绝缘器材、汽车、拖拉机、缝纫机、电冰箱、自行车、仪器仪表和国防器材等产品表面的涂装。目前，粉末涂装主要方法有以下几种：

1. 流化床涂法

流化床涂法是在一带盖的容器中，将0.5~1L的压缩空气通过一多孔隔板吹入，使储存于其中的粉末涂料悬浮成雾状，外壳附装一只电磁波振荡器，以防止粉末阻塞多孔板细孔。施工时将预热到一定温度（即该种涂料的熔点以上）的工件很快地放入到流化床中，粉末涂料便被融化黏附在加热的工件表面上，把工件取出，经烘烤塑化成膜。采用这种方法，操作简便、安全、迅速，对小型和形状复杂的工件而言，都能得到均匀的涂膜。

2. 静电流化床涂法

静电流化床涂法的原理，与静电喷涂类同，即将静电高压发生器的电源的负极接在电晕电极上，而正极接在工件上并接地，在几万伏高压电场的作用下，粉末带电被吸引到工件的表面上形成涂膜。由于粉末涂料的绝缘性很高，工件表面上粉末的电荷不会很快漏掉，当工件取下后，由于静电吸引力的作用，粉末不会脱落，最后将工件加热，使粉末熔化和后热处理，就形成连续而平滑的涂膜。

采用静电流化床工艺的特点是：工件不需预热，就能获得薄而均匀的涂膜，很适于涂装形状简单而又体积小的工件，也较适于较大尺寸的棒材和板料；但对于大工件或形状复杂的设备，或有凹槽、暗角较多的工件，由于静电屏蔽的影响，则不易获得均匀的涂膜。

3. 粉末静电喷涂法

粉末静电喷涂法，是指粉末涂料由供粉槽借空气流送入喷枪，由于喷枪前端加有高压静电发生器产生的高电压，导致喷枪口附近的空气发生离子化，而粉末涂料通过喷嘴与接地的被涂物面之间形成电场，依靠静电引力作用，附着在被涂物表面形成涂膜。当涂膜达到一定厚度时，就发生静电排斥作用不再继续吸附，因而可获得厚度均匀一致的涂膜。

4. 粉体散布法

粉体散布法采用压缩空气将粉末通过喷嘴加压喷到预热过的工件上，而使粉末受热熔化达到涂装目的。采用此方法，很适合于在连续的金属板和平面上进行涂装。

5. 火焰喷涂法

在氧乙炔高温火焰中，粉末涂料以 50m/s 左右的速度通过，将软化流动状态的粉末喷射到工件的表面，达到涂装的目的，这种方法称为火焰喷涂法。此法很适用于涂装大型机械或涂膜要求较厚的工件。其工艺一般可分为两个系统：一是燃料供给系统；二是粉末供应系统。火焰喷涂工艺流程如图 2-8 所示，火焰喷涂示意图如图 2-9 所示。

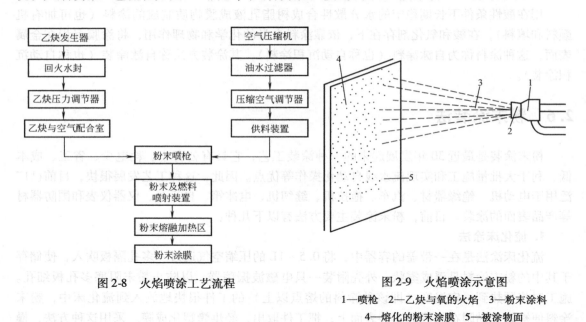

图 2-8　火焰喷涂工艺流程　　　　　图 2-9　火焰喷涂示意图

1—喷枪　2—乙炔与氧的火焰　3—粉末涂料
4—熔化的粉末涂膜　5—被涂物面

6. 弥散胶体法

将粉末涂料放入适当的溶剂中进行弥散形成悬浮液，而后将悬浮液喷涂到物体表面，通过干燥溶剂逸出，然后再进行加热，以使粉末涂料融化成膜。这种方法技术性很强，工艺要求严，主要适用于涂装某些贵重而又要求耐化学腐蚀性强的设备器材。

7. 粉末涂料电泳涂法

将粉末涂料悬浮体放入电泳槽中，接通直流电，使其沉积在工件的表面上形成涂膜。这种方法适于涂装小型物件。

2.7 其他涂装方法

1. 流涂法

用喷嘴将涂料淋在被涂物件上的涂装方法称为流涂法。过去对小批量物件,用手工操作,向被涂物件上浇漆,故又俗称浇漆法。现在发展为自动帘幕流涂法。

自动帘幕流涂法,是将涂料储存于高位槽中,当工件通过传送带自帘幕穿过时,涂料从槽下喷嘴细缝中呈帘幕状不断淋在被涂工件上,形成均匀涂膜。工件淋涂后通过通道,在通道中含有一定溶剂蒸气,使涂料很快流平,再经烘房干燥。流涂法适用于各种平板、自行车前后挡板、金属家具、仪表零件等。特点是可节约涂料,改善涂膜外观和厚薄不均匀的现象。

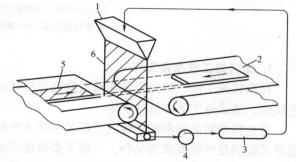

图 2-10 帘幕涂装设备示意图
1—高位槽 2—被流涂表面 3—涂料过滤器
4—输漆泵 5—已涂装表面 6—帘幕

涂膜的质量受帘幕的高低位差与流速、传送带传动速度、泵速以及涂料表面张力、黏度、干率、被涂工件的类型等因素的影响。图 2-10 所示为帘幕涂装设备示意图。

流涂法适用的涂料要求颜料不易沉淀、浮色,在较长时间与空气接触不易氧化结皮干燥,在涂料中一般加有一定量的润湿剂、抗氧化剂和消泡剂等。它不适宜用于涂装美术涂料,包括橘皮漆、锤纹漆等,以及含有较多金属颜料配制的涂料的涂装。

2. 抽涂法

将被涂物的材料,通过抽涂机用抽涂法进行涂装。抽涂法适用于铅笔杆及金属导线等物件,可构成涂装、干燥生产流水线进行连续化生产。图2-11 所示为铅笔杆抽涂示意图。

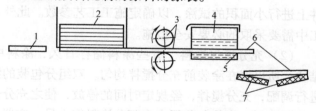

图 2-11 铅笔杆抽涂示意图
1—顶杆 2—装料斗 3—辊子 4—储漆槽
5—橡胶垫圈 6—铅笔杆 7—输送带

操作原理是:细长的工件沿水平方向,通过内装涂料的漆槽下部的三通形抽涂孔,工件出口处有一橡胶垫圈,其直径稍大于工件,通过此橡胶垫圈可将多余的涂料清除掉,从而得到厚薄均匀的涂膜。

2.8 涂装施工工序

通常,被涂物件表面涂膜由多道作用不同的涂层组成。在被涂物件表面经过涂装前表面预处理以后,根据用途需要选用涂料品种和制订施工工序。通常的施工工序为涂底漆、刮腻子、涂中间涂层、打磨、涂面漆和清漆,以及抛光上蜡、维护保养。每个工序繁简情况根据需要而定。涂膜的结构如图 2-12 所示。

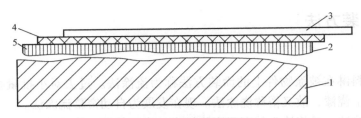

图 2-12　涂膜的结构
1—经过表面预处理的被涂物件　2—底漆层
3—必要时涂清漆　4—面漆层　5—腻子层

1. 涂料施工前准备工作

在涂料施工前，首先要熟知对被涂物件涂饰的要求，避免施工完毕后发现质量不符合工艺规定，造成返工等事故的发生。

在选择涂料品种和配套性时，既要从技术性能方面考虑，也要注意经济效益，应选用既经济又能满足性能要求的品种，一般不要将优质品种降格使用，也不要勉强使用达不到性能指标的品种。因为器材的表面处理、施工操作等工程费用，在整个涂装工程中所占的比例很大，甚至要比涂料本身的费用高达 1 倍以上，所以不要仅仅计较涂料的费用，而忽略考虑涂装施工方面的总经济核算。

（1）涂料性能检测　各种不同包装的涂料在施工前要进行性能检测。一般要核对涂料名称、批号、生产厂家和出厂时间，了解需要的涂装预处理方法、施工和干燥方式。对双组分涂料而言，应核对其调配比例和适用时间，准备配套使用的稀释剂。对涂料及稀释剂，按产品技术条件规定的指标和施工的需要测定其化学和物理性能是否合格，最好在需涂装的工件上进行小面积的试涂，以确定施工工艺参数。此外，还要根据涂料品种的性能，准备好施工中需要采取的必要安全措施。

（2）充分搅匀涂料　有些涂料储存日久，涂料中的颜料、体质颜料等容易发生沉淀、结块，所以要在涂装前充分搅拌均匀。双组分包装的涂料，要根据产品说明书上规定的比例进行调配，充分搅拌，经规定时间的停放，使之充分反应，然后使用。

调漆时，先将包装桶内大部分涂料倒入另一容器中，将桶内余下的颜料沉淀充分搅匀之后，再将两部分合在一起充分搅匀，使色泽上下一致。涂料批量大时，可采用机械搅拌装置。图 2-13 所示为机械搅拌调漆装置。

（3）调整涂料黏度　在涂料中加入适量的稀释剂，调整到规定的施工黏度，使用喷涂或浸涂时，涂料的黏度比刷涂低些。

稀释剂（也称为稀料）是稀释涂料用的一种挥发性混合液体，由一种或数种有机溶剂混合组成。优良的稀释剂应符合如下的要求：①液体清澈透明，与涂料容易相互混溶；②挥发后，不应留有残渣；③挥发速度适宜；④不易引起分解变质，呈中性，毒性较小等。

稀释剂的品种很多，选用稀释剂时，要根据涂料中成膜物质的组成加以配套，没有"通用的"稀释剂。如果错用了稀释剂，往往会造成涂料中某些组分发生沉淀、析出，或在涂装过程中发生出汗、泛白、干燥速度减慢等弊病，以致涂料成膜之后发生附着力不良、光泽减退、疏松不牢固等问题。

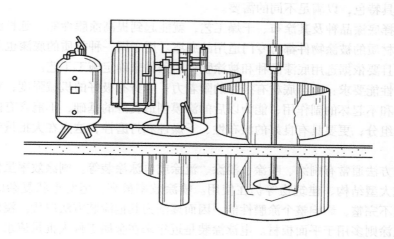

图 2-13　机械搅拌调漆装置

　　（4）涂料净化过滤　不论使用何种涂料，在使用之前，除充分调和均匀，调整涂料的施工黏度外，还必须用过滤器滤去杂质。这是因为涂料储存日久，难免包装桶密闭不严，进入杂质，或进入空气而使上面结皮等。

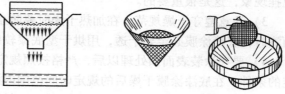

　　小批量施工时，通常用手工方式过滤；大批量施工时，可用机械过滤方式。手工过滤常用过滤器，是用 80 ~ 200 目的铜丝网筛制作的金属漏斗，如图 2-14 所示。

图 2-14　方形或圆形的涂料过滤漏斗

　　机械过滤采用泵将涂料压送，经过金属网或其他过滤介质，滤去杂质。

　　（5）涂料颜色调整　一般情况下使用所需要颜色的涂料，施工时不需调整，大批量连续施工所用的涂料，生产厂应保证供应的品种颜色前后一致。涂料颜色调整是个别情况，在以涂料施工为专业的工厂中遇到的情况可能较多。施工前的涂料颜色调整是以成品涂料调配，必须用同种涂料，而且尽量用色相接近的涂料调配。配色时，要用干膜对比检查。一般采用目测法配色，现在向用色差仪测定、使用计算机控制的机械配色的方向发展。

2. 涂装底漆

　　工件经过表面预处理以后，第一道工序是底漆涂装，这是涂料施工过程中最基础的工作。

　　底漆涂装的目的是，在被涂物件表面与随后的涂膜之间创造良好的结合力，形成涂膜的坚实基础，并且提高整个涂膜的保护性能。涂底漆是紧接着涂装前表面处理进行的，两工序之间的间隔时间应尽可能地缩短。

　　底漆是涂料中一类重要产品，品种很多，依据被涂物件材质、要求条件以及与中间涂层和面漆的配套适应性，涂料生产厂应开发出具有各种不同性能的底漆，满足不同的需要。近年来，底漆的品种发展很快，性能也提高很多。例如，近年广泛使用的阴极电泳底漆的涂膜抗盐雾性能比阳极电泳底漆提高很多。不同牌号的阴极电泳底漆在涂膜厚度、耐蚀性、干燥性能等方面各具特色，以满足不同的需要。

正确地选择底漆品种及其涂布、干燥工艺，就能起到提高涂膜性能、延长涂膜寿命的作用。各种不同材质的被涂物件都有专门适用的底漆。用于同一种材质的底漆也从通用型向专用型发展，而且要依据选用底漆品种和被涂物件的条件来确定施工工艺。

对底漆的性能要求：应与底材有很好的附着力；本身有极好的机械强度；对底材具有良好的保护性能和不起坏的副作用；能为以后的涂膜创造良好的基础，不能含有能渗入上层涂膜引起弊病的组分；更要具有良好的涂布性、干燥性和打磨性，这点在大批量流水线生产中很重要。

涂底漆的方法通常有刷涂、喷涂、浸涂、流涂或电泳涂装等。刷涂效率虽低，但对单个生产的工件或大型结构、建筑物等仍在使用。喷涂效率虽高，但对形状复杂的工件不易喷匀，致使涂膜不完整，影响整个涂膜性能，因而逐渐为其他涂装方法取代。浸涂用于形状复杂的工件，流涂则多用于平面板材。电泳涂装是近年来在金属工件大批量流水生产线中最广泛应用的涂底漆方法，世界各国的汽车车身打底，几乎全部采用阴极电泳涂装。

涂底漆时一般应注意下面几个事项：

1）底漆颜料含量较高，易发生沉淀，使用前和使用过程要注意充分搅匀。

2）底漆涂膜厚度根据底漆品种确定，应注意控制。涂装应均匀、完整，不应有露底或流挂现象，这是很重要的。

3）注意遵守干燥规范。在加热干燥时要防止过烘干。在底漆涂膜上如涂含有强溶剂的面漆时，底漆涂膜必定要干透，用烘干型底漆较好。

4）要在涂装表面预处理以后，严格按照规定的时间即时涂底漆；还要根据底漆品种规定的条件，在底漆涂膜干燥后的规定时间范围内涂下一道漆。

5）一般涂底漆后，要经过打磨再涂下一道漆，以改善涂膜的表面粗糙度，使之与下一道涂膜结合更好。近年开发的无须打磨的底漆，可节省涂装后的打磨工序。

3. 涂刮腻子

涂过底漆的工件表面，不一定很均匀平整，往往留有细孔、裂缝、针眼，以及其他一切凹凸不平的地方。涂刮腻子可使涂膜修饰得均匀平整，改善整个涂膜的外观。

腻子颜料含量高，含黏结料较少，刮涂膜较厚，弹性差，虽能改善涂膜外观，但容易造成涂膜收缩或开裂，以致缩短涂膜寿命。刮涂腻子效率低，费工时，一般需刮涂多次，劳动强度大，不适宜流水线生产。目前，较多的工业产品涂装多从提高被涂物件的加工精度、改善物件表面外观入手，力争不刮或少刮腻子，用涂中间涂层来消除表面轻微缺陷。

腻子品种很多，可应用于金属材料、木材、混凝土和灰浆等表面。腻子有自干和烘干两种类型，分别与相应的底漆和面漆配套。性能较好的环氧腻子、氨基腻子和聚氨酯腻子应用较广。建筑物涂膜则多用乳胶腻子。

腻子除了必须具有与底漆良好的附着性和必要的机械强度外，更重要的是要具有良好的施工性能，即要有良好的涂刮性和填平性；适宜的干燥性，厚层要能干透；收缩性要小；对上层涂料有较小的吸收性；打磨性良好，既坚牢又易打磨。此外，腻子还要有相应的耐久性能。

腻子按使用要求可以分填坑、找平和满涂等不同品种。填坑用腻子要求收缩性小，干透性好，涂刮性好；找平用腻子填平砂眼和细纹；满涂用腻子应稠度较小，机械强度要高。

涂刮腻子的方法是填坑时多为手工操作，以木质、玻璃钢、弹簧钢的刮刀进行涂刮平整。其中以弹簧钢刮刀使用最为方便。

涂刮腻子时要用力按住刮刀，使刮刀和物面倾斜成 60°～80°角，顺着表面刮平，并注意不宜往返涂刮，以免腻子中的涂料被挤出而影响干燥。

局部找平或大面积涂刮时，可用手工刮涂或将腻子用稀释剂调稀后，用大口径喷枪喷涂；大面积涂刮时，也可用机械的方法进行。

精细的工程要涂刮好多次腻子，每刮完一次均要求充分干燥，并用砂纸进行干打磨或湿打磨。腻子层一次涂刮不宜过厚，一般应在 0.5mm 以下，否则容易不干或收缩开裂。涂刮多次腻子时，应按先局部填孔，再统刮和最后细刮的程序操作。为增强腻子层，最好采用刮一道腻子、涂一层底漆的工艺。

腻子层在烘干时，应有充分的晾干时间，以采取逐步升温烘烤为宜，以防烘得过急而起泡。

4. 涂装中间涂层

中间涂层是在底漆与面漆之间的涂层。腻子层是中间层，目前还广泛应用二道底漆、封底漆或喷用腻子作为中间涂层。

二道底漆含颜料量比底漆多，比腻子少，它的作用既有底漆性能，又有一定填平能力。喷用腻子具有腻子和二道底漆的作用，颜料含量较二道漆高，可喷涂在底漆上。封底漆综合了腻子与二道底漆的性能，是现代大量流水生产线广泛推行的中间涂层的品种。

中间涂层的作用是保护底漆和腻子层，以免被面漆咬起，同时增加底漆与面漆的层间结合力，消除底漆涂层的缺陷，增加涂膜的丰满度，提高涂膜的装饰性和保护性。中间涂层适用于装饰性要求较高的涂膜。

中间涂层用的涂料应与所用底漆和面漆配套，应具有良好的附着力和打磨性。耐久性应与面漆相适应。

涂中间涂层的方法基本与涂底漆相同。

封底漆现在较多地应用于表面经过细致的精加工的被涂物件，代替腻子层。封底漆有一定光泽，可显现出被涂底层的划伤等小缺陷，既能充填小孔，又比二道底漆减少对面漆的吸收性，能提高涂膜丰满度，它具有与面漆相仿的耐久性，又比面漆容易打磨。现在用的封底漆多采用与面漆相接近的颜色和光泽，可减少面漆的道数和用量，对有些被涂物件的内腔，则可以省去漆面漆的工序。封底漆通常用与面漆相同的漆基制成，涂两道时可采用"湿碰湿"喷涂工艺。

涂中间涂层的厚度，应根据需要而定，一般情况下，干膜厚为 35～40μm。中间涂层干燥后经过湿打磨再涂面漆。

5. 打磨

打磨是施工中的一项重要工序。它的功能主要是：清除物件表面上的毛刺及杂物；清除涂膜表面的粗颗粒及杂质，获得一定的平整表面；对平滑的涂膜或底材表面打磨得到需要的表面粗糙度，增强涂膜间的附着性。因此，打磨是提高涂装效果的重要作业之一。原则上，每一层涂膜都应当进行打磨。但打磨费工时，劳动强度很大，现在正努力开发不需打磨的涂料和不需要打磨的措施，以便能在流水生产线中减少或去掉打磨工序。图 2-15 所示为各种打磨工具。

（1）打磨材料　常用的打磨材料有：浮石、刚玉、金刚砂、硅藻土、滑石粉、木工砂纸、砂布和水砂纸。应按照工艺要求选用打磨材料。

（2）打磨方法　常用的打磨方法有：干打磨法、湿打磨法和机械打磨法。

1）干打磨法。采用砂纸、浮石、细的石粉进行磨光，打磨后要将它打扫干净，此法适用于干硬而脆的，或装饰性要求不太高的表面。采用干打磨的缺点是操作过程中容易产生很多粉尘，影响环境卫生。

简易打磨机适用于打磨几何形状不规则的小型产品，例如电表罩壳、小五金零件等。它的构造简单，在能自由弯曲的弹簧连杆头上接一软的泡沫塑料轮的外部，由砂纸包起来供打磨用，当砂纸磨平后可随时更换。

2）湿打磨法。湿打磨法是在砂纸或浮石表面泡蘸清水、肥皂水或含有松香水的乳液进行打磨的。其工作效率要比干打磨快、质量好。浮石可用粗呢或毡垫包裹，并浇上少量的水或非活性溶剂润湿；对要求精细的表面，可取用少

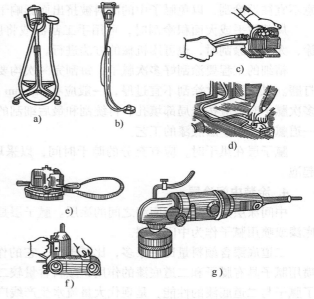

图 2-15　各种打磨工具
a）软轴式　b）带洗尘袋式　c）偏心式　d）气动式
e）刷磨式　f）带式　g）供应润滑剂的打磨机

量细的浮石粉或硅藻土蘸水均匀地摩擦，打磨后所有的表面再用清水冲洗干净，然后用麂皮擦拭一遍再进行干燥。

3）机械打磨法。它比手工打磨的生产率高。一般采用电动打磨机具或在抹有磨光膏的电动磨光机上进行操作。

操作时应注意：①必须要在涂膜表面完全干燥以后才可进行；②打磨时用力要均匀，磨平后应成为一平滑的表面；③湿打磨后必须用清水洗净，然后干燥，最好烘干；④打磨后不允许有肉眼可见的大量露底现象。

6. 涂装面漆

工件经涂底漆、刮腻子、打磨修平后，涂装面漆，这是完成涂装工艺过程的关键阶段。涂装面漆要根据表面的大小和形状选定施工方法，一般要求涂得薄而均匀。除厚涂膜外，涂膜遮盖力差的也不应以增加厚度来弥补，而是应当分几次来涂装。涂膜的总厚度要根据涂料的层次和具体要求来决定。下面介绍计算涂膜的厚度和涂刷面积的方法，供参考。

以 100% 不挥发分计，每千克涂料涂膜厚度与涂刷面积见表 2-1。

表 2-1　每千克涂料涂膜厚度与涂刷面积

涂膜厚度/μm	100.0	50.0	33.3	25.0	20.0	16.7	14.3	12.5	11.1	10.0
涂刷面积/m²	10	20	30	40	50	60	70	80	90	100

涂膜厚度（μm）可用下式求出：

$$涂膜厚度 = \frac{所耗漆量 \times 不挥发分量}{不挥发分密度 \times 涂刷面积} \times 1000$$

或将涂料不挥发分所占体积百分数与涂刷面积的厚度相乘，即得涂膜总厚度。例如，涂刷面积为 $50m^2$，不挥发分体积百分数为 52%，其涂膜厚度从表 2-1 中查出为 $20\mu m$，则 $20\mu m \times 52\% = 10.4\mu m$，此 $10.4\mu m$ 即为涂膜总厚度。

面漆涂布和干燥方法依据被涂物件的条件和涂料品种而定。应涂在确认无缺陷和干透的中间涂膜或底漆上。原则上，应在第一道面漆干透后方可涂第二道面漆。

涂面漆时，有时为了增强涂膜的光泽、丰满度，可在涂膜最后一道面漆中加入一定数量的同类型的清漆，有时再涂一层清漆罩光漆加以保护。

近年来，对于涂装烘干型面漆采用了"湿碰湿"涂装烘干工艺，改变了过去涂一次烘一次的方法，可节省能源、简化工艺，适应大批量流水线生产的需要。这种工艺的做法是在涂第一道面漆后，晾干数分钟，在涂膜还湿的情况下就涂第二道面漆，然后一起烘干，还可以喷涂三道面漆一起烘干。涂膜状况保持良好，又节能，已获得普遍应用。金属闪光涂料也可采取这种工艺，即两道金属闪光色漆打底，加一道清漆罩光后，一次烘干。

为提高表面装饰性，对于热塑性面漆（如硝基磁漆），可采用"溶剂咬平"技术，即在喷完最后一道面漆干燥之后，用 $400^{\#}$ 或 $500^{\#}$ 水砂纸打磨；擦洗干净后，喷涂一道用溶解力强而挥发慢的溶剂调配的极稀的面漆；晾干后，可得到更为平整光滑的涂膜，减少抛光的工作量。

对于一些丙烯酸面漆，还应用一种"再流平"施工工艺，即使其半固化后，用湿打磨法消除涂膜缺陷，最后在较高温度下使其熔融固化。因此，"再流平"工艺又称"烘干、打磨、烘干"工艺。

涂面漆时要特别精心操作。面漆应用细筛网或多层砂布仔细过滤。涂装和干燥场所应干净无尘，装饰性要求较高时应在具有调温、调湿和空气净化除尘的喷漆室中进行，晾干和烘干场所也要同样处理，以确保涂装效果。涂面漆后必须有足够时间干透，被涂物件才能投入使用。

7. 抛光上蜡

抛光上蜡的目的是，为了增强最后一层涂膜的光泽和保护性。若经常抛光上蜡，可使涂膜光亮而且耐水，能延长涂膜的寿命。它一般适用于装饰性涂膜，如家具、轻工产品、冰箱、缝纫机以及轿车等的涂装。不过，抛光上蜡仅适用于硬度较高的涂膜。

抛光上蜡首先是将涂膜表面用棉布、海绵等浸润砂蜡（磨光剂），进行磨光，然后擦净。大表面的可用机械方法，例如用旋转的擦亮圆盘来抛光。磨光以后，再用上光蜡进行抛光，使之表面更富有均匀的光泽。

砂蜡专供各种涂膜磨光和擦平表面高低不平之用，可消除涂膜的桔皮、污染、泛白、粗粒等弊病。砂蜡的组成大部分为一种不流动性蜡浆状物。在选择磨料时，不能含有磨损打磨表面的粗大粒子，而且在使用过程中不应使涂膜着色。使用砂蜡之后，涂膜表面基本上平坦光滑，但光泽还不太亮，如再涂上光蜡进行擦亮推光后，能保护涂膜的耐水性能。上光蜡的质量主要取决于蜡的性能。较新型的上光蜡是一种含蜡质的乳浊液，由于其分散粒子较细，并且其中还存在着乳化剂或加有少量有机硅成分，在抛光时可以帮助分散、去污，因此可得到较光亮的效果。

8. 装饰与保养

（1）装饰　涂膜的装饰可采用印花和划条。印花（又称贴印）是利用石印法将带有移形图案或说明的胶纸，印在工件的表面（例如缝纫机头、自行车车架等）。先抹一薄层颜色较浅的罩光清漆（例如醋胶清漆），待表面略感发黏时，将印花的胶纸贴上，然后用海绵在纸片背面轻轻地摩擦，使印花的图案胶粘在酯胶清漆的表面，并用清水充分润湿纸片背面，待一段时间后，小心地把纸片撕下即可。如发现表面有气泡时，可用细针刺穿小孔，并用湿棉花团轻轻研磨表面，使之平坦。为了使印上的图案固定下来，不再脱落，可再在器材表面喷涂上一层罩光清漆，加以保护。

某些装饰性器材，需要绘画各种图案的或直线的彩色线条，可采用长毛的细笔进行人工描绘，或用移动的划线器进行涂装（见图 2-16）。

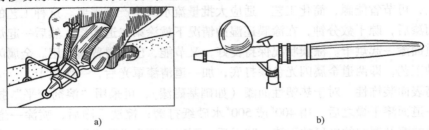

a) b)

图 2-16　装饰用的划线器和喷花用微型喷枪
a）划线器　b）喷花用的微型喷枪

（2）保养　工件表面涂装完毕以后，必须注意涂膜的保养，绝对避免摩擦、撞击，以及沾染灰尘、油腻、水迹等，根据涂膜的性能和使用的气候条件，应在 3～15d 以后才能出厂使用。

9. 质量控制与检查

根据被涂物件的要求，制订涂装施工各个工序和最后成品的质量标准。在每一道工序完成后，都要严格检查和控制，以避免影响下一道工序的施工和最后的质量。

（1）涂装表面预处理的质量控制　涂装表面预处理质量的控制主要做好以下几点：

1）工件表面在涂装前须仔细修整，气孔、砂眼、焊渣及其他凹陷部分，均应填补或磨光。

2）金属表面应先经过脱脂处理，把脏物除净；脱脂后要求检查是否尚存部分油脂未除净，另外表面应干燥。

3）除锈要彻底，应无残锈存在，表面应干燥。酸洗除锈后的金属工件，要求不允许有过度的腐蚀现象和大量的新黄锈；除锈后表面应达到规定的质量标准。应在规定时间内进行下一步操作。

4）磷化处理的膜层外观应呈灰黑色，结晶细致、无斑点及未磷化到的地方，无氧化物及马日夫盐等固体沉淀物残留于表面，磷化膜水洗应彻底，并用热风等彻底干燥。

5）阳极氧化膜表面，不允许有斑点、机械损伤和未氧化部分。

6）表面清洁和磷酸盐处理之间相隔时间不应超过 24h。

7）磷化及阳极氧化处理与涂装之间，相隔时间不应超过 10d。

8）当用脱漆剂去除旧漆后，要检查是否有蜡质残留在器材表面，并应擦净并使之干燥。

（2）涂装的中间质量控制　涂装过程中主要控制好以下几点：

1）涂底漆时要求薄而均匀，要求按工艺规程的规定彻底干燥后，才能涂其他表面漆，涂膜不应有露底、针孔、粗粒或气泡。

2）刮腻子每次应刮得较薄，按工艺规程中规定的干燥时间，待彻底干燥后，才能打磨。

3）干燥后的腻子不允许有收缩、脱落、裂痕、气泡、鼓起、发黏或不易打磨等缺点；打磨后不应有粗糙的打磨纹。

4）检查涂膜表面时，要在涂膜完全干燥后进行，烘漆应冷却至室温下再进行检查。

5）涂膜表面应光滑平整，不允许有肉眼能看到的机械杂质、刷痕以及色调前后不匀等缺点。光泽应符合工艺规范中所规定的标准，如均匀无光、半光、有光。

6）在施工前，必须测定涂装现场的空气温度及其相对湿度，如果测定结果不符合涂装施工工艺规定，就不允许进行工作。

7）为了保证施工质量，对整个涂膜厚度，均有一定的规定。在施工每一阶段，要使用湿膜或干膜测厚仪进行检查，要求涂膜必须达到所需的厚度，膜厚如果达不到要求，则会影响成品质量。

（3）最终涂膜控制　涂料施工程序全部完成后，要依据预定标准进行全面检查。

1）检查最后所涂面漆的干燥程度。按照规定的干燥期限检查涂膜厚度、硬度和附着性。现在硬度检查有手持仪器，可以在被涂物件上直接测定。涂膜干燥后，应能牢固地附着在器材表面，才能提高使用寿命。有一种非破坏性的测定附着力的方法，最简单的是用有压敏胶的胶带，将它粘在涂膜表面，然后用手拉开以检查其附着程度。较科学的方法是用环氧树脂等胶黏剂粘接在涂膜表面，待固化后，采用规定的仪器，拉拔粘接头来检查。

2）检查最后涂膜的颜色、光泽和表面状态。颜色和光泽应符合标准要求，面漆表面应无黏附砂粒或灰尘，光泽不均匀，无桔皮、气泡、裂痕、脱皮、流挂、斑点、针孔或缩孔等现象。

针孔是出现在涂膜上的一种严重缺陷，日久将向四周蔓延锈蚀。可以采用针孔探测仪进行检查。探测仪的探头，有的是用湿海绵或是用许多细金属丝制成的帚形物，经扫测时会产生火花或由指示灯发出信号。

涂膜的检查方法一般是目测或采用仪器进行检查，前提是不破坏被涂物件表面的涂膜。在物件连续施工过程中，应定期取样抽查，进行全面测定。

10. 涂膜常见缺陷及其原因

涂膜产生质量问题是多方面因素造成的。为了预防或尽量减少这些问题的发生，除注意正确合理使用涂料外，还应严格遵守工艺施工规程。发生质量问题时，首先要找出原因，然后采取必要的措施，加以补救。

涂膜容易出现的缺陷种类很多，其中包括：露底、起泡、剥落、开裂、长霉、发白、失光、浮色、凹穴、针孔、桔皮、流挂、气泡、污染、褪色、污点、斑点、杂物、渗色、凸斑、擦伤、打伤、撞伤、色斑、泛金光、起霜、晶纹、漏涂等。产生的原因也相当复杂。常见的涂膜缺陷及其产生原因见表2-2。

表 2-2　常见的涂膜缺陷及其产生原因

缺陷\产生原因	涂料 组成性能	树脂	颜料	辅助材料	溶剂沸点	溶剂的溶解力	黏度	料温	涂膜厚度	施工程序	底漆	底漆的干燥	固化	烘烤	干燥程度	搅拌	杂质	施工方法	设备调整	熟练程度	喷雾粒子	表面粗糙度	表面处理	打磨	形状	材质	表面状态	通风	空气清净	温度	湿度	光线	气候	洗涤剂
刷痕		○	○		○	○	△		○										○	△														
桔皮	○	△			△	○	△		○									○	△	△		○						△	○	○				
流挂		○		○	○	○	△		△										△			○	○	△	○									
发花			△		△		△		△				○	○		○					○	○	○				○		○	○	○			
皱纹		△	△					○	△				○			○					○	○	○				○			○	△			
不盖底	△	△	△						△								△	○				△	○			○								
起粒	△	△	○						○			○				○	○		○	○			△						○					
泛白	○	○	○	○	○	○	○		○							○					○									○	△			
针孔	○	△	○		○	○	△	○	○							○	○				△		△							○				△
拉丝																																		
缩孔	○	○	○				△		△			○	○				○	○			○	○			○		△		○		○		○	
渗色											○																							
麻点		○									○	○	○									○					○			○	△	○	○	
浮色	○	○	○		○							○	△																	○	△			
剥落脱皮		○	○						△	○	○						△	○							△				○	○	△			
回黏	○																													○				
层间剥离					△				△	○	○	○																						
变色	○	△	○		△		○		△				△					○	○	△					○						○	○		○
失光		△	△						△	△	○							○				△								○	○	○		△
泛金光																															○	△		
粉化	○	△	△										△										△									○		○
开裂		△	△						△	○		△						○				○					○			○	○	○		○
起泡	△	△	△						△	○													○	○		○	○			○	△	△		○
生锈	○	△	△		△				○									○					△								○	△		△
腐蚀		△	△						○														△			○								○
长霉	○	○	○																				△	△		○	△				○			
金属光泽不良		△	○		△		○		○	○		△							△			○	△	△		○	○	○		△	△	△		△
锤纹光泽不良		△	○		△		△					△										△		△		△	○			△	△	○	○	△

注：△—主要原因；○—其他原因。

第3章　涂装工艺设计及设备

为使涂膜满足底材、被涂物的涂膜技术要求和使用环境所需的功能，保证涂装质量，获得最大限度的经济效益，必须精心进行涂装工艺设计和选择合适的涂装设备。

3.1　涂装工艺设计

3.1.1　涂装工艺的选择

涂装工艺一般由涂装表面预处理、涂料涂覆、干燥（空气中干燥或烘干设备中烘干）三道基本工序组成。

产品的涂装工艺设计主要是依据被涂装产品的涂膜质量要求而进行的。产品的涂膜质量标准决定了涂装材料的选择，而涂装工艺的选择又取决于所选用的材料。因此，产品的涂膜质量要求是涂装工艺设计的主要依据。以当今装饰性、防护质量要求最高的轿车涂装为例，由于汽车多行驶在公路上，北欧、北美等国家在冬天下雪以后，多采用撒盐化雪，车辆的腐蚀相当严重。轿车涂膜国际公认的防护标准是外露件5年表面无锈蚀，10年无穿孔腐蚀，20年或行驶30万km不应有损坏结构的锈蚀。因此，轿车涂装多采用质量较高的中温低锌磷化、阴极电泳涂底漆，再涂中间涂层和面漆，涂膜总厚度大于100μm。同时，汽车产品也因其质量要求不同而使其涂装工艺体系差别很大，见表3-1。汽车车身三涂层（3C3B）涂装工艺过程见表3-2。其他产品的涂装往往比轿车涂装的要求低，其涂装工艺也大大简化。例如，很多家用电器产品就仅仅进行涂装的表面预处理，然后烘干水分，喷涂粉末涂料，最后烘干或电泳涂装、烘干。

表3-1　汽车车身的典型涂装工艺体系

涂装体系适用对象 面漆颜色 工艺条件 工序		2C2B 货车、吉普车、经济型轿车		3C3B 中型、大众型轿车			4C4B 高级轿车			5C5B 超高级（豪华）轿车		
		本色	闪光色	本色	金属闪光色	珠光色	本色	金属闪光色	珠光色	本色	金属闪光色	珠光色
涂装表面预处理	中温锌盐磷化处理	○	○	○	○	○	○	○	○	○	○	○
底漆 阴极电泳	涂膜厚20μm或30~35μm		○	○	○	○	○	○	○	○	○	○
底漆 烘干	175~180℃,20min	○	○	○	○	○	○	○	○	○	○	○
底漆 打磨	400#砂纸（局部）						根据需要					

（续）

工序	处理	工艺条件	2C2B（货车、吉普车、经济型轿车）		3C3B（中型、大众型轿车）			4C4B（高级轿车）			5C5B（超高级（豪华）轿车）		
			本色	闪光色	本色	金属闪光色	珠光色	本色	金属闪光色	珠光色	本色	金属闪光色	珠光色
头道中漆	涂膜灰或同色	涂膜厚35μm，W/W			○	○	○	○	○	○	○	○	○
头道中漆	烘干	140℃①，20min			○	○	○	○	○	○	○	○	○
头道中漆	湿打磨	$400^{\#}$~$600^{\#}$砂纸			根据需要								
二道中漆	涂膜灰或同色	涂膜厚35μm						○			○	○	○
二道中漆	烘干	140℃，20min						○			○	○	○
二道中漆	湿打磨	$600^{\#}$~$800^{\#}$砂纸						○			○	○	○
头道面漆	涂膜本色	涂膜厚35~40μm，W/W	○		○			○			○		
头道面漆	闪光底色	涂膜厚15μm②，W/W		○		○	○		○	○		○	○
头道面漆	罩光清漆	涂膜厚35μm		○		○	○		○	○		○	○
头道面漆	烘干	140℃，20min	○	○	○	○	○	○	○	○		○	○
头道面漆	湿打磨	$800^{\#}$~$1000^{\#}$砂纸						根据需要			○	○	○
二道面漆	本色	涂膜厚35~40μm，W/W									○		
二道面漆	罩光清漆	涂膜厚30~35μm							○	○		○	○
二道面漆	烘干	140℃，20min							○	○	○	○	○
二道面漆	抛光				根据需要								

注：1. C代表涂层，B代表烘干，3C3B为三涂层三次烘干。烘干温度为工件温度，烘干时间为保温时间。

2. "○"表示需执行的工序，"W/W"表示"湿碰湿"工艺。

①中涂层烘干温度；水性中涂工艺规范为150~165℃，20min。

②珠光闪光底色层比金属闪光底色层厚，膜厚可达20~30μm。

表3-2　汽车车身三涂层（3C3B）涂装工艺过程

序号	工序名称	处理（操作）方式	烘干工艺		备注
			温度	时间	
1	检查进入涂装车间的白车身质量，应无锈、表面平整等	目视	—	—	—
2	手工预擦洗不易洗掉的污物（如拉延油、密封胶、底漆等）	手工擦洗或高压水冲洗	室温或70℃	1~2个工位	如果车身表面较清洁，可不设本工序

（续）

序号	工序名称	处理（操作）方式	烘干工艺		备注
			温度	时间	
3	进入预处理设备，脱脂，磷化 　1）预清洗 　2）预脱脂 　3）脱脂 　4）水洗 　5）水洗（浸入即出） 　6）表调（浸入即出） 　7）磷化处理（中温或低温） 　8）水洗 　9）水洗（浸入即出） 　10）钝化 　11）循环去离子水洗 　12）新鲜去离子水洗 　13）烘干、热风吹干、冷却	 喷 喷 浸 喷 浸 浸 浸 喷 浸 浸或喷 浸 喷 	 60℃ 60℃ 60℃ 室温 室温 35℃以下 45～55℃ 室温 室温 室温 室温 室温 100℃或70℃	 1min 1min 3min 10～30s 10s 10s 3min 10～30s 10s 10s 10s 10s 5min	1）各工序的工艺参数与所选用的表面处理材料的品种类型有关 2）如果车身表面较干净，在产量小的场合，预脱脂工序可省去 3）如果脱脂工序采用具有表调功能脱脂剂，则表调工序可省略 4）低温磷化处理为40～45℃，中温磷化为55℃左右，选用时应注意磷化膜与电泳底漆的配套性 5）钝化工序在欧美汽车厂仍采用，因Cr^{6+}公害，日本已取消钝化工序 6）烘干仅在需要储存或涂溶剂型底漆的场合采用
4	进入电泳涂装设备泳涂底漆 　1）采用电泳涂装法涂阴极电泳底漆 　2）电泳后清洗 在槽上用UF液或去离子水冲洗 用循环UF液冲洗 用循环UF液浸洗 用新鲜超滤液淋洗 用循环去离子水浸洗 用新鲜去离子水冲洗 　3）晾干或吹干漆面的水滴	 浸 喷 喷 浸 喷 浸 喷 	 （28±1）℃ 室温 室温 室温 室温 室温 室温 室温	 3～3.5min 10～30s 10s 10s 10s 10s 10s 3min	阴极电泳有薄膜和厚膜两种，一次泳涂干膜厚度为（20±2）μm称为薄膜，一次泳涂膜厚为30～35μm称为厚膜，与所选用的阴极电泳涂料有关
5	在175～180℃下烘干20min，强制冷却	热风对流	（175±5）℃	30min	20min为车身保温时间
6	技术检查：表面质量、干燥程度、膜厚	目测法	室温		干燥程度用溶剂擦拭法，膜厚用测厚仪检测
7	所有缝隙处涂密封胶	压涂或喷涂	室温		车身内腔涂胶称粗密封，车身外表焊缝涂胶称细密封
8	车身底板下表面喷涂PVC车底涂料	高压无空气喷涂	室温		1）喷涂前遮蔽保护不许喷涂部分 2）车底涂料具有防振绝热耐磨作用
9	去遮蔽，车身内贴或铺防振垫片，擦净车身外表面	手工	室温		擦净飞溅的PVC涂料可用乙二醇丁醚
10	在120～140℃下烘干10～15min	热风对流	140℃	10～15min	属不完全烘干，可与中涂、面漆一道烘干，不设本工序
11	中涂前准备，按需进行打磨电泳底漆层，擦净表面	手工	室温		

（续）

序号	工序名称	处理（操作）方式	烘干工艺		备注
			温度	时间	
12	采用"湿碰湿"或一次喷涂干膜厚度 35～40μm 的中涂膜，晾干 5～10min	手工或自动静电涂装	20～25℃		
13	在 140℃下烘干 20min，强制冷却	热风对流	140℃	30min	个别公司烘温提高到 165℃
14	技术检查：表面质量、膜厚、干燥程度	与工序 6 同	室温		
15	涂面漆前的表面准备，按需进行湿打磨		室温		手工锤平修正车身表面的不平整缺陷
16	擦净被涂表面	手工或自动	室温		手工黏性擦布或自动鸵鸟毛擦净机
17	采用"湿碰湿"工艺喷涂面漆 1）手工喷涂车身内表面和自动涂装难涂到表面 2）手工或自动静电喷涂第一道面漆或底色漆 3）手工或自动空气喷涂第二道面漆或底色漆 4）晾干或热风吹干 5）手工喷涂在车身内表面罩光清漆 6）车身外表面手工或自动静电喷涂罩光清漆 7）晾干	手工或自动静电喷涂	20～25℃ 20～25℃ 20～25℃ 室温或 60℃ 20～25℃ 20～25℃ 室温	3min 3min	本喷涂面漆工艺适用于金属闪光和珠光色面漆；喷涂需罩光的本色面漆场合仅按 1）～7）工序执行；喷涂不需罩光的本色面漆场合，仅按 1）～3）工序执行就可，一次喷涂干面漆涂膜厚度达（40±5）μm
18	在 135～140℃下烘干 20min，强制冷却	热风对流	140℃	30min	20min 为车身保温时间
19	最终总检查，100%检查涂膜的外观质量、膜厚、干燥程度 1）合格品或抛光修饰后合格品发往总装车间 2）不合格品返修或小修补漆	目测或有关仪器			涂膜的外观质量包括：光泽、桔皮、鲜艳性及存在的外观缺陷
20	空腔注蜡：涂装合格的车身在送往总装内饰前，为提高内腔的耐蚀性需进行注蜡或灌蜡处理				

3.1.2　涂装预处理的工艺选择

涂装预处理对整个涂膜的质量，即涂膜的附着力、耐蚀性、外观等均有很大的影响。涂装预处理工艺包括如下三个方面：

1）采用机械的方法清除被涂物表面的各种缺陷，例如，钣金件表面的凹凸不平，各种焊渣、型砂和锈蚀产物等。

2）清洗掉被涂物表面污垢，包括各种油污等。

3）对经过清洗的被涂金属制件表面进行各种化学处理，如磷化处理等。对经过磷化处理和不经过磷化处理的钢板进行阴极电泳涂装后的盐雾试验考核发现，其耐蚀性可相差一倍以上。因此，涂装的表面预处理对涂装质量起着很大的作用。

涂装预处理的工艺选择与下列条件有关。

1. 处理工件的材质

钢铁材料和有色金属材料采用的处理方法不同。钢铁材料大都采用脱脂、磷化的方式处理，根据脱脂剂碱性的强弱，来确定在磷化之前采用表调或不采用表调；然后根据产品质量的要求选择磷化工艺，要求较低的可以采用常温的铁系磷化或锌系磷化工艺，要求较高的则采用中温低锌磷化工艺。有色金属材料如锌、铝等，除了考虑其不耐碱蚀的要求外，在化学处理上，可以采用中温低锌磷化及铬酸盐化处理。

2. 工件表面的质量及形状

如果工件是冷轧钢板，表面无锈，只需进行脱脂，然后进行化学处理；如果有氧化皮和锈蚀，则需要进行脱脂、酸洗除锈后，再进行化学处理。对于简单的零件，采用喷洗方式可以完全处理；对于含有内腔结构的零件，如汽车驾驶室，只有采用浸式才能使内部结构完全处理。以汽车驾驶室为例，采用喷式处理，仅能使内外面积的70%处理到，采用半浸半喷的处理方式，可使90%的面积完全处理；而采用浸式，可以使驾驶室表面100%完全处理到，而且可以获得高质量的耐酸碱的磷化膜。

3. 后续工序的要求

涂装预处理以后，如果采用喷涂底漆或喷涂粉末涂料，磷化水洗后需要进行烘干；如果采用电泳漆，可以不用进行烘干。有些要求高的产品涂装，磷化后还可能增加一道钝化工艺。钝化可以弥补磷化质量的缺陷，提高涂膜耐蚀性10%～30%。但不管采用何种工艺，预处理的最后一道水洗需要采用去离子水洗，以去除清洗水中可溶解物质对涂层耐久性的影响。一般要求离开预处理设备以后的工件的滴水电导率不大于50μS/cm。

3.1.3 电泳涂装工艺设计

电泳涂装分为阳极电泳涂装和阴极电泳涂装两种。具体选择哪种涂装方法，主要依据产品的质量要求。阳极电泳涂膜适用于耐蚀性要求不高的产品。酚醛或环氧酯的阳极电泳涂膜耐盐雾腐蚀试验在150h之内，较好的聚丁二烯阳极电泳涂膜，可通过360h盐雾试验。阴极电泳涂膜经盐雾试验，一般防腐级≥720h，良好防腐级≥800h，优质防腐级≥1000h。应当根据产品涂膜质量的要求选择。

1. 电泳涂装工艺

电泳涂装工艺过程为：电泳→槽上超滤（UF）液喷淋→循环UF液喷洗→循环UF液浸洗→新鲜UF液喷淋→循环去离子水喷洗→循环去离子水浸洗→新鲜去离子水喷淋。

2. 电泳后清洗

电泳后清洗的目的是将工件从电泳槽中带出的电泳槽液清洗掉。据估算，工件出电泳槽时，每$1m^2$工件面积将带出电泳槽液0.1L。因此，工件表面的电泳漆回收既涉及涂装成本，也涉及环境污染的问题。采用多次的超滤液冲洗，可以使电泳漆利用率达到 90% 以上。采用先进的电泳漆超滤液反渗透技术（EDRO）制造纯水，进行最后的纯水淋洗。水洗水逐渐返回电泳槽中，达到电泳、清洗全封闭，几乎做到无污染电泳涂装。

电泳后，清洗工艺可根据被涂工件的结构复杂程度来选择。循环 UF 液洗和循环去离子水洗可以选择喷—浸、浸或喷。采用浸洗，可有效地防止焊接缝处的电泳漆二次流痕。当工件形状比较简单时，也可以省去浸洗工序。

3. 电泳辅助设备工艺设计的要求

电泳涂装的辅助设备主要有直流电源、阴（阳）极系统、超滤系统、循环系统、控温系统及纯水制造装置。

（1）直流电源　直流电源一般要求常用电压、电流在额定 70% 左右。根据选用的电泳漆的施工电压范围确定直流电源的电压最高值。电压一般选择在 400V 左右，电流取 10～20A/m^2。当采用间歇式葫芦吊装的方式时，取上限电流值，并且通电方式采用软起动，既从 0V 升到正常施工电压，时间为 30s。直流电源须经滤液整流，电压波动率不大于 5%。

（2）阳极系统　阴极面积（电泳槽中全浸没工件面积）：阳极面积 = 4：1，阳极罩内供给的流动阳极液量按极罩内的阳极面积乘于 6L/（min·m^2）计算。

（3）超滤（UF）系统　超滤液主要用于电泳后 UF 液的清洗，当槽上 UF 液淋洗采用循环 UF 液喷洗泵供应时，仅考虑 UF 液前后一道淋洗使用量。超滤液量较小时，通过工件面积 ×1.2L/70% 来考虑。当超滤器超滤量小于额定值的 70% 时，要进行清洗。

（4）循环过滤系统　循环系统用于在电泳槽底及液面造成一定的流速，消除槽底和工件表面的颜料沉淀和液面的泡沫，同时使整个电泳槽液的固体含量、温度均匀。要求用于循环的泵流量应满足 4 次/h 的循环量，并且 100% 的通过 25μm 或 50μm 的筒式过滤器，以除去槽液中的固体颗粒。

（5）控温系统　由于电泳过程是通电发热的过程，因此多数情况下，电泳槽液处于降温状态。工艺要求冷却装置在满负荷的状态下，能保持漆液温度在 25℃ 以下，正常工作时控制在（28±1）℃。冷却系统（及其换热器）应按 300V 可在最高的预计电流下工作（同时应考虑泵的功率生热及夏天的空气热传导）来设计。

（6）去离子水系统　要求水电导率 ≤10μS/cm。磷化后最后一道水洗、电泳后最后一道水洗常用去离子水，分别采用的计算量为 1.2L/m^2。其他用水点为表调配槽、电泳漆槽、阳极液槽补水。如果去离子水储槽容积较大，可按 4L/m^2 乘以通过面积来设计。

3.1.4　喷涂线工艺设计

工件采用电泳涂装底漆或采用喷涂底漆以后，有些产品还要喷涂面漆，甚至有中间涂层。对装饰性要求较高的产品，采用喷涂方式进行面漆施工时，在设计涂装设备时对施工环境的洁净度要求很高。进入现场人员必须通过风淋室，吹净身上的灰尘。对环保型水性涂料的施工也有特殊的要求，这些在工艺设计时应当考虑。喷涂线一般应有"打磨→擦净→喷涂→晾干"的过程。

1. 喷涂环境的设计要求

灰尘是喷涂质量的大敌，因此喷涂施工除对厂房设计有要求外，一般还要求有专用的打磨间、擦净室、喷漆室。这些专业的工序间有送排风系统和空气密封措施，避免产生的灰尘、漆雾污染厂房的环境或互相干扰。以汽车涂装为例，汽车车身进入喷漆室之前，要用人工擦净，然后用静电离子化空气吹风除尘，用鸵鸟毛擦净后，再进入喷漆室。喷涂的过程会产生过喷的漆雾，这些漆雾若不除去，将对涂装质量、施工环境及厂房污染都有很大的影响。因此，喷漆室都有抽风装置，将飞散有漆雾的空气抽去并净化，同时还要有送风装置和空气净化系统。喷漆室要求定向的风速为 0.3 ~ 0.5m/s。

2. 水性涂料对喷涂的要求

由于有机溶剂对环境有污染，有些溶剂还会因光化学反应产生更毒的物质。目前，欧洲对涂装业提出了 VOC 排放的限制标准，要求涂装 1m² 面积，有机溶剂排放量不得超过 45g。德国采用了更加严格的标准，VOC 排放量不得超过 35g/m²。因此，采用有机溶剂型漆，根本不可能达到上述的环保要求，需要采用水溶性涂料（以水为主，加入少量的有机助溶剂混合作为溶剂）。水性涂料的施工与有机溶剂型涂料施工要求不同，其要求喷涂室的空气温度为 20 ~ 26℃，空气相对湿度为 60% ±5%。空气温度的高低，会影响涂料的雾化、黏度和流平性。湿度的影响会更明显，湿度太大，易流挂；湿度太小，水分挥发太快，涂膜流平性不好。在汽车涂装中，采用水性金属底色漆，然后湿碰湿喷涂高固体分有机溶剂型罩光漆。水性底色漆涂膜要求溶剂含量（含水和助溶剂）不小于 10% 才能喷涂罩光漆，否则烘烤时会起泡。因此，在喷水性底色漆以后，喷罩光漆之前，必须有一段水分烘干的过程，包含 1 ~ 2min 的红外加热阶段和 2 ~ 3min 的冷却、吹干工艺。在工艺设计时，这些都必须在设计中考虑。

3.1.5　粉末涂装的工艺设计

粉末涂料在施工过程中过喷的粉末易于回收再用，涂料利用率高，且一次喷涂涂膜较厚（一次喷涂厚度要求在 40μm 以上，涂膜外观才好）。很多家用电器如电冰箱、洗衣机等外壳，均可采用一次性施工完成。

1. 粉末涂料喷漆室的工艺设计

粉末涂料属于有机物质，施工一般采用静电喷涂。如果喷漆室内的粉尘浓度达到该涂料的粉尘浓度爆炸范围，当产生静电火花时就会发生爆炸。因此，在设计喷漆室内的送排风量时，要考虑使粉尘浓度在爆炸极限（下限）的 25% 以下。另外，粉末涂料的粉尘会从工件的入出口飞散出去污染环境，因此，还需要在入出口造成一定的风速阻止粉尘不往外飞扬。此风速与入出口的大小、通道的长度及工件占通道的截面积的大小有一定的关系。粉末涂料施工是靠静电喷枪使粉末粒子带电，通过带负电的粉末粒子吸附到接地的工件上形成稳定的粉末层，经过烘干、熔化、固化的过程成膜。过喷的粉末涂料需要通过粉末回收装置回收。

在工艺设计时，应根据粉末涂料喷漆室的空间、粉末涂料的过喷量、喷漆室的大小，来设计喷漆室的送风量和粉末回收设备的抽风量，以达到环保、安全、回收等的要求。

2. 粉末喷涂工艺应用的限制

由于粉末涂料施工大都采用静电粉末喷涂，因静电屏蔽效应，复杂的零件很难获得完整的涂膜。在考虑产品涂装是否采用粉末涂装时，要考虑被涂产品的形状，如深坑、箱式结构、焊缝等，这些部位很难保证能涂上粉末涂料，成为产品防腐蚀的死角。因此，在选用粉末涂装的工艺之前，应认真考虑。

3.1.6　烘干工艺

所有的涂料，通过施工涂布在工件上，最后都要干燥成膜。涂料的干燥一般可分自干和
强制干燥（烘干）两种方式。自干
型涂料一般为挥发型涂料（热塑性涂
料）、双组分涂料或空气氧化型涂料。
其干燥的过程是湿涂膜流平→溶剂挥
发→物理或化学变化成膜。为了加速
干燥的过程，自干型涂膜也可以适当
提高干燥环境的温度，以加速涂膜的
形成。烘干适用于热固性涂料，热固
性涂料必须经过烘干才能固化成高质
量的涂膜。

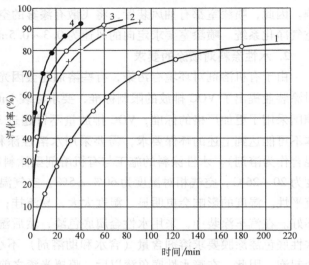

图 3-1　不同空气流速下溶剂汽化率与挥发时间的关系
空气流动速度：1—$v=0$m/s　2—$v=0.3$m/s
3—$v=0.6$m/s　4—$v=1.2$m/s

1. 膜的自然干燥

涂膜在大气中常温下干燥称为自
干。除对干燥的环境清洁度有要求
外，涂膜的干燥速度还与气温、湿
度、风速等有关。图 3-1 所示为不同
空气流速下溶剂汽化率与挥发时间的
关系。

温度升高，有利于溶剂的挥发，氧化聚合等固化反应也加速。但某些自干型涂料如醇酸
漆，在较高温度下会发生表干里不干而起皱的现象。

湿度升高对溶剂挥发起抑制作用，易使挥发型涂料的涂膜发白，故自干场所的空气湿度
以低为好。

2. 热固性涂料涂膜烘干工艺

不同的热固性涂料有不同的烘干要求，都有不同的烘干工艺曲线，或称烘干工艺规范。
图 3-2 所示为某公司的阴极电泳漆的烘干工艺规范。
在烘干曲线的右上方的条件下，涂膜为过烘干；在曲
线的左下方条件下，涂膜为欠烘干。两者形成的涂膜
物理性能和化学性能都不好。在上下曲线包围所示的
烘干条件下，涂膜能达到真正的实干。工件温度达到
180℃时保温 5min 和 150℃时保温 20min，均符合烘干
的质量要求。实际烘干工艺设计时，都要求涂料厂
提供所选用涂料的烘干工艺规范，并且要求尽可能保
证 20min 的保温时间。

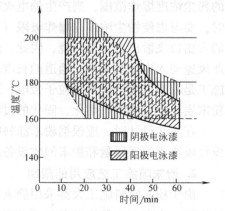

图 3-2　某公司阴极电泳
漆的烘干工艺规范

3. 烘干室的烘干温度要求

一般的烘干室按照升温段保持 20min 来设计。由
于工件进入升温段时为室温，处于吸热状态，因此升
温段要求设计的热功率要大。对于喷涂型涂料，升温

的过程也是涂膜的流平过程,一般要求循环风速不要太高,多采用热辐射加热方式。对于水性涂料,由于溶剂以水为主,急升温容易起泡。一般要求有5min预烘干,在100℃以内让水分挥发后再升温至烘干工艺要求的温度,烘干的持续时间为35min。

4. 涂膜烘干中不同加热方式的选择

绝大多数烘干室都采用热对流加热、热辐射加热或两者混合使用的系统进行加热。

对流加热是通过循环热空气与工件之间对流传导热的。其优点是加热温度均匀,但工件加热升温时间长,热效率低。较适用于烘干温度要求较低(140℃以下)的涂料涂膜的烘干。

辐射加热是采用直接加热的辐射元件通过辐射传热的。其优点是热效率高,升温快。但辐射为直线传播,当有照射盲点时,会产生温度不均匀现象,需要靠加强循环风促使复杂工件温度均匀。辐射式加热方式一般适用于烘干温度较高的涂料涂膜,如电泳涂膜、粉末涂膜的烘干。图3-3所示为不同加热方式的工件升温时间对比。采用辐射加热和对流循环加热混合方式,可以节约能源30%以上。

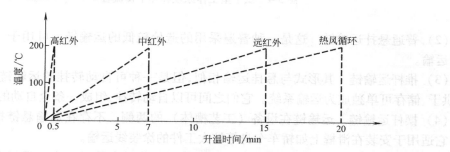

图 3-3　不同加热方式的工件升温时间对比

5. 烘干室节能技术的应用

涂装车间是耗能的大户,其中涂膜烘干占有相当大的比例。因此,在烘干工艺设计时,应尽可能采用节能技术。图3-4所示为常见的使用天然气直接燃烧烘干室废气的涂装烘干室工作原理和热平衡流程。将高温的烘干室废气(内含少量涂料热分解产生的可燃挥发物)作为燃烧炉的补充空气,可节约天然气用量20%以上。

3.1.7　运输方式设计

在涂装线上,被涂物都需要用运输工具运送通过涂装线。简单的涂装线可以使用手工或手动电葫芦搬运,自动输送的涂装线则采用机械化运输。机械化运输设备有自行葫芦、普通悬挂式运输链、推杆悬挂运输链、摆杆运输链、水平回转地面链、垂直回转地面链、新式的滚浸式运输链等。采用哪一种运输方式,与设备先进程度的要求、产量等都有关系。

(1)自行葫芦　一种由单板机控制的可升降、按轨道运行的电动葫芦,一般适用于涂装线节拍为5min/挂具(即预处理磷化、电泳时间为3min,加上升降和行走时间)的运输。如果加大产量,需要使关键的工序如脱脂、磷化、电泳诸槽的长度增加一倍。由于涂装工件在工艺槽中是直上直下,工艺槽体较小,在产量不很大的情况下采用,可实现自动化。它也适用于与之相类似的门式升降、行走自动线。

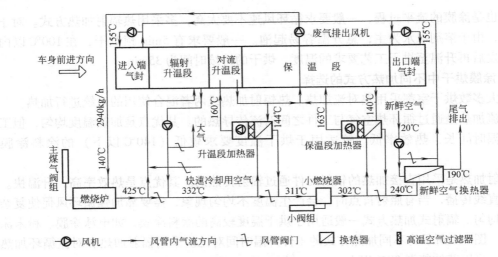

图 3-4 烘干室工作原理和热平衡流程

（2）普通悬挂运输链 这是一种普遍采用的造价较低的运输链，可用于一般涂装线工件的运输。

（3）推杆运输链 其形式与悬挂运输相似，但是一种可自动转挂的运输链。预处理、电泳、烘干、储存可单独成为运输系统。它们之间可以自动转挂，组成一条全自动的运输链。

（4）摆杆运输链 运输链在设备（工艺槽体）的两侧，不存在运输悬链掉物污染的问题。它适用于安装在滑橇上如轿车车身等较大工件的涂装线运输。

（5）地面运输链 运行方式类似于悬挂运输链，靠链条拖动小车或滑橇载着被涂工件进入涂装线，主要用于喷涂线，特别是较大工件的涂装。

（6）滚浸式运输链 如图 3-5 所示，工件在槽边翻转垂直入槽，有利于缩小工艺槽的体积，特别适用于车身的涂装，可以防止车身顶盖沉淀产生颗粒等涂装弊病。

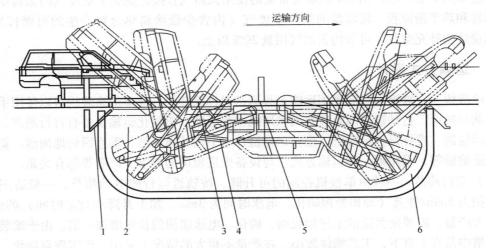

图 3-5 滚浸输运工件入槽轨迹图

1—左导滚轨 2—右导滚轨 3—链轨 4—浸槽 5—旋转执行器 6—槽体

运输链的速度与涂装线的产量、工件班制等有关，计算运输速度遵循下列原则：

1）确定每年被涂工件的数量、大小尺寸。

2）按照设定的挂具，将所有工件设想装挂到挂具上，求出所需的挂具总数 Z。

3）确定运输链装挂挂具之间的节距 L（m）。

4）确定设备开动率，一般不小于90%。

5）涂装车间的工作年时基数，如 8h/班×2 班/d×250d，则运输链速度为

$$v = \frac{LZ}{60\text{min/h} \times 8\text{h/班} \times 2 \text{班/d} \times 250\text{d} \times 90\%}$$

3.2 涂装生产设备

当涂装工艺和涂装材料确定以后，对于涂装质量的影响可以说是"三分设备，七分管理"，设备好坏的影响仍然占有较大的比重，特别是设备的可靠性对涂装质量的影响很大。

3.2.1 涂装预处理设备的设计要求

涂装预处理设备大多数为非标准的槽体，从其制造技术来说，并无多大的难度，对设备而言，主要从整个预处理线上来考虑其合理性。

1. 逆工序清洗技术

预处理的清洗在涂装车间用水量最大，必须考虑水的合理使用。在预处理生产线上，一般考虑清洗水的逆流使用，如图3-6所示。由于补加水不是分别补充到各个工艺槽中而是补充或用在最后一道喷淋水洗上，并且逆工序向前溢流，这样最大限度地保证了清洗水污染度越来越小，进一步提高了清洗质量，减少了水的消耗。

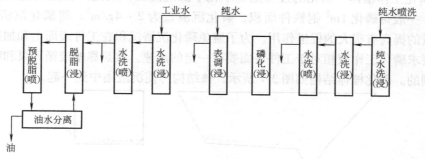

图3-6 预处理工艺槽液流程图

2. 喷浸工序的合理安排

预脱脂、脱脂后第一道水洗和磷化后第一道水洗，能将大部分工件表面携带的油污、碱液及磷化液清洗掉，这几道工序的清洗液一般污染都很大，需要经常更新。由于清洗工序的槽体较小，并可连续地由下一道工序槽的溢流补充来及时更新，因此，在预处理设备中，如果同时存在喷洗和浸洗工序，绝大多数都将喷洗工序列在前，而浸洗工序列在后。正常工作时，后一道浸洗工序（槽体很大）的清洗水可以自动溢流向前一工序槽（槽体小），并且按照工艺管理的要求，定期排放。喷洗槽的槽液，用浸洗槽的工作液更新。

各工序之间的间隙时间不要超过 2min，以免工件表面干燥引起生锈或产生处理质量不均一现象。当运输速度太慢，工序之间间隔超过 2min 以上，应在工序之间安排喷湿装置。

3. 脱脂槽及其配套设备

简单工件的脱脂方式采用喷淋方式，复杂工件需要采用浸或浸喷结合的方式。产量较大时，在脱脂工序之前，还增加预脱脂及热水洗工序。脱脂一般采用热的脱脂液与工件接触，通过化学反应、乳化、机械冲刷等作用，将油污除去。

脱脂槽槽底要有一定的倾斜度，一般为 1000:(5~10)。在前面低点处要安装排污闸门，以将沉淀在槽底的淤渣冲洗清除。

加热能提高脱脂工作液的脱脂效果，加热方式通常为热交换方式。工作液温度视采用的脱脂剂来定，主要取决于脱脂剂中的表面活性剂的浊点。加热温度不宜超过表面活性剂的浊点。

脱脂工作液一般要求含油量不超过 5g/L。为了延长脱脂液的使用周期，脱脂设备均有脱脂装置。过去多采用加热破乳的方式将脱脂液中油脂与水分离，但效果都不明显；也可以利用副槽来浓集脱脂液表面的浮油，然后利用泡沫塑料带或胶管黏附、挤刮方式将黏附在循环胶管上的油污除去。

较为先进的脱脂方式是采用超滤装置。将含有油的脱脂液通过超滤装置，油（含表面活性剂）从脱脂液中被分离出来，含有可溶性的脱脂成分的超滤液返回脱脂槽中。这种方式充分回收废脱脂液中的水和脱脂剂中的可溶性碱类物质。回收的工作液中应补加表面活性剂的成分。

4. 磷化处理及其配套设备

在涂装预处理设备中，磷化处理的设备相对比较复杂，要求也较高。对磷化工序的槽体及其配套设备均有特殊的要求。

（1）磷化工作槽体 磷化的过程是一个化学反应过程，其副产物是磷化沉渣。以锌盐磷化为例，一般每磷化 $1m^2$ 钢铁件面积，磷化沉渣量为 $2~4g/m^2$。将磷化沉渣清理出去，对磷化质量的提高有很大的促进作用。为了避免磷化沉渣沉积在工件表面上和加速磷化反应的进行，要求磷化工作液相对于工件表面要有一定的流速。这是靠槽液循环泵和喷嘴的正确设计来达到的。磷化槽体结构如图 3-7 所示，该结构可使沉渣集中到一起。

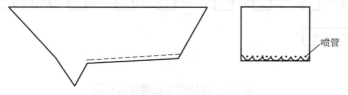

喷管

图 3-7 磷化槽体结构

磷化槽一侧底部有一个或数个锥形斗，槽底向锥形斗有一定的倾斜度。槽底最好设计带有凹槽结构。槽底喷嘴液流将沉积在凹槽处的沉渣推向锥形斗，以便于及时清除出去。

为了冲洗掉黏附在工件上的磷化残渣，在磷化槽出口处可以安置磷化液喷射管，直接用磷化液冲洗工件表面。

（2）磷化除渣装置 为了使磷化沉渣及时除去，依靠泵间断或连续地从磷化主槽下的锥形斗中把磷化工作液与磷化沉渣一起泵出，送至锥形沉降槽或通过一斜板或沉降器，沉渣沉于底部,清液再返回磷化槽中。沉降槽中的沉淀可放出或通过泵送到压滤机压滤,也可以将磷化槽锥形斗中的沉渣与工作液一起送到真空除渣机或连续的纸带式过滤机中进行固液分离后,液体返回磷化槽中。

(3)加热装置　磷化工作液要求保证一定的工作温度,需要通过换热器进行加热。因磷化工作液加热温度过高,容易分解产生沉淀,一般要求加热的水温度与工作液要求的温度差在20℃左右。长期使用后也会在换热器结上磷化沉渣的垢,降低了换热器的换热效率。因此,换热器必须具有清洗装置,以便进行定期清洗。换热器必须具有清洗的接口阀门,由一个移动式清洗装置(含清洗槽、耐酸泵及接口胶管),用配制的5%(质量分数)以上的硝酸溶液进行循环清洗,以溶解掉换热器与磷化工作液接触的一侧的垢。

(4)磷化备用槽　为了便于检修,磷化槽应有备用槽,在检修时将磷化工作液转移到备用槽中。在某些场合,也可以将磷化槽后面的水洗槽设计成备用槽。

(5)磷化药品补加系统　连续的磷化工艺,会使磷化工作液(磷化剂及其促进剂)的浓度降低,需要不断的补加以维持其浓度。产量大的涂装线,定期用计量泵将磷化原液和促进剂溶液泵入磷化槽中,磷化工作液浓度的变化幅度取决于计量泵的起动次数,少量多次补加可使工作液浓度平稳。小型的磷化处理槽,可在槽边安装两个带阀门的滴加槽,将每天按生产工件面积计算出来的磷化原液和促进剂溶液加入滴加槽中,打开滴加阀门,根据经验决定滴加速度,要求在停工前0.5h滴加完。磷化原液、促进剂的滴加点之间的距离应尽可能远。

3.2.2　电泳涂装设备

电泳涂装对金属件而言,是施工方便、火灾危险性最小的环保型涂料施工方法。但其辅助设备较多,一次性投资较大。电泳涂装设备包括电泳槽、备用槽及循环过滤系统、调温系统、电极及极液循环系统、直流电源、超滤系统、纯水系统、电泳后清洗系统等。

1. 电泳槽(含副槽、备用槽)及循环系统

电泳槽是工件通过的地方,其体积大小与通过的工件大小和产量有关。电泳槽的大小取决于通过工件的最大尺寸。典型电泳槽的断面间隙尺寸如图3-8与表3-3所示。电泳槽的长度应达到使工件全浸没在电泳槽中的要求,电泳时间为2~3min。

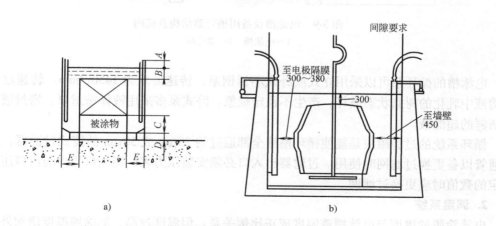

图 3-8　典型电泳槽的断面间隙尺寸

a)典型电泳槽　b)汽车车身用电泳槽

表3-3 典型电泳槽的断面间隙尺寸 （单位：mm）

工件类型	A	B	C	D	E
汽车车身	200~250	250~300	450~500	250~300	500~550
建材	150~200	200~250	100~150	250~300	450~500
家用电器	125~150	150~200	400~450	200~250	350~400
零部件	125~150	125~150	375~400	150~200	300~350

电泳槽体一般采用6mm的低碳钢板双面焊接、槽钢加强而成，内部喷砂并涂覆以2~3mm的环氧或不饱和聚酯玻璃钢，耐静电直流电压20kV。小型工件的槽体可以用10mmPVC塑料板焊接并用角钢加固而成。要求电泳槽内壁、槽底尽可能圆滑无死角，电泳槽底应向工件入口处倾斜，大型槽体在入口处设置泵的吸入口。

备用槽是供清理和维修电泳槽时存储电泳槽液用的。电泳槽和备用槽均配置有槽液循环搅拌系统，以保持槽液成分均匀、温度均匀及防止颜料在槽底或被涂物水平面上沉淀，并及时排除被涂物表面上产生的气泡和槽液面上的气泡。槽底的循环喷管距槽底70~80mm，喷嘴可以采用PP塑料或不锈钢文丘里喷嘴。当电泳槽体较小时，也可采用一般的喷嘴。槽液循环速度为4~6次/h。槽液循环系统要保证电泳槽液面流速不小于0.2m/s，槽底液流速不小于0.4m/s。电泳槽和备用槽可共用一套循环系统，其管路结构及流向如图3-9所示。

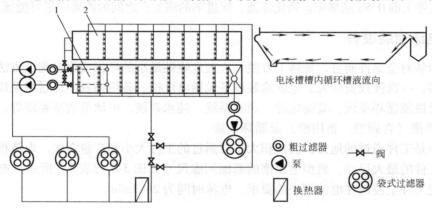

电泳槽槽内循环槽液流向

◎ 粗过滤器 ▷ 泵 ✕ 阀 ◎ 袋式过滤器 ▯ 换热器

图3-9 电泳槽及备用槽管路结构及流向
1—电泳槽 2—储存槽

电泳槽的循环泵可以采用立式或卧式不锈钢泵，转速要求为1450r/min。转速过高，会将槽液中乳化的树脂状态破坏，产生不稳定现象。卧式泵多采用液体密封泵，密封液一般采用新鲜的超滤液。

循环系统的过滤罐应是能使循环槽液全部通过的25μm或50μm的筒式过滤器，并带有旁通管以备更换过滤网时使用。过滤器出入口必须安装压力表，当入口压力与出口压力超过一定的数值时应更换过滤网。

2. 调温系统

电泳涂膜的厚度与电泳槽液温度成正比例关系。但温度过高，除涂膜厚度增加外，槽液的老化加剧。当温度太低时，涂膜变薄，若温度低于15℃时，甚至不能涂上涂膜。因此，要求控制槽液温度。在正常生产状态下，由于电泳涂装过程的通电发热及其他原因，电泳槽液温度一般处于升温状态。要求冷却装置在满负荷下应能保持漆液温度在 25℃ 以下的能力，正常工作时则控制在（28±1）℃。

冷冻机（及其换热器）的制冷能力，应能排除电泳涂装可能使用的最高电压、最高的设计电流（按全浸工件面积乘于 20A）下工作产生的热量，同时应考虑各种泵的机械功率及夏天的热传导等因素综合来设计。地处温带地区时，可考虑将制冷所需的功率分配至两套冷冻机上。夏天两套设备同时起动，春、秋则使用一台，冬天可直接取凉水塔的水进行电泳槽液的冷却。

3. 电极及电极液循环系统

按照电泳涂装直流电源的导电原则，作为电极的工件与另一个电极，其导电面积比应有一定的范围。在设计时，按全浸没工件面积与相对应的电极（阳极或阴极）面积之比为（4~6）:1。以阴极电泳为例，工件是阴极，对应的电极是阳极。阳极在通电过程中产生氧气，消耗水中的氢氧根离子，因此阳极液是酸性溶液。阳极要求采用 316L（美国牌号，相当于 022Cr17Ni12Mo3Ti）不锈钢材质，阳极液循环系统的管道也采用不锈钢管或塑料管（采用塑料管时，应在管路中装有金属部分要接地），阳极液的循环量按 6L/（min·m^2）的标准考虑。阳极液电导率一般控制在（500±200）μS/cm。当电导率超标时，应可手动或自动补充去离子水，使高电导率的阳极液溢流，直至将电导率调整到合理的范围内。

工件通过挂具连接地的运输链或与汇流排接触到点。大型复杂的工件电泳涂装时，可以分两段供电。即入槽时，供较低的直流电压，当工件外部被涂上一定厚度的涂膜后，进入第二段，在较高的电压（比第一段电压高 20~60V）下，促进复杂工件的内部进一步涂装。两段电压有各自的供电电源和连接的阳极。两段的阳极之间要有一定的距离，电压差越大，距离越大，以免两个极板之间形成的电压差使电泳漆在电压较低的阳极及极罩上产生沉积。

4. 直流电源（整流器）

直流电源（整流器）应能使电压在 0~400V 之间可调，正常使用的电压和电流应在设计值的 70% 左右。直流电源的"供电平稳"度或输出脉动率是很重要的性能，直流电源采用滤波整流，在满负荷的情况下，其电压脉动率不能超过 5%。

考虑在运输链停止之后，电泳槽内停有工件，在停链期间如果停止供直流电，湿涂膜会重漆。因此，直流电源应有停链后供保护电压的能力，以避免重漆，保护电压的高低可由试验来确定。

工件带接地电压入槽，可以提供最大的人身安全保障，使开关系统简化，使工件的下部有最长的电泳时间，也减少电弧放电和烧坏电刷、滑架等。在运输链速度较快的场合，比全浸没通电有一定的优势。

5. 超滤系统

超滤（UF）属于一种压力驱动的膜分离过程，超滤膜的孔径为 10^{-3}~10^{-2} μm，能将电泳槽液中悬浮的高相对分子质量树脂、颜料截留，而让槽液中的水、有机溶剂、无机离子及低分子有机物通过，形成超滤液。

采用超滤可以实现封闭清洗，提高涂料的利用率，必要时可以排放少量的超滤液，达到去除杂质离子、净化槽液的目的。

超滤装置按照超滤组件的支承体形状可分为管式、卷式、板式、中空纤维管式等几种。图 3-10 所示为超滤元件的结构。在管理不够完善的场合，应当采用管式超滤器。

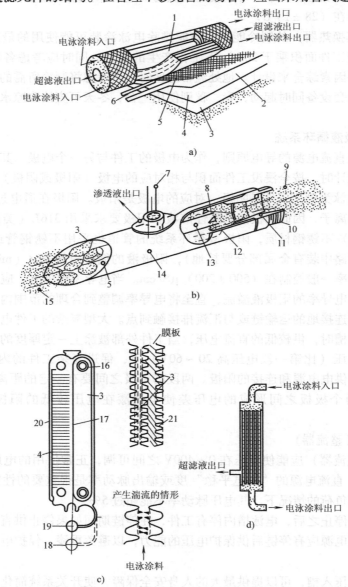

图 3-10 超滤元件的结构

a）卷式　b）管式　c）板式　d）中空纤维式

1—超滤液收集管　2—超滤液流动通道　3—超滤膜　4—超滤液收集通道　5—膜支撑体
6—电泳涂料通道　7—渗透液　8—定位器　9—进口液流　10—端部接口　11—垫圈
12—环氧树脂漆　13—环氧树脂密封化合物　14—PVC 管体　15—出口液流　16—密封环
17—橡胶密封圈　18—二级收集管　19——级收集管　20—槽沟　21—超滤液排出通道

超滤循环系统的连接方式有两种：一种是直接接到电泳槽循环系统中，适用于小型电泳

槽；另一种为内循环方式，如图 3-11 所示，适用于超滤液用量较大的电泳生产线。超滤装置还应有清洗装置。

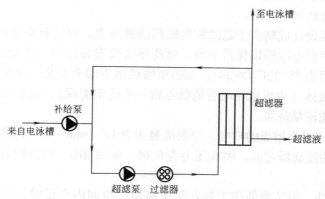

图 3-11　超滤装置内循环系统

6. 纯水（去离子水）装置

预处理、电泳涂装线大量的使用纯水，要求纯水的电导率≤10μS/cm。

过去，生产纯水采用工业水通过阴离子交换柱和阳离子交换柱，除去水中的阴、阳离子。当阴、阳离子交换树脂离子交换达到一定的饱和度后，采用氢氧化钠和盐酸溶液进行清洗再生，然后再用水冲洗至出水质量合格。其过程麻烦，并有酸、碱液的排出，污染环境。现在，多采用反渗透设备制取纯水。反渗透技术实际上也是一种压力驱动的膜分离过程。该半透膜可以让水分子通过而阻挡可溶性的离子通过，其产水率在 70% 以上，所有可溶性盐随浓缩水排出。合理的组合为：泵水→过滤（或超滤）→反渗透→纯水。

在纯水设备设计时，应当将纯水储槽的体积适当增大，而制纯水设备的压力就可以不必要求太高。

7. 电泳后清洗设备

电泳后清洗的目的是回收工件表面的浮漆，提高电泳涂料的利用率，提高和改善涂膜表面质量。电泳后清洗的次数应根据工件的复杂程度和是否涂面漆而定。复杂零件必须采用多工序喷浸结合方式，但对装饰性要求不高的单一电泳涂膜，电泳后清洗可以简化为喷洗或浸洗 1~2 次。

复杂工件采用高效率的"闭路重力回流"超滤液冲洗系统是必要的。此系统在电泳工件一出槽时就利用循环超滤液来冲洗，至最后一道纯净超滤液喷洗，形成超滤液随工序向前溢流返回电泳槽。电泳后清洗设备过程编排见表 3-4。

表 3-4　电泳后清洗设备过程编排

槽上冲洗	单排或双排喷管	槽上冲洗	单排或双排喷管
循环超滤液喷淋	30~45s	循环去离子水喷洗	30~45s
超滤液浸洗	全浸洗	去离子水浸洗	全浸洗
新鲜超滤液喷淋	单排或双排喷管	新鲜去离子水喷洗	单排或双排喷管
沥液区	最少 60s		

（1）槽上冲洗　槽上冲洗是用循环超滤清洗液，在工件一出电泳槽时就立刻开始喷洗，其位置靠近电泳槽副槽。喷洗后的超滤液可直接回到电泳副槽中，通过清洗也可以使工件保持润湿，使工件不会沾污或干结。

槽上喷洗流量要设计成略少于超滤装置的超滤液压力，以使有剩余的超滤液靠液位差，从循环清洗槽溢流回到电泳槽以保持平衡。喷洗喷嘴要安装适当，使喷射面覆盖所有工件。喷嘴一般选用辐射面为85°的广角喷嘴。每排喷嘴的最下端要安装一个喷嘴，以便在不生产时能排净喷管中的液体（也可以在喷管的低点钻一小孔来实现）。槽上超滤液喷洗的工作液可直接来自循环超滤液喷洗泵。

喷嘴采用V形或与之相当的喷嘴，喷射流量为20L/（min·m^2），清洗液要经装在泵与喷管之间的25μm的过滤器过滤。喷洗压力为0.05～0.08MPa。喷洗槽可用普通钢涂环氧玻璃钢或不锈钢制作。

（2）超滤液浸洗　浸洗要能使工件在尽可能短的时间内全浸没，不要求太长的全浸没时间。

循环、过滤与电泳槽设计类似。循环次数为2～3次/h，过滤精度为25μm。浸没槽的温度不能超过35℃。如果不能保证，就必须有冷却装置。

浸洗槽要像喷洗槽一样，涂覆环氧玻璃钢，在涂覆前，钢板要进行喷砂处理。

（3）新鲜超滤液喷洗　与槽上超滤液喷洗设计相同，其工作液由新鲜超滤液储槽的泵供给。超滤液从储槽也可以靠液位差流至超滤液浸洗槽，再逐级地经过喷洗返回电泳槽中。在停产期间，仍然要维持逆流溢流，以减少各道清洗液中的涂料固体含量。

循环去离子水喷洗、浸洗和新鲜去离子水喷洗设备与超滤液相对应的工序相似。其所有的泵、塔路、过滤器、工艺槽及壳体，必须用不锈钢或惰性材料制造。

从新鲜去离子水洗到烘干室的运输链必须通过封闭的通道，以保护工件不落上尘埃及产生缩孔的物质。

3.2.3　喷涂设备

随着工业生产的发展，涂料及涂装方法的研究取得很大的进步。除了前面已经提到的电泳涂装、粉末涂装外，目前使用最广泛的是喷涂法。喷涂法有空气喷涂、静电喷涂、自动喷涂等几种方法。

采用喷涂法涂装时，会产生过喷的漆雾，为了维护环境、操作安全，喷涂操作应在喷漆室内进行。

喷漆室一般应具有带工件进出口的间壁、照明和供风系统、排风系统及漆雾捕集装置。涂装质量的要求不同，对喷漆室的要求也不同。

1. 干式喷漆室

干式喷漆室的优点是：构造简单，适用于批量涂装；捕集的废漆容易处理；不使用水，无需废水处理。其缺点是：捕集废漆装置需人工处理，产量大时更换频繁；喷漆室、排风室、风管需要经常清理，否则黏附在上面的废漆干涸后有可能自燃起火；过滤网等易耗品用量大。

常见的干式喷漆室结构如图3-12和图3-13所示。

图3-14所示为属于干式喷漆室的一种喷烘两用的喷漆烤漆房，它适用于批量小且各种

要求较高的大型设备及汽车的修补涂装。该喷涂室可进行喷涂，在喷涂后又可变成低温（80℃）烘干室，直接对被涂工件进行烘干，其工作原理如图 3-15 所示。

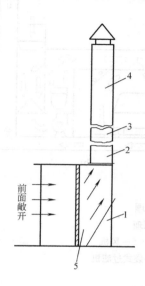

图 3-12 普通干式喷漆室结构

1—喷漆室 2—排风装置

3—气流调节器 4—排风管

5—漆雾捕集器（折流板过滤器）

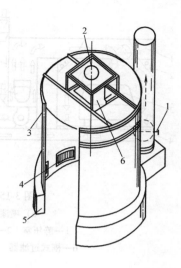

图 3-13 圆柱形静电干式喷漆室结构

1—风向调节板 2—固定往复升降机的板

3—自然给风口 4—节气门（可调节风量）

5—排风管 6—挡板

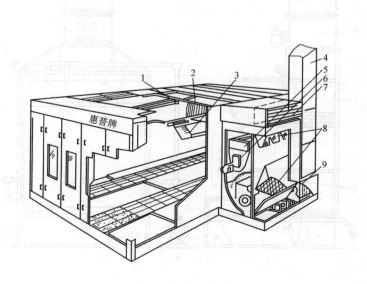

图 3-14 喷漆烤漆房

1—静压室 2—灯箱 3—工件 4—格栅 5—风机

6—框式过滤器 7—燃烧炉 8—风阀 9—袋式过滤机

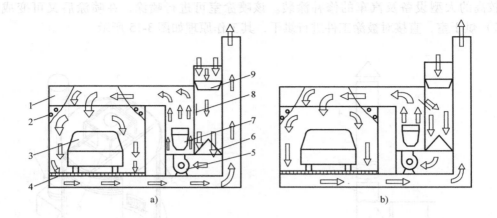

图 3-15　喷漆烤漆房的工作原理

a) 喷漆工作原理　b) 烤漆工作原理

1—静压室　2—灯箱　3—工件　4—格栅　5—风机

6—框式过滤器　7—燃烧炉　8—风阀　9—袋式过滤机

2. 湿式喷漆室

湿式喷漆室的优点是：可连续进行大批量涂装，火灾危险性小，维修工作量比干式喷漆室少，喷漆室内尘埃少，能获得优质的涂膜。其缺点是：占地面积大，需废水处理装置；设备投资和运行费用比干式喷漆室高。常见的湿式喷漆室结构如图 3-16 和图 3-17 所示。

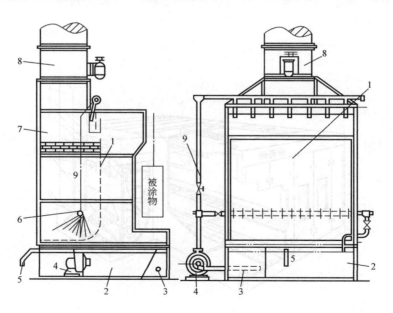

图 3-16　侧抽风喷漆室结构

1—水幕　2—水槽　3—吸水管　4—离心泵　5—溢流口

6—喷射水洗　7—分离器　8—排风机　9—扬水器

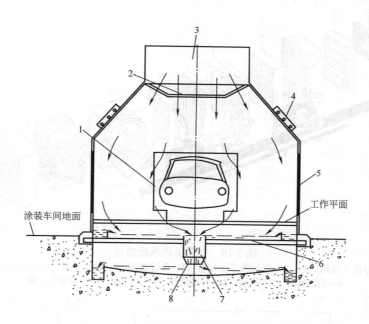

图 3-17 上供风下抽风大型喷漆室结构
1—排风机 2—空气过滤分散顶板 3—供风管 4—照明装置
5—玻璃壁板 6—溢水辅助底板 7—动力清洗管 8—挡板

3. 喷漆室给排风系统

为了排除喷漆室喷涂中过喷的漆雾，喷漆室必须有配套的给排风系统，从而在喷漆室形成一定的风速，将漆雾带走。一般手工喷漆室风速为 0.4~0.6m/s，自动静电喷漆区为 0.25~0.3m/s，喷漆室前后的擦净间和晾干间为 0.2~0.3m/s。各区段的风速 v 由各区段的截面积 S 和给排风量 Q 来决定，其计算公式为

$$v = \frac{Q}{S}$$

为了保证喷涂的质量和改善操作人员的工作条件，对于一般涂膜要求较高的产品，喷漆室均具备空调送风系统，以保证送往喷漆室的空气温度（15℃以上）、湿度、无尘。空调供风系统组成如图 3-18 所示。

高档喷漆室内在喷涂室顶部静压室内还有 1~2 级高效或亚高效过滤布，可以使空调系统送来的空气再次过滤，使得 3μm 以上的尘粒 95% 以上被除去。喷漆室供风量应略大于排风量，以维持喷涂室内相对于车间为正压，避免车间内的灰尘进入喷漆室内。

排风和漆雾捕集系统由漆雾的捕集装置、排风风机及风管等组成。双圆环形排风洗涤装置如图 3-19 所示。

图 3-20 所示为与喷漆室配套的废漆清除装置。该设备可将漆雾捕集装置捕集的废漆渣自动地清除去。所用的循环水中加有废漆凝聚剂，以使漆渣失去黏性，便于除去。

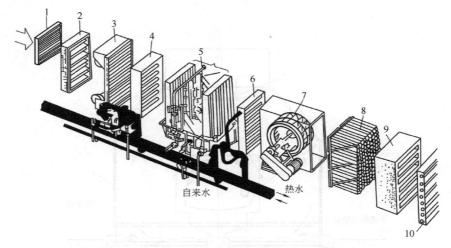

图 3-18　空调供风系统组成

1—防鸟栅栏（进风口）　2—吸风调节百叶窗　3—预过滤器　4—预加热器　5—水洗段及挡水板
6—后加热器　7—风机　8—后过滤器　9—消声器　10—控制百叶窗

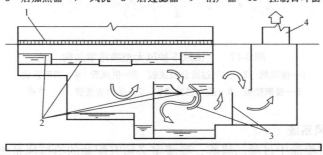

图 3-19　双圆环形排风洗涤装置

1—喷涂室格栅底板　2—淌水槽　3—折流板　4—排风筒

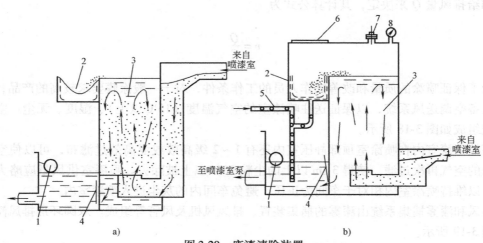

图 3-20　废漆清除装置

a）常压式　b）真空式

1—水位控制罐　2—收集器　3—蓄水池　4—闸门
5—水力喷射管　6—盖子　7—真空控制件　8—真空压力表

各种排风洗涤装置的喷漆室的特性比较见表3-5。

表3-5　各种排风洗涤装置的喷漆室的特性比较

喷漆室及其类型 项目	干式	湿式			
	干式喷漆室	侧抽风式		上送风下抽风式	
		水幕式喷漆室	无泵型喷漆室	文丘里型喷漆室	旋风动力管型喷漆室
除尘率	90%~95% 条件：正确地选择过滤器，并正常地进行更换	80%~90% 条件：喷嘴无堵塞，充分满足水和空气比，喷雾均匀	98%~99% 条件：液面正常	98%~99% 条件：水幕不中断，地面无异物	98%~99%
维护 内容	根据过滤器前后压差更换过滤器材	泵、配管、喷嘴、过滤器、分离器等检查与清理	确认自动液面控制器的工作状态及槽液管理（pH值检查、加入药品）	泵、配管、过滤器等检查与清理	
维护 影响	直接影响风机性能（风量、气流），到一定程度风量会严重下降	直接影响洗净效率、喷嘴堵塞和部分效率严重下降	液面状态影响性能，运行中要经常调整	除水量减少外几乎没有影响，洒水床面及文丘里管内存在异物有影响	洒水面上的水膜要厚，异物影响则小
保养 检修频率（参考）	根据涂料及涂装约每周更换一次	喷嘴检查与清理每日一次，管路清理每月一次	pH值检验每天一次，淤渣清理每年一次，浮物清理每天一次	过滤器以外的水槽及风道每年检修一次	
保养 日常维护的难易程度	简易（更换过滤器）	费工夫（正常保养困难）	简单（仅液面管理）	简单	
性能的稳定性	稳定性差	不稳定（维持困难）	稳定	在大容量场合下也稳定	非常稳定
运转动力	不用水泵 风机压力3.3~4.0kPa 风机压力0.75~1.5kW/m	喷射压力0.15MPa 水量300~350L/(min·m) 风机压力4.0~5.3kPa 风机动力1.5~3.0kW/m	不用水泵 风机压力133.3kPa 风机动力2.2~4.5kW/m	水喷出压力0.05MPa 水量450~500L/(min·m) 动力3~4kW/m 风机压力16.0~173.3kPa 风机动力6kW/m	水喷出压力0.05MPa 水量300L/(min·m) 动力2.5~3.5kW/m 风机压力16.0~173.3kPa 风机动力6kW/m
至作业地面的高度/mm	不要	600~700	600	3000~3500	2000~2500
安装宽度/mm	有效宽度+600	有效宽度+600（单侧）	有效宽度+720（单侧）	有效宽度+框架宽度	有效宽度+框架宽度

（续）

喷漆室及其 类型 项目	干式	湿式			
		侧抽风式		上送风下抽风式	
	干式 喷漆室	水幕式 喷漆室	无泵型 喷漆室	文丘里型 喷漆室	旋风动力管型 喷漆室
气流分布	由于过滤器的阻力，而使风量变动，气流状态过快不好	由于侧面下方排风，气流随喷漆室的性状及送风方时而变化		空气从地面中心吸入，不产生涡流现象，气流状态良好，室内墙壁污染和着色小	
特征	适用于涂料用量少的小型简易喷漆室，净化空气能力有限，不注意更换，风量便急剧下降	它是最早使用的大型喷漆室，性能不稳定，维护困难，适用于中小型产品的涂装	适用于涂料消耗量不大的场合，另设涂料分离槽	适用于涂料用量大的汽车涂装生产线等	

4. 涂料供给系统

在大批量生产的涂装生产线上和耗漆量大的喷涂工位，都采用压送式喷枪，涂料靠压力从喷漆室外或专用的供调漆室压送到喷枪。压送的方式有油漆增压箱和涂料泵输运装置两种。

图 3-21 所示为油漆增压箱的结构。油漆增压箱是一种带密封的耐压的圆柱形容器，靠输入一定的压力（0.1～0.25MPa）的压缩空气增压，将涂料送出去。油漆增压箱的容积为 10～70L，应根据每班的涂料消耗量来选用，原则上每班加 1～2 次涂料。

图 3-22 所示为输调漆系统的控温装置，图 3-23 所示为高低压回漆管三线循环系统。它们是通过压力泵将涂料从调漆罐直接通过循环压送到喷漆室内各个喷漆工位进行喷涂作业。集中输调漆系统的优点是涂料黏度、颜色、温度统一控制；涂料不断搅拌、循环，保持涂料供给的连续性，输漆系统密闭进行，减少外来污染和火灾危险等。

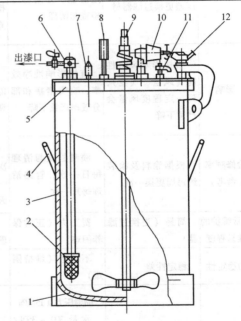

图 3-21　油漆增压箱的结构
1—搅拌叶片　2—过滤网　3—罐体　4—拉手　5—盖
6—出漆阀　7—安全阀　8—压力表　9—搅拌器
10—调压阀　11—放气阀　12—紧固件

3.2.4　烘干设备

涂装烘干室耗能大，其结构和性能将会直接影响到涂膜的质量和涂装成本。因此，在设计和选用烘干设备时，应考虑下列几方面：

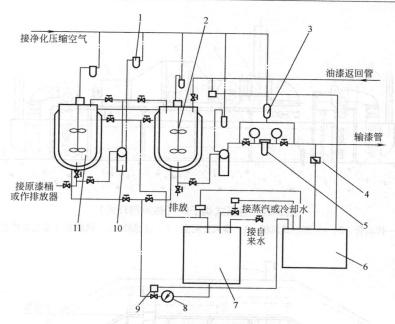

图 3-22　输调漆系统的控温装置

1—调压器　2—输漆罐　3—缓压器　4—热电偶　5—袋式过滤器　6—控制柜
7—热（冷）水储槽　8—泵　9—电磁阀　10—立式泵　11—调漆罐

1）烘干质量方面。应满足涂料烘干的温度—时间曲线，被烘干物的温度分布均匀，烘干室内洁净无尘，烘干室顶部无分解物冷凝。

2）节省能源方面。能源尽可能综合利用，炉内设计合理，对外有绝热措施。

3）符合法规方面。有防爆措施，排出废气有处理装置。

4）维修方面。易清理，可拆卸，易更换，内部壁板平直无积灰死角。

1. 烘干室的类型

按照烘干室形状和被涂物的通过方式，烘干室可分为通过式和箱式。通过式烘干室又可分为直通式（见图3-24）、桥式（见图3-25）及 π 型烘干室（见图3-26）。

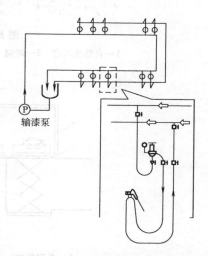

图 3-23　高低压回漆管三线循环系统

2. 烘干室的组成

烘干室由烘干室实体、进出口壳体、热传递系统、电控及测温记录系统，以及各种辅助设备组成。

（1）烘干室实体　一般为镶嵌式结构，在工厂预制成标准块，在现场可任意组装。标准块为双层钢板，内充矿渣棉等绝缘层。绝缘层的厚度根据烘干室温度要求而定。温度高，应选厚层，其厚度一般为 100~150mm。烘干室实体安装后，应不存在热桥的结构，即内外层之间连续处应绝缘。在正常生产时，烘干室内外壁板温度与室温之差不大于15℃。

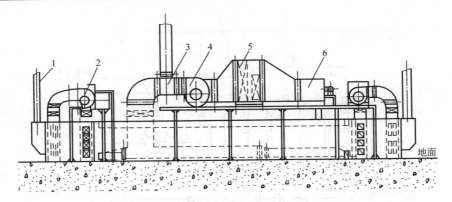

图 3-24 直通式烘干炉（热风循环式）

1—排风管 2、4—密封式风机 3—排风分配室 5—过滤器 6—燃烧室（或电加热器）

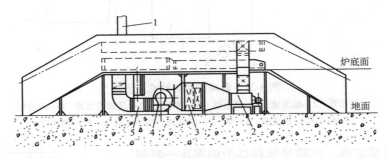

图 3-25 桥式炉（热风循环式）

1—自然排风管 2—燃烧（电加热器） 3—过滤器 4—风机 5—排风分配室

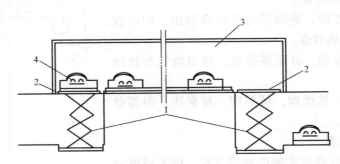

图 3-26 π 型烘干室

1—升降机构 2—升降机平台 3—烘干室 4—被烘干车身

（2）烘干室出入口 因为烘干室的温度高于周围环境的温度，所以出入口必须采取适当的措施来防止热损失。图 3-27 所示为烘干室出入口端部结构。

通过式结构的烘干室靠进出口风幕来保证炉体内的温度，其散热量很大。

桥式烘干室因烘干室的底部高于进出口的上缘，靠热空气上升来保温、封闭，热能损失小。

π 型烘干室除具备桥式烘干室的特点外，其升降平台相当于一个门，更有利于烘干室的保温。

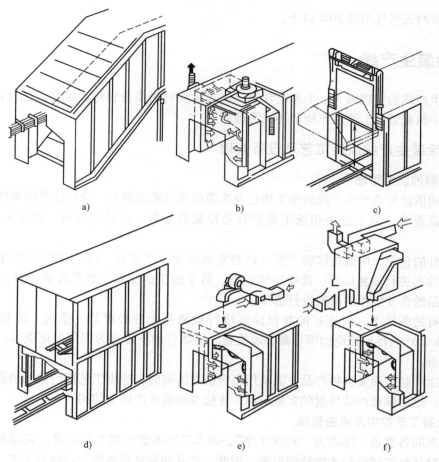

图 3-27　烘干室出入口端部结构

a) 桥式烘干室端部（适用于悬挂式输送链）　b) 循环空气风幕　c) 升降门
d) π 型烘干室端部（适用于地面滑橇输送）　e) 直接加热的热空气风幕
f) 热交换加热的热空气风幕

（3）热传送系统　绝大多数涂装烘干室采用热对流和热辐射加热系统或二者混合使用进行加热。

热对流加热方式是采用电或燃气对空气进行加热，然后用热空气加热工件。其优点是加热温度均匀，但工件加热升温时间长，热效率低。

辐射加热是采用高温的辐射元件通过辐射方式加热工件，热效率高，升温快。但热辐射为直线传播，有照射盲点，会产生温度不均匀现象，需要靠加热循环风促进复杂工件温度均匀。一般较高温度的烘干室，多采用这种辐射加对流的加热方式，使升温的时间大大缩短。

（4）烘干室的废气处理装置　涂膜在烘干固化的过程中，释放出所含的有机溶剂及各种分解物质。这些物质多数在烘干室的升温段挥发出来。这些气态有机物质如果不及时排除，由于浓度积累，有可能会达到爆炸浓度极限而造成危险，但排到厂房外又会污染大气，故必须进行废气处理。

废气处理方法有催化法和燃烧法。将高温废气（内含可燃性气体）作为燃烧炉的补充空气，可节约天然气用量 20% 以上。

3.3　涂装生产线

涂装生产线的管理属于一个系统管理，包含涂装材料质量管理、涂装工艺及设备管理、涂装过程中流程管理、涂装车间的环境管理等。

3.3.1　涂装生产线涂装工艺及设备管理

1. 涂料的质量管理

涂料的质量对涂装生产线的施工质量及涂膜的质量影响很大。应从综合的角度去选择质量符合产品要求、施工方法和施工质量容易控制的涂料，并且应对进厂的涂料质量严格控制。

有条件的企业，应通过试验考察（试验室试验和生产企业、应用单位涂装线应用情况考察）对涂料进行质量认可，选择质优价廉、易于施工的涂料。如果没有条件，应参照生产相似产品的企业使用的涂料进行选择。

在现有的条件下，对进厂的每批涂料进行检测是十分必要的。原则上能够在短时间（一般为 3 天）内得出结论的项目都必须检查。周期长的项目定为厂家保证项目，并规定每年定期抽查。

由于生产急需而无合格产品，需使用不合格的涂料时，应由工艺部门共同协商，必须时应做试验，提出保证产品质量的实施措施，才能在涂装生产线上使用。

2. 涂装工艺控制及设备管理

涂装车间各重点工序均为"特殊工序"，即本工序不能检测工作质量，只能在下一道工序或进行破坏性的试验时才能检测出来。因此，产品的质量只能靠正确执行工艺、严格控制工艺参数和设备的正常运转来保证。

涂装预处理工序日常控制项目及检查频次见表 3-6。电泳涂装生产线的管理要点见表 3-7。汽车车身涂装工艺的重点质量保证工序及工艺参数一览表见表 3-8。

表 3-6　涂装预处理工序日常控制项目及检查频次

工序	控制项目	检查频次/（次/班）
预脱脂	碱度、温度、喷射压力、喷嘴喷射情况	2
脱脂	碱度、温度、喷射压力、浸渍搅拌压力、喷嘴喷射情况	2
水洗	碱度、喷射压力、浸渍搅拌压力、喷嘴喷射情况	2
表调	Ti 浓度、pH 值（或酸碱度）、浸渍搅拌压力、喷嘴喷射情况	2
磷化	总酸度、游离酸度、温度、喷射压力、浸渍搅拌压力、喷嘴喷射情况、促进剂浓度、磷化膜外观（目测）、换热器进出口压差	≥2
水洗	总酸度（污染度）、喷射压力、浸渍搅拌压力、喷嘴喷射情况	2
钝化	Cr^{6+} 或 Cr^{3+} 浓度、pH 值、喷射压力、喷嘴喷射情况	2
去离子水洗	电导率、喷射压力、喷嘴喷射情况	2
烘干	温度、风机状况	2

表 3-7　电泳涂装生产线的管理要点

类别	项目	检查频次/（次/日）	备注（要领）
涂料特征	固体含量	1次/班	—
	pH值、电导率	1次/班	
涂装条件	槽液温度	2	根据得到标准的涂装膜厚的条件来确定
	泳涂电压	2	
	泳涂电流	2	
	运输链速度	2	
涂装质量	膜厚	2	无异常现象
	涂膜外观	2	
	涂膜硬度（或干燥程度）	2	
涂装数量	生产数量	每日记录	
涂料补给和调整	涂料补给量	每日记录	补给量是否过少
	补加溶剂等调整剂量	每日记录	调整剂品种和补加量正确否
主槽状态	液面落差	1	落差大于5cm
	液面的泡沫	1	产生泡沫是否过多
	液面流速	1	正常与否
循环系统	泵、管道的泄漏	1	无泄漏
	泵的异常声音	1	应无异常声音及振动
	各部位的压力	1	正常与否
	过滤器的压差	1	正常与否
UF装置	UF液的总透过量	1	透过量正常与否
	各UF元件的透过量	1	
	UF液的状态	1	应无混浊
	UF装置进、出口压差	1	正常与否
	过滤器的压差	1	正常与否
极液系统	循环量	1	
	极液电导率	1	应无混浊
	极液状态	1	
水洗系统	水洗压力	1	喷嘴有无堵塞，方向正常与否，水洗效果正常与否（有无二次流痕）
	水洗状态	1	
去离子水装置	水质	1	有无纯度下降现象
	制水量	1	
电泳前的表面处理	表面状态	1	
	滴水电导率	1	
	磷化的特性值	1	
烘干室	温度（工件温度）	2	检查记录正常与否
	烘干时间		每周测一次随行温度曲线

表 3-8　汽车车身涂装工艺的重点质量保证工序及工艺参数一览表

编号	重点质量保证工序	重点质量检查内容	保证质量的重点工艺参数及管理内容
1	涂装前表面预处理工序（包括脱脂、磷化）	表面状态：表面清洁度（油污、水珠、锈等）；磷化膜的质量	处理液的温度、浓度、喷射压力、喷嘴工作状态、挂具结构、药品和水的管理、车身构造及进入漆前的表面质量等

（续）

编号	重点质量保证工序	重点质量检查内容	保证质量的重点工艺参数及管理内容
2	电泳涂装工序	膜厚和泳透力；表面状态；二次流痕、污染、平整度、缩孔等	电泳电压和电流、电泳时间、槽液温度、后冲洗及吹干条件、涂料管理参数（槽液 pH 值、固体含量、电导、泳透力等）
3	底漆烘干工序	表面状态：硬度、污物、针孔、气泡；固化程度	烘干室的温度及工件温度均匀性、烘干时间
4	刮腻子或涂二道浆和涂防振胶、密封胶	表面状态：均匀性、气泡、剥落；固化程度	喷涂压力、涂料的作业性、烘干条件
5	湿打磨	表面状态：打磨砂纸纹、光滑度、无打磨灰；表面干净	打磨机种类、打磨方向、水洗除尘室、水分烘干室的温度及温度分布
6	涂面漆工序	涂膜厚度 表面状态：垂流、流痕、颗粒、污物、缩孔、发花、桔皮包等	压缩空气压力及清洁度；喷漆室及运输链清洁度；送风温度、湿度、清洁度；涂料的管理、喷涂机的管理
7	面漆的烘干工序	表面状态：硬度、污物、针孔、气泡；固化程度	晾干时间、防尘、烘干温度及均匀性、烘干时间
8	涂料的调配及输送	细度、颗粒、污物、颜色、黏度	过滤器、调漆室的环境、输送管道和容器的清洁度等

工艺部门和涂装车间工艺员应按照涂装生产线的管理要求进行检查、评分，作为对涂装车间（或小组）考核的依据。表 3-9 所示涂装线现场质量检查表。

表 3-9　涂装线现场质量检查表

_____涂装线　　　　　　　　　　　　　　　　　　　检查日期　　年　月　日

检查项目		加权系数	实际检查情况	评分
工艺文件	涂装工艺文件齐全（60 分）操作规程上墙（40 分）	0.1		
设备完好率	将涂装线关键设备分解为 A 项，正常运转的设备为 B 项，设备完好率得分为 $\dfrac{A}{B} \times 100$	0.2		
工艺执行率	将涂装线关键工艺参数设定为 A 项，在工艺范围内的参数定位 B 项，工艺执行得分为 $\dfrac{A}{B} \times 100$	0.3		
涂装质量	将产品现场涂装质量检测项目按重要程度给分（总分 100），按质量达到程度评定，如涂膜厚度、外观质量、附着力、光泽等。如厚度 ≥20μm，给 20 分，每下降 1μm，扣 10%，求出实际得分	0.4		
评价				

工艺部门：（签字）　　　　　　　　　　　　　车间工艺员：（签字）

3.3.2　涂装生产线过程管理

涂装车间生产线的管理，除了上述的工艺设备管理外，还有一些主要的管理项目，如涂装线开动率、产品返修率的控制等。

1. 涂装线开动率

涂装线开动率是指整个涂装线在考核期间内，整线开动的时间占生产时间的百分率，国外一般规定大约为 93%。作为一个大型的涂装生产线，如汽车涂装线，是由大大小小几百个工序组合而成的，任何一个工序的停顿都会造成全线的停止。白车身从预处理到电泳涂膜烘干完成，一般需要 80min 以上的时间。因此，每天必须给中涂线预先准备好此段时间的已电泳车身所需的供应。为此涂装线在电泳烘干完后都设置了很长的储存链。当下班时，中涂、面漆涂装线停止生产，预处理线入口停止挂件，但处于预处理、电泳及烘干室内的车身却必须按工序完成并全部跑空，储存在储存链上。下一班上产时，预处理开始挂件，而中涂、面漆涂装线将从车身电泳储存链上取件，最终将由当班生产的涂装车身衔接上。

设备的可靠性将决定整个涂装线的开动率。先进的涂装线的管理都是按照设备的保用期而不是实际使用周期来更换零件的。这样就保证在生产过程中，不会因为某些零件超期使用不断损坏而频繁迫使生产线停产。

2. 产品返修率或一次合格率

产品的涂装特别是装饰性涂装，如轿车涂装，都相当强调返修率。对于高级轿车，真正做到面漆涂装烘干后不加修饰就合格的比例很低。大多数要通过修饰、抛光才能成为合格品，部分要通过更换可拆卸件来满足要求。但还是有 10% ~ 15% 的车身因涂装质量不合格而要进行整车返修。这一部分返修的数量，在涂装线设计时就应考虑到涂装线的生产计划内。造成涂装产品一次合格率低的主要原因是涂膜表面的颗粒和缩孔。

涂膜表面的颗粒主要来源于涂装环境中的尘埃。尘埃包括大气环境中的灰尘、施工人员工作服上的尘土、漆雾粒及人身上脱落的皮肤、头屑等。为了保证涂装质量，涂装车间一般不允许参观，进入涂装车间的外来人员要带上鞋套，必须通过风淋室吹净身上的灰尘。喷涂施工人员要穿上一次性的无纺布衣帽。喷漆室、烘干室送除尘的空气要保持正压，以防止外界尘粒的侵入。表 3-10 为涂装车间喷漆室和烘干室的空气尘埃许可程度。

表 3-10　涂装车间喷漆室和烘干室的空气尘埃许可程度

装饰类型	举例	粒径/μm	粒子数/（个/cm³）	尘埃数/（mg/m³）
一般涂装	防腐涂装	<10	<600	<7.5
装饰性涂装	载货汽车、家用电器	<5	<300	<4.5
高级装饰性涂装	轿车等	<3	<100	<1.5

涂膜上的缩孔大多数与外来的物质的污染有关，如油污、尘埃和硅酮，甚至女职工的一些化妆品。硅酮是造成大批量缩孔的主要原因，涂料中混入约 $0.01 \times 10^{-4}\%$（质量分数）的硅酮即可造成大批量废品。硅酮的污染主要来源于厂房、设备使用的密封物质和白件制造过程中使用的材料。白车身焊接过程中使用的焊缝胶、焊药，包括与白车身有接触的电缆、胶管都必须做"导致涂膜缩孔物质"的检测试验，以确定这些与车身接触的物体不会有硅酮等导致涂膜缩孔的物质。

第4章 涂装预处理

4.1 概述

4.1.1 涂装预处理的作用

为了获得优质的涂膜，在涂装前对被涂表面进行的一切准备工作均称为涂装预处理。涂装预处理、涂装与干燥为涂装工艺的三大主要工序。涂装预处理是基础工作，对整个涂膜质量有很大的影响，不可忽视。

1. 清除污垢

从被涂物表面清除各种污垢，以保证涂膜具有优良耐蚀性，以及涂膜与被涂物表面具有良好附着力。污垢可分为有机污垢和无机污垢两大类。金属的腐蚀产物（如铁锈、氧化皮）、焊渣、型砂、碱斑、灰尘以及水垢等属于无机污垢，各种油污及旧涂膜则属于有机污垢。在涂装前如果不从被涂物表面除净上述污垢，则它们不仅影响涂膜的附着力、外观、涂膜的耐潮湿性和耐蚀性，而且锈蚀会在涂膜下继续蔓延。当被涂物表面存在各种油污，如未洗净就涂装，则将对涂膜与被涂物的结合力产生有害影响，严重时涂膜能成片脱落。因此，在涂装前，必须仔细地清除掉被涂物表面的上述各种污物。

2. 化学处理

对清洗过的被涂金属件表面进行各种化学处理，以提高涂膜的附着力和耐蚀性。例如对钢铁件在涂装前进行磷化处理，对铝件在涂装前进行氧化处理；又如对塑料件在涂装前进行特种化学处理，以提高涂膜与塑料表面的结合力等。

3. 机械处理

机械处理是指采用机械办法，清除被涂物表面机械加工缺陷和得到涂装所需的表面粗糙度。如用锤平办法平整被涂物钣金件凹凸不平的缺陷，锉掉毛刺等。一般要求被涂物表面的表面粗糙度值 Ra 为 $1.6 \sim 6.3 \mu m$。Ra 高于 $6.3 \mu m$ 时所得涂膜粗糙无光；如果 Ra 低于 $1.6 \mu m$，则就太光滑了，将影响涂膜的附着力，需要用砂纸打磨的办法来提高附着力。

涂装预处理方法的选择取决于污垢特性和脏污程度、被清洗物材质、机械加工质量要求的清洁度等。钢铁材料表面主要污物及清除方法见表4-1。

表 4-1 钢铁材料表面主要污物及清除方法

污物类型	污染来源	对涂膜的影响	清除方法
氧化皮	热加工（锻造、热轧和热处理等）	氧化皮与涂膜一起脱落。结合牢而均匀的氧化皮，在一般条件下使用对涂膜影响不明显，但在高湿条件下和在腐蚀介质中使用时，被涂物在涂装时氧化皮一定要除净	机械处理或酸腐蚀

（续）

污物类型	污染来源	对涂膜的影响	清除方法
黄锈	在未保护的条件下使用和储存	能促进腐蚀产物在涂膜下蔓延，使涂膜失去屏蔽性和不透湿性。在高湿条件下能导致涂膜和金属的早期损坏，松散的黄锈附着力差，能与涂膜一起脱落	机械处理或酸腐蚀
矿物油、润滑油、动植物油脂	在储运过程中作为金属防锈用的油脂；在机械加工过程中采用的润滑油等	使绝大多数涂料的附着力严重下降，并影响它们的干燥，也使涂膜的硬度和光泽度降低	脱脂用碱液或有机溶剂清洗
碱和碱性盐	在热处理和机械加工过程中采用的碱或碱性盐	使涂膜易起泡，并使底漆与金属的界面破坏。附着力严重变差，尤其在高湿条件下引起涂膜脱落	用水和专用组分清洗剂清洗
中性盐	在热处理中采用。在含盐量较大的硬水冲洗；在专用溶液中处理后未洗净	在高湿条件下易起泡，特别是在磷化膜的情况下	用专用溶液，脱离子水或蒸馏水冲洗
酸（除磷酸外）和酸性盐	酸洗后清洗不良，在焊锡时采用酸性钎剂	使涂膜易起泡，加速金属在涂膜下的腐蚀	用水和专用组分清洗剂清洗
机械污物（砂、泥土、灰尘）	在生产、储存和运输过程中（型砂、打磨灰等）	使涂膜外观变差，污物剥落使涂膜破坏，并使湿气易渗透到涂膜下	用溶液和水清洗、用压缩空气吹净
铜、锡、铅和其他电位较高的金属	经铜压延镀锡，焊锡及其他	在高湿条件下能促进基体金属在涂膜下腐蚀，在很多情况下，使涂膜的附着力变差	腐蚀掉或打磨掉
旧漆和硬的有机涂膜	在长期储存时采用的临时防锈涂料返修件	使涂膜的附着力和外观变差	用有机溶剂、浓的碱液清洗，在个别情况下打磨

4.1.2　涂装预处理的内容

1. 除氧化皮和铁锈

金属在加工和存放过程中，由于受高温和其他因素的影响，易产生氧化皮和浮锈。以钢铁为例：其氧化皮和浮锈的主要成分是铁的氧化物或水合氧化物，其结构式为 $Fe_2O_3 \cdot Fe_3O_4 \cdot FeO \cdot nH_2O$ 等。这些氧化物的电极电位比较高，它们的存在会加速钢铁的电化学腐蚀。同时，氧化物的晶格常数比较大，脆性大，直接在锈蚀上涂装，涂层在受到冲击、弯曲时，易开裂。因此，除锈是涂装预处理的重要内容之一。

2. 脱脂

金属在加工和储存过程中，尤其在机加工过程中，易被油污污染。有些工件为防止在储存过程中生锈，还必须涂防锈油或防锈油脂加以保护。油污的存在影响涂料在基体上的润湿与结合力。因此，涂装前必须将基体上的油污彻底清洗干净。

3. 消除机械污物

机械污物主要指粉尘、焊渣、型砂及在机加工过程中可能产生的毛刺、凹凸不平等缺陷。这些缺陷不清除，将直接影响到涂膜的装饰性与保护性。

4. 转化膜处理

通过不同的处理方式，在不同材质基体表面生成一层薄膜，以提高涂膜附着力和耐蚀性。一般而言，在钢铁表面进行磷化处理，在铝及铝合金表面进行氧化处理。

5. 预涂偶联剂、特种涂料

为增强涂膜的结合力，对于大型工件不便于入槽磷化处理时，可涂装磷化底漆、热塑性粉末涂料预涂底漆等。

4.1.3 预处理方法选择的依据

涂装预处理内容多，处理方式各种各样。在选择预处理工艺时，应根据实际情况合理选择。

（1）根据污物形式和程度选择 对于冷轧钢板，表面油多而锈少。因此，预处理的重点是脱脂，可进行两次脱脂而无须除锈；如果油污主要为皂化油，可选择以强碱为主的脱脂液皂化水解清洗；如果油污主要是矿物油，则应选择以表面活性剂为主的脱脂液处理。

（2）根据工件使用环境选择 如果工件使用环境恶劣，可采用清洗、磷化、钝化等工艺，以提高涂膜的耐蚀性；对于室内使用的工件，可适当降低预处理的要求。

（3）根据涂料特性选择 涂料组成不同，与基体的结合力不同，对预处理的要求也不同。过氯乙烯涂料、有机硅涂料等在钢铁等基体上的附着力差，必须严格按要求进行预处理，尤其是脱脂要彻底，否则涂膜容易整体脱落。例如，环氧树脂底漆、聚氨酯底漆等对钢铁基体的结合力强，因而对预处理的要求低一些。

（4）根据工件材质选择 目前，工程材料主要包括钢铁材料、有色金属材料、工程塑料等。材质不同，预处理的内容和要求也不相同。例如钢铁材料的脱脂可采用强碱性脱脂液，有色金属材料宜采用弱碱性脱脂液，塑料表面的脱模剂常采用有机溶剂擦洗。又如钢铁材料表面常进行磷化处理，铝合金表面常进行氧化处理，塑料表面常进行紫外线粗化或溶剂浸蚀处理。工件材质、处理剂与处理方法的配套性见表4-2。

表 4-2 工件材质、处理剂与处理方法的配套性

材质	喷丸抛砂	酸洗	水基清洗剂	表面调整剂	磷　化	封闭与氧化	其　他
铸铁	可实施	浸	可实施	镍盐	锰盐、锌盐、铁盐，浸		
钢		浸	强碱/中碱	钛胶	各类磷化剂，浸/喷	Cr^{3+}-磷酸系，浸	
铝合金		浸	弱碱	碱活化	含 HF、H_2CrO_4 磷化剂，浸	铬酸钝化，浸	
镀锌板			弱碱	钛胶	含 F^- 锌盐磷化剂，浸/喷	$Cr(Ⅵ)$-$Cr(Ⅲ)$-磷酸，浸	
塑料			中性/弱碱	专用表面活性剂		铬酸氧化，浸	除脱模剂

4.2 涂装预处理方法

4.2.1 脱脂

工件在制造过程中，由于机械加工和防锈的需要，经常接触各种润滑油、拉延油、防锈油以及磨光剂、抛光膏等，在搬运过程中也常染上油污。因此，油污是被涂金属制件在进入涂装车间时最常见的油垢。在涂装前洗净被涂物上的油垢的工序称为脱脂。

最常见的脱脂方法有碱液清洗、乳化液清洗、有机溶剂清洗、电化学脱脂、超声波清洗等。它们的基本原理是借助于溶解力、物理作用力（如热、搅拌力、压力、摩擦力、研磨力、超声波、电解力等）、界面活性力、化学反应力（如皂化、氧化、还原等）、吸附力等，来清除被涂物上的油污。

脱脂方法的选择取决于油污的性质、污染程度、被清洗物的材质及生产方式等。

1. 油污的性质和种类

在选择脱脂方法和清洗剂时，首先了解被涂物所带油污的性质和种类。如果脱脂方法选择不当，将直接影响清洗效果。由于被涂物制造工艺及所处环境的不同，油污的种类繁多，从影响清洗工艺的因素来考虑，应注意油污的有关性质。

（1）油污性质 一般来说，清洗的难易程度与油污黏度（或熔点）成正比，黏度越大，熔点越高，就越难清洗。按油污的化学性质可分为皂化的（植物油和动物油）和不皂化的（矿物油、石蜡、凡士林等）两种油污。清洗前者要靠皂化、乳化和溶解作用，清洗后者主要靠乳化或溶解作用。按油污对基体的吸附力，油污可分为极性和非极性油污。极性油污能较强地吸附在金属基体上，较非极性油污难于清洗。如含脂肪酸和极性防锈剂的油污就属于极性油污，清洗极性油污要靠化学反应和较强的机械作用力。含不饱和脂肪酸的液体油污常由于长期存放，氧化聚合成膜，非常难清洗。油污有时含有微细的固体颗粒，如细的研磨剂、抛光膏、磨光剂、拉延油及锻造润滑剂等，微细的颗粒吸附在表面上很难清洗。有时油污与金属的腐蚀产物、灰尘等混合在一起，可考虑采用脱脂、除锈一步法来完成。

（2）油污来源 金属原材料及其制品在加工和储运过程中，由于防锈的需要会带来油污，如防锈油、防锈脂等；在机械加工和成形过程中染上的油污，如各种润滑油、拉延油、切削油、乳化液、抛光膏、磨光剂等；在搬运过程中染上的油污，如汗水、悬链润滑油等。

（3）油污组成 油污一般由矿物油、凡士林、一般防锈油、防锈脂、润滑油、润滑剂、乳化液等组成。石蜡、天然蜡在室温下是固体，是抛光材料、封存防锈油的主要组成之一。皂类、动植物油脂、脂肪酸或合成极性化合物一般是拉延油、抛光膏等油污的主要组成之一，还有石墨、氧化铝、二硫化钼等固体润滑或磨光添加剂也是油污的组成成分。

2. 碱液清洗

碱液清洗是以碱的化学作用为主的一种比较古老的清洗方法，价格比较低廉，且使用简便，故目前被广泛使用。

碱液清洗的机理主要基于皂化、乳化、分散、溶解及机械等作用。用碱液清洗剂清洗动植物油脂和矿物油时，两者清洗机理不同。在清洗动植物油脂时，用碱性强的氢氧化钠作为清洗剂，当碱性保持在易皂化的一定浓度时，使油污成为水溶性脂肪酸钠（肥皂）和甘油，溶解分散在清洗液中。中性矿物油脂与碱不起化学作用，清洗时由强碱使油污从被清洗物上解离而分散。

氢氧化钠又称苛性钠，属强碱性化合物。在清洗时主要起化学作用，与酸性油垢或动植物油脂反应，生成水溶性盐或皂被除去。

碳酸钠又称苏打，有缓冲作用，不像强碱那样侵蚀有色金属。

硅酸钠在水解时提供碱度，水解时生成的硅酸不溶于水，而以胶体状悬浮在槽液中，对固体污垢有分散作用，能避免污垢在工件上再沉积。

硅酸钠一般特性是使碱液的润湿、浸透性优良，保持污物的分解性和耐硬水性良好，对金属有一定的防腐蚀效果。但是要注意，在强酸存在的情况下，水解生成的游离硅酸能在被清洗物面沉积，形成一层不溶于水的薄膜，水洗时不易洗掉，影响涂膜的质量。

磷酸盐作为碱清洗剂，在水解时生成离解度很小的磷酸，从而获得了碱度。磷酸钠具有较显著的分散作用，可将大颗粒状污垢分散成近似胶体粒子的小颗粒。另外，它还具有表面活性作用，其能力略低于硅酸钠。它常代替硅酸钠，用于不能使用硅酸钠的清洗剂中。它与硬水中的钙、镁离子相结合，成为不溶于水的钙盐或镁盐而被除去。

碱液脱脂能力与溶液的 pH 值、温度、机械作用、水的硬度以及工件表面上油脂的种类和多少有关，脱脂能力随着 pH 值增加而增加。根据 pH 值的大小，碱液可分成下列三种情况：

1）强碱性溶液（pH 值为 12~14），一般适用于有严重油污工件的表面脱脂。

2）中等碱性溶液（pH 值为 11~12），一般适用于有中等程度油污工件的表面脱脂。

3）弱碱性溶液（pH 值为 9~10），一般适用于有轻微程度油污工件的表面脱脂，以及有色金属（如铅、铜）的表面脱脂。

提高碱液的温度能增加脱脂的速度，但温度太高能促使某些表面活性剂的分解。对大多数脱脂溶液来说，适宜的温度应控制在 50~80℃。

脱脂时，给脱脂溶液以循环搅拌、喷射等机械作用，可以改善脱脂效果。这是因为，在机械作用下，工件表面不断地接触新鲜溶液外，在一定压力下喷射出的溶液，还能给工件表面以强力冲刷，使黏附在工件表面的油污被较快清除。

水的硬度高低也影响碱性溶液脱脂效果和性能，水硬度高，脱脂效果差。为了使水软化，可在碱性溶液中加微量的三聚磷酸盐和三乙醇胺油酸皂等。

工业生产很少单独用一种碱进行脱脂处理，一般要添加表面活性剂等各种助剂混合组成脱脂液，这种脱脂液称为复合碱性清洗剂。碱性清洗剂的配方可根据清洗油污的种类、被清洗物的材质、清洗方式等因素通过试验确定。碱液清洗工艺应严格执行操作规程，否则易产生锈蚀和未清洗等质量事故。每天应检查清洗液、清洗设备的技术状态，如有故障，应加以调整和维修。

几种碱性脱脂溶液配方及工艺条件见表4-3。

3. 乳化剂清洗

乳化剂清洗又称表面活性剂清洗。以表面活性剂为主作为清洗剂，利用其表面张力低、浸透润湿性好、乳化能力强的特点，以及其增溶和分散的能力除去油污和尘垢。

表 4-3 几种碱性脱脂溶液配方及工艺条件

工件材料	溶液配方		工艺条件		备 注
	成 分	质量浓度/(g/L)	温度/℃	时间/min	
钢铁件	氢氧化钠	50~100	80~90	12~15	工件表面油污严重时,可适当加入工业皂粉,pH 值为 11~14
	磷酸三钠	10~35			
	碳酸钠	10~40			
	硅酸盐	10~30			
	碳酸钠	3.5~5	60~65	1~5	采用喷射法,用于铸件油污不严重的表面脱脂,pH 值为 10~11.5
	磷酸三钠	3.5~5			
	OP 乳化剂	0.2~0.5			
	氢氧化钠	4	80	1.5	采用喷射法,用于冲压件的表面脱脂,pH 值为 12~13.5
	碳酸钠	8			
	磷酸三钠	3			
铝及铝合金件	碳酸钠	15~20	60~70	3~5	
	磷酸三钠	15~20			
	613 乳化剂	10~16			
铜及铜合金件	碳酸钠	10~20	60~70	3~5	采用喷射法,pH 值为 10.5
	磷酸三钠	10~20			
	硅酸钠	5~10			
	OP 乳化剂	2~3			
锌及锌合金件	碳酸钠	15~30	60~70	3~5	
	磷酸钠	5~30			
	硅酸钠	10~15			

表面活性剂清洗在金属清洗中得到广泛的应用,这种方法具有以下特点:

1)在同样条件下清洗能力比碱液清洗能力强,脱脂质量好,可使清洗液的 pH 值接近中性或碱性(pH 值为 9~11),适用有色金属材料的清洗。

2)它能与其他表面工序合并,如组成脱脂、酸洗或磷化二合一处理的工艺,在一定条件下可简化工艺操作。

3)在采用可生物降解的表面活性剂之后,有利于表面处理工序污水的处理。

当前,有些表面活性剂价格较贵,一般的表面活性剂易起泡,这是表面活性剂清洗法的不足之处。

表面活性剂清洗用的清洗剂一般是由多种表面活性剂、各种助剂(如消泡剂、防锈剂、稳定剂)配制而成。目前所采用的表面活性剂,主要有非离子型和阴离子型两类。常用非离子型表面活性剂有 TX-10、6501、6503、32-1 净洗剂及三乙醇胺油酸皂等;常用阴离子型表面活性剂有烷基苯磺酸钠、烷基磺酸钠等。几种表面活性剂脱脂溶液的配方及工艺条件见表 4-4。

4. 有机溶剂清洗

有机溶剂清洗是指利用有机溶剂对各种油污的溶解能力除去工件表面油污的方法。它的特点是脱脂效率高，但不能洗掉无机盐类和碱类。在涂装工序中，脱脂常用漆用汽油和松香水。一般采用手工擦洗或浸洗，清洗后晾干的方法。汽油清洗时火灾危险性大，在涂装中应有良好的通风和消防设施。

表 4-4　几种表面活性剂脱脂溶液配方及工艺条件

工件材料	溶液配方		工艺条件			备　注
	成　分	质量浓度/（g/L）	温度/℃	时间/min		
钢铁材料	32-1 净洗剂	3	60	2		采用喷射法用于铸件表面脱脂
	664 清洗剂	2～3	75	≈10		采用喷射法去除半固态油污
	平平加清洗剂	0.6	35～40	2		清洗油脂、钙皂、钡皂等半固态油污，效果良好，有较好的防锈作用
	聚乙二醇	0.3				
	油酸	0.4				
	三乙醇胺	1.0				
	亚硝酸钠	0.3				
	6503 清洗剂	0.4	35～40	4		清洗固态污物用于精密工件表面脱脂
	亚硝酸钠	0.4				
	煤油	2～3				
	石油或磺酸钡	0.1～0.2				
铝及铝合金	平平加清洗剂	1.0～1.5	60～70	5		采用喷射法去除液态半固态油污

常用有机溶剂有汽油、煤油、松香水、含氯溶剂等。含氯有机溶剂适用于工件表面有严重油污和大批量的生产线生产的情况。含氯溶剂脱脂方法有喷射法、浸渍法、溶剂蒸气脱脂法，以及浸、喷蒸综合脱脂法。

5. 电化学脱脂

把脱脂的金属零件置于碱性溶液中，在直流电的情况下，零件作为阳极或阴极进行脱脂的方法称为电化学脱脂。电化学脱脂溶液与碱性脱脂溶液的组成大致相同。

电化学脱脂时，第二电极最好采用镍板或镀镍钢板。因为在阴极脱脂时，如用铁板作为阳极，铁板会溶解而污染脱脂液，并有一部分沉积在阴极上沾污零件。

生产实践证明，电化学脱脂的速度比碱性脱脂的速度高几倍，而且油污清除得更干净，但由于大量氢气析出，易产生氢脆。阳极脱脂较慢，无氢脆问题。鉴于阴极脱脂和阳极脱脂的优缺点，在生产中多采用这两个过程的组合形式，称为"联合电化学脱脂"，即用阴极脱脂数分钟，然后用阳极脱脂。或者相反，先用阳极脱脂数分钟，立即转阴极脱脂。这样可以得到取长补短的效果，既可以提高效率，又可以消除某些缺陷。电化学脱脂溶液配方及工艺条件见表 4-5。

表 4-5　电化学脱脂溶液配方及工艺条件

配方及工艺条件		钢铁材料	铜及铜合金	锌及锌合金	镍
质量浓度/（g/L）	氢氧化钠	15～25	—	—	10～20
	碳酸钠	25～30	30～40	—	15～30
	磷酸钠	25～30	30～40	40～50	
	OP 乳化剂	—	0.5～1	0.5～1	

（续）

配方及工艺条件		钢铁材料	铜及铜合金	锌及锌合金	镍
电流密度/（A/dm²）		3~10	3~10	3~10	3~10
温度/℃		70~90	60~70	60~70	70~80
时间/min	阴极上	2~3	1~2	1~2	1~3
	阳极上	1~2	—	—	—

6. 超声波清洗

超声波清洗是利用超声波振荡的机械能作用于脱脂液体时周期交替产生瞬间正压和瞬间负压来进行清洗的。在负压的半周期，溶液中产生大量孔穴，蒸汽和溶解的气体变成气泡，随后在正压的半周期，瞬间产生的强大压力，使气泡被压缩而破裂，产生数以万计的冲击波，对溶液产生激烈的搅拌，并强烈冲击零件表面，从而加速脱脂过程，并使零件表面深凹和孔隙处的油污彻底清除。超声波可应用于溶剂脱脂、碱性化学脱脂、电化学脱脂，还可用于酸洗、电化学酸洗等场所，一步或分步达到脱脂、除锈、除膜（挂灰、浮渣、污膜）等效果。超声波脱脂液的浓度和温度比其他脱脂液低。因为浓度和温度过高，将阻碍超声波的传播，降低脱脂效果。使用超声波可降低脱脂液的浓度和温度，节约能源，保护基体金属免受腐蚀。总之，应合理选择脱脂液的组成和配比，选择合适的超声波振荡频率和强度等参数。

超声波脱脂对处理形状复杂，有微孔、不通孔、窄缝以及脱脂要求高的零件更有效。一般用于脱脂的超声波频率为 30kHz 左右，复杂的小零件可采用高频率低振幅的超声波，表面积较大的零件则使用频率较低的超声波。

超声波清洗装置由振板和超声波发生器组成，如图 4-1 所示。市场上有标准型号，若标准型号不适用于特殊的工作环境，也可采用投入式超声波装置。投入式超声波装置中振板和超声波发生器采用分体结构，安排布置灵活。根据超声波辐射面的需要，振板可布置在清洗槽的底面、侧面或顶面。为使零件的凹陷及背面部分能得到良好的脱脂效果，最好使零件在槽内旋转，以便各部分均能受到超声波的辐射。

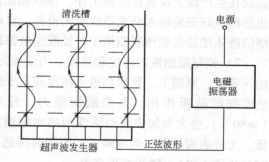

图 4-1 超声波清洗装置

7. 清洗方式及脱脂中应注意的问题

（1）清洗方式 清洗方式分为浸渍式和喷淋式。浸渍式适用于碱液清洗、表面活性剂清洗和超声波清洗等。浸渍式清洗液一般加热至 60℃ 左右，还要求有适当搅拌、溶液循环等机械作用。浸渍式所用设备简单，对复杂工件、有空腔结构等的工件均能清洗干净，但占地面积大，处理时间长。

喷淋式工艺是利用机械喷射力来强化脱脂效果的一种工艺方法，适用于碱液清洗和表面活性剂清洗等。喷淋式清洗由于机械力的作用，温度可降低到 40~50℃，处理时间一般为浸渍式处理时间的 1/10~1/3。对外表面清洗效果好，对内表面清洗效果较差，特别是喷淋室体要求密封好，不漏水，不串水。喷淋式设备管路多，喷嘴多，维护工作量大。因此，要使喷淋式清洗达到最佳效果，必须加强管理。

（2）脱脂中的注意问题　为了保证脱脂及后续工序的质量，必须注意以下问题：

1）防止脱脂产生早生膜。所谓早生膜是指工件脱脂、水洗前后产生蓝膜或黄锈，这种早生膜会影响磷化膜的完整性和均匀性。因此，在脱脂和水洗间隔期，应设置微雾喷淋，防止工件表面干燥。另外，严禁被清洗物停留在清洗机中，如果短期停留，清洗机仍应继续运转。

2）注意水洗质量。工件清洗后，表面残留的清洗液不仅影响磷化膜质量，而且影响涂膜的附着力及耐蚀性，因此必须彻底清洗。一般采用两次水洗，对于有后续酸处理的工件，可采用两级热水洗，否则采用一次热水洗，一次冷水洗。原则上，经过两级漂洗后，必须降至脱脂槽碱度的 1% 以下，水洗时间一般为 0.5～1.5min。

3）加强管理。每班应定期检查清洗液的温度、浓度、清洗液的油污程度及被洗物的清洁度等工艺参数。为防止在喷射过程中产生大量泡沫，污染工作场地，造成清洗液的消耗，应尽量选择低泡表面活性剂，或在清洗液中加入少量消泡剂。

4）避免采用高温强碱脱脂液。高温强碱脱脂不利于磷化膜的生成，对常（低）温磷化，应选用弱碱性脱脂剂。

5）预喷湿。预喷湿的主要作用是润湿油污表面，使脱脂工序更有效。国外有些汽车厂在预脱脂前，采用热水洗（40～50℃）方法，将附着在车身表面的油污软化或部分除去，以减轻脱脂工序负担。

6）采用预脱脂与脱脂的多级脱脂处理。遇到油污厚、重的情况，可先用有机溶剂预脱脂或在生产线上设置预脱脂工序。预脱脂能除去工件表面 90% 的油污，减轻脱脂负担。预脱脂槽最好安装油水分离器或吸附设备，自动除去浮油。同时在设备构造方面，应当使脱脂槽的液体能输送到预脱脂槽中，使脱脂液保持较清洁状态。

7）控制脱脂液的温度和浓度。为使油污尽量在预脱脂中除净，便于控制脱脂后水洗槽的污染度，原则上，预脱脂液的浓度应高于脱脂液的浓度。但脱脂液的浓度过高会引起表面活性剂的盐析作用，失去脱脂能力。另外，温度提高，脱脂效果提高。但温度过高（≥80℃），会大大加快表面活性剂的水解速度，造成脱脂液的无谓消耗，脱脂效果反而降低，工件表面泛黄。温度降低，脱脂时间适当延长（每降低 10℃，完全脱净油脂所需的时间延长约 1 倍），脱脂效果变差。

脱脂效果的好坏，可用多种方法评判，最常用且简便的方法是水膜连续法，即工件经过彻底水洗后，观察是否能在表面完全润湿。如果脱脂彻底，水洗后表面应能形成连续的水膜，否则脱脂不彻底。此外，还有荧光染料法、喷雾器法、放射性同位素法等。

4.2.2　除锈

钢铁材料表面一般都存在氧化皮和铁锈，在涂装前必须将它除净，不然会严重影响涂膜的附着力、装饰性和使用寿命，造成经济损失。

氧化皮是钢铁材料在高温下发生氧化作用而形成的腐蚀产物，由氧化亚铁、四氧化三铁、三氧化二铁组成。氧化皮在水的作用下生成氢氧化铁。如果钢铁材料表面氧化皮和铁锈除不净，涂膜将被锈层隔离而不能牢固地附着于钢铁材料表面，同时，铁与氧化皮和铁锈形成原电池，铁为阳极，从而造成钢铁材料的进一步腐蚀。形成的铁锈质地疏松，含有水分，体积增大，从而造成涂膜起泡、龟裂而脱落。因此，充分除去钢铁材料表面氧化皮和铁锈，对涂装物体得到有效保护极为重要。

1. 手工除锈

手工除锈是使用各种不同的手工工具，如刮刀、锤子、錾子、钢丝刷或砂轮等，用手工除去工件表面的氧化皮和锈迹，同时还可以除去旧涂膜。其劳动强度大，生产率低，质量差，清理不彻底，但此方法简便、灵活。目前对单件、小批、大型固定工件表面清理仍在采用。

2. 机械除锈

机械除锈是用压缩空气或机械动力将丸料（硅砂、铁丸、钢丝段、玻璃珠等）从喷嘴或高速旋转叶轮喷、抛在工件表面，借冲刷、切削作用除去锈迹、高温氧化皮和旧涂膜等，同时也可以去掉毛刺、飞边和焊渣等。这种清理方法可使工件表面得到不同的表面粗糙度，适宜的表面粗糙度能增加涂膜和金属的实际接触面积并提高附着力，延长产品的使用期限。但是，如果表面粗糙度值增大到一定限度时，则工件表面的内应力相应增加，甚至可能形成小裂纹，从而降低了工件的力学性能和涂膜的附着力。

（1）喷砂法和喷丸法　喷砂清理的丸料主要采用硅砂；喷丸清理钢铁材料采用的丸料是铁丸、钢丸、钢丝段和玻璃珠等，清理有色金属材料时常用铅丸和黄铜丸作为丸料。从对工件表面清理质量来看，喷砂清理能获得比较光亮的纹理和较为细密的工件表面，多用于表面要求较高的工件清理。但是，由于喷砂过程中产生大量的粉尘，严重影响操作工人的健康。因此，喷砂清理的应用受到了一定限制。

（2）抛丸法　抛丸法是利用高速回转的叶轮，将弹丸从抛丸器叶片中抛至工件表面，以清除工件表面上的铁锈和氧化皮等。根据生产批量的大小，抛丸除锈清理可采用间歇式或连续式清理方式。

由于抛丸清理生产率高，质量好，动力消耗少，并便于实现机械化，因此得到了广泛的应用。在连续式抛丸清理中，对钢板和型材除进行原材料清理外，在大批量生产时，可将清理、涂装、干燥等工序组成流水作业生产线。

（3）高压水喷射清理法　高压水喷射清理是用高压水喷射工件表面以除去铁锈和氧化皮的一种方法。高压水喷射清理是用高压泵，将高压水经高压软管接至喷嘴上进行除锈清理。高压水压力的大小视工件表面上的锈蚀程度而定，一般所采用的压力为 19.61~73.54MPa。

3. 酸洗除锈

酸洗除锈是利用强酸对铁及其氧化物的溶解作用，而且溶解铁产生的氢气对锈层、氧化皮有剥离作用。酸洗除锈常用的无机酸有盐酸、硫酸、磷酸、硝酸、氢氟酸等，常用有机酸有醋酸、柠檬酸等。

盐酸是挥发性酸，适用于低温（不宜超过45℃）下使用，质量分数为 10%~20%。盐酸的溶解速度快，成本低，生产应用最广泛。硫酸在低温下酸洗速度很慢，宜在中温（50~80℃）使用，质量分数为 10%~40%，在除重锈和氧化皮时使用硫酸。磷酸不会产生腐蚀残留物，生成的磷化膜有耐蚀性，但成本较高，酸洗速度较慢，有特殊要求时才用磷酸。

硝酸在酸洗时产生有毒的氮氧化物气体，很少使用，硝酸主要用于高合金钢的处理，又常与盐酸混合用于有色金属的处理。氢氟酸一般较少使用，它主要用于处理表面上含有残余砂的铸件。氢氟酸和硝酸的混合液一般用于处理不锈钢，但氢氟酸腐蚀性很强，硝酸会放出有毒的氮氧化物，也难于处理，所以在应用时特别要注意安全保护。

有机酸作用缓和，残酸无严重后患，不易产生新锈，工件处理后表面干净。但价格较贵，除锈效率低，故多用于清理容器内部的锈垢以及其他特殊要求的工件。有机酸不单独使用，有钝化膜的铝和锌需加氢氟酸辅助，加柠檬酸、酒石酸等，能络合铁离子，大幅度增强溶锈能力。

工件在酸洗中经过浸泡除锈以后，经冷水洗，并用弱碱性溶液中和，再用水冲洗、干燥。化学除锈不适合局部作业，维修时只有零件整体需要时，才能使用此法。

除锈过程中氢的析出也带来很多不利的影响。由于氢原子很容易扩散至金属内部，导致金属的韧性、延展性和塑性降低，脆性和硬度提高，即发生所谓"氢脆"。另外，氢分子从酸液中逸出，形成酸雾，影响人体健康。

为了改善酸洗处理过程，缩短酸洗时间，提高酸洗质量，防止产生过蚀、氢脆，以及减少酸雾的形成，可在酸洗液中加入各种酸洗助剂，如缓蚀剂、润湿剂、消泡剂和增厚剂等。消泡剂和增厚剂一般用于喷射酸洗。

不同的酸选择不同的缓蚀剂，盐酸一般用六次甲基四胺（乌洛托品）、若丁、$SbCl_3$、$CeCl_3$ 等；硫酸主要用若丁、硫脲及衍生物。

酸洗后，钢铁工件表面难形成磷化膜，或者磷化膜晶粒粗大，这就需要增加表调工序，然后再磷化。

喷砂抛丸除锈后，工件的表面粗糙，该方法不适合装饰性要求高的场合。装饰性要求高的场合只能采用酸洗除锈。酸洗后若水洗不充分，则易在膜下发生早期腐蚀。有缝隙的工件，如点焊件、铆接铁皮或不通孔的工件，采用酸性溶液酸洗后，浸入缝隙和孔穴中的残余酸，需要彻底清除，若处理不当，将成为腐蚀隐患。因此，酸洗后的工件必须进行彻底水洗，以保证涂层的防护性能。

钢铁材料酸洗除锈溶液配方及工艺条件见表4-6。

表4-6　钢铁材料酸洗除锈溶液配方及工艺规范

组成及工艺规范		有黑皮的钢锻件、冲压件		铸件	一般具有氧化物的钢铁件	合 金 钢	
		配方1	配方2			第一次浸蚀	第二次浸蚀
质量浓度/（g/L）	硫酸（密度为1.84g/cm³）	200~250			80~150	230	
	盐酸（密度为1.19g/cm³）		150~200	100		270	450
	硝酸						50
	氢氟酸		10~20				
	硫脲	2~3					
	磺化煤焦油					10mL/L	10mL/L
	乌洛托品		1~3				
温度/℃		40~60	30~40	30~40	40~60	50~60	50~60
时间/min		氧化物除掉止				60	3~5

4.2.3　涂装前磷化处理

磷化处理是在金属材料（主要是钢铁材料）表面通过化学反应生成一层难溶、非金属、不导电、多孔磷酸盐薄膜（磷化膜）的过程，通常称为转化处理过程。磷化处理工艺在工业上得到了广泛应用，主要用作防锈、润滑及涂装预处理等。磷化膜具有多孔性，涂料可以渗入到这些孔隙中，形成"抛锚效应"，从而提高涂层的附着力。此外，磷化膜又能使金属表面由优良导体转变为不良导体，抑制金属表面微电池的形成，有效地阻碍涂层下金属的腐蚀，成倍地提高涂层的耐蚀性和耐水性。

1. 涂装预处理对磷化的要求

1）薄膜化。磷化膜的耐蚀性与膜厚成正比，在涂装工艺中，膜不宜过厚，一般要求膜重为 $1 \sim 5g/m^2$，膜厚相当于 $0.6 \sim 3.5\mu m$。电泳涂装要求的磷化膜更薄，膜重通常为 $1 \sim 2.5g/m^2$。因为厚膜磷化膜的柔韧性和延展性较差，不能保证机械应力下的涂膜附着力，在受到砂石等冲击时，容易引起涂膜开裂；薄膜磷化消耗的磷化药品少，所需磷化处理时间短，可减少生产设备的占地面积，生成的磷化渣数量也较少；与厚膜相比，薄膜的涂料消耗量较低，当在一薄而均匀的磷化膜上涂装时，能获得光亮涂膜，有利于涂层装饰性的提高；电泳涂装工艺中，薄膜磷化更为必要，因为磷化膜超过 $5g/m^2$ 时，电阻过大，影响电沉积；另外，磷化膜超过 $6g/m^2$ 时，钢板不能进行点焊，影响成形加工工艺。

2）要求磷化膜结晶细致、均匀，致密度高，孔隙率低，附着力强。

3）电泳涂装中，要求磷化膜的失重越小越好，因为在阳极电泳过程中，金属—磷化膜—电泳槽液各相的界面上，产生很强的酸性（pH 值一般为 $2 \sim 3$），将引起磷化膜的化学溶解，造成磷化膜失重。磷化膜部分溶解进入电泳槽液后，大部分进入沉积的电泳涂膜中，影响电泳槽液的稳定性和整个涂膜的耐蚀性。

2. 磷化处理的分类

工业上所用磷化处理有下列分类方法。

1）按磷化液组成分类，磷化主要有磷酸锌系、磷酸铁系、磷酸锰系和磷酸钙系四种。磷酸锰系是满足耐磨的要求，其余三种主要用作涂装底层，其中磷酸锌系应用较多。

2）按形成磷化膜的质量分类，磷化分为重型（$> 7.5g/m^2$）、中型（$4.3 \sim 7.5\ g/m^2$）、轻型（$1.1 \sim 4.3\ g/m^2$）、超轻型（$0.3 \sim 1.1g/m^2$）四类，根据磷化膜的厚度分为厚型、中型、薄型和特薄型。厚型磷化用作防锈、拉延等；中型磷化用于空气喷涂、高压无空气喷涂的底层；薄型磷化与特薄型磷化主要用于电泳涂装、高压静电喷涂等。

3）按磷化处理施工温度分类，磷化分为高温磷化（$>90℃$）、中温磷化（$50 \sim 70℃$）、低温磷化（$30 \sim 50℃$）和室温磷化（$20℃$ 左右）。

4）按施工方法分类，磷化分为喷磷化、浸磷化、涂覆磷化等。喷磷化成膜速度快，磷化膜薄而细致，主要用于涂装；浸磷化成膜速度慢，磷化膜可薄可厚，晶粒可细可粗，能满足各种要求；涂覆磷化为免水漂洗法，其中刷涂法用于大型结构件表面处理，辊涂法用于卷材的高速生产线。用磷化液浸或喷钢板，有轻微酸蚀作用，钢板锈蚀不明显时，可不进行除锈工序，直接进行磷化。

3. 影响磷化处理质量的主要因素

（1）底材　不同材料的组成与结构不同，在完全相同的磷化处理过程中，磷化膜的晶体结构和耐蚀性也不一样。即使组成相同的钢材，在经过不同的热处理工艺处理后，磷化膜的质量也不相同。因为钢铁材料中含有各种微量元素，它们对磷化成膜起不同的作用。如当镍或铬的质量分数超过5%时，不利于磷化膜的生成，尤其是铬对磷化膜的阻化作用最强；金属中的磷、硫也影响金属的溶解反应；锰则使之易于磷化。热处理退火和重结晶过程中，渗碳体沉积于晶粒间，如果渗碳体细而多，形成的磷化膜就细；反之，金属溶解较慢，磷化膜也较粗糙。实际上，渗碳体起着活化阴极的作用，即渗碳体越多，阴极面积越大，越容易快速均匀成膜。

普通钢都是铁和渗碳体的合金，但是硬化的合金钢中，由于存在马氏体结构，碳在 α-Fe 的固溶体中过饱和，使磷化不良；退火使马氏体转变为铁素体和渗碳体的平衡状态，性能得以改进。此外，除了渗碳体的作用外，还有铁氧体也起到活化阳极的作用，使之易于溶解。当铁氧体和渗碳体形成薄片结构，即珠光体时，使磷化不良。总之，热处理控制不同，对基体磷化能力带来很大差异。因此，在研究磷化液组成、制订磷化工艺时，必须考虑基体材料及结构对磷化质量的影响。

（2）总酸度、游离酸度和酸比　总酸度（TA）表示磷化液中所含有的全部酸性成分，可用酚酞作为指示剂，用 0.1mol/L 的氢氧化钠溶液滴定 10mL 磷化液所消耗的氢氧化钠溶液（mL）表示，这个数值也称为"点"，1mL 为 1 点。游离酸度（FA）表示磷化液中游离酸的浓度，其测定方法同上，只是用甲基橙作指示剂。酸比是指总酸度与游离酸度之比。

磷化液的酸比是影响磷化的重要因素之一，酸比大，反应进行得快。在没有形成膜时，磷化液中的有效成分就沉淀了，得不到良好的磷化膜；酸比太小时，仅仅是溶解金属，反应始终不能完成。因此，酸比要保持一个适当的数值，通常取（5～15）:1。

此外磷化液的酸度，即"点"也是决定磷化状态的重要因素。当酸比不变，但酸度太低时，会引起平衡急速移动，易引起磷化液连续沉淀，生成的磷化膜不均匀、呈灰色结晶。酸度太高时，发生激烈的溶解，平衡移动缓慢，磷化膜耐蚀性差，易形成黑色粗大的结晶。适中的酸度能得到致密而平滑的结晶磷化膜。

（3）氧化剂、促进剂和辅助促进剂　根据磷化机理，氧化剂、促进剂可提高磷化速度，改善磷化质量。常用的氧化剂、促进剂有硝酸盐、氯酸盐、亚硝酸盐、过氧化物及有机氧化物等，氧化剂不同磷化膜性能也不同。一般硝酸盐用于高温磷化，氯酸盐用于中温磷化，亚硝酸盐和有机氧化剂主要用于常温磷化，而过氧化物（如过氧化氢等）因不稳定，很少使用。

离子化倾向低的金属盐可加速被处理金属的溶解，以促进磷化膜的形成，这类离子倾向低的金属盐类称为辅助促进剂，如 Ni^{2+}、Cu^{2+}、Mn^{2+}、Ca^{2+} 等。磷化要求低温快速，这些促进剂是必不可少的，Ni^{2+} 有利于晶核的形成，使磷化膜结晶细致，显著提高膜层质量和耐蚀性；Mn^{2+} 对氧化剂的分解具有催化作用，促进氧化反应或金属溶解反应加快，成膜速度大大加快，并能提高磷化膜的硬度，降低施工温度，但 Mn^{2+} 往往使磷化膜较粗糙，并使磷化液的稳定性下降，在中低温磷化中 Mn^{2+} 含量过高，磷化膜不易生成；Ca^{2+} 的加入可提高磷化膜的硬度、致密度、附着力和耐酸碱性，尤其适用于电泳涂装工艺；Cu^{2+} 的加入也能提高磷化速度，但加入量多时磷化膜颜色加深，耐蚀性严重下降，所以已很少使用。

辅助促进剂与酸比有关。为了使游离酸保持一定，须添加多种碱，这些碱称为辅助促进剂。这是为了加大酸比而使用的，不能随便添加或补充，最好在磷化液初配时加入或按每个时期的状态加入。

（4）磷化温度　磷化温度对成膜速度影响显著，这是由于磷化体系中有如下水解平衡反应：

$$3M(H_2PO_4)_2 = M_3(PO_4)_2 \downarrow + H_3PO_4$$

此过程为吸热过程，温度降低，平衡反应向左进行，游离酸度显著降低，而游离酸度对钢铁材料的阳极溶解步骤、磷化速度起决定作用。因此，温度降低不利于磷化。此时常得到稀疏、耐蚀性差的粗结晶，甚至易生锈。温度过高，平衡易向右移，成膜速度加快，导致磷化膜层变厚变粗、沉渣多。根据上述原理，欲得到低温快速磷化膜，就要使上述平衡向右移动，可采取以下措施：

1）根据磷化液酸比与温度的关系，即酸比增大，磷化温度可降低，因此增大酸比是降低磷化温度的最简单方法。

2）添加适量的强氧化性促进剂。铁的溶解属于放热反应，但该热量小于水解吸热，增加氧化剂后，使磷化过程中铁溶解速度加快，释放的热量足以补偿成膜反应消耗的热量。

3）在磷化前进行表面调整，增加磷化晶核的活性点，为磷化提供外动力。

磷化处理时，必须遵守各种配方规定的温度。一般浸渍法温度变动为 ±5℃，喷射法为 ±3℃。特别是锌系处理液用低于规定温度处理，但由于时间不长，反应不够，只能得到粗结晶、耐蚀性差的磷化膜。

（5）表面调整的影响　使金属表面晶核数量和自由能增加，从而得到均匀、致密磷化膜的过程称为表面调整，简称表调，所用的试剂称为表调剂。

金属的表面状态可以用表调剂（如磷酸钛胶体液）进行调整，使磷化膜晶粒细而致密；机械方法（如砂纸打磨、擦拭）可提高成膜速度，打磨后可得到细致的磷化膜。

脱脂后的金属采用钛胶表调。钛胶由氟钛酸钾、多聚磷酸钠和磷酸一氢盐等组成，配成 1g/L 钛的磷酸钛胶态溶液，磷酸钛沉积于钢铁表面作为磷化膜增长的晶核，使磷化膜细致。

金属酸洗后，表面难以磷化成膜，须用草酸进行表面调整，形成的草酸铁结晶作为磷化膜增长的晶核，可加快磷化成膜速度。酸洗后有时也可用吡咯衍生物进行处理，能明显地提高磷化成膜速度。表调也可以用相应的磷酸盐悬浮液进行浸渍处理，如锰盐磷化前常采用磷酸锰微细粉末的悬浮液浸渍，使磷化膜晶粒细而致密。

（6）磷化后处理　磷化后处理包括水洗、钝化、干燥三个环节，这些工序也影响磷化膜的质量，必须予以注意。

为确保磷化膜的清洁，避免可溶性盐导致湿热条件下涂层早期起泡或污染电泳涂料液，磷化后一般进行 2 或 3 道水洗，而且必须严格控制水洗质量，尤其要严格控制最后一道水洗质量。如在与电泳底漆配套时，控制工件滴水电导率小于 20～30μS/cm，控制循环水洗电导率小于 50μS/cm。

磷化膜微观多孔，凹凸不平，钝化对磷化膜具有进一步溶平和封闭作用，使其孔隙率降低，耐蚀性增强，常用化学药剂及工艺参数如下：

1）重铬酸钾：50～80g/L；温度：70～80℃；时间：10～15min。

2）重铬酸钾：30～50 g/L，碳酸钠：2～4 g/L；温度：80～90℃；时间：5～10min。

磷化后直接进行电泳涂装或立即进行其他防锈，涂装时可不必钝化。

4. 磷化液配方和工艺条件

磷化液配方很多，每种配方采用相应的工艺条件，见表4-7。

表4-7　磷化液配方和工艺条件

配方	成　分	质量浓度/(g/L)	工艺条件					
			温度/℃	时间/min	总酸度点	游离酸度点	酸比	方式
1	马日夫盐	30 ~ 50	65 ~ 85	12 ~ 15	80 ~ 90	3.5 ~ 6		沉浸
	硝酸锌	70 ~ 80						
2	磷酸二氢锌	40	60 ~ 70	10 ~ 15	80 ~ 120	6 ~ 8		沉浸
	硝酸锌	120						
3	硝酸锰	15 ~ 30	60 ~ 70	3 ~ 5	80 ~ 120	8 ~ 14		沉浸
	硝酸镍	0.5 ~ 1						
	硝酸锌	80 ~ 100						
	磷酸二氢锌	60 ~ 80						
4	马日夫盐	27 ~ 30	70 ~ 80	2 ~ 3	20 ~ 25	3 ~ 4		喷淋
	磷酸二氢锌	20 ~ 50						
	硝酸锌	40 ~ 50						
	碳酸铜	0.03 ~ 0.04						
5	磷酸二氢锌	10	60 ~ 70	2 ~ 5	10 ~ 12		(10 ~ 15):1	喷淋
	硝酸钠	7						
	硝酸锌	7						
	亚硝酸钠	0.3						
6	酸式磷酸锰	60 ~ 80	室温	5 ~ 10	60 ~ 90	3 ~ 8		浸渍
	硝酸锌	10 ~ 20						
	钼酸铵	1.5 ~ 2						
	亚硝酸钠	10						
	酒石酸	5						
7	磷酸二氢钠	88	50 ~ 60	10 ~ 15	pH 值为2			浸渍
	草酸	39.7						
	草酸亚铁	17.9						
	重铬酸钾	10.5						
	氟化钠	5						
8	氧化锌	25 g	60 ~ 85	1 ~ 2	500		(7 ~ 10):1	喷淋
	磷　酸	23 mL						
	硝　酸	45 mL						
	碳酸钠	16 g						
	自来水	70 mL						

5. 磷化处理的一般工艺过程

磷化处理的一般工艺过程为：脱脂→水洗→表面调整→磷化处理→水洗→封闭→去离子

水洗 → 干燥 → 转涂装工序。

6. 磷化工艺管理

（1）加工负荷　加工负荷是指单位体积磷化液一次所能承受的工件加工面积。对于一定容量的处理液，如果一次处理过多的工件，会使处理液的温度和成分波动过大，影响磷化膜质量和磷化液寿命。因此，实际施工时必须根据磷化液的性能确定装载量，具体数值应通过试验确定。目前较理想的情况大致是每 1000L 磷化液处理加工面积为 $10 \sim 20m^2$ 的工件。

（2）总酸度和游离酸度　总酸度控制在上限有利于加速磷化反应，使磷化膜细致。降低总酸度可通过稀释的方法实现，加入硝酸盐可提高总酸度，加入酸式磷酸盐可提高总酸度，同时也能提高游离酸度。一般情况下，加入磷酸二氢锌 $5 \sim 10g/L$，游离酸度升高 1 点，总酸度升高 5 点左右；加入硝酸锌 $20 \sim 22g/L$，总酸度可升高 10 点；加入氧化锌可降低总酸度和游离酸度。在实际生产中，可不降低游离酸度，而是通过调整酸比，得到满意的磷化膜。生产中应经常检测磷化液的总酸度和游离酸度，并进行及时调整，一般每班检查调整一次，以保证磷化质量。

（3）温度控制　实际施工时，必须严格控制磷化温度。通常浸渍法规定温度波动范围为 ± 5℃，喷淋法规定温度波动范围为 ± 3℃。目前，磷化加热方式主要有槽内加热和槽外循环加热两种。槽内加热是将 U 形或蛇形加热器设置在磷化液储罐中，利用电或蒸汽等加热。该法结构简单，但加热器表面温度远高于槽液温度，造成加热器附近磷化液分解，磷化材料大量消耗，并在加热器上沉积磷化渣，影响传热效率。槽外加热一般用于大型流水线中，循环加热喷淋系统如图 4-2 所示。通常将板式热交换器与过滤机、循环喷淋等装置串联。为防止磷化液瞬间过热分解，传热介质一般用热水。

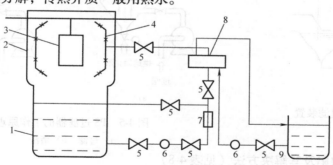

图 4-2　循环加热喷淋系统
1—磷化槽　2—罩体　3—工件　4—喷嘴　5—阀
6—泵　7—过滤器　8—热交换器　9—热水槽

（4）磷化渣的排除　磷化渣是伴随磷化过程产生的絮状沉淀。当磷化槽液中含渣量超过 $0.3 \sim 0.7g/L$ 时，喷淋系统容易堵塞，工件表面容易挂灰。如果后续水洗不彻底，将导致涂膜产生颗粒、麻点等弊病，因此必须及时清除。

清除磷化渣有很多方式，如早期适用于小型磷化槽的定期翻槽沉淀除渣法，以及现今适用于大型磷化设备的斜板沉淀—脱水机法、各种自动除渣系统等。

斜板沉淀—脱水机法也称为连续置换法，该装置如图 4-3 所示。将磷化液泵入沉降槽中，借助斜板或斜管等沉降系统加快磷化渣的沉降分离，静置一段时间（一般 12h 以上）

后，将上层清液泵回磷化槽，下部磷化渣的浓缩液放入离心分离机中甩干，干渣回收利用或排放。该分离系统性能稳定可靠，尤其适合单班制或双班制生产线。

脱水机可采用离心分离机或板框式压滤机等。

循环过滤理论上是一种理想的除渣形式，但分离效果取决于过滤器的性能。日本帕卡设计工程公司生产的逆向过滤式自动压渣系统，利用 PS 过滤器（反向袋式过滤器）、渣浓缩槽、压渣机等，能够自动、高效、连续过滤磷化渣和脱脂液。循环过滤装置如图 4-4 所示。PS 过滤器工作原理如图 4-5 所示。

PS 过滤器是袋式过滤器的反向运行，磷化渣沉淀在过滤器外面，滤液从袋中抽出，返回磷化槽中。滤袋外沉积一定磷化渣后，通过压缩空气清洗，高浓度沉渣液从过滤器的下部排出。

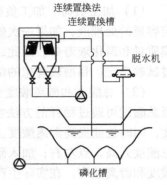

图 4-3 斜板沉淀—脱水机

PS 过滤器特点为：滤布的洗净时间短（靠压力逆洗）；滤布寿命长（一般为 1 ~ 3 年，硝酸逆洗净 1 次/2 月）；最终排渣液呈块状，含水率为 65%（质量分数）左右。

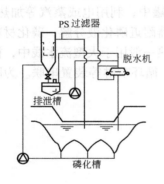

图 4-4　循环过滤装置

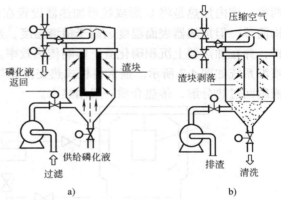

图 4-5　PS 过滤器的工作原理

a）过滤　b）清洗

7. 磷化常见缺陷及其解决方法（见表 4-8）

表 4-8　磷化常见缺陷及其解决方法

常见缺陷	产生原因	解决方法
磷化膜结晶粗糙、多孔	1）游离酸度过高 2）磷化液中氧化剂不足 3）亚铁离子含量过高 4）工件表面有残酸 5）工件表面过腐蚀	1）降低游离酸度 2）增加氧化剂 3）加过氧化氢调整 4）加强中和及水洗 5）控制酸洗液浓度和酸洗时间
膜层过薄，无明显结晶	1）总酸度过高 2）工件表面有硬化层 3）亚铁离子含量过低 4）温度低	1）加水稀释 2）用强酸浸蚀或喷砂处理 3）补加磷酸二氢铁 4）提高槽液温度

（续）

常 见 缺 陷	产 生 原 因	解 决 方 法
工件表面黏附有白色粉状沉淀	1）游离酸度低，游离磷酸量少 2）含铁离子少 3）工件表面氧化物未除净 4）溶液氧化剂过量，总酸度过高 5）槽内沉淀物过多	1）补加磷酸二氢锌，也可加入磷酸调整游离酸度 2）磷化液中应留一定量的沉淀物，新配溶液与老溶液混合使用 3）加强酸洗，充分水洗 4）停加氧化剂，调整酸比 5）清除过多的沉淀
磷化膜不均匀、发花或有斑点	1）脱脂不干净 2）温度过低 3）工件表面钝化 4）酸比失调	1）加强脱脂、清洗 2）提高槽液温度 3）加强酸洗或喷砂 4）将酸比调整到工艺范围内
磷化膜不易形成	1）工件表面有硬化层 2）溶液中硫酸根过高 3）溶液中混入杂质 4）五氧化二磷含量过低	1）改进加工方法或用酸浸、喷砂，除去硬化层 2）用钡盐处理，使其降至工艺规范要求之内 3）更换磷化液 4）补充磷酸盐
磷化膜耐蚀性差与生锈	1）磷化膜晶粒过粗或过细 2）游离酸含量过高 3）工件表面过腐蚀 4）溶液中磷酸盐含量不足 5）工件表面有残酸	1）调整酸比 2）降低游离酸度，加氧化锌 3）控制酸洗过程 4）补充磷酸二氢盐 5）加强中和与水洗
磷化膜发红、耐蚀性下降	1）酸洗液中杂质附在金属表面上 2）铜离子混入磷化液	1）加强酸洗质量控制 2）用铁屑置换除去或用硫化物处理，使之沉淀除去，调整酸度
磷化液发黑	1）槽液温度低于规定温度 2）溶液中亚铁离子过高 3）总酸度过低	1）停止磷化，升高槽液温度至沸点，保持1～2h，并通空气搅拌，直到恢复原色 2）加氧化剂如过氧化氢、高锰酸钾 3）补加硝酸锌等，提高总酸度

4.2.4　钢铁材料的综合处理

工件进行涂装的化学处理设备较多，工序复杂。为简化操作步骤，可采用综合处理的方法，即一步工序具备几个功能，从而提高工效，节省时间与设备。

1. 脱脂、除锈二合一

此类处理是综合处理中最成熟、效果最好的工艺，应用较为广泛。

脱脂、除锈二合一溶液是由酸与表面活性剂（非离子型和阴离子型）组合而成，可在低温、中温下处理中等油污、锈蚀及氧化皮的工件。对于重油污、重锈工件，必须进行预脱脂、除锈处理。

常用的"二合一"配方（质量分数）如下：

1）盐酸（36.5%）10%～20%，硫酸（98%）10%～15%，表面活性剂（OP类、磺酸盐类）0.4%～10%，缓蚀剂适量；处理温度25～45℃，处理时间视工件污染程度确定。

2）硫酸（98%）15%～20%，表面活性剂（OP类、磺酸盐类）0.4%～10%，缓蚀剂适量；处理温度50～70℃，处理时间5～10min。

3）磷酸20%～40%，OP-10 0.5%，温度40～80℃，处理时间适当。

2. 酸洗磷化二合一

一步完成除锈与磷化工艺，适用于轻锈。常用配方（质量分数）如下：

H_3PO_4	15%～30%
$Zn(H_2PO_4)_2$	1%～2%
酒石酸	1%～2%
硫脲	0.2%
H_2O	余量

3. 酸洗、脱脂、磷化、钝化四合一

该工艺可大大简化工序，减少设备和作业面积，提高效率，降低成本，有利于实现机械化和自动化生产。四合一工艺得到的膜层均匀细致，有一定耐蚀性。但该工艺成分复杂，管理难度较大。其工艺配方实例如下：

H_3PO_4	50～65g/L
ZnO	12～18g/L
$Zn(NO_3)_2 \cdot 6H_2O$	180～210g/L
酒石酸	5g/L
$K_2Cr_2O_7$	0.3～0.4g/L
$(TiO)_2SO_4$	0.1～0.3g/L
OP-10	10～15mL/L
十二烷基磺酸钠	15～20g/L
TA（总酸度）	130～150点
FA（游离酸度）	10～15点
温度	室温或50～70℃
处理时间	视要求而定

4.2.5　有色金属材料的涂装预处理

工程上常用的有色金属材料主要包括铝及铝合金、锌及锌合金、镁及镁合金等，这些材料的预处理工艺与钢铁材料的预处理工艺有所不同。

1. 铝及铝合金的涂装预处理

铝及铝合金与氧的结合力强，在大气中很容易形成一层氧化膜（厚度一般为0.01～0.02μm），该膜具有一定的耐蚀性，但能使工件失去原有的光泽；该膜厚度较薄，疏松、不均匀，直接在氧化膜上涂装，会使涂膜的附着力不强，因而必须对其进行氧化处理，以提高涂膜的附着力。目前，铝及铝合金的氧化处理分为化学氧化和电化学氧化两种。

（1）铝及铝合金的化学氧化　化学氧化主要采用铬酐氧化，所得氧化膜较薄（一般为0.5～4μm），多孔，有良好的吸附能力，质软不耐磨，耐蚀性较低，主要作为涂装底层。该工艺操作方便，生产率高，成本低，不受工件形状大小限制。按工艺规范可分为碱性氧化和酸性氧化。

1）碱性氧化：它是在含有碱金属的铬酸盐溶液中进行的。其氧化液成分及工艺条件如下：

碳酸钠	50g/L
氢氧化钠	2 ~ 2.5g/L
铬酸钠	15g/L
其余	水
温度	80 ~ 100℃
时间	5 ~ 20min

氧化处理后经水洗净，此时生成的薄膜保护能力较差，还应在20g/L铬酐水溶液中处理，使膜密实；然后用冷水冲洗，再用温水（不超过50℃）冲洗，于60℃烘干。

2）酸性氧化：其氧化膜的耐蚀性高于碱性氧化膜，基本上接近阳极氧化。酸性氧化法工艺配方较多，现举一例说明：铬酐3.5 ~ 4.0 g/L，氟化钠1.0g/L，重铬酸钠3 ~ 5g/L，室温处理3 ~ 5min。

3）化学氧化的工艺流程：工件→ 脱脂→热水洗→ 冷水洗→ 碱蚀（氢氧化钠50g/L，50 ~ 70℃，1 ~ 3min）→ 水洗→ 化学氧化→ 水洗→ 封闭处理（酸性氧化：铬酐40g/L，90 ~ 95℃，5 ~ 10min，冲洗干净后于70℃下烘烤；碱性氧化：铬酐20g/L，室温处理5 ~ 15s，冲洗干净后在低于50℃的温度下烘烤）。

（2）铝及铝合金的阳极氧化（电化学氧化）　目前铝及铝合金涂装前阳极氧化主要采用硫酸阳极氧化法。在质量分数为15% ~ 25%的硫酸电解液中，通以直流或交流电进行铝合金零件的阳极氧化，称为硫酸阳极化法。用这种方法可在铝零件表面上获得一层硬度高、吸附力强的无色氧化膜。经过热水或重铬酸钾溶液填充处理后，具有较高的防锈能力。此法所用的电解液单纯，溶液稳定，氧化工艺过程简单，时间短，操作易掌握，成本低，因而在工业上应用较广。

溶液成分和工艺条件如下：

硫酸（密度为1.84g/cm³）	180 ~ 200g/L
溶液温度	13 ~ 26℃
电流密度	0.8 ~ 2.5A/dm²
槽端电压	13 ~ 22V
处理时间	20 ~ 40min

另外，也有采用180 ~ 200g/L硫酸和15 ~ 20g/L草酸的混合溶液。草酸是作为槽液的添加剂加入的，其主要作用是降低电解液对氧化膜的溶解活性。但这并没改变氧化膜溶解的反应机理，而是草酸离子吸附在氧化膜表面，形成一层氢离子浓度大为降低的缓冲层，从而使氧化膜溶解速度降低，这样对提高氧化膜硬度和厚度都有良好效果。

在缺少直流电源设备的情况下，也可采用交流电硫酸阳极氧化，三相或单相交流电均可。工艺条件如下：

硫酸（密度为1.84g/cm³）	130 ~ 150g/L
槽端电压	18 ~ 28V
电流密度	1.5 ~ 2A/dm²
槽液温度	13 ~ 26℃

处理时间　　　　　　　　　　　　　　　40~50min

当交流电阳极氧化时，生成同样膜厚比用直流电时间上要多一倍。交流电阳极氧化时，阳极和阴极均可挂零件，但每根汇电杠上挂的零件面积应相等。对于容差小和光亮度要求高的零件，不宜采用交流电阳极氧化。

当铜含量较高的硬铝合金用交流电阳极氧化时，氧化膜常有绿色，往往因含铜量高而造成氧化膜腐蚀。当溶液中铜含量达 0.02g/L 时，氧化膜质量变坏，出现斑点或暗色条纹。为了防止这种现象发生，可在电解液中加入铬酐2~3g/L。加有铬酐的电解液中，铜含量允许到 0.3~0.4g/L，也可加硝酸 6~10g/L 来消除铜的影响。

阳极氧化工艺流程为：工件→脱脂→ 热水洗→ 冷水洗→ 碱蚀（氢氧化钠50 g/L，50~70℃，1~3min）→热水洗→ 冷水洗→出光（10% HNO_3）→ 阳极氧化（时间视膜厚要求而定）→ 冷水洗→热水洗→ 封闭（沸水封闭15~30min，或用快速封闭剂封闭）→热水洗→冷水洗→70~80℃ 干燥 10~15min→涂装。

2. 锌及锌合金的化学处理

锌及锌合金在工程上的应用日益广泛，而且随着钢铁基体耐蚀性要求的提高，许多工件要求先镀锌后再涂装，因此锌及锌合金的表面处理量逐年增加。

由于锌及锌合金表面平滑，与涂膜的附着力差，而且涂料的游离成分易与锌发生化学反应生成金属皂，影响涂膜的固化和性能，所以先要进行化学处理改变其表面的状态，增强涂膜的附着力。常用的方法有磷化和氧化两种。

磷化适用于电镀锌和熔融镀锌制品，所采用的促进剂通常是氟化物或含氟的化合物。该法最大特征是在极短的时间内形成有磷酸锌的致密薄膜，因此在锌的预处理中，必须尽量采用缓和的试剂，避免用强酸、强碱，否则容易使锌表面侵蚀。

磷化处理工艺规范见表4-9。

表4-9　磷化处理工艺规范　　　　　　　　　（单位：g/L）

项　　目		配　方　1	配　方　2
质量浓度/（g/L）	马日夫盐	60	60~65
	硝酸锌	250	50
	氟化钠	5~8	8
	氧化锌	—	10~15
pH 值		—	3~3.5
温度/℃		室温	20~30
处理时间/min		10~20	20~25

锌及锌合金的化学氧化一般采用铬酸盐氧化法，其处理时间短，氧化膜耐蚀性好。其工艺规范为：铬酐120g/L，盐酸50mL/L，磷酸10mL/L，于30~35℃处理数秒，得到草绿色氧化膜。

3. 镁及镁合金的化学处理

镁合金具有密度小、比强度大等特点，在航空航天、通信器材、计算机等领域具有广泛的应用。但镁合金的化学活泼性高，在空气中自然形成的碱式碳酸盐膜防护性很差。因此，镁合金作为工程材料时，必须进行表面防护，涂装是常用的方法之一，涂装前表面预处理要进行转化膜处理，主要有化学氧化和电化学氧化。

化学氧化工艺规范为：重铬酸钠 65~80g/L，硝酸 7~15mL/L，磷酸二氢钠 65~80g/L，亚硝酸钠 10~20g/L，80~90℃浸 5min 后水洗，干燥。

磷化处理工艺规范为：磷酸（85%）3~6mL/L，磷酸二氢钡 40~70g/L，氟化钠 1~2g/L，pH 值为 1.3~1.9，90~98℃，处理 10~30min。

为了提高氧化膜或磷化膜的耐蚀性，镁及镁合金氧化膜或磷化膜一般应进行封闭处理，其封闭处理工艺为：重铬酸钾 40~50 g/L，90~98℃，处理 15~20min。

阳极氧化处理工艺规范为：锰酸铝钾 20~50g/L，磷酸三钠 40~60g/L，氟化钾 80~120g/L，氢氧化铝 40~60g/L，氢氧化钾 140~180g/L，电流密度 2~5A/dm²，交流电压 60~80V，小于 40℃氧化 10~30min。

4.2.6 金属制品的硅烷化预处理

1. 硅烷化预处理原理

磷化工艺能有效提升涂层体系的耐蚀性和涂层在金属表面的黏结性能，在涂装预处理工艺中被广泛应用。但是因磷化工艺存在重金属（Ni^{2+}、Mn^{2+}）含量超标，含有致癌物质（NO_2^-），废水废渣排放多，能耗高，工艺复杂等问题，该工艺面临被淘汰的局面。硅烷化预处理是近年来发展起来的一项节能环保型金属预处理技术，它以有机硅烷水溶液为主要成分，对金属材料进行处理后，可达到临时防锈、增强有机涂层附着力和涂层体系耐蚀性的目的。

硅烷是一种硅基的有机-无机杂合物，其基本分子式为 $R(CH_2)_nSi(OR)_3$。其中 OR 是水解基团，R 是有机官能团。硅烷在水溶液中通常以水解的形式存在：

$$—Si(OR)_3 + H_2O = Si(OH)_3 + 3ROH$$

水解后的硅烷分子含有大量的硅羟基，硅羟基一端与金属材料表面的羟基反应键合，另一端与有机涂层在加热情况下形成共价键，从而使两种性质差别很大的材料"偶联"起来，起到增强涂层附着力的作用。一般认为，硅烷分子化学键合机理模型（见图 4-6）分为四步：①硅烷的 Si—R 基水解成 Si—OH；②部分 Si—OH 之间脱水缩合成含有硅羟基的低聚硅氧烷；③低聚物中的 Si—OH 与基材表面的—OH 形成氢键；④低聚物羟基与基材羟基之间的氢键加热脱水形成共价键。

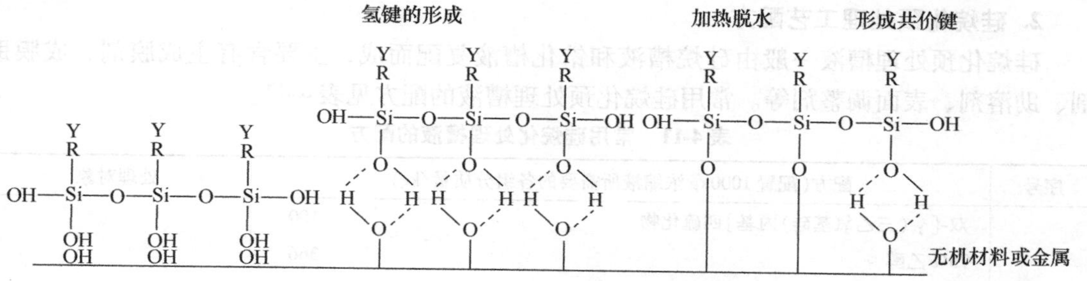

图 4-6 硅烷分子化学键合机理模型

根据硅烷偶联剂化学结构中硅原子数量的不同，适用于金属预处理的硅烷偶联剂可分为两大类：单硅烷和双硅烷，见表 4-10。

表 4-10 预处理技术中常用的硅烷及结构

物 质		结 构	简 称
单硅烷	γ-氨丙基三乙氧基硅烷	$(H_5C_2O)_3Si—(CH_2)_3—NH_2$	γ-APS
	γ-环氧丙基三甲氧基硅烷	$CH_2OCHCH_2—O—(CH_2)_3Si(OCH_3)_3$	γ-GPS
	乙烯基三乙氧基硅烷	$H_2C=CH—Si(OC_2H_5)_3$	VTES
双硅烷	1,2-双-(三乙氧基硅基)乙烷	$(H_5C_2O)_3Si—CH_2CH_2—Si(OC_2H_5)_3$	BTSE
	双-[γ-(三乙氧基硅基)丙基]四硫化物	$(H_5C_2O)_3Si—(CH_2)_3—S_4—(CH_2)_3—Si(OC_2H_5)_3$	BTSPS
	双-[γ-(三乙氧基硅)丙基]胺	$(H_5C_2O)_3Si—(CH_2)_3—NH—(CH_2)_3—Si(OC_2H_5)_3$	BTSPA

硅烷化膜厚度（小于 $0.4\mu m$）远小于磷化膜厚度，且为非晶体膜，表面平整，因此单一的硅烷膜耐蚀性和与涂层附着力均比磷化膜差。

锆化（又称陶化）是近 10 年内发展起来的另一种新型金属预处理工艺，该工艺以锆盐（一般为 H_2ZrF_6）为主体，辅以其他化学助剂，金属基材在锆盐的酸性溶液中发生反应，形成无机纳米级颗粒膜。

金属在酸性溶液中发生电化学反应：

$$Me - 2e^- \rightarrow Me^{2+} \qquad 2H^+ + 2e^- \rightarrow H_2 \uparrow$$

金属材料表面溶液 pH 值升高，H_2ZrF_6 解离：

$$H_2ZrF_6 \rightarrow ZrF_6^{2+} + 2H^+$$

ZrF_6^{2+} 与金属基体表面富集的 OH^- 反应：

$$ZrF_6^{2+} + 4OH^- \rightarrow Zr(OH)_4 + 6F^-$$

最终形成 ZrO_2 陶瓷颗粒薄层：

$$Zr(OH)_4 \rightarrow ZrO_2 + 2H_2O$$

锆化膜强度高，耐酸碱性能好，但膜层存在一定的孔隙率，整体耐蚀性较差。德国的 Chemetall 公司首先采用氟锆酸盐掺杂改性硅烷化试剂，得到硅烷-氧化锆颗粒复合膜，该膜比单一的硅烷膜和锆化膜在附着力和耐蚀性方面均有较大的提升。采用锆盐、钛盐等改性来提升硅烷膜的性能是目前硅烷化处理发展的主要方向。因此，通常意义上的硅烷化是基于硅烷化和锆盐等掺杂改性的一种二合一技术。

2. 硅烷化预处理工艺配方

硅烷化预处理槽液一般由硅烷槽液和锆化槽液复配而成，主要含有主成膜剂、成膜助剂、助溶剂、表面调整剂等。常用硅烷化预处理槽液的配方见表 4-11。

表 4-11 常用硅烷化处理槽液的配方

序号	配方（配置1000kg浓缩液所需要的各组分质量/kg）		处理对象
1	双-[γ-(三乙氧基硅)丙基]四硫化物	100	碳钢
	75% 乙醇	366	
	SP-80	6	
	苯胺	2	
	过硫酸钾	1.3	
	丙烯酸丁酯	166.5	

（续）

序号	配方（配置 1000kg 浓缩液所需要的各组分质量/kg）		处理对象
1	碳酸氢钠	0.53	碳钢
	30% 过氧化氢	1	
	丙二醇苯醚	3.3	
	棕榈酸钠皂	9.3	
	氟钛酸	13.2	
	水	余量	
2	1,2-双-(三乙氧基硅基)乙烷	20	碳钢、铝及铝合金
	γ-氨丙基三乙氧基硅烷	50	
	乙醇	30	
	水分散性二氧化硅	298	
	氟化锆	1	
	氟化钛	1	
	乙酸	60	
	水	余量	
3	γ-缩水甘油醚氧丙基三甲氧基硅烷	3	碳钢、铝及铝合金、镀锌板
	乙醇	6	
	氟锆酸	20	
	氟钛酸	20	
	氯氧化锆	5	
	柠檬酸	5	
	水	余量	
4	γ-缩水甘油醚氧丙基三甲氧基硅烷	20	碳钢
	乙醇	40	
	氟锆酸	10	
	氟化钠	5	
	乙二胺四乙酸钠	0.1	
	三乙醇胺水杨酸钠	10	
	水	余量	
5	γ-氨丙基三乙氧基硅烷	3	碳钢、铝及铝合金、镀锌板
	γ-缩水甘油醚氧丙基三甲氧基硅烷	3	
	乙醇	30	
	氟锆酸	105	
	元明粉	7	
	柠檬酸钠	4	
	硼砂	4.8	
	片碱	1.8	
	硝酸镁	90	
	硫酸铝	35	
	水	余量	

3. 硅烷化预处理工艺

与磷化工艺相比，硅烷化处理免去了表调工序，一般由预脱脂、脱脂、水洗（2道）、硅烷化处理、水洗、纯水洗、烘干8道基本工序组成（见表4-12）。根据工件表面状况和结构的复杂程度，可适当调整部分工序。

表4-12 硅烷化预处理工艺

序号	工序	处理时间/min	温度/℃	备 注
1	预脱脂	3	根据脱脂剂确定	如工件表面油污少，可取消该工序
2	脱脂	3	是否需要加热	
3	水洗	2	室温	
4	水洗	2	室温	如果工件结构简单，可取消该工序
5	硅烷化	0.5~3	室温	喷淋处理
		3~5	室温	浸泡处理
6	水洗	1	室温	
7	纯水洗	1	室温	
8	烘干	20	80	可根据工件大小及复杂程度，适当调整烘干时间

4. 硅烷化预处理特点及应用

硅烷化处理技术因其环境友好，工艺简单，能耗低，被认为是最有可能代替磷化的金属预处理工艺。有专业人士预测未来3~8年内，汽车、家电、电子产品等行业的磷化工艺将逐步被硅烷预处理工艺取代。德国的Chemetall、美国的Ecosil、日本Parkerizing等公司均致力于硅烷化预处理工艺的研究，并已有产品在工业生产中投入使用。Chemetall公司的硅烷产品Oxsilan已应用到14条车身涂装线上（包括标致、戴姆勒、塔塔、现代等）。近年来，我国部分企业也纷纷启动了新技术取代磷化的工作，目前海尔、海信、格力、荣事达等家电企业，博世、吉利零部件、一汽解放车车架厂等汽车零部件行业，伟创力、ITT等电子行业的涂装线均已经切换为硅烷化处理工艺。磷化处理和硅烷化处理技术比较见表4-13。

表4-13 磷化处理和硅烷化处理技术比较

项 目	磷 化	硅 烷 化
环保方面	环境污染大：废水含磷、重金属、亚硝酸盐，处理难度大；有废渣排放	无磷、无重金属配方，符合环保要求
节能方面	处理温度为35~55℃，需要加热	常温处理，无需加热
工艺流程	需表调，需除渣工艺和设备	无需表调，无需除渣工艺和设备
槽液控制	复杂：需要控制游离酸、总酸、促进剂、金属离子	简单：只需控制槽液pH值
成膜时间/s	120~300	30~180
处理材质	一般只能一种材质，较单一	可同槽处理多种金属
原料消耗	药剂消耗大，1kg药剂处理20~30m²	药剂消耗小，1kg药剂处理180~250m²
膜外观	灰、黑色	无色（锆化膜为金黄色或蓝色）
膜重/(g/cm²)	2~5	0.04~0.4
耐蚀性	优秀	优良
涂层附着力	优秀	优良

随着人们环保意识的增强和环保法规的日渐严格，许多地区已开始限制新建的涂装线采用磷化工艺，众多的汽车企业开始启动了采用硅烷化代替磷化的进程。硅烷化处理技术作为一项节能、环保、成本低的优良技术，必将迅速代替磷化技术，在金属预处理行业中得到迅速的推广应用。

4.2.7 塑料制品的表面预处理

塑料制品在涂装前如不经表面预处理，一般不能得到满意的涂装质量，这是因为塑料结晶度一般较大，极性较小或无极性，影响了涂膜的附着。此外，塑料制品的表面往往附有残余的脱模剂，如不除净，也会影响涂膜的附着力。因此，在表面处理之前，表面沾有脱模剂的制品还必须要进行脱脂处理。

表面处理的目的是提高涂膜与塑料制品表面的附着力。这就是要增加其表面能，在其表面上生成许多活化点。当与涂料接触时，涂料即在活化点上被吸附，使涂料更易润湿塑料制品表面，形成的涂膜附着力良好。

塑料制品表面残存的脱模剂（采用硅系或硬脂酸作为脱模剂）容易引起涂膜缩孔、附着不良等缺陷，并且会妨碍塑料制品的表面处理，所以在表面处理之前，必须先进行脱脂。对溶剂敏感的脂类，则应采用甲醇、乙醇、异丙醇等，或挥发速度快的脂肪族溶剂，进行揩拭脱脂。对溶剂不十分敏感的脂，则采用甲苯等揩拭脱脂，还可以采用中性或碱性洗涤清洗和研磨处理。

塑料制品的表面处理，就是在表面上生成活化点，以增进对涂膜的附着力。产生活化点的最有效方法是表面氧化处理，使表面上生成一些极化基，或加以粗化，以提高表面的极性，使涂料更易吸附、润湿。常用的表面处理方法有化学氧化、火焰氧化、溶剂蒸气侵蚀等。

1. 化学氧化处理

常用的氧化处理是处理液，典型的配方如下：

重铬酸钾	4.5g/L
水	8.0g/L
浓硫酸（质量分数为96%以上）	88.5g/L

典型的处理工艺（以聚乙烯为例）如下：

脱脂	汽油或甲苯揩拭
铬酸处理液浸蚀	50℃/10min
水洗	水冲或流水中彻底清洗净
干燥	自然干燥或50℃加热干燥

对其他聚烯烃的处理，可能稍有改变，以获得良好的表面处理为准，如聚丙烯用铬酸处理液浸蚀，以100℃，5min处理的工艺为宜。

有的塑料制品，如苯乙烯、ABS塑料，不进行表面处理也可涂装。为获得高质量的涂膜，只有进行表面处理。如ABS塑料在脱脂后，可采用较稀的铬酸处理液侵蚀。典型的处理液配方如下：

铬酸	420g/L
硫酸（密度1.84g/cm³）	200g/L

典型的处理工艺如下：

用 65 ~ 70℃水洗 5 ~ 10min，干燥。

用铬酸处理液浸蚀的优点是：不管塑料制品的形状有多复杂，都能处理均匀。缺点是：操作危险，有污染；有的塑料虽可用铬酸处理液浸蚀，但当浸蚀时间过长，浓度过高时，会产生细裂；时间不足，还会使处理程度不足，工艺不易控制。因此有采用粗化处理液浸蚀的，如酚醛塑料制品表面处理的粗化处理，其处理液典型配方如下：

对甲苯磺酸	0.3g/L
硅藻土	0.5g/L
二氧杂环己烷	0.3g/L
四氟乙烯	96.2g/L

典型的处理工艺：在 38 ~ 121℃的处理液中浸蚀 10 ~ 30s；再在 40 ~ 121℃下活化 1min，用 71 ~ 80℃水洗净，干燥。

2. 火焰氧化处理

火焰氧化处理的要点是：空气必须稍有过量，使火焰燃烧完全，并保持一定的火焰温度。处理时只让氧化焰接触塑料制品，一扫而过，使塑料制品表面氧化而不损伤。一般的火焰处理，氧化火焰温度保持在 1100 ~ 2700℃之间，视工艺而定。为保持一定氧化火焰温度，必须保持空气与燃料气的比例不变，不然会影响表面处理质量。在这点上，使用天然气或石油液化气比城市煤气要优越，这是因为煤气发热量变动大。

火焰氧化处理的优点是简单快速，但只能用于形状较为简单的塑料制品，如吹塑的聚烯烃制品。

3. 溶剂蒸气侵蚀处理

此法一般使用三氯乙烯溶剂，简单而有效。处理时，应注意严格控制蒸气温度。温度过高，侵蚀激烈，表面受损，过低则侵蚀不足。最佳温度为 70 ~ 75℃，即稍低于三氯乙烯的沸点。用溶剂蒸气侵蚀后，最好在 30 ~ 60s 之内立即涂装；否则，侵蚀的表面会很快恢复。因此，塑料制品在处理后，应立即先浸入漆液中，随后再涂装。在实际操作工艺中，侵蚀处理和涂料装在同一槽内进行，即使用三氯乙烯为溶剂的漆液作为溶剂蒸气的来源，经三氯乙烯侵蚀处理后，即浸入槽内的漆液中。此法一般用来处理形状复杂的聚烯烃塑料制品。

表面处理后的塑料制品，处理的程度和均匀性必须予以检查，以保证随后的涂装质量。在进行工艺试验时，可用液滴滴在塑料制品表面，测定接触角。接触角越小，处理程度越好。

一般采用的生产检验方法有两种：

（1）水润湿法 将处理完毕的塑料制品浸入水中，取后立即观察。处理良好的，全部表面为水所润湿，并且水膜在一定时间内不破裂。处理的程度和均匀性可以从水膜的完整情况和破裂时间来衡量。

（2）品红着色法 将处理完毕的塑料制品浸入酸性品红溶液中，取出后用水冲洗。处理程度和均匀性可观察着色强度的均匀程度，并可与标准样做比较。

4.3　涂装预处理设备

4.3.1　浸渍式涂装预处理设备

1. 设备的类型

浸渍式涂装预处理，可分为连续式生产的通过浸渍式和间歇式生产的固定浸渍式两类。前者靠悬链输送机连续不断地运转，如图 4-7 所示；后者采用自动升降机或自行电动葫芦自动操作，有的也用电动葫芦手工操作，如图 4-8 所示。

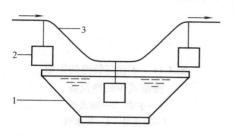

图 4-7　连续生产的通过
浸渍式预处理设备
1—槽体　2—工件　3—悬链输送机

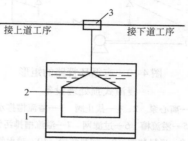

图 4-8　间歇生产的固定
浸渍式预处理设备
1—槽体　2—工件　3—升降机

2. 设备的结构

常用通过浸渍式预处理设备由槽体、加热装置、通风装置、液体控制系统等部分组成，如图 4-9 所示。

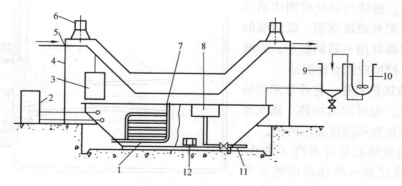

图 4-9　通过浸渍式预处理设备结构示意图
1—主槽　2—仪表控制柜　3—工件　4—槽罩　5—悬链输送机　6—通风装置
7—加热装置　8—溢流槽　9—沉淀槽　10—配料槽　11—放水管　12—排渣阀盖

（1）槽体　一般由主槽和溢流槽组成。溢流槽用以控制主槽溶液高度、排除悬浮物及保证溶液不断循环。通过浸渍式预处理槽体为船形（见图 4-7），有循环管路的矩形浸渍式预处理设备如图 4-10 所示，无循环管路的矩形浸渍式预处理设备如图 4-11 所示。

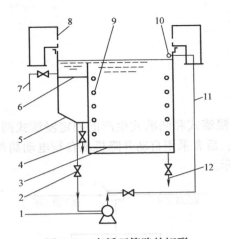

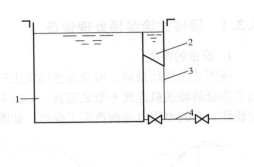

图 4-10 有循环管路的矩形
浸渍式预处理设备

1—离心泵 2、4—截止阀 3—溢流槽排水管

5—溢流槽 6—过滤网 7—溢流槽排污管

8—通风装置 9—加热装置 10—喷射管

11—循环管路 12—主槽排水管

图 4-11 无循环管路的矩形
浸渍式预处理设备

1—主槽 2—溢流槽

3—溢流管 4—排水管

船形槽的长度取决于工件长度、处理时的传送速度、输送机轨道升降及弯曲半径；宽度和高度取决于工件宽度和高度。

固定式矩形槽的长、宽、高取决于工件的长、宽、高，槽底最好有 3% ~ 6% 的坡度，并装有排水孔，以便清理槽底。

槽体材料由槽液的性质决定，一般可用钢板制造，酸洗与磷化槽则用塑料或钢质槽内衬塑料或玻璃钢，以防酸的腐蚀。磷化槽最好用不锈钢制造。为减少热量损失，槽壁应设有保温层。

（2）槽液加热装置 它通常采用蒸汽加热的方式，也可用电加热。蒸汽加热方式有直接加热和间接加热两种。

蒸汽直接加热装置将蒸汽（热油、热水也可）直接通入槽体内的蛇形管或排管内加热液体，也可将蒸汽直接通入槽体中加热液体，但蒸汽冷却水可能使槽液增多。蒸汽加热采用低噪声加热装置，通常使用的有混合式无声蒸汽加热器（见图 4-12）和多孔式无声蒸汽加热器（见图 4-13）。

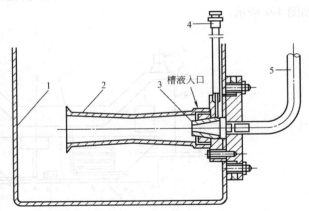

图 4-12 混合式无声蒸汽加热器

1—槽体 2—混合管 3—蒸汽喷管

4—调节阀 5—蒸汽管

蛇形管加热制作方便，其管径一般不超过 $\phi 70mm$，弯曲处的曲率半径 R 为：热弯时，$R \geqslant 3D$（D 为钢管外径），冷弯时，$R \geqslant 6D$。

排管式加热器是目前常用的一种加热器，其传热效率高，如图4-14所示。采用排管式加热器时，须安装冷凝水和不凝气体的排除设施。通常采用疏水器排除冷凝水，疏水器的安装如图 4-15 所示。图中第一排水管供疏水器工作前排出管中冷凝水，也可供取冷凝水样品和检查疏水器是否堵塞之用。

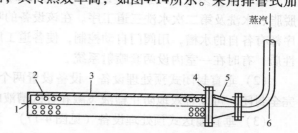

图 4-13　多孔式无声蒸汽加热器

1—喷管底板　2—喷孔　3—喷管
4—法兰　5—扩大管　6—进口管

所谓间接加热，是指将加热器置于槽外，通过热交接器加热。热交换器有板式或管式两种，板式因其散热面积大，所以使用较多。对于低温、中温磷化，必须采用间接加热方式，若直接加热，则磷化渣将在加热管上沉积，影响热传递，且清理困难。

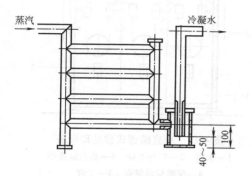

图 4-14　排管式加热器

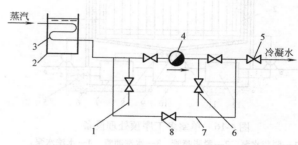

图 4-15　疏水器的安装

1—排水口　2—槽体　3—加热器　4—疏水阀　5—单向阀
6—第二排水阀　7—旁通阀　8—截止阀

（3）通风装置　通风装置分顶部通风装置和槽边通风装置。顶部通风装置适用于连续生产浸渍式设备，由槽罩、抽风罩、离心机和排风管等组成，抽风罩设在槽罩两端工件出入口顶部，根据槽体的长短，可设置一个或两个独立通风系统。

槽边通风装置适用于固定浸渍式设备，由抽风罩、排风管、离心风机等组成。槽边通风分单侧和双侧两种，通常根据槽的宽度进行选择。其抽风罩的形式有条缝式、倒置式和平口式三种。条缝式抽风罩缝口速度大，抽风量小，运行比较经济；倒置式抽风罩抽风量较小，结构较复杂，且占槽的一部分工作面积；平口式抽风罩高度低，抽风量大。采用何种方式，要根据槽的结构特点、生产操作情况和技术经济特点比较后确定。

（4）槽液温度控制系统　该系统分手动调节和自动调节两种形式。前者靠人工调节蒸汽阀控制蒸汽的输入，后者通过温度自动控制装置进行。

4.3.2　喷淋式涂装预处理设备

1. 设备类型

喷淋式预处理设备分单室多工序式、垂直封闭式、垂直输送式和通道式等类型。

（1）单室多工序式预处理设备（见图 4-16）　设备只有一个喷室，可在该室内依次完成脱脂、水洗及第二次水洗三道工序。在该设备的喷射室内，仅安装一套喷射系统，每一道工序都有各自的水槽，用阀门自动控制，使各道工序的槽液流回各自的槽中。根据喷射液体的性质，有时在一室内设两套喷射系统。

（2）垂直封闭式预处理设备　设备设置两个固定的喷射区，设备的外罩能将各喷射区完全封闭，可以有效地防止槽液飞溅和各区槽液的相互串水混合。

（3）垂直输送式预处理设备（见图 4-17）　该设备没有过渡泄水段，由完全隔离的数个喷射区组成。被处理工件吊挂在双排运输链的挂杆上，随链条垂直弯曲出设备。

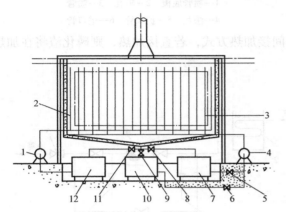

图 4-16　单室多工序预处理设备
1—脱脂水泵　2—脱脂喷管　3—水洗喷管　4—水洗水泵
5、6、8、9、11—阀门　7—热水槽
10—预冲洗热水槽　12—脱脂溶液槽

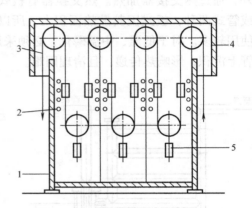

图 4-17　垂直输送式预处理设备
1—水槽　2—环行喷管　3—垂直输送器
4—保温材料罩壳　5—工件

这类设备是最常见的，它有单室清洗机和多室联合机组之分。单室清洗机是联合机组的基本单元，在生产率相同的条件下，宜采用多室联合机组。

通道式预处理设备的类型及适用范围见表 4-14。

表 4-14　通道式预处理设备的类型及适用范围

设备类型	输送方式	主要用途	使用范围
单室清洗机	滚道、转台、网式输送带、悬链	笨重零件脱脂、中小零件脱脂、零件酸洗脱脂去锈综合处理	单件、小批生产，大批生产
双室清洗机	网式输送带、悬链	中小型零件脱脂及水洗、热水洗	大、小批生产
三室清洗机	网式输送带、悬链	中小型零件脱脂及水洗，零件碱性脱脂及水洗	中、小批生产
多室联合机组	悬链	除酸洗外的其他工序脱脂、磷化、钝化工序间水洗	大批生产

2. 设备结构

通道式预处理设备由壳体、槽体、喷射系统、槽液加热系统、溶液配制、沉淀及过滤装置、通风系统及悬链输送机的保护装置等组成，其结构如图 4-18 所示。其他各种喷射式预处理设备的结构也大致相同。

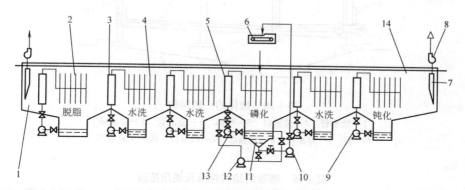

图 4-18　六室清洗磷化联合机的结构
1—工件入口段　2—喷射处理段　3—泄水过渡段　4—喷管装置　5—加热器
6—磷化液过滤装置　7—工件　8—通风管　9—水泵　10—过滤装置
11—磷化槽　12—磷化备用槽　13—磷化工作室　14—工作出口段

（1）壳体　壳体一般为封闭隧道结构，如果是通道式作业，各工序间留出足够的过渡距离，两端设挡水板以防各工序串水。如是间歇式作业，则各工序间有门，相互隔开。壳体内两旁需有维修平台，壳体内壁涂覆玻璃钢防腐蚀。过渡段的一般结构如图 4-19 所示。

（2）槽体　槽体的一般结构如图 4-20 所示。槽体上设置溢流槽、挡渣板、排渣孔、放水管和水泵吸口等。槽体的长度一般等于喷射处理段的长度。在槽体的宽度方向上，一般伸出设备外壳，伸出的宽度一般为 600 ~ 800mm，长度一般为 600 ~ 1000mm，以利于从此处添加槽液和安装水泵吸口，槽体的伸出部分应另加槽盖。

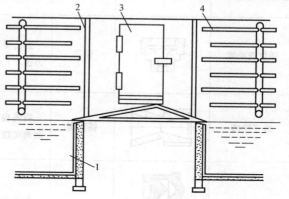

图 4-19　过渡段的一般结构
1—水槽　2—挡水板　3—维修侧门　4—喷射系统

槽体有效容积应不少于水泵每分钟流量的 1.5 倍，磷化槽的 2.5 倍，以保证槽液有较长的沉淀时间。为了排除沉淀，磷化槽下部可制成 40° ~ 45° 的锥形或 W 形。

（3）喷射系统　喷射系统是完成工件喷洗的主要工作部分，包括喷管装置和水泵装置等。喷管结构有横排和竖排两种形式，每种形式又有整体式和可分式之分。

喷嘴的种类很多，常用喷嘴的结构特点及使用范围见表 4-15。在喷射系统中，一般只安装一台离心水泵；对于酸洗和磷化，则可设置两台水泵，一台备用。

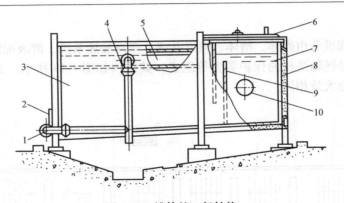

图 4-20　槽体的一般结构

1—放水管　2—排渣口　3—槽体　4—溢流管　5—溢流槽
6—盖　7—伸出段　8—保温层　9—挡渣板　10—水泵吸口

表 4-15　喷嘴的结构特点及使用范围

名　　称	喷嘴结构图	材　料	性 能 特 点	使 用 范 围
V 形喷嘴		不锈钢尼龙	喷口为 V 形条缝，射流呈带状，冲刷力较强，不易堵塞，但扩散角较小，雾化差	用于喷射酸洗、综合脱脂除锈，碱洗工序
强射流喷嘴		铸铁	射流呈圆锥形，锥角较小，冲刷力强	用于油腻污垢的清洗
扁平喷嘴		锡青铜	喷嘴扁平条缝，射流呈带状。扩散角度较大，制造较困难	用于碱洗或水洗工序
Y-1 型雾化喷嘴		不锈钢尼龙	射流呈圆锥形，锥角大，水粒细密、均匀，雾化好，容易清洗	用于要求射流均匀的化学反应工序，例如磷化、钝化、钛酸盐草酸处理等
莲蓬头喷嘴		不锈钢尼龙	射流呈圆锥形，水粒粗，喷水量大，安装角度大，喷水量可调	用于工序间的热水喷洗及冷水洗

（续）

名　称	喷嘴结构图	材　料	性 能 特 点	使 用 范 围
扁平可调喷嘴		锡青铜	安装角度可调，其他同扁平喷嘴	用于碱洗或水洗工序

（4）槽液加热装置　加热方式与浸渍式类似，一般采用 0.3 ~ 0.4MPa 饱和蒸汽加热，也可用电加热。蒸汽加热方式也分直接加热和间接加热两种，后者分槽内加热和槽外加热两种形式。槽内加热类似于浸渍式。槽外加热时，套管或列管等热交换器安装于室壁之外，串联在水泵出口和喷管系统之间，蒸汽从套管和小管之间的间隙流入，槽液从小管内流过而被加热，如图 4-21 所示。常用的加热器有套管式和列管式两种。

（5）设备通风系统　通过式机组采用机械通风，即在工件出入口设置抽风罩，将蒸汽和空气的混合气体排出车间。

机械通风系统由抽风罩、风机、调节阀门、排风管和伞形风帽等部分组成。

（6）悬挂输送机保护装置　保护装置是保护悬链不受冷热水、酸和碱的腐蚀，以便悬链能正常运转。最简单的悬链保护装置是防护罩，常用的还有迷宫式气封悬链输送机保护装置（见图 4-22）和水密封悬链输送机保护装置等。

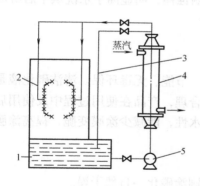

图 4-21　槽外加热装置
1—水箱　2—喷管　3—旁通管
4—加热器　5—水泵

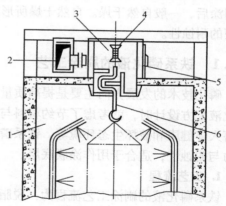

图 4-22　迷宫式气封悬链输送机保护装置
1—喷洗室　2—输入空气管道
3—迷宫壳体　4—轨道　5—阀门　6—吊钩

第5章 刷 涂

刷涂是一种使用最早且最简单的涂装方法，适合于各种形状的物体，也适用于绝大多数涂料。刷涂可容易地将涂料渗透到基材表面的细孔，因而可加强涂料对基材表面的附着力。其缺点是生产率低，劳动强度大，表面平整性较差。随着科学技术的发展，刷涂工艺与机器人等智能化技术结合以后，更显现出一些独特的优点。

5.1 磷化液的刷涂工艺

磷化膜具有防腐蚀、耐磨减摩、提高润滑性和增进涂料与金属基底附着力等多种作用。磷化处理广泛应用于各种钢铁件的处理中，其中更多的是用作涂装底层。

传统工艺在磷化前，应先进行脱脂、除锈，有的还要进行表面调整，磷化处理大都以浸泡、喷淋的方式进行，但随着磷化应用领域的扩大，这些方式已经不能适应新的情况，如建筑、机械、电力、海洋石油开采、冶金及采掘等领域一些钢制设备的磷化，因其体积、质量庞大，结构复杂，或者需要现场处理，就不适合喷淋或浸泡，需要采用刷涂磷化处理。磷化液刷涂后，一般自然干燥。自然干燥所形成磷化膜的耐蚀性，明显高于水洗烘干后所形成磷化膜的耐蚀性。

5.1.1 铁系磷化液的刷涂工艺

磷化技术的发展方向主要是提高质量，降低污染，节能、无毒环保。清洁磷化液是指在磷化液配方设计时，就考虑了节约材料与能源、功能合理，产品在使用过程中及使用后，不危害人体健康和破坏生态环境等。铁系磷化膜具有憎水性，能减少涂膜变脆，提高涂膜的附着力与耐蚀性，适合于用作涂膜底层。

1. 工艺流程

铁系磷化液的刷涂工艺流程为：脱脂除锈处理→刷涂磷化→自然干燥。

2. 质量检验方法

（1）外观和膜重　外观和膜重按 GB/T 6807—2001《钢铁工件涂装前磷化处理技术条件》的规定测定。

（2）耐蚀时间　在 15～25℃ 的温度下，滴 1 滴试液（试液配方为：0.25mol/L 化学纯 $CuSO_4 \cdot 5H_2O$ 40mL，10%（质量分数）化学纯 NaCl 20mL，0.1mol/L 化学纯 HCl 0.8mL）到磷化膜表面，同时启动秒表，记录液滴变成淡红色的时间，即为磷化膜的耐蚀时间。

（3）磷化膜孔隙率的测定　磷化膜层的孔隙率通常用贴滤纸法测定。测试孔隙率使用的试液成分为：NaCl15g/L、$K_3Fe(CN)_6$ 10g/L、明胶 5g/L。

3. 工作液配方

铁系磷化工作液配方见表 5-1。

表 5-1　铁系磷化工作液配方

品　　名	纯　　度	质量浓度/（g/L）	用　　途
磷酸氢二铵	工业	15.5	成膜主剂
钼酸铵	工业	1.5	磷化加速剂和钝化剂
成膜助剂	工业	3.0	控制 Fe^{2+} 的量、加速磷化反应、增加膜重
磷酸	工业	适量	调整 pH 值至规定指标

4. 施工条件

1）刷涂施工时，磷化液一般选择 pH 值为 3.5～5.0，温度在 3℃以上。

2）刷涂铁系磷化过程主要包括成膜、老化阶段，并以钢铁表面无液体磷化液为分界点，磷化膜必须老化几小时才具备较好的耐蚀性。因此，刷涂后最好应放置 10h 以上，以使磷化膜性能稳定。

3）刷涂第二遍，能提高磷化膜的质量、耐蚀时间；刷涂第三遍，则几乎没有影响。因此，通常以刷涂两遍为宜。

5. 磷化膜的性能

1）磷化膜自然干燥 12h 后，喷涂一层 25～30μm 的铁红环氧底漆，涂膜干燥后按 GB/T 1720—1979《涂膜附着力测定法》测定涂膜附着力，附着力应为 1 级。

2）磷化膜与钢铁表面以结合强度较高的化学键结合，并提供微观凹凸不平的粗糙表面，使钢铁表面与涂膜的结合，从原来单一的分子键结合变成了分子键结合与相互镶嵌的机械结合，从而提高了涂膜的附着力。这种铁系磷化膜重 1.3～1.6g/m²，属轻量级膜，可以有效地克服化学键韧性差的不足。

6. 清洁型磷化液的特点

传统的刷涂磷化液，含有较多的游离 H_3PO_4 或 Na^+、F^- 等，有的膜太厚，有的干燥过程中起泡，有的含磷酸二氢盐多，遇水易起粉，或者磷化膜中含有较多的 Na^+、F^- 等，影响磷化膜的质量，难以满足喷涂要求。

清洁型刷涂铁系磷化液，所有的分子或离子均成为磷化膜成分，或在磷化膜干燥过程中挥发，磷化表面残存磷化液不会造成磷化膜生锈、挂灰，磷化膜中不含有害的 Na^+、F^- 等，刷涂后形成的膜重为 1.3～1.6g/m²，耐硫酸铜溶液点滴时间为 220～350s，底漆的附着力达 1 级，磷化膜水洗也不会挂灰或生锈。

当工件表面有少量的油污时，可在磷化液中适量添加 TX-10 或 AE09 等非离子表面活性剂，通过刷涂搅动，使表面活性剂迅速脱脂而实现磷化的同时除去钢铁表面的油污。

清洁型刷涂铁系磷化液中所有的分子或离子均成为磷化膜成分或在磷化膜干燥过程中挥发，可在 3～40℃刷涂磷化任何钢铁工件。生成的轻量级彩色磷化膜连续、均匀、致密，耐蚀性好，进行水洗也不会挂灰或生锈，底漆的附着力达 1 级。

5.1.2　刷涂型磷化工艺在工程机械中的应用

工程机械的机架、油箱等大型结构件表面脱脂、除锈及防锈处理工序，通常是先喷砂或酸洗磷化，然后喷涂底漆、面漆，一般需要大型喷砂房及喷砂设备或大型酸洗槽，设备投资大，作业效率低，成本高且污染环境。

刷涂磷化液可用于大型钢铁结构件的磷化，以及无磷化设备时少量钢铁件的磷化处理，具有耐蚀性好，无须加温，无须冲洗，无须额外投资，节约能源，没有"三废"，与油漆配套性能好等特点。

1. 工艺方法与流程

（1）一般结构件的涂刷工艺与流程　将工件表面厚重疏松的锈迹用砂布或铲刀铲除，清除油污和杂质，而微薄的锈迹对磷化质量无影响。将磷化液原液均匀地刷涂在需磷化的金属表面上，表面稍干后刷净表面气泡，使磷化液在工件表面形成均匀磷化膜，24h 后磷化膜转化完全，即可喷漆或喷粉。

（2）油箱类结构件的涂刷工艺与流程　对于没有与机架焊接成一体的单体油箱，首先将焊接好的油箱进行传统的酸洗防锈，然后在油箱内部刷涂一层磷化液，其工艺过程为：焊接→酸洗除锈→刷涂磷化液。

对于与机架焊接成一体的整体油箱，首先对单件表面（油箱内表面）刷涂磷化液，然后焊接。具体工艺过程为：清理→油箱内表面刷涂磷化液→20～30min 后用干净毛刷或布擦去表面气泡（时间可根据当时温度、湿度进行调整）→干燥→油箱外表面涂底漆→干燥→焊接→清理焊槽后内、外表面分别补刷涂磷化液（擦除气泡）、底漆→干燥→油箱外表面涂面漆→干燥→清理并密封油箱各孔口。

2. 刷涂磷化工艺的特点

采用刷涂磷化工艺，能使油箱在浸油前 1～2 个月内不生锈，同时解决了油箱内部清洁度的问题，有利于提高液压系统的清洁度和可靠性。既解决了工程机械油箱内部防锈的难题，又节约了成本。缺点是磷化液成膜时间较长，完全成膜需 24h，影响生产率。如果磷化成膜的时间能进一步缩短，刷涂型磷化工艺将具有较好的应用前景。

5.1.3　环保型刷涂磷化粉在大型电容器外壳上的应用

集合式电容器外壳体积大，厂家现有的磷化生产线不能满足要求。采用手工砂纸打磨效率低，不能彻底清除钢铁件表面的油和锈，对环境污染严重。为解决这一问题，对某型带锈磷化粉进行了刷涂试验。该刷涂型磷化粉集脱脂、除锈、磷化、钝化于一体，不含亚硝酸钠、硝酸钠、氟化钠和重铬酸钾等有害物质。

1. 带锈磷化粉的工艺参数及性能

（1）工艺参数　涂刷型磷化液中，带锈磷化粉含量为 4%（质量分数），磷酸的含量为 15%～25%（质量分数），余量为水。pH 值≤1.2，常温使用。

（2）性能　涂刷型磷化液的主要性能见表 5-2。

表 5-2　涂刷型磷化液的主要性能

项　目	性　能	项　目	性　能
外观	无沉淀液体，不燃不爆	实干时间/h	6～12，也可用压缩空气吹干
密度/（g/cm³）	1.19～1.31	适用的锈蚀氧化皮厚度/μm	≤80
TA（总酸度）/点	400～800	适用的油膜厚度/μm	≤5
表干时间/min	15～30		

2. 工艺过程及刷涂方法

（1）工艺过程　工艺过程为预处理→刷涂→干燥→涂装。

（2）刷涂方法　清除浮锈、焊渣，用抹布擦干潮湿的表面。用漆刷蘸配好的磷化液，从上至下多次刷涂箱壳表面，锈厚的部位多刷，锈薄的部位少刷，无锈的部位一带而过；再用抹布擦拭一遍，不留积液，不露底；刷、抹间隔时间不宜过长，做到边刷边抹，待磷化膜实际干燥后，即可进行涂装。

（3）注意要点　刷涂后的外壳在涂装以前，应禁止雨淋或沾水；刷涂后的表面如出现局部泛白，应用抹布或砂纸擦去白粉，再补刷一遍即可。

3. 相关试验

（1）带锈磷化粉对 PEPE 油的相容性试验　试验方法为：每 200g 油加入 15cm 的试片，经 100℃、96h 老化后测试 PEPE 油的 $\tan\delta$、酸值变化，与空白油的对比，结果见表 5-3。

表 5-3　某型带锈磷化粉对 PEPE 油的相容性试验

样　品	性　　能			
	老 化 前		老 化 后	
	$\tan\delta$（90℃）	酸值/（mgKOH/g）	$\tan\delta$（90℃）	酸值/（mgKOH/g）
空白油	0.0003	0.0040	0.00033	0.0066
带锈磷化粉	—	—	0.00059	0.0116

由试验结果可见，经带锈磷化粉处理过的钢铁试片，对 PEPE 油的 $\tan\delta$、酸值影响不大，可用于集合式电容器外壳的涂装预处理。

（2）室内挂片试验　将带锈磷化粉处理过的钢铁试片，放于通风的室内 30 天，该试片无任何锈迹，可以满足电容器外壳的磷化生产。

（3）与涂膜的附着力试验　喷涂铁红环氧酯底漆一道，厚度约 10μm，干燥 7 天，涂膜的附着力为 1 级（划格法）。

4. 使用效果

带锈磷化粉在集合式并联电容器上的使用，解决了大型工件磷化处理的难题，使脱脂、除锈、磷化、钝化等工序一道完成，减轻了工人劳动强度，提高了生产率，使生产环境得到一定改善。

5.2　涂刷工艺的应用

5.2.1　环氧煤沥青在钢管防腐中的涂装工艺

某市天然气输配工程中，中压管线约 90% 的管道采用螺旋焊接钢管，材质为 Q235A，壁厚 5~8cm，采用埋地式铺设。为了延长钢管的使用寿命，保证燃气输配中的安全，对中压埋地式钢管外部进行了特加强级的防腐，防腐材料为环氧煤沥青涂料。

工艺方案设计为定点防腐，现场补漏，即裸管直接送到定点的防腐厂进行集中防腐处理，然后再到现场铺设。

在施工过程中，发现管道淋雨后，经常出现防腐面漆发黄、肉眼能观察到大小不等的针孔等现象，部分面漆能用手剥离。用3000～5000V电压检漏仪检漏，检漏仪会发出警报声。这表明针孔已经穿透防腐层。

1. 现场情况分析

（1）防腐涂料　优质品牌厂家的防腐涂料产品，具有涂膜厚、针孔少、抗盐碱腐蚀能力强、黏结力好等特点。经施工所在地油漆产品质量检验站分期分批抽检数十次，各项技术指标均稳定，与厂家提供的产品指标数值基本吻合，符合SY/T 0447—2014《埋地钢质管道环氧煤沥青防腐层技术标准》的要求。

（2）防腐层结构与施工顺序。

1）防腐层结构为1底、2布、4面。

2）施工顺序为检验到厂的裸管→机械喷砂除锈→刷底漆1道→刷面漆1道→半机械缠绕玻璃纤维布1层→刷面漆1道→半机械缠绕玻璃布1层→涂面漆2道→固化前养护→检验→出厂。

（3）防腐工艺

1）钢管除锈。采用机械喷硅砂除锈工艺。在100mm×100mm的面积内，残留氧化皮等引起的轻微变色不超过5%，钢管表面是均匀的灰白色。

2）涂料调配。要求严格按照生产厂家产品说明书所规定的比例和要求运作，并且派专人计量、专人调配、专人看管。在施工初期存在如下问题：①调配专职人员相对稳定性不够。调配人员一般要求具有一定的防腐知识和工作经验，牢固掌握所用防腐涂料的调配要领。当调配专职人员相对稳定性不够时，每换一次人员都会出现不同程度的防腐质量事故。②调配专职人员应具有一定的专业知识和科技文化素质。能正确理解产品说明书中的调配要领，根据复杂多变的气候、温度和湿度环境，根据不同管材的数量规格、当天班组的除锈情况以及缠绕涂漆进度情况，灵活机动地配制出适量、符合标准的涂料，避免调配好的涂料过多或过少，防止浪费，避免影响工期。

3）对防腐涂料配制的辨析。防腐涂料涂刷后外观上通常有3种现象：①管材外层的面漆黑亮、光洁、平滑、色泽稳定，分布均匀，从表干到实干的1周时间里，颜色无明显变化，这属于正常情况。②管材面漆分布不均匀，颜色黑中泛有深蓝色的光泽，这种光泽随时间的推移而淡化，光泽退去后有大小不等的针孔。形成的原因是：配料时没有严格按照比例调配漆料和固化剂，固化剂用量过大，且熟化时间不足30min。涂膜的柔韧性不够，容易发脆。③面漆外观有棕色或黄色斑块，斑块中有肉眼可观察到的针孔。原因是过多过早地加入了稀释剂，或者稀释剂与当时施工环境的温度、湿度不匹配，导致涂料在成膜过程中不均匀，影响涂膜的性能。

2. 改进措施

（1）操作人员

1）配料工人应是稳定的专职人员，具有一定的文化素质、专业知识和实践经验，不能频繁地更换。

2）配料人员要认真学习和掌握所用涂料的正确配置方法，熟悉《埋地钢管环氧煤沥青防腐层施工及验收规范》中关于涂料的有关条款。其主要条款是：①底漆与固化剂的质量配比和面漆与固化剂的配比应严格按照使用说明书调配。②加入固化剂后，必须充分搅拌均匀，并静置30min后才可使用。③常温下，涂料使用期一般为4～6h，涂料变稠影响涂刷时，可适量加入稀释剂，但最多不能超过 5%（质量分数）。

（2）管理和监督制度　要建立健全配料方面的各项制度。特别是配料记录制度、配料计量制度等。另外，要加强配料的检查、监督，尤其要加强配料工序中的现场监理，有效地保证涂料的质量。

（3）刷涂底漆　钢管在喷砂除锈后及时涂刷底漆，防止湿气和雨水的侵蚀。在常温下，底漆表干时间≤1h，实干时间≤6h，在此期间里不得淋雨，下雨期间一定要进行遮盖。

（4）玻璃纤维布缠绕及面漆刷涂　采用管材自转、大排板刷前后辊涂的操作方法，机械化程度较高，克服了纯手工操作时造成的缠布不紧、涂膜厚度不均、浸布不透的弊端。

注意要点：①玻璃纤维布要防止淋雨。淋雨的布一定要烘干后再用。②玻璃纤维布要控制含蜡量，含蜡量高的布要脱蜡。③玻璃纤维布要防止烂边，烂边的布一定要整理。④缠绕时要注意掌握搭接长度和松紧力度，防止搭接宽度过小和起皱。

（5）防腐管材的固化养护　施工单位通常重视看得见的碰伤、起皱、流淌、厚度不均等缺陷，容易忽视天气因素引起的变色、黄斑、针孔、脆裂、起层等老化现象。而后一种现象往往直接导致防腐施工的失败。改进措施如下：

1）施工单位与建设单位职能部门加强协调，使固化的防腐管材及时出厂，尽早铺设，不让成品防腐管材存放期限超过 3 个月。

2）在下雨、下雪、下雾、刮大风时，对未固化的管材用彩条布等进行遮盖，雨雪停后，及时把管材表面的雨水擦干。

3）有露水时，白天将管材滚转，使其下部朝上，将露水晾干。

5.2.2　浓相输送管道防腐耐磨剂刷涂机械与工艺

某铝业公司电解厂浓相输送系统自投产后，每年输送氧化铝 20 余万 t。经过 10 年运行，加上氧化铝粉本身是研磨剂，使相关的压力罐、输送管道等磨损严重。管线长度近 6748m，维护、维修及更新周期长，难度大，费用高。在大修时刷涂防腐耐磨剂，可显著延长管道的使用寿命。

1. 技术方案

防腐耐磨剂为糊状黏稠物，浓相输送管道由无缝钢管外管和短状内管构成。利用特殊设计的除锈刷、导向器和刷涂刷，使无缝钢管外管尽可能被防腐耐磨剂覆盖，达到保护浓相输送外管的目的。在电动机正反转作用下，除锈刷、导向器、刷涂刷在直线方向做往返运动，实现刷涂专机的自动化除锈及涂装功能。

2. 刷涂专机的特点

1）标准浓相输送管道的长度为 6m，相应地使刷涂专机长度达到 20m，如图 5-1 所示。

2）除锈刷、导向器、刷涂刷在直线做往返运动，电动机具有正反转功能。

3）具有管道内壁除锈功能。

4）浓相输送管道有 $\phi76 \sim \phi180$mm 等不同规格，因此，除锈刷、导向器、刷涂刷分别有相应配套的规格。

5）针对不同的管径，刷涂专机具有高度升降功能。

6）为了使防腐耐磨剂刷涂均匀，刷涂专机具有圆周方向的旋转功能。

7）刷涂专机适用于 $\phi50 \sim \phi300$mm 管道内壁除锈、防腐耐磨剂刷涂，适用管道长度≤6m。

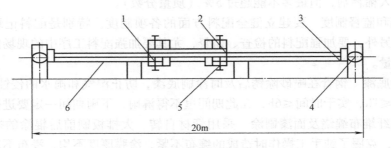

图 5-1　刷涂专机机架简图

1—浓相管夹紧机构　2—浓相管　3—电动机限位

4—电动机及滚筒机构　5—浓相管转动机构　6—刷涂专机机架

5.2.3　刷涂耐磨材料解决引风机叶轮磨损问题

某电厂 3 号机组容量为 12MW，其引风机的设备规范见表 5-4。

表 5-4　引风机的设备规范

型　　号	叶轮直径/mm	转速/（r/min）	转　　向
Y4-73-11NO14D	φ1400	1450	右

在投入使用的 7 个月中，引风机因叶轮磨损快，导致引风机振动，使得锅炉被迫停运检修 6 次，累计停运一个多月。引风机最短的运行周期只有 6 天。最严重的一次是由于风机叶片被磨穿，集流器磨烂，其碎片被吸入风机叶轮，卡在叶片中间，导致引风机振动严重超标，致使风机轴承报废，大轴扭曲，风机台板撕裂，风机基础也受到严重损坏。

1. 叶轮、集流器磨损快的原因分析

根据统计资料分析，3 号引风机叶轮、集流器磨损快的主要原因如下：

1）3 号炉引风机设计转速过高，同样是 65t/h 锅炉，该电厂 1 号、2 号炉引风机设计转速为 920r/min，而 3 号炉引风机设计转速为 1450r/min。

2）除尘器除尘效果差。

3）燃煤杂质多。

2. 采取措施

针对引风机叶轮、集流器磨损快的问题，采取了一系列措施进行治理，如严格要求进厂煤质量，加强除尘器检查，对叶轮进行喷镀防磨材料等，但效果都不很理想。叶轮喷镀耐磨材料工艺复杂，成本高，效果不理想。

通过比较、筛选，决定选用"微粉、水玻璃、固化剂"型耐磨材料刷涂叶轮的方案。将微粉、水玻璃和固化剂按不同的配比进行兑制，刷涂在试验用钢板上，在 130℃左右固化后观察涂膜性能。结果发现，当固化剂和水玻璃的（质量分数）为 0.5% ~ 1% 时，涂料的强度最大，附着力最强，且凝固速度快。

在涂刷钢板试验成功的基础上，对 3 号炉引风机叶轮、集流器上刷涂了"微粉、水玻璃、固化剂"型耐磨材料，涂膜厚度为 2mm 左右，运行两个多月后停炉检查时，发现只有在进风口处的叶片圆钢处有少量磨损，其他部位完好如初，经检修人员对磨损部位重新刷涂后，又投入运行。截止到报道时间为止，3 号炉引风机已连续稳定运行 110 天，创造了投产以来最长运行周期。

2 号引风机经涂刷处理后，运行 346 天后叶轮只有轻微磨损。这表明该涂料的耐磨性良好，能够经受住时间的检验。

3. 引风机刷涂型耐磨材料的优点

1) 原材料成本低廉，容易采购，微粉、水玻璃、固化剂三种原料市场货源充足。

2) 工艺简单，施工方便。该耐磨材料只需按比例兑制后，用刷子刷在易磨损部件上即可，而且不受施工条件限制。如不拆掉叶轮，也可进行刷涂，施工非常方便。

3) 工期短，省时、省力。用该耐磨材料刷涂一个引风机叶轮和集流器，两名工人用一天时间即可保质、保量完成任务。

4) 耐磨性好。风机叶轮和集流器刷涂 2mm 厚涂料，连续运行 70 天，磨损厚度不到 0.5mm，大大提高了设备寿命，延长了设备运行周期。

5) 可推广性强。该技术除可广泛用于引风机、排粉机等，也可用于某些易磨损的管道设备。

5.2.4 管道补口及异型管件刷涂防腐新工艺

我国石油管道防腐技术经过六十多年的发展，已经接近了国际先进水平，而管道补口防腐和异型管件防腐的发展相对较缓慢。我国第一条长输管道克-独输油管道的补口防腐采用石油沥青浇涂工艺，将防腐材料加热至熔化，然后浇涂到管子上；异型管件防腐采用浸涂工艺，将防腐涂料加热至液态后，再把异型管件浸入其中，黏上一层防腐材料。在当时使用石油沥青涂料时，这两种方法都无法控制和保证防腐层的厚度和质量，难免出现空鼓、气泡、漏点等缺陷，厚度也不均匀，影响防腐层质量，降低管道使用寿命。

随着管道防腐技术的发展，各种新型涂料和涂覆工艺被不断开发和使用，如环氧粉末涂膜、3 层 PE 涂膜、煤焦油磁漆涂膜等。引进国外技术后，采用热烤缠带和热收缩套进行补口防腐，工艺上有了相当大的改进。但其价格较昂贵，采用与管体涂膜不一致的材料，且管道主体防腐层与补口防腐层之间有明显的分界线，附着力不好，这两种材料亲和性不好，防腐层寿命不一致，很容易成为管道腐蚀的起始点。

高膜厚聚氨酯防腐涂料是国际上一种先进的防腐涂料，该涂料可冷刷涂，长久以来为工程上的死角提供完善的防腐手段，适用于管道补口、三通、弯头、法兰、阀门等异型件的防腐。它具有施工便利、可进行现场施工、总体造价低等特点。另外，它还可以进行手工涂刷，施工时无须对钢件预热，且一次刷涂成膜，固化迅速，可缩短工期，并与各种防腐材料有较好的结合性。

1. 材料性能

聚氨酯焦油涂料的物理性能见表 5-5。

表 5-5 聚氨酯焦油涂料的物理性能

检 测 项 目	性 能 指 标	检 测 标 准
厚度/mm	≥1.0	—
拉伸强度/MPa	≥13.5	DIN 54367

（续）

检测项目	性能指标	检测标准
剥离强度（对钢材）/MPa	10	ASTM 4541
剥离强度（对乙烯）/MPa	3.4	ASTM 4541
热老化（100℃，2400h）（%）	4	DIN 30671
水蒸气渗透率（24h）/（mg/cm²）	<0.5	ASTM E 96
破坏电压/（kV/mm）	27	DIN 53481
耐冲击性/N·m	18.6	DIN 30671
耐阴极剥离/mm	6	DIN 30671
邵氏硬度 A	74±5	DIN 53505
盐雾试验（6000h）	无影响	ASTM B 117

聚氨基甲酸酯焦油涂料的耐化学性能见表 5-6。

表 5-6　聚氨基甲酸酯焦油的耐化学性能

化 学 品	耐性	化 学 品	耐性	化 学 品	耐性
醋酸	○	硼酸	○	硫酸铜	○
氨	○	制动液	△	环己烷	○
蒽油	△	碳酸氢钠	○	消毒药剂	○
苯甲酸	○	铸造用油	○	邻苯二甲酸	○
乙醇	○	乳酸	○	海水	○
乙二醇	○	全损耗系统用油	○	醋酸钠	○
甲醛	○	矿油	○	碳酸钠	○
蚁酸	○	硝酸	○	氢氧化钠	○
柴油	○	油酸	○	磷酸钠	○
甘油	○	草酸	○	硫酸	○
液压油	○	石油	○	磷酸三甲苯	○
盐酸	○	石油醚	○	三乙醇氨盐	○
异丙烷	○	磷酸	○	松节油	○
航空燃油	○	高锰酸钾	○		

注：○—优；△—可。

2. 工艺流程

刷涂工艺流程为：表面预处理→手工刷涂→涂膜检验→成品。

（1）表面预处理　除净钢管表面油污和杂物，采用喷丸或喷砂法进行处理，除锈质量达到 GB/T 8923.1—2011 中规定的 Sa 2.5 级的要求，表面粗糙度值 Ra 为 30~50μm，钢管表面预处理后 8h 内进行刷涂施工。当钢管表面出现返锈或表面污染时，应重新进行表面处理后再进行刷涂施工。

（2）手工涂刷　将双组分无溶剂型聚氨酯焦油涂料涂刷到工件表面，或将涂料加热后采用无气热喷涂方法喷涂在工件表面。对工件表面全面涂刷，避免漏涂现象发生，同时尽量使表面涂膜厚度均匀。

（3）涂膜检验　涂料完全固化后，采用电火花检漏仪检验涂膜是否有漏点，如发现漏点应进行修补。利用无损测厚仪对涂膜厚度进行检验，确保涂膜厚度符合技术要求。

3. 材料与技术特点

（1）材料特点　该涂料无溶剂，快速固化，一道涂装膜厚可达 2mm 以上，具有极佳的防腐蚀、耐摩擦、耐冲击、耐化学品性能等。

（2）技术特点　既可刷涂也可喷涂，可现场施工也可在工厂涂覆，工件无须预加热，可应用于各种复杂形状工件。

采用刷涂无溶剂型聚氨酯焦油涂料进行管道补口和异型管件防腐工艺，适合于野外施工作业，涂膜质量好，易于和管道主体防腐层相融合，耐蚀性好。

5.2.5　电厂凝结器铜管、水室的刷涂处理

某电厂 6 号汽轮机的凝汽器采用汽流向心式布置，为全焊结构，蒸汽室和水室焊成一体，后水室与蒸汽室用两个伸缩节连接，主管束为向心辐射状排列。空气冷却区为三角形排列，汽轮机排汽端向下膨胀时，其作用力由凝汽器下部的 8 个弹簧支座中的 32 个支持弹簧来补偿。电厂凝结器的技术规范见表 5-7。

表 5-7　电厂凝结器的技术规范

项　　目	指　标	项　　目	指　　标
冷却面积/m²	6815	规格尺寸（长度×直径×厚度）/mm	8471×φ25×1
根数/根	5168×2	材料	77-2 铝黄铜

1. 凝汽器存在的问题

6 号汽轮机循环水采用有机磷 G-892 处理，运行 3.5 年后凝汽器铜管第 1 次泄漏，到第 5 年时，共泄漏 50 次。第 2 年大修时抽管检查发现，铜管内表面有层软泥垢，用毛刷刷去后，铜管内表面氧化膜仍有被损坏的痕迹，呈斑点状分布。第 4 年在运行中检漏发现，乙侧入口有 3 根铜管泄漏，都集中在空冷区，管口呈黄色。泄漏部位距管口 1～2cm。经检查，发现大部分铜管管口都呈现黄色。

凝汽器铜管的泄漏，会导致整台机组汽水品质恶化，降低汽轮机中蒸汽的可用熔降，使锅炉汽水系统出现结垢、腐垢，严重时会使锅炉发生爆管，威胁生产安全。同时也使汽轮机叶片积盐，降低汽轮机的热效率。

2. 泄漏原因分析

1）错用材质。按设计要求应为 77-2 铝黄铜，但经化验铜管为锡黄铜，该种材料材质比较软，易腐蚀。

2）空气冷却区有氨腐蚀的现象存在。主要表现为铜管外壁均匀减薄，形成了横向条状的腐蚀沟槽，多见于支撑铜管的隔板附近，造成氨腐蚀的主要原因与凝汽器空冷区的结构有关。蒸汽在凝结成水的同时，氨的富集程度加剧。由于水中的氨浓度增大，从而使隔板部位的铜管在氨环境下发生氧化反应，使金属铜溶解，导致隔板处的铜管均匀减薄。

3）冲刷腐蚀发生在凝汽器铜管的入口端。由于循环水的湍流以及水中的气体或沙砾等异物的冲击磨削作用，使铜管局部保护膜破坏，发生泄漏现象。

为保证设备的安全运行，减少铜管泄漏带来的损失，该厂采取镀膜刷涂处理的方法来解

决此问题。

3. 镀膜、刷涂处理的方法

（1）第一阶段除锈、除垢 先用磨光机打磨涂胶工作面，露出金属光泽，然后用砂布打磨，完全除去腐蚀点，最后用压缩空气吹扫干净。

（2）第二阶段脱脂 清除工件表面油污，干燥。

（3）第三阶段涂胶 总共涂四层胶，每层胶要涂均匀，无掉包，平整、光滑、无漏涂，待风干后可进行第二次涂胶。

（4）第四阶段竣工验收 验收时应进行注水试验，胀口应严密不漏。

4. 使用效果

对其铜管和水室进行了镀膜和刷涂处理，两年后铜管再没发生泄漏，也未因该处杂质、结垢腐蚀严重而导致凝结器端差增大，因而有效地防止了水室的腐蚀和胀口处铜管的渗漏。

5.2.6 铸铁件刷涂式仿古铜着色处理

仿古铜装饰处理是在金属表面着黑色或黑褐色，色泽古朴典雅，具有较高的艺术价值。当前艺术品的仿古装饰处理，多是在铜合金基体上进行浸渍着色处理，而对铸铁基体上进行仿古铜着色，尤其是采用刷涂式着色法的报道很少。在铸铁基体上进行仿古着色，以铁代铜，达到与铜合金着色的同样装饰效果，能节约大量的铜材。刷涂式着色方法与槽液浸渍着色方法相比，操作方法简单，节省着色液，便于大件加工。

1. 仿古铜装饰工艺

在铸铁基体表面上电镀一层铜，用快速着色液刷涂着色。经局部抛光，磨去铸件凸起部位的着色膜，显出明暗相间的色彩。最后涂上一层透明的保护漆，即达到装饰和保护的目的。具体工艺如下：

（1）表面清理 用尼龙刷清除铸铁表面的灰尘、污物。

（2）酸洗去除氧化膜 将表面清洁的铸铁件，浸入酸溶液中去除表面的氧化膜，控制酸洗液浓度和酸洗时间，防止出现过腐蚀现象。

（3）电沉积铜底层 用电镀方法在铸铁表面沉积一层铜层，作为着色的底层，镀层厚度对着色影响较大，应保证镀层完整并有足够的厚度。电镀条件如下：

焦磷酸铜	$50 \sim 60 \text{g/L}$
焦磷酸钾	$480 \sim 500 \text{g/L}$
草酸	$18 \sim 25 \text{g/L}$
十二烷基硫酸钠	0.05g/L
阴极电流密度	$0.8 \sim 1.2 \text{A/dm}^2$
pH 值	$8.2 \sim 8.8$
时间	$15 \sim 30 \text{min}$（按厚度要求定）

（4）刷涂化学着色 用刷子蘸着色液在铸件表面进行涂刷，使之色泽均匀。因铸件表面沉积的铜层厚度有限，因此要选用快速着色液。快速着色液通常是不同硫化物（K_2S 和 Na_2S）的混合物，着色液的浓度和着色时间直接影响着着色效果。

（5）后处理

1）抛光。用机械抛光法对凸起部位进行抛光。

2）罩光漆。涂一层透明漆，既起保护作用，又使铸件更加美观。

2. 铸铁着色的露铁现象及解决办法

在铸铁基体上仿古铜着色，与铜合金基体上仿古铜着色的不同之处在于，前者受工艺条件限制，铜层厚度较薄。而铜层厚度又对着色影响较大，首先必须保证着色液中成分与铜反应时所需的铜量，否则会因铜量不足（即铜层太薄），着色后露出铸铁基体的现象，称为露铁现象。一旦出现露铁现象的铸件，要返工重新处理。

为了防止露铁现象的产生，应注意以下两点：

1）电镀铜层质量要保证。严格控制好电镀工艺条件，在保证一定厚度铜层的基础上，铜层应完整、均匀，不得有缺陷。

2）采用快速涂刷着色液。因为铸铁表面沉积一层铜的厚度有限，为了使着色液和铜层快速反应生成有颜色的铜化合物，必须控制着色液的浓度、着色时间。在常温下，采用低浓度、快速着色液为好。

3. 着色膜的性能

（1）外观　外观呈现均匀的古铜色泽。

（2）抗变色能力　将着色后没有涂装的试片，在3%（质量分数）NaCl溶液中浸泡6h不变色，说明抗变色能力较好。

（3）结合力　按 QB/T 3821—1999《轻工产品金属镀层的结合强度测试方法》，将着色后试片（没有涂装）弯曲90°，目视弯曲处的着色膜，没有裂纹，说明膜层结合力较好。

4. 铸铁件刷涂式仿古铜着色处理的优点

1）以铁代铜的铸铁仿古着色装饰是一种低成本的装饰方法，可与铜合金仿古铜着色方法达到同样的装饰效果。

2）采用涂刷式着色处理，节省设备投资，便于大件加工。

第6章 滚涂与辊涂

滚涂法是利用表面层由羊毛或合成纤维等多孔吸附材料构成的空心圆柱状滚筒，蘸上涂料后进行滚筒涂刷施工的一种涂装工艺方法。施工时，采用不同类型的滚筒将涂料滚涂到被涂表面上，可部分代替刷涂，用于一般工业或家庭的涂装作业中，施工效率高。

辊涂法又称为机械滚涂法，是利用专用的辊涂机，在由钢质圆桶和橡胶制备的辊筒上形成一定厚度的湿涂膜，然后将这些湿涂膜的部分或全部转涂到被涂物上的一种涂装工艺方法。与幕式涂装法一样，它适合在平板和带状的平面底材上施工。其优点是容易操作，涂装速度快，生产率高，不产生漆雾，涂装效率接近 100%，仅在洗净时产生少量废溶剂，适合大规模自动化生产线使用；不足之处是很难进行局部处理。

6.1 滚筒与滚涂工艺

滚涂用的滚筒是一个直径不大的空心圆柱，由滚子和滚套组成，滚套相当于漆刷部分，可以自由地装卸，毛头接在芯材上。滚套有多种，最常用的长度为 18cm 和 23cm，标准直径为 $\phi 4cm$，如果直径增大到 $\phi 6cm$，蘸有的涂料量可大约增加 50%。芯材由塑料、纤维板或钢板制成。滚刷毛是纯毛、合成纤维或两者混用。纯毛耐溶剂性强，适用于油性及合成树脂涂料。合成纤维耐水性好，适用于水性涂料。虽然它只能滚涂平面被涂物，但不需特别技术，涂装效率高，见表 6-1。

表 6-1　几种手工涂装的作业效率

手工涂装的种类	刷涂	滚涂	压送式滚涂
效率/（m²/d）	150 ~ 200	300 ~ 400	400 ~ 600

滚涂时，滚筒的受力较多且复杂，其中包括水平力、被涂物表面的阻力、垂直压力、被涂物表面的支持力、涂料的黏附力和滚筒轴的阻力。一般滚筒的阻力很小，但是，水平力的大小却与滚筒轴的阻力大小有直接的关系。另外，涂料的黏附力也影响水平力的大小，并与滚筒运动时给予涂料的作用力相等。滚筒的受力分析如图6-1、图 6-2 所示。

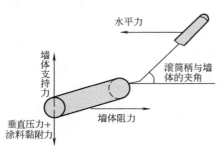

图 6-1　滚筒的受力分析（1）

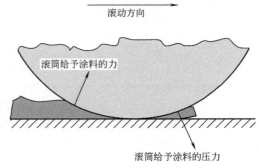

图 6-2　滚筒的受力分析（2）

6.1.1 滚涂的操作步骤

1）涂料放在图 6-3 所示的滚涂盘（涂料容器）中，将滚子的一半浸入涂料中，然后在容器的板面上来回滚动几次，使滚筒的滚套浸透涂料。

2）在报纸或胶合板上滚动滚子，让滚套充分沾浸上涂料。

3）沾浸涂料后，在容器的板面上滚动一下，让涂料沾浸均匀后即可涂装。

4）将滚筒按 W 形轻轻滚动，将涂料大致地分布在被涂物表面上。然后把滚筒来回密集滚动，将涂料涂布开来。最后用滚筒按一定方向滚动，滚平表面进行修饰。在滚涂时，最初用力要轻，防止涂料流落，随后逐渐加力。

5）滚筒用完后，用工具刮掉多余涂料，及时清洗干净，并在干燥的布上来回滚动数次，晾干后备用。

压送式滚涂器能自动地供给涂料，它采用压送式涂料罐（见图 6-4）或柱塞泵（见图 6-5）。滚子的结构如图 6-6 所示。

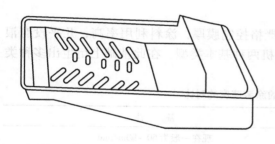

图 6-3 滚涂盘（涂料容器）

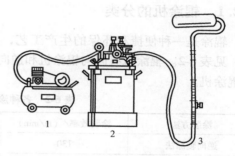

图 6-4 压送式涂料罐

1—空气压缩机 2—涂料罐 3—滚子

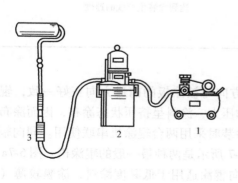

图 6-5 柱塞泵

1—空气压缩机 2—柱塞泵 3—滚子

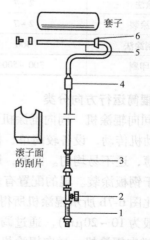

图 6-6 滚子的结构

1—固定把手 2—活门旋塞 3—活动把手
4—接头 5—涂料流出孔 6—阻塞环

6.1.2　滚涂的施工技术

1）滚涂操作技术的关键是涂料的表面张力，即流平性能一定要适应滚涂的要求。黏度高的液体用硬毛刷，黏度低的液体用软毛刷。

2）在墙面施工过程中，滚涂过程中饰面易出现拉毛现象，可能与墙面底层干湿程度、吸水的快慢有关，应适当调整涂料液体的流平程度，加胶或是加水。

3）滚涂操作前，刮涂的腻子一定要干透坚硬，黏结牢固，磨光研平，防止滚涂时腻子被拉起，或产生麻点、疙瘩。

4）滚涂操作应从左向右、从上向下进行。滚花时，每移动一次位置务必校对正确，以免图案花纹衔接不齐。

6.2　辊涂机与辊涂工艺

6.2.1　辊涂机的分类

辊涂是一种便捷和环保的生产工艺，可以严格控制膜厚，涂料利用率高，几乎没有浪费，见表6-2。辊涂机有同向辊涂机和逆向辊涂机两种基本类型，在此基础上衍生出多种类型辊涂机。

表 6-2　各种涂装法的涂装速度的对比

涂装方法	涂装效率/（m/min）	备　　注
逆向辊涂法	130	现在一般为 60～90m/min
同向辊涂法	100～150	100m/min 以上的实例多
幕式涂装法	100～160	现在使用 100m/min 左右，有可能达 160m/min
喷涂法	2～7	达到涂装生产线的速度
静电涂装	2～7	
气刀刮涂法	300	
转轮印刷	300～500	

1. 按辊筒运行方向分类

（1）同向辊涂机　同向辊涂机的涂覆辊转动方向与被涂板的前进方向正好一致，辊涂机不需电动机传动，设备较简单，板面施加有辊的压力，涂料呈挤压状态涂布，因而涂布量小，涂膜薄，还不易均匀。因此，用同向辊涂机涂装时采用两台辊涂机串联使用。同向辊涂机主要用于钢板涂装。辊的配置有多种形式，图6-7 所示是两种最一般的辊涂机。图 6-7a 所示辊涂机比图 6-7b 所示辊涂机所得涂膜均一。同向辊涂适用于低黏度涂料，涂膜较薄（湿膜厚度一般为 $10\sim20\mu m$）。通过调整转辊之间的间隙和涂料黏度，可以调节涂层厚度。

（2）逆向辊涂机　逆向辊涂机涂覆辊的转动方向与被涂板的前进方向相反，板面没有辊的压力，涂料呈自由状态涂布，因而涂布量多，所得涂膜也厚，如图6-8 所示。

采用同向辊涂机时，辊的转速一定，涂膜厚度也一定，而逆向辊涂机则要变化各辊的转速，才能调整涂膜的厚度。逆向辊涂机虽也可用于钢板的涂装，但更适合于卷材的连续涂

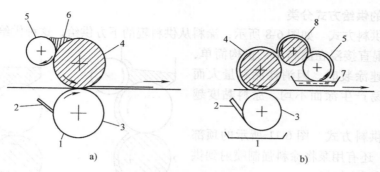

图 6-7　同向辊涂机

1—收集涂料盘　2—刮板　3—支撑辊　4—涂覆辊（橡胶）　5—供料辊（钢质）

6—涂料　7—涂料盘　8—修整辊（橡胶）

装。逆向辊涂可使用高黏度涂料（厚膜涂装时，涂料黏度可达 120s），可获得 5～100μm 涂膜厚度（湿膜）。通过调整供料辊与涂覆辊之间的间隙，可以调节涂层厚度。

（3）底刮刀型辊涂机　图 6-9 所示为底刮刀型辊涂机，它是一种胶合板涂堵孔剂专用设备。胶合板送入后由涂覆辊涂上堵孔剂，再由刮板强压刮入孔中，靠第二道刮板刮落多余的堵孔剂。气缸使刮板保持弹性，这样可调节刮落数量。

（4）全逆向辊涂机　全逆向辊涂机的调节辊与供料辊、供料辊与涂覆辊、涂覆辊与支撑辊都是逆向转动，如图6-10所示。全逆向辊涂方式适用于高黏度、触变性强的涂料和进行厚膜涂装，借助调整调节辊与供料辊之间的间隙，可获得厚度为 50～500μm（湿膜）的涂层。

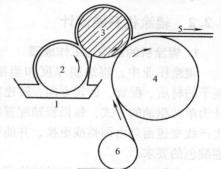

图 6-8　逆向辊涂方式

1—涂料盘　2—供料辊（钢质）

3—涂覆辊（橡胶）　4—支撑辊

5—金属带　6—导向辊（钢质）

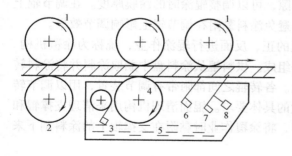

图 6-9　底刮刀型辊涂机

1—顶部输送辊　2—底部输送辊　3—修理辊

4—涂覆辊　5—涂料槽　6—第一道刮板

7—第二道刮板　8—气缸

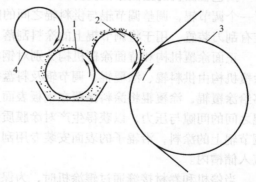

图 6-10　全逆向辊涂机

1—供料辊　2—涂覆辊　3—支撑辊　4—调节辊

2. 按涂料的供给方式分类

（1）底部供料方式　如图 6-8 所示，涂料从供料辊的下方供给，这种供给方式称为底供料方式。供料辊直接浸在涂料中，机构简单，可是在厚膜高速涂装时，因消耗涂料量大而供料量不足，易产生涂面不均。涂料黏度越大，供料越难。

（2）顶部供料方式　图 6-11 所示的顶部供料方式较好。还有用泵将涂料强制喷射到供料辊表面的，效果也较好。

另外，在涂布低黏度的涂料时，辊面湿润好，但会导致带液量小，产生供料不足现象。这时采用带沟的辊（带有螺旋状细沟的橡胶辊或钢辊）较好。

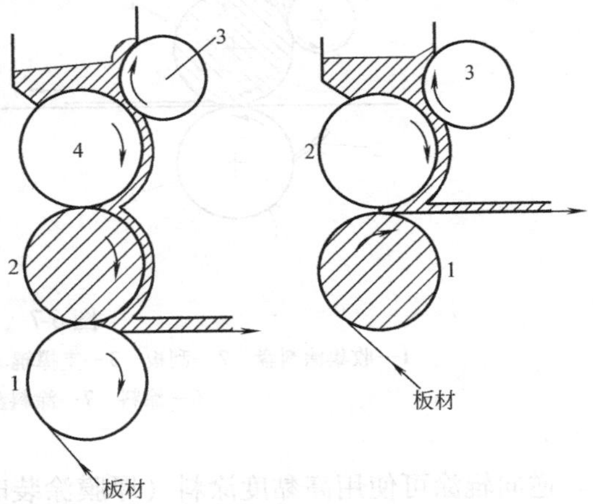

图 6-11　顶部供料方式
1—支撑辊（钢质）　2—涂覆辊（橡胶）
3—修整辊（钢质）　4—供料辊（钢质）

6.2.2　辊涂机系统设计

1. 辊涂机的结构与工作原理

辊涂作业中，辊涂膜厚度和辊涂质量与辊子的材质、配置、回转方向、转速比及涂料的供应等有密切关系。在辊涂机的驱动上，设计为单独驱动的方式，每根辊轴配置独立的驱动电动机，各辊的回转方向、回转速度均能随生产线变速而自由调整或更换，并能快速更换涂料的颜色，以满足生产线不停机就能更换钢卷颜色的要求。

在实际生产中，辊涂机的结构形式根据被涂覆母材的不同而多种多样，但在功能上大同小异。

图 6-12 所示为换色辊涂机的结构，它主要用于向钢板表面均匀涂覆第二遍涂料，通常也称为"面涂"或"精涂"。

换色辊涂机的正面涂覆机构设计为三辊式涂覆。三辊式涂覆与二辊式涂覆的区别是增加了一个调节辊，调整调节辊与供料辊之间的间隙，可以调整辊涂时的涂膜厚度。在调节辊上装有刮刀装置，用于将调节辊上的涂料刮落，避免涂料黏附在调节辊上影响调节效果。

正面涂覆机构和背面涂覆机构分别对钢板的正、反面进行辊涂作业，统称为涂覆机构。涂覆机构由供料辊、涂覆辊、调节辊及料盘等组成。供料辊从涂料盘中蘸取涂料并将涂料转移给涂覆辊，涂覆辊将涂料涂覆在钢板表面上。各转辊之间都附带有调节装置，用以调节转辊之间的间隙与压力，以获得生产对涂膜质量的具体要求。辊面清理机构用来清理支撑辊和调节辊上的涂料，沿辊子的表面安装专用刮刀，将涂覆作业时黏附在支撑辊上的涂料刮下来流入储槽内。

当停机和卷材接缝通过辊涂机时，为保护涂覆辊不受损害，正面的涂覆机构可通过气缸带动平移机构脱离与钢板面的接触，背面的涂覆机构则通过顶托机构的气缸带动顶托辊使钢板面顶离涂覆机构的涂覆辊，避免两者接触造成涂覆辊的划伤。背面的涂覆机构是依靠气缸带动上下移动来脱离与钢板的接触。两辊之间有调节机构，可通过调整调节转辊之间的间隙，来控制涂膜的厚度。顶托辊设有调节机构，一般情况下位置是固定的。转向辊机构、支

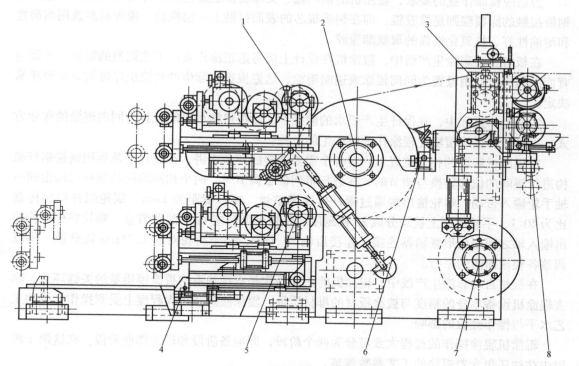

图 6-12　换色辊涂机结构

1—正面涂覆机构 1　2—支撑辊机构　3—顶托机构　4—限位机构　5—正面涂覆机构 2
6—辊面清理机构　7—转向辊机构　8—背面涂覆机构

撑辊机构主要使钢板输入呈合适的角度，以进行辊涂作业。

2. 辊涂机的驱动方式

在钢板彩涂生产线中，辊涂机的驱动动力应用的是变频调速电动机独立驱动方式。辊涂机的支撑辊、转向辊、顶托辊为从动辊，它们没有电动机直接提供动力，而是在钢板运动的驱使下随钢板而转动，转动的圆周速度与钢板运动的线速度一致。

辊涂机的供料辊、涂覆辊、调节辊在各自驱动电动机的带动下运动，为主动辊。电动机通过万向联轴器与各辊轴连接，它们的转向与转速可在各自控制系统调节下，改变为其调节范围内的任意值，可以同生产线联动，也可以单独驱动，可以进行顺向、逆向选择，对速度进行设定。

辊涂机的这种独立驱动方式很容易就能进行工艺技术参数的调节和更改，使辊涂机的调节、使用更为方便。

3. 辊涂工艺与涂覆调节

制约辊涂生产成膜质量的因素主要有：辊涂机设备质量、被涂板材（母材）质量、辊涂生产工艺等。对于给定的设备及待辊涂的板材来讲，辊涂生产过程中的工艺参数选择与涂覆调节，则成为影响辊涂质量的重要因素。辊涂机转辊的材质、转动方向、转辊之间的间隙（或压力）与转速比、涂料的供应等，与涂膜厚度、涂层外观、涂装速度等有着密切的关系，必须适当选择。

为适应辊涂作业的要求，辊涂机的供料辊、支撑辊在制造上均进行镀铬处理，而直接与钢板接触的涂覆辊则是橡胶辊，即在钢质辊芯的表面衬贴上一层橡胶，橡胶材料选用耐磨性和耐油性好、抗氧化性强的聚氨酯橡胶。

在板材自动彩涂生产线中，辊涂机在设计上应考虑辊涂作业时工艺调整的需要，正面与背面涂覆均可自由设置为同向辊涂或逆向辊涂，这要根据实际生产对涂层厚度的具体要求来决定。

实际生产过程中，在保证生产要求的前提下，涂覆机构尽可能设置为同向辊涂的作业方式，以尽量降低涂覆辊在辊涂作业时产生的磨耗。

在辊涂机转辊的相互位置上，对各个需要调整的环节来讲，在设计上是利用蜗轮蜗杆机构进行辊间的位移转换与调节的。在进行辊间位置调节时，两个相同的蜗轮蜗杆机构由同一轴手轮输入带动，蜗轮输出端通过螺杆传递调整量，螺杆螺距为 1mm，蜗轮蜗杆机构传动比为 40:1，手轮圆周上被均分成 25 格刻度，每格刻度对应 1μm 的调节量。蜗轮蜗杆机构输出输入轴之间用齿形联轴器连接，连接齿轮 20 个齿，每个齿轮对应 1.25μm 调整量，用以调整各辊辊面间的平行。

在板材自动彩涂生产线中，辊涂机的正确操作是直接关系钢板涂膜质量的关键环节。除去辊涂机设备本身的精度与被涂板材的母材质量，辊涂质量在很大程度上受到操作人员的工艺水平与操作经验的影响。

辊涂机辊涂操作的过程大致可分为两个阶段，即准备阶段和辊涂作业阶段。在这两个阶段中往往还包含着辊涂的工艺参数调整。

在辊涂机辊涂作业的准备阶段，主要完成辊涂作业的气动管路、供漆管路、驱动电动机参数等的检查设定，辊子间隙与压力的调整等。在辊涂机的辊涂作业阶段，主要是监控辊涂作业的质量，并依据实际涂膜要求同步进行工艺参数调整。

6.2.3 辊涂施工工艺

1. 涂膜厚度的控制

对逆向辊涂来说，靠增减供料辊与涂覆辊之间的挤出压力和这两辊之间的转速比来控制涂膜厚度，根据涂料的黏度（0.1 ~ 0.5Pa·s）来决定所能控制的涂膜厚度范围。黏度低时，涂膜偏薄；黏度高时，涂膜偏厚，实用的涂膜厚度范围为 1 ~ 70μm。

在涂高黏度（0.5Pa·s 以上）的涂料，涂膜厚度达 50μm 以上时，用全逆向式较好，它靠低速逆向转动的修整辊来控制供料辊上的湿涂层厚度。即使是流平性不好的触变性涂料，也能得到极平滑的涂膜外观。

钢辊的涂膜厚度度容易控制。在使用橡胶辊时，要注意涂装作业中橡胶的膨润、磨耗等变化，必须常检查涂膜厚度。如有偏差，随时调整。

2. 转涂过程

在逆向辊涂时，涂覆辊上的湿涂膜几乎全部转涂到逆向转动的金属圈材上。在摩擦过程中，由于湿涂膜上作用有很强的剪切速度（10^5m/s），这种剪切作用能使有触变性的涂料的黏度下降，流平性变好。

同向辊涂时，在被涂底材和涂覆辊的运行速度相同的情况下，几乎只有一半的涂料转涂到底材上。当涂覆辊的转速较底材慢时，虽也有一定的剪切作用，可是对触变性涂料和高黏度涂料，在涂面上易残留有与前进方向平行的条纹。

当底材是具有可挠性的软质材料（如纸、布、金属箔、塑料薄膜）时，可采用钢制的涂覆辊，底材卷在橡胶制的支撑辊上。

另外，在辊涂镀锌钢板、铅板等金属板或胶合板时，因在两端的接缝处、弯曲处、伤痕处有若干不平，如果用钢制涂覆辊，则有些凹处涂不上，所以常用橡胶制的涂覆辊来转涂湿涂层。但橡胶辊在使用中易损伤和磨伤，应注意更换和维护。

3. 橡胶辊的材质选择

金属板和胶合板涂装时，涂覆辊通常使用邵氏硬度 A 为 30 ~ 50 的丁腈橡胶或丁基橡胶。为了不因膨润引起涂膜厚度变化和物性下降，应尽可能使用耐溶剂性好的橡胶。

涂料中所含的溶剂对橡胶的作用不一样，芳香族碳氢化合物、环烷酮对橡胶的膨润作用较强。聚硫橡胶的耐溶剂性虽好，可是力学性能不佳，且有恶臭，因而无实用价值。

同向辊涂机可使用明胶制辊筒，但非极性碳氢化合物的强溶剂易使其膨润，且易产生收缩脆化。

水性涂料对辊筒用橡胶的作用见表 6-3。

表 6-3　水性涂料对辊筒用橡胶的作用（室温浸 7d）

橡胶品种	涂料	水溶性涂料	乳胶涂料
硅橡胶	邵氏硬度 A 变化	-5	-5
	体积变化（%）	0	0
	表面状态	良	良
乙丙橡胶	邵氏硬度 A 变化	-3	-2
	体积变化（%）	0	0
	表面状态	良	良
丁苯橡胶	邵氏硬度 A 变化	+2	+6
	体积变化（%）	0	0
	表面状态	良	良
丁腈橡胶	邵氏硬度 A 变化	-4	+6
	体积变化（%）	0	0
	表面状态	良	良
氟橡胶	邵氏硬度 A 变化	-1	0
	体积变化（%）	0	0
	表面状态	良	良

6.3　辊涂工艺的应用

6.3.1　彩涂板的辊涂工艺

彩涂板生产技术于 1927 年首创于美国；1936 年，建成了第 1 套彩涂钢板生产机组；

1955 年，建成了世界第 1 套带钢连续彩涂生产机组。20 世纪 60 年代，彩涂板生产得到迅速发展，在北美、欧洲、日本发展尤为迅速。目前，彩涂板已广泛应用于建筑、家用电器、器具及家具等领域。

1. 彩涂板生产工艺

按涂装方式分类，彩涂板生产工艺主要分为辊涂法、幕流法及粉末涂装法三种。其中，辊涂法应用最广。此外，还有贴膜法。

辊涂工艺通常受涂装机一次涂装湿涂膜厚度和烘烤固化炉溶剂负荷的限制，如果产品涂膜厚度要求大，则要多次涂覆和烘烤固化。因此，辊涂机组分为一涂一烤、二涂二烤、三涂三烤等多种类型，用于满足不同涂膜厚度的要求，并能更经济合理地利用涂料。其中，二涂二烤机组数量最多。

2. 彩涂板生产技术发展动向

（1）采用高质量的基板　彩板涂装工艺对基板的表面、板形及尺寸精度均有很高的要求。大多钢基彩涂板采用平整锌花、零锌花热镀锌钢卷或电镀锌钢卷，近年有增加以热镀锌铝、铝锌等合金镀层钢板作为基板的趋势；贴膜彩涂板采用冷轧卷作为基板，某些高档产品还以不锈钢作为基板。

（2）改进预处理工艺　预处理将基板及涂料更紧密地配合，采用新的预处理工艺系统，可增加预处理液的稳定性，增强彩涂板耐蚀性和可挠性，同时可减轻环境污染。特别是有些国家已明确规定不允许使用含 Cr^{6+} 的预处理液，已经改用含 Cr^{3+} 或其他预处理液。这种预处理液虽价格略高（约高 20%），但对环保十分有利，减轻了环保费用。

（3）注重新涂料的开发　对通用的聚酯、聚偏氟乙烯（PVDF）和塑料溶胶等涂料体系进行改性处理，可缩短涂料的固化时间，降低固化温度，使涂膜具有更好的抗紫外线、耐 SO_2、抗污染、耐腐蚀和抗划伤性能；另外，还开发了具有防火、防水、防霉、防虫等功能的新型涂料。近年来，国外开始推荐使用水基涂料，环保性能得到进一步改善。

（4）新型辊涂机　辊涂机是辊涂工艺的关键设备，产量较高的彩涂机组多采用两套精涂机，以缩短更换涂料及涂覆辊造成停机的时间。研制出的新型涂装机为两涂头上下布置的双涂头精涂机，占地面积小，采用液压驱动更换涂覆辊，约 2s 即完成换色。采用单滑轨涂装机，消除了辊系间多重间隙误差，比传统的堆积式滑轨涂装机涂装精度高，能对涂膜厚度实施最佳控制，可节约大量涂料。

此外，辊涂机涂覆辊辊颈两端设置压力传感器，配合湿涂膜厚度测量显示及步进电动机调整，可精密控制涂膜厚度。驱动系统设在涂装室外，无须采用防爆电动机。

（5）完善固化炉　辊涂工艺的固化炉已有如下多项改进技术：

1）补风净化技术。为确保固化炉安全可靠运行，要不断排出含溶剂的炉气，并补入新鲜空气。同时，为保证彩涂板表面质量，在进风口加装中效过滤器和亚高效过滤器，新风过滤后含尘量小于 $1.5mg/m^3$。

2）间接燃烧的后燃烧系统。如果采用焦炉煤气或混合煤气等作为固化炉燃料，一般不再采用区段烧嘴供热，而将固化炉供热集中到废气焚烧炉内，燃料燃烧和可燃废气燃烧所产生的热量经过补风换热器，将补风温度加热到足够高，然后将热风送到固化炉各区段。燃烧产物不进入固化炉，不会造成炉气污染。

3）区段控温技术。由于固化炉加热采用后燃烧系统，各区段温度调节是通过同时调节热风及冷风风量来实现的，因此为了合理控制固化炉各段的温度，设有整套的热冷风控制系统。

4）提高热利用率。将焚烧炉烟气余热用于预热补风，可采用金属管状换热器，在冷热流体侧均采用先进的加强换热技术，综合传热系数可提高 2 ~ 3 倍。采用蓄热式换热技术（RTO）的热效率也很高，可使排烟温度降至 200℃ 以下，不必设置余热锅炉，有利于环保与节能。

（6）配置先进的自动化仪表 装备先进的高产能彩涂机组，除配置了固化炉加热系统的自动化仪表之外，还配置了在线色差仪、湿膜测厚仪与干膜测厚仪等，使涂膜的色彩、厚度更接近目标值。

（7）镀锌彩涂联合生产技术 20 世纪 90 年代中期，国外出现了热镀锌彩涂联合生产技术，并先后在法国、西班牙等国家和北非地区投产了多套联合机组，生产状况良好。这种机组总投资低，占地面积小，彩涂板生产率高；但设备利用率偏低。这对满足区域市场既需求镀锌板，又需求彩涂板，而总需求量又不很大的情况而言，十分有利。

（8）注重产品的多样化、高档化 全世界彩涂板生产动向是趋向产品的多样化、高档化，目前已有 600 多种彩涂板。

6.3.2 包装带辊涂工艺

近年来，随着冷轧钢板及钢带产量的增加，对包装用捆带的需求量也在不断增加，许多钢厂开发出了自用的包装用捆带。热连轧钢卷一般采用发蓝包装带进行打捆包装。而对于冷轧钢板及钢带，发蓝包装带的耐蚀性有限，在潮湿的空气中一两个月就会生锈。锈蚀的包装带会严重影响冷轧钢卷的包装质量。因此，冷轧钢卷大多采用涂膜包装带进行包装。涂膜包装带耐蚀性好，外表美观，对于提高产品质量有很大帮助。

1. 涂装工艺

包装带的涂装工艺主要包括电泳涂装、喷涂工艺和辊涂工艺。

电泳涂装是大多数包装带生产厂家采用的工艺，设备多为国外进口。电泳工艺涂料利用率高，可达到 90% ~ 95%（质量分数），涂膜均匀，耐蚀性好，而且可采用机械化和自动化涂装。钢带涂装前必须进行严格的表面处理，要求无油、无锈、无尘、无酸和无碱。采用电泳工艺生产出的包装带表面，涂膜均匀、细腻，质量较好，但工艺设备投资较大。

喷涂工艺需要配置多套喷枪进行正反两面喷涂，兼容性较好，但涂膜较厚，涂膜厚度约 25μm；涂料浪费较多，环境污染严重，须进行专项治理才能达到排放标准。

辊涂是一种便捷和环保的生产工艺，可以严格控制膜厚，油漆利用率高，几乎没有浪费。辊涂机是整个机组的核心部分，通常采用正反两面同时涂装的二涂一烘工艺，涂漆时采用逆向辊涂工艺或同向辊涂工艺。

2. 涂装方案与措施

比较上述几种涂装工艺方案后可以看出，辊涂是一种投资小、见效快和易实现的生产工艺。分别用逆向辊涂工艺和同向辊涂工艺进行对比生产试验后发现，逆向辊涂工艺对于包装带这种宽度窄和刚度高的窄钢带而言，易造成橡胶涂覆辊划伤，且不易调整橡胶涂覆辊与钢带之间的间隙，因此该工艺不可取；而同向辊涂工艺转动灵活，速度可调，不易造成橡胶涂覆辊划伤，而且传动方式采用力矩电动机，调速方便，不仅可以有效控制涂膜厚度，而且采用两台辊涂机串联使用，涂膜均匀，不易划伤橡胶涂覆辊。因此，确定同向辊涂为采用的涂膜工艺。

（1）包装带辊涂工艺难点

1）采用辊涂工艺生产包装带，存在的主要问题是涂膜不均匀。由于包装带连续涂膜必然一次涂6~8条以上钢带，因此它与整张钢板涂膜有着本质的区别。涂膜的均匀性比整张钢板涂膜更难解决，同时对于涂覆辊的要求也非常严格。

2）包装带在涂膜过程中跑偏控制是较难解决的问题。在辊涂工艺控制过程中由于钢带尺寸较小，刚性相对较强，如果没有高精度的导位系统，将难于实现单条独立压紧，单条涂覆，目前只能实现6~8条钢带一齐辊涂。钢带在辊涂过程前段，可以通过严格的限位方式控制偏移；在辊涂过程、随后的固化烘烤过程以及辊涂后，由于需要较长的悬垂，工艺上难以保证在没有横向约束力的情况下不跑偏，并且很难避免运行过程中碰擦导致的涂膜损伤。这样易造成涂覆辊划伤，涂膜表面不均匀，影响了钢带涂膜表面质量。

3）在包装打捆过程中，包装带对钢带的强度和冷弯性能要求较高。因此，首先要对包装带进行热处理，以保证钢带具有良好的力学性能。在进行热处理的同时，要对钢带表面进行发蓝，去除钢带在轧制过程中所形成的表面油膜，以免造成涂膜附着力下降。

（2）实施方案

1）包装带发蓝膜的致密度对于涂膜附着力至关重要。发蓝膜若致密度好，包装带在使用过程中，涂膜与发蓝膜将会很好地与钢带基体附着，反复弯曲不易脱落。

2）在辊涂过程中，由于所采用的卷材涂料挥发性较大，因此涂料的黏度不宜过大。涂覆辊的辊缝间隙应采用紧紧挤压钢带的办法，使涂膜厚度保持在（12±1）μm，从而保证涂膜均匀度。

3）固化烘烤工艺应根据固化烘烤炉的炉长及加热能力来定，采用分段控温。为确保固化安全运行，须不断排出含溶剂的气体，并补入新鲜空气。不同的涂料采用不同的固化温度，以提高固化烘烤效率，增加涂膜强度和附着力，降低因涂膜附着力低而造成的废品率。

4）选定优质涂料对于包装带涂膜非常重要。目前市场上所出售的卷材涂料比较适合包装带的涂装，固化烘烤温度一般在200~300℃，固化时间为2min左右，出炉后风冷可以达到完全干燥。

5）涂覆辊采用丁腈橡胶辊，橡胶层厚度为15~20mm，钢轴直径为φ120mm。橡胶层硬度达到一定值，这样既保证了涂覆辊的刚度，又保证了涂覆辊的弹性。

（3）包装带涂膜工艺流程　以上改进方案分析表明，在投资较少的情况下，一条包装带涂膜简易生产线可以满足包装带的涂膜要求，其工艺流程为：开卷→定速→侧面涂覆→一次被动同向辊涂→二次主动同向辊涂→固化烘烤→风冷→卷取→包装。

6.3.3　铝箔印刷用油墨及黏结剂涂布量的控制

目前，药品片剂、胶囊的包装采用泡罩包装形式越来越普遍。药品的泡罩包装也称PTP（press through packaging），是以工业用纯铝箔为基材，在药用铝箔印刷涂布机上，采用凹版印刷技术及辊涂方法在铝箔表面印制文字图案，并涂保护层，在铝箔的另一面涂黏合层的联动工艺过程。其简要工艺流程为：铝箔放卷→凹版印刷→干燥→涂保护层→干燥→涂黏合层

→干燥→铝箔收卷。

整个生产工艺过程中，对凹版印刷文字图案的表面质量和黏合层所要达到的热封强度，是需要严格把握的操作工艺。

1. 铝箔印刷油墨的特性

铝箔用的印刷油墨目前主要分为两类：一类为聚酰胺类油墨，这种油墨对各类物质的印刷都有很好的黏附性、分散性、光泽性、耐磨性、溶剂释放性，且因其柔软，大多还用于塑料薄膜的印刷。在用于铝箔为基材的印刷时，该种油墨的优良性能均能表现出来，而且其耐热性也能满足铝箔的印刷要求。另一类是以氯乙烯醋酸乙烯共聚合成树脂/丙烯酸树脂为主要成分的复合性铝箔专用油墨，其特点是色泽鲜艳，浓度高，与铝箔的黏附性能特别强，有良好的透明性，在颜料的选用时，不应采用重金属等有毒成分。在应用时应注意以下两方面：

（1）油墨干燥速度　凹版印刷油墨的干燥方式是利用热和风使溶剂挥发干燥。油墨的干燥速度应与印刷速度和干燥装置相匹配。干燥太慢时，可在油墨中加入快干溶剂或快干稀释剂；干燥太快时，可在油墨中加入慢干溶剂或慢干稀释剂。

（2）油墨黏度。为保证油墨在储存过程中不沉淀，一般黏度都较大，在印刷时用适当的稀释剂进行稀释，以达到所要求的黏度和流动性。一般用 4 号黏度杯测量油墨黏度，机器印速在 20～80m/min 时，黏度控制在 22～28s。由于环境温度和湿度对油墨的浓度有影响，最好采用油墨浓度检测器来确定加入溶剂的量，并根据温度和湿度的变化，每隔一定时间测一下油墨的浓度。采用凹版印制铝箔时，如果油墨浓度太低，会造成印刷文字图案色彩不鲜亮，网纹处产生糊版现象；油墨浓度太高，则图案处会产生龟裂现象，不仅浪费油墨，而且易造成印刷表面不平整，也不美观。

2. 影响铝箔印刷涂布量的因素及其控制

（1）网纹辊的线数、深度和开关对涂布量的影响　目前，多数药用铝箔印刷涂布设备采用网纹辊涂布装置，也称为网线涂布法。网纹辊由网穴与网墙组成，辊上的凹点通常称为网穴，高的部分称为网墙或网线，网墙与网穴的比例为1:5。网纹辊经加工后，表面镀一层厚度为 0.015～0.02mm 的硬铬，以增加网纹辊的表面硬度，其硬度值为 62～65HRC。使用铝箔装置进行印刷涂布时，网纹辊的构造原理及其工作状态是：当黏结剂注满网纹辊的网穴中时，网纹辊旋转，当该网穴离开黏结剂液面后，辊子表面平滑处的液体由刮刀刮去，而只保留着凹纹网穴中刮不去的液体；此液体黏结剂再与被涂覆的铝箔基材表面接触，这种接触是通过一个有弹性的橡胶压辊的作用实现的。这样，网穴里有一部分黏结剂溶液转移到铝箔基材表面上。

由于黏结剂具有流平性，它会慢慢自动地在铝箔表面上流平，使原来不连续的液体变成连续的均匀的液层，在网纹辊网穴里的液体一部分转移到铝箔上，而网纹辊同时又是旋转的，旋转一周后又重新浸入到黏结剂液体中去，液体黏结剂又会填充网穴。这样周而复始，一个直径不大的网纹辊就能将黏结剂溶液连续均匀地转移到铝箔基材上，使铝箔表面实现均匀涂覆黏结剂的目的。网纹辊中的网线越少，网穴越深，则涂布量越大；网纹辊线数越高，网穴浅所充满的黏胶纤维合剂容积少，其涂布量相对就小。而网纹辊的网穴形状不同，其涂布量也不等，例如：200 棱锥形的网纹辊，即每英寸有 200 个网穴，每毫米大约有 8 个网穴，黏结剂的存容量为每 $1000ft^2$ 约 0.5lb，即 $2.4g/m^2$，而 24 三角螺纹形网纹辊，其黏结剂

存量可达每 $1000ft^2$ 约 13lb，即 $63g/m^2$。

（2）黏结剂溶液的浓度和密度与涂布量的关系　　对于在实际印刷涂布中已经做好的网纹辊，其网穴深度及网线数量已固定，网穴开关也不再改变。在这种条件下，涂布量就取决于黏结剂配制的浓度和密度。黏结剂溶液的固体含量高，涂到铝箔基材上干膜黏合固体材料就多，涂布量就多。涂布量与网穴深度和黏结剂的浓度、密度成正比。如果在实际印刷涂布操作中，网纹辊的网穴深度已固定，则涂布量就与黏结剂液体的浓度和密度有很大关系，也就是说涂布量的大小由液体的浓度和密度确定。相反，若黏结剂浓度和密度确定后，则黏结剂涂布量由网纹辊网穴深度决定。

（3）涂布装置中橡胶压辊的硬度和压力对涂布量的影响　　当网穴深度及黏结剂浓度、密度确定后，网纹辊的涂布量还受涂布装置中的橡胶压辊软硬度和压力的影响。对橡胶压辊的要求是左右两边的压力要均一。也就是说，制造橡胶辊时，混炼胶料要均匀一致，硫化条件要严格控制，要求任何一点的质量都相同。如果使用的橡胶压辊很软，弹性大且作用辊的压力很大，则涂布量减少，反之亦然。这是由于橡胶辊在重压下挤入网纹辊网穴深处中，把黏结剂液赶出一部分，使黏结剂的涂布量变少的缘故。在实际操作中，橡胶辊对网纹辊的压力控制在 $2\sim3MPa$ 为宜。

（4）涂布装置中刮刀的运用对涂布量的影响

1）刮刀压力。目前设备中调整刮刀压力装置的方式有：拉簧调压、手轮调压、气缸调压和压锤调压。在涂布时，刮刀作用在网纹辊上的压力小，甚至压不紧或有机械杂质时，会将刮刀顶起造成缝隙，使涂布不均匀而且涂布量增加。影响刮刀压力的因素是：刀片硬软不同，刮刀与网纹辊的角度不同等。实际操作时，以压锤调整刮刀为例，其刮刀力一般在 200 $\sim400kPa$ 为宜。

2）刮刀角度。刮刀同网纹辊触点切线之间的角度一般为 $15°\sim30°$。如果角度太大，其刮刀几乎是顶着网纹辊。而网纹辊的表面是不平滑的，当它高速运转时，会引起弹性刮刀片的振动或跳动，使溶液被弹起来，造成涂布量不均匀，引起涂布量差异大。另外，太大的角度还易损伤刮刀刃。

3）刮刀的锋利度。刮刀的锋利度主要取决于刮刀刃磨损的程度、溶液的纯洁度以及刀的质量。如果是新刀，刀的适合锋利度应是它能有效地刮干净网纹辊上的黏结剂液层而不产生刀丝。刀的锋利度适中，就能有效地刮干净溶液层，从而获得均匀一致的涂布量，反之引起涂布量差异变大。

4）刮刀的平整度。刮刀平整度好，不产生翘曲变形，且涂布量均匀一致，否则涂布量差异变大。刮刀的平整度取决于使用时安装刮刀的方法，当然也有可能与刀架槽中或刀片、衬片上粘有异物有关。因此，在装刀时应擦净衬片，然后将新刀放在衬片后面，装入槽内旋紧刀背螺钉，应先从刀片的中间旋紧，再逐渐往两边旋紧，并且两边要轮流旋紧。为防止刀片翘曲，在旋紧螺钉时必须经两遍或三遍完成，应一边旋螺钉，一边拿块布夹紧刀片与衬片，并用力向一侧拉紧。这样装成的刀就较为平整，且能保证涂布量差异在标准范围内。

5）刮刀的左右移动。刮刀的左右移动对减少刮线、提高刮刀利用率、减少对网纹辊的磨损有着重要作用。从这方面考虑，网墙磨损少，网穴相对就深，盛装的流体部分就多，有利于达到所要求的涂布量。

3. 铝箔基材与黏结剂的最佳涂布量的讨论

经涂布后的铝箔与聚氯乙烯（PVC）硬片进行热合，两者热封后的黏结牢固程度通常用黏结层的热封强度（剥离强度）来衡量。在印刷涂布过程中黏结剂是否涂得越多越好呢？涂布量多少达到最佳黏合效果呢？经物理试验研究表明，在一定范围内，铝箔与 PVC 的热封强度与涂布量成正比，但到了一定的程度后就不成正比了；在大多数的试验情况下，涂布量为 $3 \sim 6 g/cm^2$（干膜）时，就能满足热封强度的要求。如果增加涂布量，热封强度值随着涂布量的增加而增加，到达一定数值后（$6 g/cm^2$ 以上），其热封强度曲线趋于平稳，其曲线变化较小。因此，再增加黏结剂涂布量就没有必要了，还会造成浪费，加大成本。

6.3.4　国外铝卷材涂装生产线

1. 沃特休斯（Worldsource）厂涂装生产线（见图 6-13）

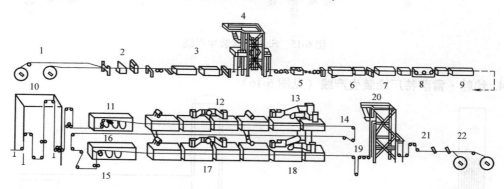

图 6-13　沃特休斯厂涂装生产线

1—开卷区　2—接缝与除毛刺机组　3—预清洗　4—入口活套塔　5—拉弯娇与板形传感器

6—串联式清洗装置　7—电解脱脂槽　8—浸入式化学转化膜涂机

9—辊涂式化学转化膜涂机　10—干燥塔　11—底漆涂机　12—底漆固化箱

13—强制式空冷器　14—冷却器　15—面漆涂机（1 号）　16—面漆涂机（2 号）

17—面漆固化箱　18—强制式空冷器　19—冷却器　20—出口活套塔

21—质量与工艺控制中心　22—成品卷取区

2. 维恩涂装生产线（见图 6-14）

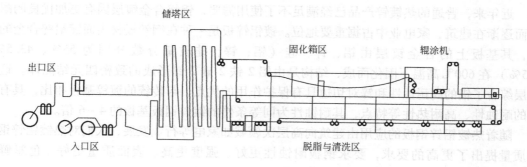

图 6-14　维恩涂装生产线

3. S. P. A 涂装生产线（见图 6-15）

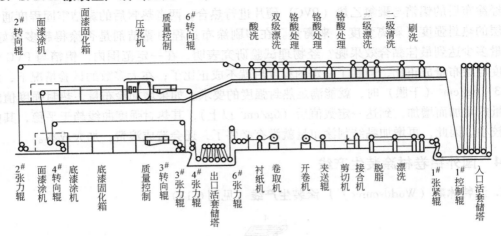

图 6-15　S. P. A 涂装生产线

4. 约翰·雷萨特厂涂装生产线（见图 6-16）

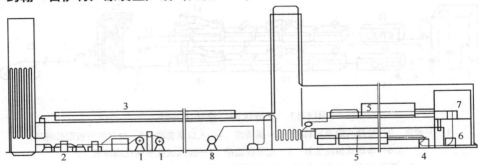

图 6-16　约翰·雷萨特厂的涂装生产线

1—开卷机　2—拉弯矫　3—预处理　4—1 号涂装机　5—固化箱　6—2 号涂装机
7—3 号涂装机　8—卷取机

6.3.5　热镀铝锌带钢化学后处理

近年来，普通的热镀锌产品已经满足不了使用需要，铝锌合金镀层因有更加优良的耐蚀性而逐渐在建筑、家电业中占据重要地位。镀铝锌板是一种在钢卷板材表面镀铝锌合金的钢板，其基板上的合金镀层由铝、锌、硅（铝、锌、硅质量分数分别为 55%、43.5%、1.5%）在 600℃ 高温下固化而成，结构是由铝 2 铁 2 硅 2 锌形成的致密四元结晶体。这种镀层综合了铝的高耐蚀性和锌对切边具有保护作用的优点，与传统的镀锌基板相比，具有优良的耐蚀性、高耐热性等特点，其耐蚀性为同等条件的镀锌钢板基板的 4~6 倍。

随着热镀铝锌钢板的应用由建筑向高层次领域如家电等行业发展，人们对热镀铝锌钢板的质量提出了更高的要求，要求钢板耐蚀性更好、强度更高、表面质量更好、色彩鲜艳多样。

1. 化学后处理方式

为了避免镀铝锌带钢在运输和短期储存时发生氧化，镀铝锌钢卷在出厂之前一般均须进行表面保护，目前常用的表面保护方法有：①铬酸钝化；②铬酸钝化 + 涂油；③有机耐指纹涂膜；④涂油。宝钢冷轧热镀铝锌机组可进行全部四种工艺处理方式。镀铝锌带钢出厂前的表面处理，采用何种方法主要取决于用户的要求。

用油涂覆在镀铝锌带钢表面上，阻止湿气和镀层接触，是防止镀铝锌带钢产生白锈的老方法。涂油的最大优点是操作方法比较简单。

一般来说，若运输和储存的时间不长，镀铝锌带钢在加工过程中不需要深冲；或下一步需要锡焊时，均经过铬酸钝化处理。若加工过程中需要深冲，则最好采用涂油来保护镀铝锌层不氧化。因为深冲时需要往模具中加油来增强润滑，如果镀铝锌带钢表面上原来就有油，就可在深冲时少加油或不加油。需要远途运输的镀铝锌带钢，为了提高其耐蚀性，可以采用先钝化，然后再在上面涂一层油的办法。

20 世纪 80 年代，首先由日本研制开发了热镀铝锌有机耐指纹涂膜产品。它在具有良好的耐指纹性及美丽外观的同时，与普通电镀锌及热镀锌钢板相比，又以其优异的耐蚀性、涂装性、导电性、焊接性、成形性、润滑性等综合性能，而迅速得到了世界各国建筑、家电行业的青睐。

2. 化学后处理工艺

宝钢热镀铝锌机组化学后处理工艺过程为：镀铝锌带钢→辊涂处理（见图 6-17）→感应加热进行干燥→涂装后冷却。

经过铝锌浸镀、平整机和拉矫机后，带钢进入化学后处理阶段，进行有机耐指纹处理，以提高产品的耐蚀性。涂装系统由辊涂机及其涂液混合循环系统组成。

化学处理设备由一套辊涂机和两套有机涂装循环系统（一套备用）组成。两套（一套备用）有机涂膜循环系统用来在循环罐和辊涂机之间循环。有机液从辊涂盘溢流返回到循环罐。当维修有机液循环系统时，用过的有机液从循环罐靠自重排到废液坑。废液用泵排到买方提供的废液罐中。如果检修一个循环系统时，手工切换到另一个（备用）循环系统。辊涂后，带钢烘烤炉用来干燥涂装后的带钢。

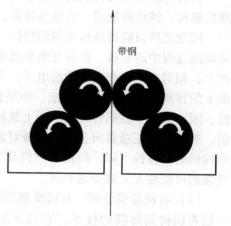

带钢

图 6-17　辊涂机工作图（逆涂）

一套垂直型带钢烘烤炉用于干燥涂装后的带钢。烘烤炉采用感应加热型。废气排放装置布置在烘烤炉之后，有效地排除蒸气和废气。烘烤炉采用感应加热，用来加热连续运动的、已钝化或涂有机膜后的带钢，以烘干涂膜。烘烤炉把涂装后的带钢从 40℃ 加热到 110℃。

带钢在感应加热炉烘烤加热后，将经过六段风冷。六段皆采用喷气冷却，该冷却器由冷却管道、空气管道和风机组成。用冷却风机从场厂外吸入新鲜空气，以高速从带孔型喷嘴的空气冷却配管吹向带钢表面，排出的热风释放到厂房内。无论是宽带钢还是窄带钢，厚带钢还是薄带钢，无论工艺段速度是多少，每个喷箱内喷出的空气流量是恒定的。经过冷却后，能确保卷曲前带钢温度在 50℃ 以下，从而不影响再开卷。

通过热负荷试车阶段的摸索，基本摸索出与涂层厚度相关的辊涂机关键工艺参数。涂覆辊速度 = 机组速度 × （100% ~ 210%）；带液辊速度 = 机组速度 × （20% ~ 80%）；带液辊与涂覆辊辊间压力为 1.5 ~ 4kN；涂覆辊距离为 80 ~ 90mm。

当有机涂膜偏厚时，可适当降低带液辊速度，增大带液辊与涂覆辊辊间压力；反之当涂膜偏薄时，可适当提高带液辊速度，减小压力。

3. 化学后处理成膜机理

（1）钝化处理　镀铝锌带钢钝化处理就是在其表面上涂覆一层薄的铬酸（H_2CrO_3）水溶液。这样可以改善镀铝锌层的表面结构及光泽，提高镀铝锌层的耐蚀性及使用寿命，改进涂膜与基体金属的结合力。目前，钝化处理主要采用铬酸盐钝化。关于钝化膜的成分，许多研究结果证明，其中有 $Cr_2O_3 \cdot CrO_3$、$Cr(OH)_3$、CrO_3、$Cr(OH)_3 \cdot Cr(OH) \cdot CrO_4$、$Cr(OH)_3 \cdot 3H_2O$，以及 $Cr_2O_3 \cdot CrO_3 \cdot H_2O$ 等化合物的存在。具体来讲，钝化用铬酸溶液是用铬酐溶于水配制而成的。铬酐溶于水后，生成黄色的铬酸溶液，其化学反应为

$$CrO_3 + H_2O = H_2CrO_4$$

铬酐又名三氧化铬，是一种深红色、吸湿性结晶的固体。它易溶于水中，在空气中会吸收水分而发生潮解。它是一种极强的氧化剂，遇到一些易燃的有机物质（如乙醇、纸张）时会发生燃烧。铬酐有剧毒，铬酐使用时，会对环境造成严重的污染。因此，宝钢冷轧热镀铝锌生产线采用辊涂法，利用涂覆辊，蘸取专用的钝化溶液，将其涂覆于镀铝锌板的表面，然后不经漂洗而直接吹干，从而防止了废水对环境的污染。

铬酸钝膜的耐蚀性主要取决于钝化膜的性质。钝化膜越厚、越致密，耐蚀性越高，其膜颜色越黄；钝化膜越薄，耐蚀性越低，其膜颜色越浅。

钝化之所以能提高锌层的耐蚀性，是因为当不经铬酸钝化的锌层发生电化学腐蚀时，锌是腐蚀过程中的阳极，在锌与电解质溶液的界面上，出现一层锌离子的吸附层，在锌层的表面上，相对应地会产生过剩的电子。当金属锌层表面上的电子转移到阴极上时，锌与溶液界面上的锌离子也随之进入溶液。如果铬酸黏附在镀层带钢表面上，由于它具有强烈的氧化性，因而提高了镀铝锌带钢表面上氧的浓度。氧吸附在锌层的表面上，受金属里面电子的吸引，氧原子的正极移向金属，负极对着溶液，氧原子存在促使锌铝层的电位移向较正的值，使锌铝的活泼性下降，出现了"钝化"现象。这就是经过铬酸钝化以后，镀铝锌带钢生成锈蚀的可能性大大减少的原因。

（2）有机涂膜处理　有机涂膜俗称耐指纹涂膜，耐指纹涂膜是在镀铝锌钢板表面涂覆一层有机树脂薄膜的技术，它与下层铬酸盐膜相互作用形成耐指纹板的主要使用性能。因此，耐指纹涂料中基础树脂的选择、添加剂含量、膜厚、成膜等，成为制约耐指纹板性能的主要参数。当涂料确定之后，膜厚控制、烘烤制度则成为耐指纹板生产的关键技术之一。

可以作为耐指纹涂料的水溶性树脂有很多种，不同树脂在性能上有很大差异。例如，水溶性丙烯酸类树脂，颜色浅、透明度高，具有良好的保光性、耐热性、耐蚀性、柔韧性、加工性，同时，对钢板又具有较强的附着力，加工后耐蚀性也较好，在耐指纹涂料中被广泛应用。聚氨酯树脂具有极强的耐蚀性，以聚氨酯树脂为基础的树脂，在耐蚀性方面比其他树脂大大领先，目前最新研制的聚氨酯树脂涂料在镀铝锌钢板上涂覆后，可通过 600h 的盐雾试验。SiO_2 是耐指纹涂料中的重要添加剂，有机膜中添加 SiO_2 的防蚀机理是：它与有机膜共

同作用，成为阻碍侵蚀性粒子穿透膜层、腐蚀铝锌层的壁垒；而当腐蚀发生后，SiO_2 可稳定腐蚀产物，阻止反应进一步发生。

耐指纹成膜涂料中的丙烯酸树脂（或聚氨酯树脂），以微小的颗粒悬浮于水相中。钢板在经过垂直两辊式涂装机涂装后，水分逐渐蒸发，体积随之缩小，这些分散的聚合物颗粒渐渐接近相互接触，颗粒间存在的毛细管压力迫使颗粒挤紧，在水的继续蒸发下，压力继续增大，从而迫使颗粒变形。当温度高于其最低成膜温度后，颗粒间相互融合成连续的有机膜。在这一过程中，烘烤固化时间是相当重要的，只有保证这一时间，才能每次得到性能稳定的有机耐指纹产品。

4. 发展方向

目前使用最广泛的是铬酸盐钝化或有机涂膜处理，主要原因是该钝化工艺简单，成本低，耐蚀性好。经铬酸盐处理后，形成铬-基体金属混合氧化物膜层，膜层中铬主要以六价和三价形式存在。由于六价铬是致癌物质，对人体及环境都有严重危害，随着人们环境意识的增强，必须研究一种取代铬酸盐钝化的方法。多年来，对无毒或低毒的无机物缓蚀剂作为钝化剂进行了大量研究，如钼酸盐、钨酸盐、稀土盐等。在不同 pH 值下，无铬酸盐转化膜、黑色的钼酸盐或是灰色的磷酸盐转化膜，从外观上难以接受，而且效果也不是很好，耐蚀性不令人满意，所以人们把目光转向了有机物保护层方面。

对镀锌层来说，最有希望代替铬酸盐钝化的是一些特殊的锌的有机螯合处理。因为它能在锌表面形成一层不溶性的有机复合物薄膜，膜内分子以配位形式与金属基体相结合，构成屏蔽层，使膜致密，从而增强膜的耐蚀性。

6.3.6　印刷上光辊涂技术

近年来，国内外的印后加工逐步向精致化发展，从而引起了生产企业对印刷后续加工中上光技术的重视。上光的方式主要有溶剂型、水性、光固化（UV）和电子束固化（EB）几种。其中，应用于国内外市场的主要是水性上光和 UV 上光。

1. 上光油材料

水性上光油的材料组成主要有：丙烯酸共聚物溶液、丙烯酸共聚物乳液、氨水或胺类物质、表面活性剂、消泡剂等和其他一些助剂。

UV 上光油的材料组成主要有：丙烯酸环氧类树脂、双官能团稀释剂、多官能团稀释剂、组合光引发剂、三乙醇胺类光增强剂和表面活性剂。

2. 上光油的理化性能

水性上光油和 UV 上光油的理化性能见表 6-4。

表 6-4　水性上光油和 UV 上光油的理化性能

种类	性状	黏度 （25℃涂-4 杯）/s	pH 值	固体含量 （质量分数,%）	膜层外观	成膜转化率 （%）
水性上光油	白色或浅黄 色乳液	30	≈9	35～50	无色、透明、 亮丽	85
UV 上光油	无色或白 色乳液	40	8～8.5	50～65	无色、透明、亮 丽、有光泽	≥95

3. 配制及固化机理

（1）水性上光油　以美国劳特公司生产的 HYDRO-REZ 型水性固体丙烯酸树脂为例。该树脂的组成（质量分数）为 30% 的 HYDRO-REZ，7% 的氨水（质量分数为 28%），58% 的水和 5% 的异丙醇。水性上光油配制首先是用合成树脂和水（或水和醇）及氨水混合在一起溶解，待树脂完全溶解后补加氨水，调整 pH 值至 8~8.5，形成完全透明的溶液。加氨水或胺类物质的目的是对单体进行水解。水解方法主要有醇解法和成盐法两种：醇解法是将已合成丙烯酸类树脂进行醇解，使其形成水溶液；成盐法最为常用，它主要是用丙烯酸类与含有不饱和双键的羧酸单体共聚，然后再加胺中和成盐，使共聚物具有水溶性。水性上光油的固化主要是通过脱水过程中使氨基和羧基作用成盐，从而产生交联，干燥成膜，具有一定的光泽度、耐水性、耐磨性等。

（2）UV 上光油　辊涂纸张上光油（各组成含量为质量分数）由 18.4% 的环氧丙烯酸酯，55.4% 的活性稀释剂 TPGDA，10% 多官能团单体，10% 的叔胺单丙烯酸酯，5% 的二苯甲酮和 1.2% 的光引发剂混合搅拌均匀而成。UV 上光油的固化是在涂装后，通过紫外线的照射，由光引发剂产生自由基或游离基，通过激发具有双官能团的预聚物和单体产生新的链自由基，新产生的链自由基继续和下一个双键单体反应，如此循环产生交联，在很短的时间内便可在印刷品表面形成一层光滑致密的膜层。交联方式主要有链增长、环化和交联成网状结构三种。

4. 上光工艺及干燥环境

水性上光和 UV 上光一般都可用于柔印、凹印及胶印的联机上光，也可用于上光机涂布上光。

UV 上光前须充分干燥印品，并清除粉尘，然后用活性稀释剂或少量乙醇调整上光油黏度，其工艺如下：输纸→清洁→UV 涂布→传递→干燥固化→冷却。水性上光前首先要考虑光油的黏度，并在上光过程中调整其涂布量，一般用水与乙醇或异丙醇按 1:1 的质量比配置的水性稀释剂稀释，并搅拌均匀，上光工艺和 UV 上光类似。

以上工艺过程中，最重要的是干燥这一环节。对于 UV 上光来说，最主要的是紫外线干燥，光源所用的波长是 200~400nm 的高压汞灯或金属卤素灯，波长在 365nm 最好，313nm 次之，由于会产生臭氧的原因，一般不采用 300nm 以下的光波。光源辐射强度不低于 80W/cm^2，这样才能使光油完全固化，否则会使膜层性能下降，不耐磨，附着力不良。对于水性上光来说，其干燥固化环境主要是红外线辐射和其他热风装置。这样可以加快液体的挥发速度，有时也只用自然干燥。

5. 影响质量的因素

水性上光和 UV 上光的质量都会受到温度、纸张性能、油墨性能和涂膜厚度等因素的影响。

6. 使用效果

UV 上光油中，为了得到黏度低的涂料，不可避免地使用了对人体有危害的单体，如稀释剂，双官能团和多官能团稀释剂一般对皮肤有刺激性。而且，UV 上光需用紫外线照射，会产生臭氧，不利于环保，加之紫外线本身对人体有害。另外，UV 上光的成本相对来说要大大高于水性上光。

水性上光设备不用紫外线干燥，节省了人力成本与作业空间。连线作业在高速下进行印刷，干燥速度加快，缩短了作业总时间，使交货更快，相对增加了客户的信任与市场的竞争力。水性上光使上光工艺中的表面处理（如喷粉）降到最低程度，减少了喷粉的污染，并且使用过程中所产生的废料均可经生物分解再回收利用，对自然环境不会产生污染。上光液中不含挥发性有机物质，进行上光作业时不会影响人体健康，能保障工作安全、符合环保的要求。水性上光和 UV 上光后性能比较见表 6-5。

表 6-5　水性上光和 UV 上光后性能比较

指标	UV 上光	水性上光	备注
光泽度	90	最高达 70	60～60 镜面反射试验
平滑度	好	一般	
附着力	很好	很好	
耐粘连性	很好	一般	
耐磨性	很好	差	900g×100 次
耐候性	好	一般	
尺寸稳定性	很好	很好	
抗折裂性	差	好	
对环境污染	有污染	基本无污染	
耐水、NaOH、乙酸、乙醇、汽油性能	好	好	
后加工适应性	好	很好	
成本竞争力	差	好	

水性上光不足之处主要在于成膜耐磨性和平滑性不如 UV 光油。最主要的原因是其固化方式和 UV 上光的立体网状结构相比存在较大的差距，造成了涂膜耐磨性不足，虽然可以从助剂的角度考虑来解决，但很难从根本上解决。德国 Vianova Resins 公司生产的光固化水性涂料，在很大程度上克服了水性上光涂料和 UV 上光涂料的不足之处，它具有以下优点：

1) 不用稀释剂调节黏度，可解决 VOC 的毒性、刺激性问题。
2) 可用水或增稠剂调控其流变性。
3) 可用于多种上光设备。
4) 上光设备易于清洗。

6.3.7　锂离子电池极片涂布技术和设备

自 1992 年日本索尼公司研制成功小功率锂离子电池以来，由于其优良的性能和广阔的应用前景，世界各国竞相研制。其中，极片浆料涂布技术和设备是锂离子电池研制和生产的关键之一。

1. 极片浆料涂布工艺路线的选择

（1）涂布方法的选择　锂离子电池极片涂布特点是：①双面单层涂布；②浆料湿涂膜较厚（100～300μm）；③浆料为非牛顿型高黏度流体；④相对于一般涂布产品而言，极片涂布精度要求高，和胶片涂布精度相近；⑤涂布支持体为厚度 10～20μm 的铝箔和铜箔；⑥和胶片涂布速度相比，极片涂布速度不高。

目前，有同时在支持体两面进行涂布的技术，但如果选用同时双面涂布方法，就会使涂布后的干燥和极片传送设备变成极为复杂和难于操作。一般选用单层涂布，另一面在干燥后再进行一次涂布工艺。考虑到极片涂布属于厚涂膜涂布，而刮棒、刮刀和气刀涂布只适用于较薄涂膜的涂布，不适用于极片浆料涂布。另外，浸涂最为简单，但其涂布厚度受涂布浆料黏度和涂布速度影响，难于进行高精度涂布。综合考虑极片浆料涂布的各项特殊要求，可选择挤压涂布或辊涂。

（2）条缝挤压涂布及其涂布窗口　挤压涂布技术是较为先进的技术，可以用于较高黏度流体涂布，能获得较高精度的涂膜。挤压涂布中，挤压嘴的设计对涂布精度有极为重要的影响，且挤压涂布设备比较复杂，运行操作需要专门的技术。

（3）辊涂工艺的涂布窗口　辊涂是比较成熟的涂布工艺，采用高精度涂覆辊和精密轴承，可得到均匀度好的涂膜。根据各种浆料的物理性质，设计合适的辊涂形式、结构尺寸、操作条件和涂布窗口，用于极片浆料的涂布。

2. 极片涂布中的关键技术

在所有涂布产品中，胶片所要求的涂布精度是最高的一种。因此，胶片涂布中的许多技术是解决极片涂布的基础。但极片涂布所特有的要求，必须有相应的特殊技术才能解决。

（1）高黏度极片浆料的涂布　极片浆料黏度极高，超出一般涂布液的黏度，而且所要求的涂量大，用现有常规涂布方法无法进行均匀涂布。根据极片浆料的流变特性和涂布要求，设计了多种试验方案进行验证，找到了几种可用于极片浆料的涂布方法，成功地解决了高黏度极片浆料连续稳定、均匀涂布难题。

（2）极片定长分段和双面叠合涂布技术　锂离子电池极片是分段涂布，生产不同型号锂离子电池，所需要的每段极片长度也是不同的。因此，采用定长分段涂布方法，在涂布时按电池规格需要的涂布及空白长度进行分段涂布。在涂布机的设计中采用计算机技术，将极片涂布机设计成光、机、电一体化智能控制的涂布装置。涂布前将操作参数输入计算机，在涂布过程中由计算机控制，自动进行定长分段和双面叠合涂布。因此，涂布机可以任意设定涂布和空白长度进行分段涂布，能满足各种型号锂离子电池极片涂布的需要。

（3）极片浆料厚涂膜高效干燥技术　极片浆料涂膜比较厚，涂布量大，干燥负荷大。采用普通热风对流干燥法或烘缸热传导干燥法等，干燥效率低。将胶片干燥中的高效干燥技术应用于极片干燥器设计，采用优化设计的热风冲击干燥技术，提高了干燥效率，可以进行均匀快速干燥，干燥后的涂膜无外干内湿或表面皲裂等弊病。

（4）极片涂布生产流水线基片（极片）传输技术　在极片涂布生产流水线中，从放卷到收卷的过程中，中间包含有涂布、干燥等许多环节，极片（基片）有多个传动点拖动。这和胶片涂布干燥生产流水线是相似的。将胶片涂布机传输技术应用于极片涂布，针对基片是极薄的铝箔铜箔、刚性差、易于撕裂和产生折皱等特点，在设计中采取特殊技术装置，在涂布区使极片保持平展，严格控制片路张力梯度，使整个片路张力都处于安全极限内。在涂布流水线的传动设计中，采用直流电动机智能调速控制技术，使涂布点片路速度保持稳定，从而确保了涂布的纵向均匀度。在涂布机传输片路设计中，在涂布、收卷等关键部位，都设计有自动纠偏装置，在涂布时使浆料准确地涂布于基片上，两边留有均匀的片边，在极片收卷时能得到边缘整齐的片卷，为极片生产的下一道工序创造了有利条件。

3. 极片涂布工艺流程

极片涂布的一般工艺流程为：放卷→接片→拉片→张力控制→自动纠偏→涂布→干燥→自动纠偏→张力控制→自动纠偏→收卷。

涂布基片（金属箔）由放卷装置放出，然后供入涂布机。基片的首尾在接片台连接成连续带后，由拉片装置送入张力调整装置和自动纠偏装置，经过调整片路张力和片路位置后进入涂布装置。极片浆料在涂布装置按预定涂布量和空白长度分段进行涂布。在双面涂布时，自动跟踪正面涂布和空白长度进行涂布。涂布后的湿极片送入干燥道进行干燥，干燥温度根据涂布速度和涂布厚度设定。干燥后的极片经张力调整和自动纠偏后进行收卷，供下一道工序进行加工。

4. 设备安装调试及涂布情况

设备安装后，先后进行了机械试车、机电联试和联动试车，均达到设计和使用要求。按锂离子电池的技术要求和设计技术指标投料涂布。

涂布条件：涂布基片厚度为 $20\mu m$ 的铝箔，基片宽度为 350mm，涂布速度为 5m/min。

在上述条件下，用浆料进行单面定长涂布，双面叠合涂布，同时进行干燥。整条生产线运行平稳，涂布干燥均匀。

5. 样品测试结果

（1）涂布均匀度　在双面涂布的极片上随机抽取一段极片，在其纵向以均匀距离用圆形取样器取样，在精密天平上称重，称得的质量包括两面浆料涂膜和基片的质量，用浆料量除以试样面积，得到单位面积的极片涂布量约为 $0.026g/cm^2$。研制的涂布机样品涂布量相对偏差范围为 $-1.85\% \sim 2.22\%$，绝对误差为 4.07%；引进的涂布机样品涂布量相对偏差范围为 $-1.53\% \sim 2.67\%$，绝对误差为 4.2%。

（2）定长和叠合精度　在不同批次的涂布极片中随机抽取若干段测试样品，测量每段的涂布长度和空白间隔长度以及双面叠合位置。结果表明，当涂布长度在 556~563mm 时，空白长度为 29~30mm，叠合位置偏差为 0.5~2mm。

经过分析测试，研制的锂离子电池极片涂布机能够满足锂离子电池的制作要求，主要性能指标达到了国外引进设备的水平。

第7章 浸 涂

浸涂是将被涂工件浸入涂料中，经一定时间后再取出，流尽余漆并干燥而获得涂膜的一种涂装方法。浸涂工艺设备简单、操作方便，生产率和涂料利用率高。但它只适用于形状简单、无凹坑、不兜漆的流线形工件，涂膜的装饰性也比不上喷涂、刷涂。浸涂主要应用于烘烤型涂料的涂装，有时也用于自干型涂料的涂布，一般不适用于挥发型快干涂料。此外，所用涂料还须具备下列性能才适用于浸涂：

1）在低黏度时，颜料不沉淀。

2）不结皮。

3）在槽中长期使用，稳定、不变质、不产生胶化。

浸涂适宜于大批量流水线生产，易于实现涂装自动化。小批量生产时，也可采用手工浸涂，所用的涂装设备较简单。浸涂涂料的品种主要有溶剂型浸涂涂料和水性浸涂涂料。水性浸涂涂料具有良好的环保效果，代表了浸涂涂料的发展方向。

7.1 溶剂型浸涂涂料及其浸涂工艺

7.1.1 溶剂型浸涂涂料的组成与应用

溶剂型浸涂涂料的品种有沥青漆、环氧漆、丙烯酸漆等，其主要组成为成膜树脂、颜填料、有机溶剂和助剂等。

某载重汽车公司车架厂生产元宝梁、支架、离合器、储气筒等几十种汽车底盘零部件，形状各异，主要材料为冷轧板和热轧板，均采用浸涂涂装。原用油漆材料为溶剂型沥青烘干漆，在没有磷化处理的零件上浸涂后，耐盐雾性能小于8h（在08Al冷轧板上），且烘干温度高（200℃），热能耗大。浸涂后的零件组装在汽车底盘上，在潮湿酷热的气候中，露天库存时间不到两个月，浸涂件涂膜表面就开始出现锈点，影响了整车涂装质量。

通过对比试验发现，H06-2磷酸锌环氧漆消除了其他水溶性漆普遍存在的假稠现象，避免了酯键的降解，应用环氧树脂改性聚酯，增加了涂膜的附着力与耐蚀性。涂膜硬度高且丰满，耐盐雾性比沥青漆提高20倍以上。在同样的温度和施工黏度的条件下，浸涂H06-2磷酸锌环氧漆的零件涂膜厚度明显高于浸涂沥青漆的涂膜厚度。因此，将原用的沥青漆改为H06-2溶剂型磷酸锌环氧漆后，该漆耐盐雾性能在08Al冷轧板上达到168h，在磷化板上达到480h，满足了汽车底盘件涂装质量要求，已正式投槽使用。

1. 底盘件浸涂工艺过程

底盘件浸涂工艺过程为：工件→脱脂（50℃，5min）→水洗（50℃，4min）→防锈（50℃，3min）→水分烘干（100℃，15min）→压缩空气吹水→浸涂（2min）→沥漆（15min）→烘干（170℃，30min）→摘件。

2. 环境温度对浸涂施工黏度的影响

通过测定浸涂施工温度-黏度变化关系可以看出，H06-2 磷酸锌环氧漆的施工黏度受温度变化的影响小，施工性能较好，如图 7-1 所示。

3. 涂膜厚度对耐盐雾性能的影响

模拟现场生产条件，用 H06-2 磷酸锌环氧漆浸涂得到不同涂膜厚度的试板，进行耐盐雾性能试验。结果表明，当涂膜厚度大于 12μm 时，试板耐盐雾168h 后，涂膜沿划叉单侧扩蚀小于 2mm，板面无变化，达到涂装技术指标要求。

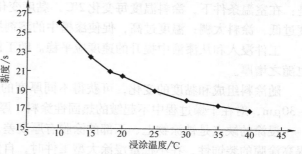

图 7-1 环境温度对浸涂施工黏度的影响

4. 浸涂不同零件对涂膜外观的影响

形状不同零部件材料浸涂后，涂膜外观状态也往往不同。在正常的工艺范围内，工件表面涂膜平整光滑，边缘及工艺孔不漏白。

5. 浸涂储气筒

由于储气筒件（材料为冷轧板）是一个形状特殊的圆柱体，涂膜外观质量要求较高，为此特做了浸涂储气筒的施工试验，观察底部涂装状况。试验结果表明，柱体底部涂膜平整，只有少量流痕和个别漆滴。

在浸涂过程中，储气筒内腔带水处涂膜漏白，同时也容易将水带入了漆槽，影响槽液的稳定性，导致储气筒件浸涂后，外表面涂膜易出现漏白的缩孔。因此要求清洗烘干后的储气筒，在进浸涂槽前，内腔的积水要用压缩空气彻底吹干净，再浸涂。

6. 浸涂设备的部分改造

原生产使用的浸涂槽，漆液搅拌仅靠液面刮板搅拌，槽液搅拌力量较弱，不能满足新的 H06-2 磷酸锌环氧漆施工要求。经改造后，在浸涂槽出口端增加 1 个约 4m³ 容量的副槽，溢流液面气泡。在副槽的侧端安装 1 台液下泵（防爆电动机，功率为 22kW，流量约为 108m³/h），浸涂槽两端斜面中央各安装 3 排喷射管，喷射管上间隔 200mm 距离安装混合型喷嘴，进行槽液循环，槽液循环搅拌次数4~5 次/h。在浸涂槽副槽旁边安装 1 台 3 袋式过滤器，过滤浸涂槽中的杂质。

改造的浸涂生产线使用 1 年多后，浸涂了上万个零件后，槽液仍然稳定，浸涂的零件涂膜外观平整、光滑、丰满，达到了汽车底盘件涂装质量的要求。

7.1.2 浸涂施工的影响因素与注意事项

1. 浸涂施工的影响因素

涂料黏度直接影响涂膜的外观和厚度。黏度过低，涂膜太薄；黏度过高，涂料在被涂面的流动变慢，因而涂膜外观差，流痕严重，余漆滴不尽。涂料的施工黏度通常用涂-4 杯测定，浸涂涂料的施工黏度在20℃时控制为 20~30s 为宜。涂膜的外观随溶剂的挥发速度和被涂物的形状而变化，因而应预先通过试验选择适当的黏度。在作业过程中，随着溶剂的挥发，涂料逐渐增稠。因此，应经常测定黏度，并及时补加溶剂，最好是装设自动黏度调节装置。

涂料的黏度与温度有关，应根据温度和黏度的变化关系来调整涂料的黏度。经验数据是：在室温条件下，涂料温度每变化2℃，黏度变化1s。最适宜的工作温度为15～30℃，温度过低，涂料太稠；温度过高，促使漆槽中的溶剂挥发损失加快，并加速涂料变质。

工件浸入和从漆液中提升的速度应平稳。随工件从漆液中提升速度的增快，涂膜的厚度也随之增厚。

随涂料组成和黏度的变化，可获得不同厚度的涂膜，一次浸涂涂层厚度一般控制在20～30μm，对在干燥过程中不起皱的热固性涂料，厚度可达40μm。

浸涂的缺点是被涂物上、下部的涂膜有厚度差，尤其在被涂物的下边缘呈肥厚积存。为提高涂膜的装饰性，在小批量浸涂大型工件时，自然滴漆后要用刷子手工除掉这些漆滴。但是手工劳动量很大，可用离心力或静电引力来除去。

离心力除滴是靠工件自身转动产生的离心力来甩掉积存的漆，并使其不积存在一个部位。

静电除滴的原理与静电涂装相同，一端是悬挂在运输链上接地的工件，另一端是设置在工件下方的高压电栅。当电栅上接上高压静电后，与工件间形成5万～10万V的电位差，使积存在工件下端的尚呈流动状态的漆滴带电，呈细滴吸往高压电栅极。工件与电极之间距离为200～300mm，除滴时间很短（15～30s）时就可达到较好的效果。此方法虽使浸涂涂膜的外观有所改善，可是不能消除掉凹坑部位的积漆及工件的流痕。

2. 浸涂施工的注意事项

1）为防止溶剂在车间内扩散和尘埃落入漆槽内，浸涂设备应设间壁防护设施。在作业以外的时间，小的浸涂槽应加盖。大槽浸涂应将漆排放到地下漆库。

2）浸涂槽敞口面应尽可能地小。在设计槽时，应以其小到不影响作业为前提。

3）装设排风装置。在浸涂槽及其周围有大量溶剂散发，溶剂蒸汽停滞在室内，对保健和防火都不利，应采用抽风机及时排出室外。

4）涂料黏度的测定。涂料黏度的变化将直接影响涂膜外观和厚度，每班应测定1～2次黏度；如果黏度增高，应及时补加溶剂。

5）应注意工件的装挂。预先通过试浸来设计挂具及装挂方式，确保工件在浸涂时处于最佳位置，使工件的最大平面接近垂直，其他平面与水平呈10°～40°，使余漆在被涂面上能较流畅地流尽，力求不产生兜漆或"气包"现象。

6）注意防火。在发生火灾时，槽中的涂料应能迅速地排到地下漆库。在大槽浸涂溶剂型涂料时，在槽周四边和槽子上方应设置有二氧化碳或蒸汽喷嘴的自动灭火装置。

7.2 水性浸涂涂料及其浸涂工艺

7.2.1 水性浸涂涂料的组成与特点

随着环境保护的要求越来越严格，涂料产品不断向低污染、节约型方向发展。水性涂料是涂料发展的重要方向和研究热点之一。虽然电泳法涂装日益为世界各国汽车行业所青睐，但浸涂法以其设备投资小、施工工艺简单的特点，而被国内中小汽车企业及压缩机行业，广泛用于汽车底盘、车架及压缩机的涂装。

1. 水性浸涂涂料的组成

水性浸涂涂料主要由水性（水溶性、水乳性）成膜树脂、颜填料、交联剂、助溶剂、助剂和水等组成。

（1）成膜树脂 水性浸涂涂料的成膜基料主要由含有羧基、羟基、氨（胺）基、醚键和酰胺基等亲水基团的合成树脂组成。

（2）颜填料 水性涂料以水作为溶剂，成膜树脂基料多为弱碱性溶液。因此，水性涂料用的颜填料与溶剂型涂料用的颜填料有所不同。水性涂料要求颜填料能够耐高温，在水中不发胀，遇水不返粗，pH 值接近中性。颜填料的 pH 值太高，易使树脂皂化；pH 值太低，呈酸性，导致树脂凝聚甚至破坏。若选用水溶性大的颜填料，可能会破坏涂料的稳定性。

（3）交联剂 水性环氧聚酯树脂分子中含有足够量的羧基和一定量的羧铵盐基，该类基团与含有羟甲基、烷氧甲基、羧基等活性官能团的合成树脂进行共缩聚反应，形成交联网络固化物。通常将选用的合成树脂称为交联剂，也可以选择异氰酸酯封闭物作为加工成形固化剂。作为制备水性涂料的基料，选用的固化剂或交联剂也应是水溶性的。

（4）助剂 水性浸涂涂料作为一种底面合一的涂料品种，对外观要求较高。水性涂料以水为分散介质，由于水的表面张力较高，使水性涂料在底材上的润湿性差；另一方面，水性涂料在制备和使用过程中均有发泡倾向，易使涂膜形成针眼、缩孔等缺陷。因此，选择其他助剂如流平剂、消泡剂，对提高涂料施工性能，改善涂膜外观起着重要作用。对水分散型环氧聚酯体系而言，BYK-380、EFKA-3580 等均有较好的流平效果；BYK-022、EFKA-2526 均有较好的消泡效果。

水溶性环氧酯涂料体系中可选择对甲苯磺酸、BYK-450 作为固化促进剂，采用有机膨润土、高岭土、气相 SiO_2、氢化蓖麻油等作为触变剂，防止涂料储存时沉淀和施工时流挂。

水性涂料中的助溶剂（也称共溶剂）可增加基料在水中的溶解度、调节基料熟度、提高涂料稳定性、改善流平性和涂膜外观。在醇类助溶剂中，碳链长的醇比碳链短的醇助溶效果好，含醚基的醇比不含醚基的醇助溶效果好。可供选择的助溶剂有乙醇、异丙醇、正丁醇、乙基溶纤剂、丁基溶纤剂和仲丁醇等。

2. 水性浸涂涂料的特点

水性浸涂涂料是有利于环保的涂料品种，在涂料生产和涂装过程中产生的有害物质较少，施工简便，可采用喷、浸、淋涂方法涂装。干膜厚度达到 $25\mu m$ 时，不产生流挂、桔皮和缩孔等弊病，涂膜外观较平整、硬度较高、附着力强、柔韧性较好。涂膜耐蒸馏水性、耐盐雾性、耐湿热循环性、耐酸碱性和耐汽油性等都可满足汽车零部件的使用要求。

环氧聚酯水性涂料已用于轿车保险杠、汽车车架、汽车车厢框架、驾驶室（车身）、汽车零部件和冰箱压缩机外壳等涂装保护。

7.2.2 水性浸涂涂料的浸涂工艺

下面以车架底漆浸涂施工为例，介绍水性浸涂涂料的浸涂工艺。

1. 表面预处理

（1）脱脂 车架在加工成形过程中，表面通常覆盖有一层油脂，可采用溶剂（如三氯乙烯）脱脂、化学（碱溶液）脱脂和乳化（表面活性剂）脱脂等处理方法脱脂。化学脱脂法的脱脂剂可分为强碱型和弱碱型。当金属表面污染程度较轻且油垢较少时，可采用弱碱型脱脂剂或乳化剂；当金属表面污染较严重时，应采用强碱型脱脂剂。

（2）除锈 可采用酸洗法除锈。在酸洗液中，应加少量缓蚀剂，以减轻酸对金属表面过度腐蚀及产生"氢脆"等损伤。酸洗后必须冲洗干净，否则会导致漆液稳定性变差，使磷化膜不均匀，引起涂膜弊病。

（3）磷化处理 金属表面经磷化处理后得到的磷酸盐膜，会成倍地提高涂膜对水、氧、氯离子等介质的抗渗透能力，明显增加耐蚀性。磷化处理形成的磷化膜必须均匀致密，膜厚约 5μm；用磷酸锌处理的磷化膜防腐蚀性较磷酸铁好。采用喷磷法时，可加入过氧化氢作促进剂，控制在较低温度下磷化，应连续加入促进剂和中和剂，严格按操作程序进行磷化处理。

车架表面处理的各阶段结束后都应进行水洗。

2. 浸涂工艺过程

车架底漆浸涂工艺过程为：车架脱脂除锈处理→上线→脱脂→清洗→磷化→冷水洗→热水洗→吹干→浸涂→沥漆→烘干→冷却→下线。

3. 浸涂工艺参数控制

（1）工作液固体含量 控制工作液固体含量为 45%～55%（质量分数）。固体含量过高，易产生流挂，影响涂膜外观；固体含量过低，涂膜薄，易露底。

（2）工作液温度与黏度 工作液温度应为 20～35℃，黏度为 19～26s（涂-4 杯，25℃）。温度偏低，黏度升高，漆液流动性差，易流挂；温度偏高，黏度下降，涂膜较薄，耐蚀性受影响。

（3）水含量 槽液除用水作稀释剂外，还应加入助溶剂，以增加漆液的稳定性和涂料流平性。通常在槽中的水：助溶剂为 1.0:1.3（质量比），水含量为 10%（质量分数）左右。

（4）固体含量、黏度及溶剂与水的质量比（S/W）值的关系 环氧聚酯水性涂料采用高固体含量、低黏度及浸涂后两次流平来达到外观的要求，在工作液的调试中，固体含量与黏度相互制约，同时还受到 S/W 值的影响，因此必须找出最佳范围（见图 7-2）。

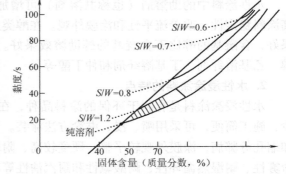

图 7-2 黏度、固体含量及 S/W 值的关系

注：1. 当 S/W 值较小时，黏度的降低远小于固体含量的降低程度，黏度过高导致无法使用。

2. 实际有效范围为阴影部分。

（5）槽液循环 浸涂的漆液在浸涂槽内应保持循环状态，达到循环 3～4 次/h。槽液循环应充分均匀，否则会造成局部流挂、缩边等弊病。

（6）槽液调整 涂装过程中，槽液中的涂料不断地被带走，而助溶剂挥发较快，槽液会增稠。因此，应随时补加原漆、助溶剂和水，保证漆液正常组成及涂装质量。

（7）沥漆及烘干 浸涂后须经过 10～15min（视环境温度高低）的沥漆时间。过长或过短会导致流挂、发花、流痕等现象。沥漆过程中的环境温度与湿度是影响浸涂质量好坏的重要因素。若沥漆环境温度过低或湿度过大，则沥漆过程减慢，存漆过多，从而在进入烘道后的二次流平过程中引起流痕，流挂多，影响外观。实践证明，沥漆环境温度应不低于15℃，以25～35℃为宜，且相对湿度应不大于80%。沥漆后，在140～160℃的温度下烘烤30min，充分固化后冷却下线。

4. 涂装质量控制

（1）表面预处理的质量　水溶性涂料涂装要求有严格的表面预处理规定，应仔细观测表面预处理质量，不允许将表面预处理不合格的工件进行涂装。

（2）涂料质量检查　在涂装前，由专职人员检测涂料质量。除检查涂料技术指标、使用性、涂装工艺性等性能外，还应进行试涂装，符合要求后再投槽进行涂装生产。

（3）施工中的质量控制　根据涂装规程规定对漆液固体含量、黏度、温度进行严格监控；观测环境温度和相对湿度对工艺参数的影响；对浸涂时间、烘烤固化条件及涂膜外观等参数和性能应随时观察，发现问题及时采取措施。

5. 涂膜主要缺陷的防治

浸涂施工中涂膜容易产生的主要缺陷是：工件下端的涂膜过厚，涂膜局部产生气泡和针孔等。

涂装烘烤固化后产生膜厚差是浸涂施工的正常现象，如涂装后得到干膜厚为20～40μm时，工件上下部的允许厚度差应不大于10μm，上下偏差大于10μm时才称为涂膜缺陷。解决涂膜过厚的措施是，在涂料配方设计时调整触变剂品种及用量、降低漆液黏度或提升漆液温度，适当加入助溶剂，保证施工时槽液正常搅拌循环等。

烘烤固化后，如果涂膜出现气泡和针孔，应适当调整漆液黏度和温度，增加沥漆时间，防止局部涂膜过厚；同时控制烘区温度，防止局部温度偏高或偏低；另外，还可适量增加助溶剂。

7.2.3　水性浸涂涂料的应用

1. 水性环氧酯漆在汽车底盘上的应用

东风公司某汽车厂底盘涂装过去采用手工刷涂 L01-1 沥青磁漆，虽然成本较低，占用场地面积小，但劳动强度大，涂装质量差且不稳定，与底盘专业厂要求不相匹配。在技术改造过程中，建成了涂装车间，内含两条涂装线，其中一条是底盘浸涂线。底盘浸涂线布置在涂装车间标准厂房内，按照工艺流程，布置脱脂至强冷工序间的运输采用步进式链传动。底盘走完 1 号链后，用转换车起吊浸入水性环氧酯漆浸涂槽，上下浸涂两次，提升后成15°角沥漆，然后再转挂到 2 号链上，该链以匀速前进进入烘道内，如图 7-3 所示。

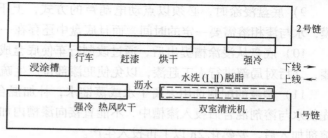

图 7-3　底盘浸涂线平面布置

（1）工艺流程　结合设计流程，并在工艺试验的基础上确定以下工艺参数：

1 号链：脱脂（65～75℃，8min）→喷淋水洗Ⅰ（60～70℃，4min）→喷淋水洗Ⅱ（60～70℃，4min）→沥水→烘干（60～90℃）→强冷（室温吹干，8min）→转挂行车→起吊→浸涂（上下两次），提升速度（1.2m/min，沥漆，15°）→转换到 2 号链。

2 号链：赶漆（赶去兜状区多余的漆）→烘干（140～160℃，30min）→强冷（室温吹干）→用电动行车吊到存放地点、自检→缺漆点局部补漆→待检验。

（2）工艺参数　在底盘涂装过程中同时保证下列工艺参数：底盘浸涂漆时间大于 1min；槽液温度为 10～30℃，槽液参数控制见表 7-1；沥漆时间大于 5min；烘烤工艺为 140～160℃，30min。

表 7-1　槽液参数控制

季节	固体含量（质量分数,%）	黏度（涂-4 杯，25℃）/s	pH 值
夏、秋	49～55	35～65	7.0～7.5
冬、春	46～51	55～89	7.0～7.5

（3）涂装质量　该厂的底盘规格较长，形状比较复杂，纵梁为槽梁，有槽形、矩形，外侧装有多个附件。以前，底盘钢材未去氧化皮，表面状态较为恶劣，油污、脏物附着很多。后来，底盘钢材表面进行氧化皮去除、表面处理后，浸涂质量明显提高，其综合性能优于手工刷涂，已累计生产 6 万多副底盘，收到了较好的效果。

（4）现场的工艺管理要点

1）保持浸涂槽内各处固体分含量均匀，减少底盘兜漆处的兜漆量，防止二次流平时凹处的积漆量。

2）底盘各零部件在焊接总成之前，不得有严重锈斑和涂覆重油。

3）流水线预处理工艺中，须加强脱脂处理，控制脱脂槽碱度，定期清理脱脂槽、水洗槽内所沉积的污垢，常换水，使水洗Ⅱ游离碱度小于 3 点。

4）水洗槽的温度应保持在 60℃以上，一方面便于清洗，另一方面底盘出槽水分易蒸发，减少带水入槽的可能性。

5）定期拆洗预处理三槽中喷淋头，以免堵塞引起喷淋压力降低。

6）对浸槽内的水性环氧酯漆，使用中要严格控制固体含量，根据季节适当调整。

7）多注意环境温度、漆温的变化所引起的黏度变化，掌握温度与黏度的关系。

8）浸涂槽要定期开动搅拌泵，以防沉淀，同时需设置恒温设施。温度太低不利于流平；温度太高溶剂蒸发快，漆增稠快。

9）底盘浸涂时，必须以点动电葫芦的方式，上下移动两次。因为底盘表面有微量水膜，水与漆相溶需要一定的时间，而且底盘中还存在一些死角。

10）底盘从浸涂槽提出后，通过改制行车使底盘成 15°角停留在漆槽上空，设法沥尽余漆，之后对局部进行人工赶漆，以免使兜漆部位产生疏松的大块条。

11）槽液的配制选用去离子水或蒸馏水，补加混合溶剂（水 + 乙二醇单乙醚）时，应先使水与溶剂混合后投入漆槽中，不能直接向漆槽内加水，否则漆面出现大面积乳白。混合溶剂加入后，要熟化 2h 以上再投入生产。

12）在连续生产过程中，有时水性环氧酯漆的 pH 值会偏高，这主要是底盘预处理碱液没洗净带入浸涂槽内的缘故。根据 pH 值的上升幅度来决定有机酸的加入量。

13）槽体类长期工作，都有沉淀问题，当沉淀量大到影响浸涂质量时，就要实施清槽工作，清槽后进行漆液分析与小试。

（5）涂膜缺陷产生原因及处理方法　根据底盘出现的质量问题进行分析与处理。涂膜缺陷产生原因及处理方法见表7-2。

表 7-2 涂膜缺陷产生原因及处理方法

缺 陷	产 生 原 因	处 理 方 法
流挂	槽液黏度过大，沥漆环境温度太低	调整漆的黏度，沥漆段提高环境温度
涂膜厚度不足	固体含量过低或沉淀	补加原漆，加强搅拌
涂膜太厚	槽液黏度过大	外加稀释剂
露底、气泡	底盘脱脂不干净，槽液溶解性不好	加强预处理，补加丁醇
涂膜不干	烘烤温度时间未达要求，漆液 pH 值上升	调整烘烤工艺，加有机酸，控制 pH 值
凹处肥边过宽	赶漆不够，沥漆时间短	赶漆宜勤快，达到沥漆要求
涂膜失光	过度烘烤，漆中树脂含量偏低	达到烘干工艺的要求尽快套线，检测漆成分并调整
涂膜发花	工件带水入槽，引起局部 S/W 失调	预处理后一定要烘干
涂膜出现厚薄过大、絮凝状	漆槽内杂质多，或漆本身引起高分子絮凝，溶解均匀性变差	进行返漆槽处理，去掉杂质、不溶性结块、絮状物后，进一步调整漆槽工艺参数

水性环氧酯漆使用施工方便，性能良好，涂装设备投资费用较低，国内目前已有多家汽车厂用于底盘的浸涂工艺，收到了较好的效果，具有进一步推广应用的价值。

2. 水性丙烯酸环氧漆在汽车车架上的应用

某汽车制造厂车架涂装，过去采用手工喷涂 C06-1 铁红醇酸底漆和 C04-42 黑醇酸磁漆，占用生产面积较大，生产率低，难形成均衡生产，涂料利用率低，污染大，劳动强度高。另外，由于车架结构及形状复杂，容易产生漏喷现象，再加上醇酸类涂膜的硬度低、耐水性差，严重影响了车架的涂装质量。该厂通过调研，在工艺试验的基础上，设计安装了年产3万台水性丙烯酸环氧漆的浸涂生产线。

（1）车架浸涂工艺 结合工厂实际，在工艺试验的基础上确定了如下工艺流程：

脱脂（45～50℃，4～8min）→水洗→"二合一"除锈磷化（40～45℃，4～5min）→喷淋→热水烫洗（80～90℃）→浸涂（室温，1min）→沥漆（大于15min）→烘干（140℃，30min）→补漆→交验。

（2）浸涂生产线平面布置 浸涂生产线平面布置如图7-4所示。

按照工艺平面布置，脱脂至沥漆工序的运输采用单轨电动葫芦，生产组织采用步进式，预处理每个电动葫芦吊装清洗四个车架

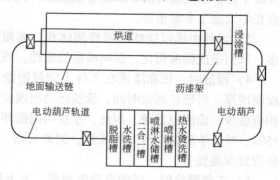

图 7-4 浸涂生产线平面布置

后，再返回重新吊装车架焊接总成。车架一次浸涂四个，吊放在沥漆架上，沥漆 15min 后，用电动葫芦将车架吊到烘道地面输送链上，烘烤 30min 后出烘道，烘道链速为0.6m/min，烘烤方式采用远红外辐射。

（3）浸涂参数

1）原漆技术指标见表7-3。

表7-3　水性丙烯酸环氧漆原漆技术指标

项　目	指　标
固体含量（质量分数，%）	46.7
黏度（涂-4杯，25℃）/s	250
细度/μm	30

2）施工参数及检测频率见表7-4。

表7-4　施工参数及检测频率

参　数	指　标	检测频率
固体含量（质量分数，%）	29～31	1次/周
黏度（涂-4杯，25℃）/s	120～150	2次/班
pH值	7.5～8	1次/班
浸涂时间/min	1	—
槽液温度/℃	室温	—
沥漆时间/min	15	—
烘烤温度/℃	140±10	—
烘烤时间/min	30	—

（4）施工管理要点

1）在焊接总成之前，车架各零部件应进行除锈处理。油锈必须处理干净，否则，不仅影响磷化质量及涂膜附着力，而且不易浸上漆。在车架预处理工艺中，须加强磷化处理，提高涂膜的附着力和耐蚀性。

2）热水槽的温度保证在85～90℃。一方面，车架出槽后，车架的水分蒸发快，减少了工件带水入浸漆槽；另一方面，车架在浸漆前余温尚在35～40℃，能够提高涂膜的附着力及流平性。预处理后的车架应尽快浸漆，利用车架热浸后的余温，才能保证外观质量，这一点在冬天施工非常重要。

3）设计中尽可能减小浸漆槽体积，缩短槽液的更新周期，以避免带入的杂质离子过多，从而造成槽液粗化，影响漆液稳定性。该厂目前1个月左右能达到1个更新周期。

4）浸涂时，依靠漆液在工件上的黏附涂上漆液，若黏度过高，工件涂上的漆液就多，涂膜增厚，将延长沥漆时间，涂膜还会出现较明显的流痕；若黏度过低，工件能涂上的漆液相应就少，涂膜也就薄。因此，水性丙烯酸环氧漆的黏度控制非常关键，通常控制在120～150s。对于冬夏温差不大的区域，例如云南，冬天的气温一般都大于15℃，故浸涂槽不需要设置保温设备。

5）工件浸涂时，必须点动电葫芦，上下移动4～6次，时间约为1min，这是因为工件带水，水与漆的相溶需要一定的力度和时间。

6）沥漆时间要大于15min，低于15min，涂膜易产生爆孔及针孔。沥漆时，工件放在沥漆架上，应尽可能沥尽余漆，否则在兜漆部位容易产生爆孔。

7）槽液的配制应用去离子水，补加原漆应在下班后进行，让新漆与旧漆具有充分的混合时间。如当天补加漆当天生产，那么涂膜质量不好。

8）每天生产前应充分用工件搅拌漆液。在生产过程中若泡沫较多，可用水与乙二醇二丁醚质量比为 80：20 的混合液洒到槽液表面，可将泡沫消除。

9）必须保证烘道温度为 140～150℃，烘干时间达 30min，使涂膜充分固化。若固化不好，涂膜硬度低，遇水易溶胀。

（5）涂膜性能对比　手工喷涂与浸涂的涂膜性能对比见表 7-5。由表 7-5 可以看出，车架浸丙烯酸环氧漆的涂膜综合性能优于手工喷涂涂膜。

表 7-5　手工喷涂与浸涂涂膜的性能对比

序号	涂膜性能项目	手 工 喷 涂	浸 涂
1	外观质量	涂膜平整光滑，存在漏喷现象	涂膜平整光滑，在滴漆部位存在流痕
2	膜厚	车架喷涂死角部位较多，易施工处膜厚 >40μm，不易施工处膜厚 <40μm	涂膜厚度不均匀，一般最薄达 25μm，最厚达 65μm
3	冲击强度	50cm	50cm
4	铅笔硬度	<HB	H
5	柔韧性	≤1mm	≤1mm
6	附着力	3 级	1 级
7	3% 耐盐水试验	浸泡 72h，出现变色，涂膜发软，96h 出现小泡，锈点	浸泡 120h，膜薄处出现密集小泡，涂膜发软变色，膜厚处无变化，泡 160h，膜薄处产生锈迹，膜厚处发软变色

车架浸水性丙烯酸环氧漆的涂装工艺具有施工简单，容易操作，设备投资少，槽液稳定，环境污染小，无火灾危险，焊缝及内腔均能涂上漆等优点。该涂装工艺较车架喷涂工艺而言，提高了材料利用率，生产率及产品质量，减少了环境污染，但也存在不足之处，如施工黏度较高，易产生流痕，涂膜厚度不均匀等。

3. 水性丙烯酸漆在汽车车架上的应用

某汽车公司生产的汽车零部件达 200 余种，包括内饰件、外饰件及底盘零件，且全部在该公司车架车间浸涂线上涂装，工艺质量要求涂膜具有良好的装饰性及耐蚀性。原采用水性环氧聚酯漆，使用中其溶剂消耗量高达 20%～30%（质量分数），槽液稳定性差，涂膜易出现流挂、缩边、漏底、发花等弊病，须大量返修，而且浸涂过程中槽液散发大量有害气体，污染环境，伤害员工身体健康，所以须将其更换。

通过多方对比测试，选用了低污染、高环保的水性丙烯酸漆。经一年在浸涂线的施工应用，各项理化性能指标良好，无须溶剂补加，槽液稳定，管理简便，涂膜性能良好。

（1）涂料组成与性能　水性丙烯酸漆以水为溶剂，以醇醚类溶剂为助溶剂，丙烯酸系列单体经溶液聚合后作为主成膜物。采用的主要颜料包括锶铬黄、4 号炭黑、二氧化硅、沉淀硫酸钡；助剂选用 BYK（毕克）化学公司产品；交联剂采用水性氨基树脂（HMMM），经过研磨分散调制而成。该涂料可应用于汽车底盘零件及装饰件的涂装，既可喷涂，也可浸涂，适于底面合一涂膜使用。水性丙烯酸漆属热固性涂料，由于聚合物的分子链上含有相当数量的活性官能基团，如羧基、羟基、氨基、醚基、酰胺基等，一方面保证其水溶性；另一方面，在热固化时，活性基团与交联剂（水性氨基树脂）中的羟甲基、甲氧基发生交联反应，形成致密网状结构涂膜，具有丙烯酸及氨基漆双重涂膜性能，如高光泽、保光、保色性，高耐候性及良好耐蚀性。

（2）施工工艺参数确定　水性丙烯酸漆主要施工工艺参数为固体含量、黏度、pH 值、漆温、浸涂时间等。在 pH 值、漆温得到保证的条件下，涂膜厚度取决于漆液黏度。施工温度低有利于漆液的稳定，但是温度过低，黏度升高，浸涂后涂膜流平性差，膜厚且流痕增多，混入的气泡不易消除，烘干后形成气泡针孔，造成涂膜弊病；温度高于 30℃时，漆液中助溶剂和胺类挥发迅速，pH 值下降，漆液体系变坏，水溶性变差。为维持槽液稳定，实际控温选择为 15～30℃。

1）浸漆黏度-温度曲线。随着温度升高，黏度降低。温度降低 1℃，黏度一般上升 2～4s。水性丙烯酸浸漆的黏度-温度曲线（涂-4 杯）如图 7-5 所示。

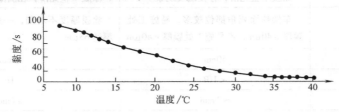

图 7-5　水性丙烯酸漆的黏度-温度曲线

2）浸漆黏度稀释曲线。由原漆黏度起，随加水量增加，黏度明显下降，待水的加入量继续增大，黏度略有回升（假稠现象）。持续加入稀释剂，曲线下滑较快，漆液水解，体系将完全破坏。水性丙烯酸浸漆的黏度-稀释曲线（稀释剂：去离子水，温度：25℃±1℃，涂-4 杯）如图 7-6 所示。

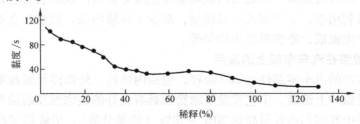

图 7-6　水性丙烯酸漆的黏度-稀释曲线

3）工艺参数。根据试验，确定投槽浸漆的工艺参数如下：

固体含量：33%～38%；稀释比：(2.6～3.6):1；黏度：30～40s（25℃，涂-4 杯）；温度：15～30℃；pH 值：8～10；膜厚：16～24μm。

（3）浸涂工艺及槽液管理

1）浸涂工艺。浸涂工艺如下：

挂件（无锈）→脱脂、表调（喷淋，50～60℃，3～5min；总碱度：15～16 点，0.15～0.2MPa）→水洗（喷淋，0.15～0.2MPa）→水洗（喷淋，0.15～0.2MPa）→磷化（喷淋45～55℃，3～5min）→水洗（喷淋 0.15～0.2MPa）→纯水洗（喷淋 0.15～0.2MPa，≤150μS/cm）→烘干（热风循环，100～120℃）→浸涂（固体含量：36%～39%，黏度：30～40s，温度：15～30℃）→沥漆（10min）→闪蒸（50～60℃，3～5min）→烘干（140℃，

30min）→检查（卸件）。

2）槽液及工艺管理。浸涂槽液控制、参数变化及对涂膜的影响见表7-6。

表7-6 浸涂槽液控制、参数变化及对涂膜的影响

工艺参数	检测频次	问题	弊 病	对 策
固体含量（质量分数）为33%～40%	1次/d	偏高	膜厚、流痕、气泡针孔	补加纯水
		偏低	膜薄、缩边、露底、发花	补加原漆
黏度为28～45s	2次/班	偏高	流痕、肥边	补纯水及专用溶剂
		偏低	缩边、膜薄	补加原漆
pH值为8～10	2次/周	偏高	槽液不稳定	补加有机酸
		偏低	颜料沉降，体系变坏	补加原漆、胺类
温度为15～30℃	2次/班	偏高	胺类及溶剂挥发。涂膜流坠	冷却水降温
		偏低	流痕、肥边、涂膜无光	热交换升温

3）涂膜弊病及对策。涂膜弊病及对策见表7-7。

表7-7 涂膜弊病及对策

涂膜弊病	产 生 原 因	对 策
涂膜太薄	漆液黏度过低，固体含量过低	补加原漆，提高固体含量及黏度
涂膜偏厚	漆液黏度过大，固体含量高，温度低、流平时间短	提高槽液温度，补加纯水及专用溶剂
流挂、积漆	漆液黏度大，沥漆时间短，温度低，环境湿度大	调整挂具，延长流平，降低槽液黏度，提高温度
发花	沥漆时间长，湿度大，溶剂及胺类挥发，漆液溶解性差，不溶物油类混入槽内	除去漆液表面异物，保证循环良好
失光	出槽时溶剂偏低，烘干不彻底	补加部分溶剂，烘干彻底
缩边、露底	漆液黏度低，固体含量低，颜料沉降	补加原漆，加强槽液循环分散
气泡针孔	温度低，气泡附着，泵管路漏气，槽内气泡未消泡完全	充分静置消泡
漆液表面起皮	静止时间过长，溶剂挥发	赶至副槽溶解
工件积漆	工件复杂，存在凹面，挂具低落，无工艺孔	改善吊挂方法，开沥液孔
涂膜不干	温度低或烘干时间短	对工艺及设备确认

（4）存在的问题及改进方向

1）水性涂料油水不溶，悬链油滴落易造成涂膜缩孔，需加强悬链设备管理。工件经脱脂、磷化后，如有黄锈存在，会影响浸涂效果。因此，需加强管理，保证磷化均匀细致，克服浸涂缩边及提高耐蚀性。

2）丙烯酸漆受温度影响较大，温度每降低1℃，黏度升高2～4s。在冬季，应适当降低施工固体含量以降低黏度，但膜厚偏薄，故应增加保温装置。

3）普通离心泵密封性差及水性涂料添加时带入空气，导致产生气泡。由于消泡困难，所以采用液下泵及下班后加料的办法，调整循环3～4h后，静止4～5h消泡。

4）保证闪蒸时间（温度达 50～60℃，3～5min），从而保证流平。升温过急，将造成爆孔。

5）丙烯酸漆静止时有桔皮现象，长期不用时，加装防尘盖板，减少溶剂及胺类挥发，漆皮可返溶，但导致黏度增加，必要时应补充专用溶剂。

采用水性丙烯酸漆，提高了产品的耐蚀性和外观装饰性，涂膜流平性好，硬度大，光泽高，耐擦伤性好，能满足公司产品质量要求。同时，水性丙烯酸漆施工安全，无溶剂补加，减少了环境污染，保证了员工身体健康，且无火灾隐患。

4. 水性醇酸氨基漆在农用车上的应用

近年来，我国农用车产业发展迅速，对其外观的装饰性和耐候性等都有了更高的要求。某农用车生产厂家和相关设计院经过多方面比较，对其原有农用车的驾驶室、车厢和车架涂装线进行了重大技术改造，采用水性醇酸氨基漆作为底漆。

（1）原生产线情况　原有农用车的驾驶室、车厢和车架涂装线是不连续的，前一个车间内设有一个"四合一"预处理水泥槽，主要进行农用车驾驶室、车厢和车架的脱脂、除锈、表调及磷化处理，工件表面处理不彻底，涂膜附着力差。后一个车间内设有两个封端式水旋喷漆室和两个间歇式烘干室，生产率低，两个车间之间工件的转运全靠人工，劳动强度很大，劳动环境极其恶劣，工艺流程不畅。

（2）水性醇酸氨基漆

1）水性醇酸氨基漆的特点为：以水为主要溶剂，挥发性有机物含量低；不易燃烧，有利于安全生产；气味小，低毒，有助于改善施工环境及保护施工人员的身体健康；一次浸涂涂膜厚，保护性能好；具有极好的柔韧性和物理力学性能；可以单独使用，也可与水性面漆或溶剂型面漆配套使用。

2）水性醇酸氨基漆性能指标见表7-8。从表7-8可看出，其涂膜性能指标与阳极电泳涂膜基本相当。

表 7-8　水性醇酸氨基漆的性能指标

检验项目	指标	检验项目	指标
外观	平整（灰色）	干燥	140℃，30min
固体含量（质量分数,%）	45～50	硬度	≥0.45
细度/μm	35～45	耐冲击性/cm	50
pH 值	8.5～9.5	柔韧性/mm	1
一次浸涂膜厚/μm	15～30	附着力/级	1
遮盖力/（g/m²）	90～100	耐盐雾/h	>200
储存期	1 年	冻融稳定性/周期	>4

（3）技术改造后的生产线

1）涂装工艺流程为：上件→浸喷脱脂（40～60℃，4min）→浸喷水洗（常温至50℃，1min）→浸渍除锈（40～60℃，5min）→浸喷水洗（常温至50℃，1min）→浸喷磷化（40～60℃，5min）→浸喷去离子水洗（60～70℃，1min）→高压去离子水洗（常温，1min）→热风吹干→浸涂（25℃，1min）→吸漆→转挂→底漆烘干（140℃，30min）→冷却→喷涂面漆→流平（8min）→面漆烘干（120℃，30min）→下线。

工件在预处理工序的运输方式，采用 PLC 集中控制的双吊钩程控葫芦，单链起吊。起吊重量为2t，起吊高度为4m，运行速度为8～14m/min。采用组合吊具，可以分别吊挂驾驶室、车厢和车架，然后经过转挂将工件放置在垂直地面输送链上，链速0～1.5m/min 无级调速。垂直地面输送链上设有专用小车，小车上有自动离合机构，可以方便地实现专用小车与输送链的离合。

该涂装线生产能力为单班年产1万辆车，其中包括驾驶室10000件，车厢10000件，车架10000件。生产任务繁忙时，可考虑双班生产。

2）涂装工艺特点如下：

①预处理采用浸喷结合方式。采用的脱脂剂去油污力强，低泡沫，使用方便；采用的除锈剂，不含硫酸、盐酸、硝酸、氢氧化钠等强腐蚀性成分，无异味，无酸雾，操作环境好；除锈速度快，无过腐蚀和氢脆，无残酸残碱的加速腐蚀现象，延长设备使用寿命。

②磷化工序采用新型无渣磷化工艺。克服了传统的磷化工艺存在的溶液沉渣多、挂灰重、槽液稳定性差、工艺控制复杂等难题。

③预处理工序输送装置采用双吊钩程控葫芦运送工件，共设5台，每台双吊钩程控葫芦可以吊挂2个驾驶室或3个车厢或3个车架，大大提高了生产率。

④在除锈和磷化工序中设置了强排风系统，将有害气体排出室外，更好地保护人身健康。

⑤将原有水旋喷漆室和烘干室搬迁改造上线，充分利用原有设备进行改造，循环水泵和送、排风机的位置不动，利用原有的循环水池及排污系统，降低了投资费用。

⑥预处理各槽体成封闭环形布置，槽体支承面低于水平地面，槽体外围设环形排水沟，方便排水和冲洗地面，如图7-7所示。

图7-7　预处理槽体的布置

（4）浸涂设备

1）槽体。浸涂槽采用槽外热水加热，并设置副槽、袋式过滤器、热水储槽和板式换热器，槽体保温层厚度100mm。溶液通过耐腐蚀泵在板式换热器中与热水换热，热水温度应控制在80℃以下，以保护水性醇酸氨基浸涂漆免受高温损坏。浸涂槽的阀门采用耐腐蚀隔膜阀，循环水泵为耐腐蚀化工泵，机械密封。

2）制水设备。采用电渗析法制水，制水能力为1t/h，制成的去离子水通过管路进入浸涂槽和调漆槽。

3）接漆盘在浸涂槽后，应设置接漆盘及操作平台，有护栏、钢板网及上、下扶梯。在接漆盘下放有接漆桶，以利回收漆液。

（5）底漆烘干室

1）垂直地面链及输送小车。输送小车与地面链可实现自动离合，地面链链速为0～1.5m/min，无级调速，并在上、下工件的地方设置急停点，以防发生意外。

2）底漆烘干室外形尺寸18000mm×3000mm×2800mm，由原烘干室改造而成。它采用高红外辐射板加热，循环风机热风循环，循环风经过滤器过滤。总功率为250kW，烘干温度为 100 ~ 160℃，烘干时间为 20 ~ 30min。升温 25min，温度可达 160℃。主电路设计能满足炉温为 180℃的工作要求。采用液晶显示，可自动控温。

底漆烘干室采用双空气风幕阻热，并设置手动保温折叠门，厚度为 50mm，以便升温和不工作时的保温。

炉体壁板设计成子、母槽插板连接，现场拼装；炉体外壁采用厚度 1mm 的冷轧板，内壁采用厚度为 1mm 的渗铝板，保温岩棉厚度为 100mm。

（6）注意事项 经过改造后的农用车驾驶室、车厢和车架涂装线的工艺流程顺畅，设备及输送装置布置紧凑，充分利用了空间，物流通畅，提高了生产率，减轻了劳动强度，产品质量大大提高，达到了设计改造的目的。但在实际生产中，应特别注意以下几个问题：

1）工件磷化后，要用高压去离子水喷洗，以保证磷化液不进入浸涂槽。

2）工件经磷化、去离子水清洗后，要用热风吹干，而且吹得越干越好。

3）工件浸涂后，要求沥漆 10min 以上，以便工件上的涂膜流平。

4）从目前情况看，水性醇酸氨基漆只能作为底漆浸涂，不能作为面漆浸涂。

7.3 二硫化钼的浸涂工艺

为了提高刀具的使用寿命，人们通常是从切削参数的设计、材料的选用、热处理工艺和润滑等方面加以考虑的。表面处理技术对于提高刀具的使用寿命有着重要的作用。对刀具进行二硫化钼浸涂处理，是提高刀具使用寿命的新途径。二硫化钼浸涂处理，是一种将刀具浸在二硫化钼浸涂液中，经过加热、保温，使其表面产生一层附着力很牢的，在高温、高压、高速下具有极低摩擦因数（0.03 ~ 0.15）和很好润滑作用的二硫化钼薄膜，从而提高刀具耐磨性的表面处理。

1. 浸涂处理的效果

某厂用来加工手表零件擒纵轮片齿形的瑞士进口硬质合金滚刀，以前每磨刃一次只能加工 9000 ~ 10000 件零件，加工面的表面粗糙。将经磨刃的滚刀进行二硫化钼浸涂处理后，可加工零件 20000 ~ 35000 件，提高了刀具寿命和降低了加工面的表面粗糙度值。

2. 浸涂处理的机理

（1）MoS_2 的结构 胶体 MoS_2 是具有各向异性呈层片状六方晶体结构的物质。其每个 MoS_2 分子层又是由 S-Mo-S 三个原子平面层构成的。钼原子和硫原子之间是以结合力很强的化学键连接，而两层的 MoS_2 分子之间的两层硫原子平面则是以很弱的范德华力结合，所以两层硫原子平面层之间非常容易发生相对滑移。

（2）MoS_2 的滑移特性 MoS_2 浸涂处理是利用胶体 MoS_2 的滑移特性，使经 MoS_2 浸涂处理的刀具表面产生平行于其表面具有滑移特性的 MoS_2 薄膜层（MoS_2 薄膜层中的硫原子平面能牢固地吸附在刀具表面上）。由于 MoS_2 分子层厚度仅为 0.625nm，一般经 MoS_2 浸涂处理的刀具表面 MoS_2 薄膜的厚度为 0.0025 ~ 0.0050mm 时，就会有 4000 ~ 8000MoS_2 分子层滑移面。由于 MoS_2 分子层滑移面的作用，使切削刃在加工时金属面间的直接摩擦转化为 MoS_2 分子层间的滑移，大大降低了切削刃与工件的摩擦因数，明显地减小了摩擦力。金属切削加工过程中是采用添加润滑油的方法来降低切削时的摩擦力，减小切削刃的磨损，从而提高刀具的使用寿命的。但由于刀具在切削时，切削刃的切入与切屑之间的相对运动阻碍了润滑油流入切削刃，使得润滑效果不够理想。经 MoS_2 浸涂处理的刀具，切削刃表面附着有能产生滑移的 MoS_2 薄膜层，切削时起着很好的润滑作用，因而避免了润滑油的不足。

（3）MoS_2 在高温下的润滑效果 刀具在切削时切削刃部位产生的高温，会使润滑油发生老化而失去润滑作用。高温也会使切削刃表面的 MoS_2 薄膜发生氧化而生成 MoO_3。但 MoO_3 在高温下的摩擦因数也较小，仍能起到很好的润滑作用。因此，对于高温条件下切削的刀具，MoS_2 薄膜同样可以起到良好的润滑效果，从而提高了刀具的使用寿命。

（4）MoS_2 在高压、高速下的润滑作用 由于刀具在加工零件时，切削刃切削金属要承受较大的压力和经受较高的摩擦速度。添加的润滑油油膜在加工中往往经受不住这样的考验，而发生油膜破裂失去润滑作用。然而浸涂的 MoS_2 薄膜不但对刀具表面有很大的附着力，而且能经受住（2800MPa）以上的压力和40m/s的摩擦速度，所以该薄膜能承受刀具切削时所产生的压力和摩擦速度，而不会发生 MoS_2 薄膜破裂现象，保证了润滑作用的很好发挥。

3. 浸涂处理工艺

根据有关资料，结合具体情况，经过多次试验，总结出了适合刀具的单一法和复合法两种 MoS_2 浸涂处理工艺。

（1）单一法浸涂处理工艺 单一法的工艺流程为：刀具质量检查→磨刃及检查→脱脂→酸洗→浸涂处理→烘干→检查。

1）刀具质量检查。检查时除了要检查刀具的几何尺寸外，主要的是要检查刀具的热处理质量，即刀具的硬度（必要时还要检查金相组织）。必须指出，如果刀具的热处理质量达不到一定的技术要求，即使经过 MoS_2 浸涂处理，也不能提高刀具的使用寿命。

2）磨刃及检查。刀具在磨刃时不仅要将刃口磨锋利，并且要使刃角达到要求的角度，同时不能有卷刃和崩刃现象。

3）脱脂。由于刀具在加工零件和磨刃时粘有油污，必须将油污去除干净。脱脂的方法是先用汽油清洗，然后再用碱液脱脂。然后用自来水冲洗干净。

4）酸洗。酸洗的目的是去除刀具表面的氧化皮，活化刀具表面，为 MoS_2 浸涂处理做好基体准备。将刀具放入10% ~20%（质量分数）的盐酸水溶液中，3 ~5s 后取出，然后用自来水冲洗干净，并立即放入 MoS_2 浸涂液中进行浸涂处理。

5）MoS_2 浸涂处理。MoS_2 浸涂处理方法主要有水煮法和甘油法两种。

①水煮法工艺：MoS_2（胶体）:水 =10 ~15:100（质量比），加热温度为100℃（浸涂液沸腾），保温时间为40 ~60min。

②甘油法工艺：MoS_2（胶体）:甘油 = 5 ~10:100（质量比），加热温度为180 ~200℃，保温时间为3 ~4h。

上述两种方法中，水煮法较甘油法成本低，处理时间短，操作也更为方便，不需要温控设备。因此，采用水煮法 MoS_2 浸涂处理工艺较为适用。

6）烘干。经 MoS_2 浸涂处理后的刀具，要立即进行烘干，使浸涂在刀具上的 MoS_2 薄膜牢固地附着在刀具上。烘干工艺为：加热温度为150 ~160℃，保温时间为1h（大件应延时）。

刀具应吊挂在炉中，处理后取出吊挂空冷至室温。

7）检查。经 MoS_2 浸涂处理的刀具表面应呈蓝灰色或黄绿色；MoS_2 薄膜的附着力应很牢，不易擦去，具有光泽。MoS_2 薄膜的厚度一般情况下应为 $0.0025 \sim 0.0050mm$，厚度可用金相法进行测量。试样在金相显微镜下可见黑色 MoS_2 薄膜层。

（2）复合法 MoS_2 浸涂处理工艺　复合法是将 MoS_2 浸涂处理与其他表面处理方法结合起来进行的工艺方法。

1）化学热处理 + MoS_2 浸涂处理是将经化学热处理（渗碳、渗氮、碳氮共渗、渗硼、碳氮硼共渗、渗金属及气相沉积等）和最终热处理的刀具，经磨刃后再进行 MoS_2 浸涂处理的复合处理方法。这种方法能使刀具既有很高的硬度，又有更低的切削摩擦因数，可进一步提高刀具的耐磨性和使用寿命。

2）磷化 + MoS_2 浸涂处理是在刀具经酸洗后 MoS_2 浸涂处理前对刀具进行磷化处理，使其表面生成一层与基体结合非常牢固的微观多孔的金属磷酸盐薄膜后，再进行 MoS_2 浸涂处理的方法。

用于刀具磷化处理的参考配方为：磷酸二氢锌 $25 \sim 35g/L$，硝酸锌 $80 \sim 100g/L$；磷化温度为 $60 \sim 70℃$，时间为 $10 \sim 15min$。

使用此种磷化处理工艺，能使刀具表面的磷化膜微观多孔性好，有利于 MoS_2 薄膜附着力的增强和表面 MoS_2 薄膜厚度的增加。与单一 MoS_2 浸涂处理的相比，其 MoS_2 膜层厚由 $0.0035mm$ 增加到 $0.0045mm$。

3）化学镀 + MoS_2 浸涂处理是将经磨刃的刀具先进行化学镀，使其表面镀覆上非晶态的 $Ni-P$ 等镀层，经热处理后再进行 MoS_2 浸涂处理的方法。

刀具的化学镀层经适当温度的热处理后，能得到很高的表层硬度（900HV 以上），但其摩擦因数比 MoS_2 的高。经化学镀的刀具再经 MoS_2 浸涂处理，能使其在切削时切削刃的摩擦力大大减小，提高了刀具的耐磨性。

4. 影响刀具 MoS_2 薄膜厚度的因素

（1）MoS_2 浸涂液的浓度　试验结果表明，MoS_2 浸涂液的浓度对浸涂在刀具表面上的 MoS_2 薄膜的厚度没有明显的影响，因此对浸涂液的浓度要求并不十分严格。一般在配制浸涂液时应以下限为好，这是因为浸涂液在保温加热中，它的水分会逐渐蒸发，使其浓度增加。

（2）浸涂的时间　试验表明，随着浸涂时间的增加，MoS_2 薄膜厚度会逐渐增厚（见表7-9）。

表 7-9　MoS_2 浸涂时间对薄膜厚度的影响

浸涂时间/min	20	40	60
薄膜厚度/mm	$0.0020 \sim 0.0025$	$0.0026 \sim 0.0031$	$0.0029 \sim 0.0035$

（3）刀具的材质　刀具材质对 MoS_2 薄膜厚度的影响见表 7-10。

表 7-10　刀具材质对 MoS_2 薄膜厚度的影响

材料	08 铁丝	20AP（进口）	硬质合金
薄膜厚度/mm	$0.0030 \sim 0.0035$	$0.0026 \sim 0.0029$	$0.0024 \sim 0.0026$

5. MoS₂薄膜厚度对刀具使用寿命的影响

试验表明，擒纵轮片齿形滚刀表面 MoS₂ 薄膜的厚度越厚，刀具能加工零件的数量也就越多（见表 7-11），使用寿命也就越长。因此，在进行 MoS₂ 浸涂处理时，要尽量使刀具表面的 MoS₂ 薄膜厚些。

表 7-11 MoS₂ 薄膜厚度与刀具加工零件数量关系

薄膜厚度/mm	0.0025	0.0031	0.0035
加工零件数量/件	20620 ~ 21004	29256 ~ 28540	34098 ~ 35350

6. 使用效果

1）MoS₂ 浸涂处理可提高刀具使用寿命 1 ~ 3 倍，并降低加工零件的表面粗糙度值。

2）MoS₂ 浸涂处理适用范围广，可用于刀具钻头、丝锥、模具等。同时，不同材质的工模具都能进行 MoS₂ 浸涂处理。

3）MoS₂ 浸涂处理的加热温度低，不会改变浸涂件的内部组织结构，也不会使其产生变形和造成废品。

4）MoS₂ 浸涂处理的成本低，方法简便，设备投资少，操作无毒、无害，不污染环境。

7.4 可剥性涂料的浸涂技术

可剥性涂料是一种临时性的保护涂料，当浸渍或涂刷到被保护材料表面后，在空气中短时干燥，形成一层封闭的保护膜，起到保护工件表面的作用。完成保护任务后，用手轻易撕揭，又可完全剥离下来，不影响材料本身的性能。

下面以某汽车发动机厂刀具的临时性保护为例介绍可剥性涂料的使用工艺。

某汽车发动机厂的各类加工刀具有 3000 多种，其中需要重磨的刀具有 200 多种。为了提高刀具的修磨效率，每种刀具需 20 把左右在生产车间和刀具库内周转。为防止修磨后的刀具在库房内锈蚀，或运送过程中将切削刃碰伤而影响加工质量，该厂从德国引进了刀具防护浸涂技术。

防护浸涂是将修磨后的刀具在加热熔化的防护浸涂剂中浸涂一下，取出冷却后，就会在刀具刃口上留有一层约 1mm 厚、富有弹性的浅咖啡色的保护膜。这种防护浸涂剂以醋酸纤维素为主，同时添入适量的羊毛脂、防锈润滑油和缓蚀剂等原料，加热熔化搅拌而成。它既耐腐蚀，同时又有弹性，所以完全可以对切削具刀刃起到可靠的保护作用。浸涂后的刀具使用时，只需轻轻地一撕，就能将外面的保护膜剥离，使用特别方便。撕下的薄膜又可回炉反复使用，大大降低了使用成本。

防护浸涂剂的热熔化温度为 160℃ 左右。加热温度如果过高，会产生炭化现象，导致颜色逐渐加深，使用寿命降低。由于防护浸涂剂在常温下呈固态，导热性很差，在加热设备内不能产生传导和对流，所以加热设备必须采用间接加热方式，即电热棒加热耐高温油，耐高温油再加热防护浸涂剂。只要控制耐高温油的温度，就能控制熔化温度。为安全起见，温度控制必须采用双重温度保护，不致因温控失灵而造成火灾。

防护浸涂技术不仅可用于刀具的防护，也可应用在产品的包装上，如刀具、量具、油嘴等。

7.5 工业卷钉的浸涂工艺

工业卷钉是气动打钉枪专用钉。它是通过专用设备将各种散钉按一定方式排列，与连接用的镀铜丝线熔接，并按一定数量成卷，以供气动打钉枪使用的，每分钟可完成100支钉的连续打钉作业。工业卷钉广泛应用于木制家具、建筑装饰、板箱包装及装修等行业。

7.5.1 工业卷钉生产工艺流程

工业卷钉的生产工艺流程为：设备调试→原料上机→卷钉制作→切断收卷→表面处理→包装→产品。其中，工业卷钉的表面处理是生产过程质量控制的关键，它直接影响到卷钉的最终质量。

7.5.2 工业卷钉表面处理的涂装线

工业卷钉可分为平顶型卷钉和锥顶型卷钉两类。一般平顶型卷钉每卷200~300枚卷钉，锥顶型卷钉每卷400枚卷钉。工业卷钉成卷后由内至外排列紧密，不松散，因此钉子之间只有很小的间隙，在进行表面处理时，卷钉之间的空气不易被排净，加之漆液存在较大的表面张力，浸涂时很容易造成卷钉内部浸不上漆或表面浸涂不均匀、漏浸，以及卷钉钉尖粘连、结块等缺陷。另外，工业卷钉采用自动化连续生产线，每台机每分钟生产3卷卷钉，4台机同时开，每分钟生产12卷，即一个托盘卷钉。因此，要求工业卷钉的表面处理能力达到每分钟处理一个托盘的卷钉。工业卷钉表面处理的涂装生产线如图7-8所示。

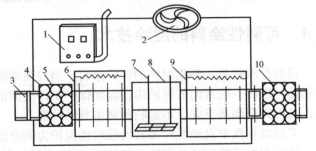

图7-8 工业卷钉表面处理的涂装生产线

1—立式除湿器 2—排气扇 3—辊轮式输送线 4—网状托盘
5—工业卷钉 6—远红外卷钉预热装置 7—气动浸涂托架
8—专用防腐漆浸涂槽 9—浸涂后远红外烘干装置
10—表面处理后成品检验、包装

1. 表面处理的工艺流程及工艺要求

工业卷钉表面处理的工艺流程为：配漆→浸涂→烘烤→检验→包装。

工艺要求如下：

温度：卷钉表面处理温度25~40℃。

相对湿度：≤65%。

浸涂时间：为保证卷钉内外各部位浸涂均匀，防止漏浸，要求每卷钉在防腐漆液中浸渍时间为20s左右，并反复上下颠动3~5次。

烘烤温度：为使处理后的卷钉快干，烘烤温度为40~60℃为宜，最高温度不得超过70℃。

表干时间：≤3min。

浸涂现场必须通风良好，以防止挥发性溶剂的挥发浓度过高。

2. 工业卷钉用防腐蚀漆及配套稀释剂

工业卷钉用防腐蚀漆属硝基漆类，具有浸涂容易、使用方便、附着力强、干燥迅速、涂膜光泽高等特点，并能阻止空气中的氧气、水分等对卷钉的侵蚀，起到防锈、防滑、装饰等作用。

其稀释剂能充分稀释工业卷钉用防腐蚀漆，无发浑或分层现象，且具有较快的挥发速度。卷钉经过浸涂表面处理后，表干时间不大于3min，且干燥过程中涂膜没有发白现象。

工业卷钉涂装过程中，使用多种低沸点的有机溶剂，很容易与空气形成爆炸性混合物。因此，在涂装过程中，必须采取通风、防火、防爆、防静电等安全措施，遵守涂装作业安全操作规程和有关规定。

7.6 纸张的浸涂工艺

某综合家具公司引进德国 VIST 公司的浸渍纸成套设备，采用非对称性浸渍法制备胶纸。所谓的非对称性浸渍法，就是原纸经预涂辊先进行单面浸涂树脂渗透，然后进行双面浸渍。这样，胶纸两个表面的上胶量不同，即正面上胶量大，背面上胶量少，所以称为非对称性浸渍。

对非对称浸渍设备来讲，原纸单面浸涂树脂渗透是保证浸渍均匀和提高树脂含量的重要措施，是保证胶纸质量的关键环节。因此，分析原纸单面浸涂树脂渗透程度，对提高胶纸质量有一定现实意义。

1. 浸渍树脂与原纸纤维组织中空气交换的关系

浸渍用纸是一种具有极强吸收液体能力的纸，由于纸的内部组织疏松，因而在纤维组织内存在有较多的空隙，并被空气所填充，所以这种纸的吸收性比较强。浸渍过程的实质，就是浸渍树脂与纸的纤维结构中的空气相互交换的过程。纸的浸渍是否均匀，浸渍量多少，在很大程度上取决于这个交换过程的效果是否良好。浸渍树脂不仅浸入到纤维之间空隙中，而且还要浸入到纤维内部。从理论上讲，交换过程在外纤维之间空隙中较容易进行，在纤维内部就比较困难。在这种情况下，热压时往往有气泡逸出，从而影响装饰板外观质量。为了做到预涂渗透均匀，要求原纸的疏松和吸收性能好，树脂黏度及浸渍速度也要适当，这样才能使胶纸的树脂含量和挥发物达到工艺参数的要求。

2. 树脂黏度和温度对单面浸涂树脂渗透的影响

既然单面浸涂树脂的渗透是树脂和原纸纤维结构中的空气相互交换的过程，那么就要对树脂的性能和原纸的性能做进一步的了解。不同原纸的性能必须对应于不同树脂的性能，主要是原纸的吸收性和树脂黏度相关联，见表7-12。

表7-12 原纸吸收性能与树脂黏度的关系

树脂黏度/s	树脂温度/℃	原纸吸收性/s	树脂黏度/s	树脂温度/℃	原纸吸收性/s
14	30	25	20	25	31
16	28	38	22	24	28
18	26	35	24	22	40

注：1. 黏度用涂-4 杯测定。

2. 树脂温度是指胶槽内的树脂温度。

3. 原纸的吸收性用树脂渗透时间表示。

从表7-12中可以看出，随着树脂黏度的增大，原纸吸收树脂能力减小（即渗透时间增加）；同时随着温度升高，树脂黏度下降，原纸吸收树脂能力增大（即渗透时间缩短），反之则相反。通过实践证明，树脂黏度大于20s时，原纸单面浸涂渗透效果不好，干燥后胶纸表面有一层白色粉末，影响胶纸表面光洁程度。所以胶液黏度为14～18s时原纸单面浸涂效果最佳。从浸渍机运行实践中得出的结论是，纸在排气辊和涂胶辊之间2l/3处渗透为最佳，如图7-9所示。如果过早渗透，纸就会提前伸胀，压辊处就会出现皱纹。干燥后，胶纸就有波纹出现，有的波纹就会在贴面上体现出来，造成废品。如果在2l/3处以后渗透，则胶纸的树脂含量就达不到要求的参数，在贴面热压时表面光洁程度不好，胶合强度下降。如果通过强行调整计量辊使胶纸的树脂含量增大到工艺要求的参数，胶液也只是浮在胶纸的表面；况且表面胶量过厚，在干燥过程中胶纸表面极易起泡，出现白花现象。因此，胶液的黏度及温度对单面浸渍树脂的质量有很大影响。

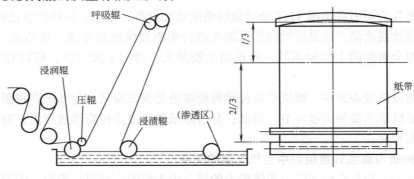

图7-9　浸渍机的结构
l—排气辊和涂胶辊之间距离

3. 调节原纸单面浸涂树脂渗透时间的方法

渗透时间就是从涂胶辊到排气辊之间2l/3处纸带所运行的时间。要使单面浸涂树脂渗透最佳，应在实际中采取以下几种方法：

1）可通过树脂温度来控制2l/3处的渗透时间。

2）速度慢的机器，还可以通过调节呼吸辊的高度来控制渗透时间。

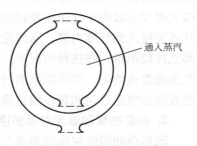

图7-10　排气管的结构
注：不同直径的三个铜管套用。

3）在浸涂辊前加蒸汽排气管（见图7-10），向纸带上喷蒸汽，这样可使原纸温度增加100%，即如果原纸的温度是10℃，通过喷蒸汽可增加到20℃。

7.7　弹头的旋转浸涂工艺

某特种弹头须涂绿色和紫色的双色标识，技术要求如图7-11所示。

1. 工艺试验

（1）设备及器具　设备及器具有：外观涂色联动烘干机（功率为3kW，电动机过渡轮传递速率为100粒/min或80粒/min），涂色高度样板，自制涂料黏度漏斗，秒表，200℃水银温度计。

（2）产品及材料 产品及材料有：某特种弹头，Q0422 深绿色漆，Q01 清漆，X21 稀释剂（香蕉水），染料甲紫（粉体），颜料大红（粉体），PG0407 透明绿和透明紫专用标记漆，PG0407 专用稀释剂。

（3）工艺流程 根据现有生产设备条件，优化后的工艺流程为：产品上机→旋转传动→首次旋转浸涂（绿色）→自动除余漆→热风固化→自动卸货→自然冷却→外观及长度检查→二次旋转浸涂（紫色）→自动除余漆→热风固化→自动卸货→自然冷却→外观及长度检查→合格品入库。

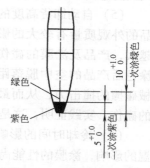

图 7-11 某特种弹头涂色种类和高度技术要求

（4）工艺方案 经过多次试验，确定了如下工艺方案：开发出与 PG0407 透明绿专用标记漆配套的透明紫专用标记漆。外观涂色联动烘干机的功率为 3kW，电动机过渡轮传递速率为 80 粒/min，固化温度提高到 110 ~ 120℃。首次旋转浸涂绿色，工作漆液由 PG0407 透明绿专用标记漆和专用漆稀释剂按一定比例配制而成，黏度为 5.2 ~ 5.5s；二次旋转浸涂紫色，工作漆液由 PG0407 透明紫专用标记漆和专用稀释剂按一定比例配制而成，黏度为 4.3 ~ 4.5s。按优化工艺流程，用于生产线涂装。

该方案解决了其他试验方案所存在的外观问题，但也存在如下不足：

1）由于产品结构、涂料、设备、颜色配置、涂膜厚度等的限制，产品最尖部紫色的颜色较深，红相不太明显。根据复合颜色的原理，在这些条件的限制下，该现象无法得到有效的解决。

2）生产过程中，必须严格控制紫色工作漆液的温度在 38℃ 以下，漆液温度过高会导致双色交界的圆周处露底。绿色漆液的温度最高也不能超过 45℃，否则会影响工作漆液的稳定性。需要特别注意的是，季节不同，室内的温度也不同，设备传热的速度则有所不同，对此应根据具体情况采取不同的控制方法。

2. 相关因素的影响

（1）产品表面洁净度的影响 涂色前，产品必须进行滚筒清理。滚筒清理的目的主要是去除表面的油污和氧化皮，使产品表面处于洁净光亮的外观状态。同时，用手拿放产品时必须戴专用手套，以防手汗污染产品，否则，会导致覆铜产品表面变色，甚至影响涂膜的外观和附着力。

（2）漆液黏度的影响 漆液的施工黏度对涂色时的上色效果和涂膜的固化效果有较大的影响。工作漆液采用配套专用稀释剂配制，黏度用自制黏度计和秒表检测。一次涂装透明绿专用标记漆黏度为 5.2 ~ 5.5s，二次涂装透明紫专用标记漆黏度为 4.3 ~ 4.5s。黏度过低，上色困难，会出现露底现象；黏度过高，涂膜干燥固化困难，涂膜在卸货过程中容易发花。

（3）工作漆液温度的影响 工作漆液的温度直接影响到溶剂的挥发速度和溶解力的强弱，从而直接影响到涂色的外观质量。因此，为了维持工作漆液的基本稳定，绿色漆工作温度按室温控制，要求不高于 45℃；而紫色漆工作液不仅需要稳定，另一个重要指标是控制溶剂的挥发速度和溶解力。试验证明，紫色漆工作液温度必须低于 38℃，最好低于 35℃；如果温度过高，则会溶解底层绿色涂膜，导致产品出现颜色交界处露底这一外观不合格的质量问题。

（4）固化温度及时间的影响 根据设备的具体情况，改进后的最小传送速度为 80 粒/

min，固化时间为30~35s，固化温度（检测出风口）为110~120℃（由220V和380V电压交变控制）。在此条件下，涂膜固化良好。固化时间过短或温度过低，会导致涂膜固化不充分，卸货过程中产品会因摩擦、碰撞而发花；固化时间过长或温度过高，会导致涂膜发脆和火灾隐患而不安全。涂膜固化温度-时间曲线如图7-12所示。

（5）自动卸货高度的影响　自动卸货高度对产品的外观质量有较大的影响。其落差越大，冲击力越大，产品及涂膜的碰伤程度越严重。因此，控制涂色后产品的空中脱落距离到最短，就可以减少机械碰撞的撞击力，从而最大限度地减少产品及涂膜的碰伤。实践证明，这是一个行之有效的好方法。

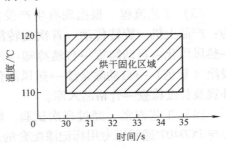

图7-12　涂膜固化温度-时间曲线

（6）冷却时间的影响　涂膜烘干固化后，因余温的影响，涂膜的性能尚不能达到规定的强度要求，只有自然冷却10min以上到达室温状态后，涂膜的性能才能基本稳定。因此，特种弹头涂色烘干固化后，须待涂膜彻底冷却后，再进行外观及附着力等项目的检查。

（7）周转及装配过程的影响　产品涂色合格后，到装配之前有一个外观检查、装箱、运输、储存和装配等周转过程，此过程须轻拿轻放，避免产生涂膜的碰伤。

3. 批量生产

经过7个批次、产品约30万粒某特种弹头的实际批量生产，结果表明，在严格控制施工过程的各项参数并按要求进行操作的情况下，生产的产品质量稳定且符合技术要求，产品交验顺利。

第8章 喷 涂

喷涂是涂装作业中最常用的施工方法，主要分为空气喷涂和无气喷涂两种方法。在这两种方法的基础上又发展了空气辅助无气喷涂、空气静电喷涂、静电粉末喷涂等施工方法。

8.1 空气喷涂

空气喷涂是靠压缩空气的气流使涂料雾化，并喷涂到工件表面上的一种涂装方法。空气喷涂时，压缩空气以很高的速度从喷枪的喷嘴流过，使喷嘴周围形成局部真空。涂料进入该空间时，被高速的气流雾化，并被带到工件表面。

空气喷涂法最初是为解决硝基漆之类快干型涂料的涂布而开发的施工方法。由于效率高、作业性好，每小时可涂装 $150 \sim 200 \mathrm{m}^2$（约为刷涂的 $8 \sim 10$ 倍），且能得到均匀美观的涂膜。虽然各种自动化涂装方法不断发展，但空气喷涂法对各种涂料、各种工件几乎都能适应，仍然是一种广泛应用的施工方法。空气喷涂施工的缺点是涂料损耗大，漆雾飞散多，涂料利用率一般只有 $50\% \sim 60\%$，压缩空气耗量大。由于压缩空气直接与漆雾混合，因此所用压缩空气必须经过净化，除去所含的水分、油类及其他杂质。

喷涂装置包括喷枪、压缩空气供给和净化系统、输漆装置和胶管，在喷漆工位往往还需要备有排风及清除漆雾的装置——喷漆室。

8.1.1 喷枪的种类和构造

喷枪是空气喷涂法的主要工具，是使涂料和压缩空气混合并喷出漆雾的工具。

1. 喷枪的种类

（1）**按涂料与压缩空气的混合方式分类** 喷枪分为内部混合型和外部混合型两种。内部混合型喷枪中的涂料和空气在空气帽内混合后喷出，仅供喷涂油性漆、多色美术漆和涂装小工件等使用，喷涂图样仅限于圆形。外部混合型喷枪中的涂料和空气在空气帽的外面混合，一般都采用这种喷枪。

（2）**按涂料供给方式分类** 喷枪分为吸上式、重力式和压送式三种。

1）吸上式喷枪如图 8-1 所示，涂料罐装在喷枪的下方，靠环绕喷嘴四周喷出的空气流在喷嘴部位产生的低压而吸引涂料，同时使其雾化。吸上式喷枪适用于一些低黏度水性涂料等，一般空气压力为 $0.4 \sim 0.5\mathrm{MPa}$，喷枪口径可从小至大换几档喷嘴，常用为 2

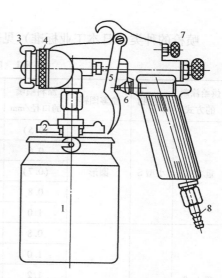

图 8-1 吸上式喷枪
1—漆壶 2—螺钉 3—空气喷嘴的旋钮
4—螺母 5—扳机 6—空气阀杆
7—控制阀 8—空气接头

~2.5mm。枪口有圆、扁几种形状。枪的材质多用不锈钢或铝质，轻便灵巧。射程一般控制在 30 ~ 40cm。

2）重力式喷枪如图 8-2 所示，涂料杯安装在喷枪的上部，涂料靠自身重力流到喷嘴和空气流混合而喷出。涂料容易流出，而且其优点是从涂料杯内能完全喷出，涂料喷出量要比吸上式稍大。喷枪的结构与吸上式类似，在涂料使用量大时可将涂料容器吊在高处，用胶管连接喷枪。此时可借涂料容器的高度、方向来改变喷出量。

3）压送式喷枪如图 8-3 所示，从另外设置的增压箱供给涂料，提高增压箱中的空气压力，可同时向几支喷枪供给涂料。这种喷枪的喷嘴和空气帽位于同一平面或者喷嘴较空气帽稍凹，在喷嘴的前方不需要形成真空。涂料使用量大的工业涂装，主要采用这种类型的喷枪。

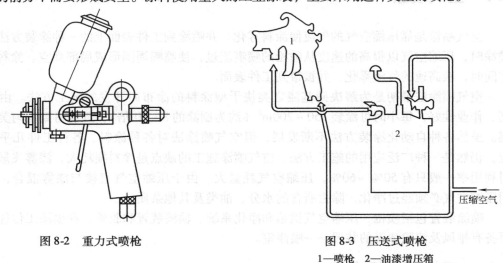

图 8-2　重力式喷枪　　　　　　　　　图 8-3　压送式喷枪

1—喷枪　2—油漆增压箱

喷枪的种类（日本工业标准）见表 8-1。

表 8-1　喷枪的种类（日本工业标准）

供给涂料的方式	被涂物	喷雾图样	涂料喷嘴的口径/mm	空气用量/（L/min）	涂料喷出量/（mL/min）	喷涂幅度/mm	试验条件
重力式	小型 S	圆形	(0.5)	40 以下	10 以上	15 以上	喷涂空气压力为 0.3MPa 喷涂距离为 200mm
			0.6	45	15	15	
			(0.7)	50	20	20	
			0.8	60	30	25	
			1.0	70	50	30	
吸上式 重力式	小型 S	扁平形	0.8	160	45	60	喷涂移动速度在 0.05m/s 以上
			1.0	170	60	80	
			1.2	175	80	100	
			1.3	180	90	110	
			1.5	190	100	130	
			1.6	200	120	140	

（续）

供给涂料的方式	被涂物	喷雾图样	涂料喷嘴的口径/mm	空气用量/（L/min）	涂料喷出量/（mL/min）	喷涂幅度/mm	试验条件
吸上式重力式	大型 L	扁平形	1.3	280	120	150	喷涂空气压力为 0.35MPa 喷涂距离为 250mm 喷枪移动速度在 0.1m/s 以上
			1.5	300	140	160	
			1.6	310	160	170	
			1.8	320	180	180	
			2.0	330	200	200	
			(2.2)	330	210	210	
			2.5	340	230	230	
压送式	小型 S	扁平形	0.7	180	140	140	喷涂空气压力为 0.35MPa 喷涂距离为 200mm 喷枪移动速度在 0.1m/s 以上
			0.8	200	150	150	
			1.0	290	200	170	
	大型 L	扁平形	1.0	350	250	200	喷涂空气压力为 0.35MPa 喷涂距离为 250mm 喷枪移动速度在 0.15m/s 以上
			1.2	450	350	240	
			1.3	480	400	260	
			1.5	500	520	300	
			1.6	520	600	320	

注：括号内的口径一般不使用。

（3）其他分类 还可按涂料喷嘴的口径和空气使用量等分类。

2. 喷枪的构造

一般常用的喷枪由喷头、调节部件和枪体三部分构成。喷头由空气帽、喷嘴、针阀等组成，它决定涂料的雾化和喷流图样的改变。调节部件是调节涂料喷出量和空气流的装置。枪体上装有开闭针阀的枪机和防止漏漆、漏气的密封件，并制成便于作业、便于手握的形状。

喷头是决定喷枪性能的重要部件。随所喷涂料的性质和喷枪的不同用途，喷头在结构上有一定差异。

（1）涂料喷嘴 在最原始的对嘴喷枪（PQ-Ⅰ型）上，喷嘴很简单，仅有一个涂料流出口。而一般喷枪的喷嘴有涂料通道和空气通道，在枪体上两个通道完全分开。因喷嘴易被涂料磨损，一般用经过热处理的合金钢制作，口径大小随用途而异。涂料流出口与空气帽应为同心圆，并在那里使涂料与空气混合。

喷嘴的口径有 0.5mm、0.7mm、1.0mm、1.2mm、1.5mm、2.0mm、3.0mm、4.0mm、5.0mm，一般常用的是 1~2.5mm。口径 0.5~0.7mm 的适于着色剂、虫胶等易雾化的低黏度涂料；1~1.5mm 的适用于硝基漆、合成树脂磁漆等；2~2.5mm 的适用于雾化粒子稍粗和稍黏的底漆和中间层涂料；3~5mm 的适用于塑料溶胶等粒粗黏稠的涂料。口径越大，涂料的喷出量就越多。若空气压力不够，雾化粒子就变粗。吸上式比压送式喷枪的涂料喷出量少，一般应选用稍大口径的喷嘴。

（2）针阀 喷嘴前端内壁呈针状，与枪针配套成涂料针阀，当扳动枪机使枪针后移，喷嘴即打开。喷嘴口径和枪针配套使用。

（3）空气帽（或称喷嘴头） 在空气帽上，有喷出压缩空气的中心孔、侧面空气孔和辅助空气孔。根据用途不同，这些孔的位置、数量和孔径等各有差异。空气帽、喷嘴和枪针是配套的，不能任意组合使用。空气帽有少孔型和多孔型两种。选用何种空气帽，应根据被涂物大小、形状、产量、涂料的种类、喷涂时的空气压力和用量、涂料供给方式等因素综合平衡来考虑。

（4）调节部件

1）空气量的调节。转动喷枪手柄下部的空气调节螺栓就可调节喷头喷出的空气量和压力。大型喷枪一般都装有空气调节器。

2）涂料喷出量的调节。靠调节枪针末端的螺栓来控制针阀开闭的大小，从而实现涂料喷出量的调节。枪针向后移动得大，涂料喷出量就大。吸上式喷枪就靠调节这个螺栓来增减涂料喷出量，而压送式喷枪则靠调节螺栓和涂料的输送压力来实现。

3）喷雾图样幅度的调节。该调节是通过喷枪上部的调节螺栓控制空气帽侧面空气孔内空气流量来实现的。关闭侧面空气孔，喷雾图样呈圆形，打开侧面空气孔，喷雾图样就变成椭圆形，侧面空气孔的空气量越大，则喷雾压得越扁，幅度变宽。

根据用途不同，还制备了多种改型喷枪，如供喷涂管子和窄腔内壁用的长头喷枪，喷枪头部离枪体可长达 0.2~1m；供建筑、桥梁、船舶等高处涂装用的长手柄喷枪，手柄长达 1~2m，供自动涂装用的自动喷枪，它与一般喷枪的不同点是靠空气压力操纵枪机，通常在枪针后部安装有一个小气缸，因而可远距离操作。此外，还有供喷涂高黏度涂料用的大口径喷枪，口径为 6~8mm，涂料供给需高压压送，喷雾图样是圆形，空气使用量为 200~600L/min。

8.1.2 空气喷涂的操作及其要点

空气喷涂是由空气和涂料混合使涂料雾化，雾化程度取决于喷枪的中心空气孔和辅助空气孔喷射出来的空气流速和空气量。在涂料喷出量恒定时，空气量越大，涂料雾化越细。各种喷枪空气量与涂料喷出量的比值大体上相近似。

用同一喷枪喷涂品种不同或黏度不同的涂料，其漆雾的细度也不同。黏度越高，漆雾越粗。调整的方法为加大空气量或减小涂料喷出量，漆雾都可变细。提高空气压力后，漆雾也变细，这也就是增大空气量的缘故。因此，空气量与涂料喷出量比值是影响喷雾粗细的最主要的因素。

对吸上式和重力式喷枪而言，提高空气压力，涂料喷出量就增加，但不能超过某一界限（0.6~0.7MPa），超过反而减少。因为喷雾图样幅度虽然随着空气压力的上升稍有增加，但超过界限以上，则喷雾图样有集中的倾向，如果空气压力下降，则幅度减小，喷雾图样中心部变厚。在采用压送式喷枪时，涂料喷出量与空气压力的关系不大，可在一定范围内调节。

1. 喷枪的调整

喷涂时，必须将喷枪调节到最适宜的喷涂条件，也就是将喷枪的空气压力、喷出量和喷雾图样幅度三者的关系调整好。

空气压力应按各种喷枪的特性选用。空气压力高了，雾化虽细，可是涂料飞散多，涂料损失大；空气压力过低，喷雾变粗，又会产生桔皮、针孔等缺陷。

　　从操作角度考虑，喷出量大较好，可是它受空气量的限制。吸上式和重力式喷枪的喷出量是有限度的，虽然针阀全开时也能雾化好，但增大喷出量有困难，只能在涂装条件不同的情况下适当调节。压送式喷枪则靠增压箱中的压力（0.1～0.2MPa）来调节喷出量，随后再用喷出量调节装置略加调整，调节到喷雾细度以满足涂装要求。

　　喷雾图样的幅度是以椭圆形的长径来表示的。一般来讲，喷出量大，喷雾图样幅度就大。用喷雾图样幅度调节装置，可将喷雾图样从圆形调节到椭圆形。由于椭圆形涂装效率高，所以常被用于大的工件和大批量流水线生产的涂装。椭圆形长径上下侧稍薄，但只要前后喷雾图样有一定的搭接，便可得到厚度均一的涂膜。如果喷雾图样幅度未按工件形状调节或调节不当，则喷雾的飞散多，涂料损失量增大，这点应充分注意。

2. 操作喷枪的要点

　　在喷枪使用过程中，应掌握好喷枪的喷涂距离、运行方式和喷雾图样的搭接等操作要点。

　　（1）喷涂距离　喷涂距离是指喷枪头到被涂物的距离。标准的喷涂距离在采用大型喷枪时为 20～30cm，小型喷枪为 15～25cm，空气雾化的手提式静电喷枪为 25～30cm。喷涂距离过近，单位时间内形成的涂膜就增厚，易产生流挂；喷涂距离过大，涂膜变薄，涂料损失增大，严重时涂膜会变成无光。

　　（2）运行方式　喷枪运行方式包括喷枪对工件被涂面的角度和喷枪的运行速度，应保持喷枪与工件被涂面呈直角、平行运行，喷枪移动速度一般在 30～60cm/s 内调整，并要求恒定。如果喷枪倾斜并呈圆弧状运行或运行速度多变，都得不到厚度均匀的涂膜，容易产生条纹和斑痕。喷枪运行速度过慢（30cm/s 以下），则易产生流挂；过快和喷雾图样搭接不多时，就不易得到平滑的涂膜。涂料的喷出量在上述喷枪运行速度的范围内，每厘米长的喷雾图样供漆以 0.2mL/s 为宜，即喷雾图样的幅度为 20cm 时，供给涂料量为 4mL/s。

　　（3）喷雾图样的搭接　喷雾图样搭接的宽度应保持一定，前后搭接程度一般为有效喷雾图样幅度的 1/4～1/3，如图 8-4 所示。如果搭接宽度多变，膜厚就不均匀，就会产生条纹和斑痕。

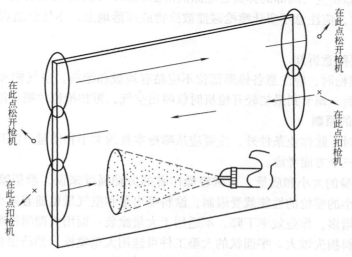

图 8-4　喷雾图样的搭接

为获得更均匀的涂膜，在喷涂第二道时，应与前道漆纵横交叉，即第一道是横向喷涂，第二道就应纵向喷涂。

在喷涂时，还要注意涂料黏度的选择，黏度过大雾化不好，涂面粗糙；过稀则易产生流挂。常用涂料最适宜的喷涂黏度见表8-2。

表8-2 常用涂料最适宜的喷涂黏度

涂料的种类	黏度（涂-4杯，20℃）/s	动力黏度/10^{-3}Pa·s
硝基漆和热塑性丙烯酸树脂涂料	16~18	35~46
热固性氨基醇酸涂料	18~25	46~78
热固性丙烯酸涂料	18~25	46~78
自干型醇酸涂料	25~30	78~100

3. 喷枪的维护

1）喷枪使用后应立即用溶剂洗净，不能用对金属有腐蚀作用的氢氧化钠碱性清洗剂。吸上式和重力式喷枪的清洗方法是，先在涂料杯或罐中加入少量溶剂，喷吹一下，再用手指压住喷头，使溶剂回流数次即可。

压送式喷枪的清洗方法是，先将增压箱中的空气排放掉，用手指压住喷头，靠压缩空气将胶管中的涂料压回增压箱中，随后通溶剂洗净喷枪和胶管，并吹干。

2）用带溶剂的毛刷仔细洗净空气帽、喷嘴及枪体。当空气孔被堵塞时可用软木针疏通，绝对不能用钉或针等硬的东西去捅，应特别注意不要碰伤喷嘴。枪针被污染得很脏时，可拔出清洗。

3）在暂停工作时，应将喷枪头浸入溶剂中，以防涂料干固，堵住喷嘴。但不应将喷枪全部浸泡在溶剂中，这样会损坏各部位的密封垫圈，从而造成漏气、漏漆的现象。

4）检查针阀垫圈、空气阀垫圈密封部是否泄漏，有泄漏时应及时更换。应经常在密封垫圈处涂油，使其变软，利于滑动。

5）枪机的螺栓、空气帽的螺纹、涂料调节螺栓、空气调节螺栓等应经常涂油，保证其活动灵活。枪针部和空气阀部的弹簧也应涂润滑脂或油，以防生锈和有利于滑动。

6）在使用时，应注意不要让喷枪碰撞被涂物或掉落地上，不然会造成永久性损伤而不能再使用。

7）喷枪不要随意拆卸。

8）在卸装喷枪时，应注意各锥形部位不应粘有垃圾和涂料，空气帽和喷嘴绝对不应有任何损伤。组装后，调节到最初轻开枪机时仅喷出空气，再扣抢机才喷出涂料的状态。

4. 选择喷枪的原则

在选择喷枪时，除作业条件外，主要应从喷枪本身的大小和质量、涂料供给的方式和涂料喷嘴的口径等三个方面考虑。

（1）喷枪本身的大小和质量 从减轻操作者的劳动强度来说，希望喷枪体轻且小型化为好，可是枪体小的喷枪的性能就受限制，涂料喷出量和空气量也随着减小，喷枪运行速度减慢，喷涂次数增多，作业效率下降，不适用于大量涂装。而用大型喷枪喷涂小的部件或管状被涂物时，涂料损失增大。平面状的大型工件可选用大型喷枪，凹凸很悬殊的工件则选用小型喷枪为宜。

（2）涂料用量及涂料的供给方式　在涂料用量小、颜色更换次数多、喷平面工件的情况下，选用重力式喷枪（杯的容量在 0.5L 以下），但不适用于仰面涂装；涂料用量稍大，颜色更换次数多，特别是喷涂侧面时，选用容量为 1L 以下的带罐吸上式喷枪较方便。但在喷涂较平的工件时，吸上式喷枪便不适用了。如果涂料用量大，颜色几乎不变（或装有快速换色装置）的连续作业，可采用压进式。用容量为 10~100L 的增压箱，或在涂料用量更大时，用泵和涂料循环管道压送涂料，此时可不为涂料供给而中止作业。压送式喷枪不带杯或罐，喷枪的质量轻，喷涂上下左右方向都方便，缺点是洗净时操作比重力式或吸上式复杂，涂料压力与空气压力的平衡要有一定的技术，但熟练后很容易掌握。

（3）喷嘴口径　喷嘴口径越大，涂料喷出量越大；涂料的黏度越高、涂料喷出量就减少。因此，黏度高的涂料应选用喷嘴口径大的喷枪。而压送式喷枪随压送压力的提高，喷出量增大，故也可选用喷嘴口径略小的喷枪。喷涂底漆等外观要求不高，涂膜又要求较厚时，可选用口径较大的喷嘴；喷涂面漆时要求较好地雾化，可选用较小的喷嘴。在喷涂底漆时，如采用低黏度涂料，也可选用口径较小的喷嘴。

5. 空气喷涂时喷雾图样不完整的原因及其防治方法

喷涂时的故障分为喷雾图样不完整和喷枪机件的故障两方面。空气喷涂时喷雾图样不完整的原因及对策见表 8-3。

表 8-3　空气喷涂时喷雾图样不完整的原因及对策

现　象	原　因	对　策
涂料时有时无	1）空气进入涂料通道中 2）涂料容器中涂料不足 3）涂料接头松弛和破损 4）涂料通道堵塞 5）喷嘴损伤或紧固不好 6）针阀密封垫圈破损或松弛 7）涂料黏度过高 8）吸上式和重力式喷枪的涂料容器盖上的空气孔堵塞	1）防止空气进入涂料通道 2）补加涂料 3）紧固更换 4）除去干固附着的涂料 5）、6）更换或紧固 7）稀释 8）除去堵塞物
喷雾图样不完整（呈拱形）	1）空气帽的角孔堵塞 2）涂料喷嘴一侧有污物 3）空气帽中心孔和涂料喷嘴之间受堵或空气帽的辅助喷射孔堵塞 4）空气帽和涂料喷嘴的接触面有污物附着，使空气帽配合不良 5）空气帽和喷嘴的其中一面损伤	先喷一下，然后转动空气帽 180°，取两者的喷雾图样比较，如果喷雾图样相同，是喷嘴不良；如果喷雾图样不同，则是空气帽不良 1）除去堵塞物 2）除去污物 3）除去堵塞物 4）除去污物 5）更换
一次过浓	1）空气帽和喷嘴的间隙部分有污物或干涂料附着 2）空气帽松弛 3）空气帽或喷嘴变形	1）除去污物或干料 2）紧固 3）更换

（续）

现　象	原　因	对　策
中部稀薄两边浓	1）喷涂气压过高 2）涂料黏度过低 3）角孔空气量过多 4）在空气帽和喷嘴的间隙中有污物或涂料固着 5）喷出量小	1）调节喷涂气压 2）提高涂料黏度 3）减少角孔空气量 4）除去污物或干固的涂料 5）加大喷出量
喷雾图样小	1）喷涂压力过低 2）喷嘴的口径磨损过大 3）空气帽和喷嘴间隙过大	1）调节喷涂气压 2）更换喷嘴 3）更换空气帽
雾化不良	1）涂料黏度过高 2）涂料喷出量过大	1）稀释 2）使喷出量适当
中部浓两端过薄	1）空气调节螺栓拧得太紧 2）喷涂气压过低 3）涂料黏度过高 4）压送涂料压力过高 5）涂料喷嘴过大	1）放松 2）提高喷涂气压 3）调稀 4）降低压力 5）更换

8.1.3　空气静电喷涂

1. 空气静电喷涂的特点

空气静电喷涂是靠静电斥力与离心力、压缩空气动力或液压等作用力，将输送到电喷枪前端的涂料给予分散和雾化的方法。在喷头前端有针状或锐边放电极，它通过电缆与高压静电发生器相连，或是通过装在枪内的可控透平发电机使电极带上负高压电，与接地工件形成电场，涂料滴在电极周围的电晕中获得30～140kV及0～200μA的负电，靠静电斥力进一步雾化，飞向接地工件，未被直接吸到工件上的带电漆雾也会因静电吸引而吸到工件之上，这称为静电喷涂所特有的"环抱效应"，因此涂布率很高。压缩空气雾化法及液压雾化法均可加上静电进行喷涂，使通过这两种方法雾化的涂料粒子在静电斥力下进一步细化，并定向飞往工件，可使涂布率增加20%～40%。

当然，空气静电喷涂也有一定的局限性：①成本较高；②法拉第屏蔽效应使一些凹形及孔形死角涂不上漆，一些突出的边角涂膜较厚，须设人工补漆工位；③不导电的工件，如塑料件等，要进行导电预处理，使被涂工件有良好的导电性；④在喷漆过程中，要确保工件通过挂具、悬链及钢结构进行良好的接地；⑤为保证安全，喷漆室、输漆设备、空压机、喷漆区域的地面等所有导电装置及容器在喷漆区域3m范围内要可靠接地，防止电子积聚到一定程度时放电产生电弧，造成触电或火灾危险；⑥进入操作区的人员必须穿导电鞋（在105Ω以下），静电喷涂一停止，应立刻切断高压电源，接地放电。

2. 空气静电喷涂设备

空气静电喷涂工艺以其涂料利用率极高、涂装施工效率高，涂装质量优异、大幅度减少了废漆及漆雾的产生，对环境危害小等优势，越来越广泛地用于机械行业，特别是汽车制造行业中。按静电雾化器的外形和安装方式的不同，空气静电喷涂设备可分为固定式和手工移动式两大类。对于大规模的涂装生产线，以固定式喷枪为主，对于设计规模较小，涂装作业场地较拥挤，需要改变操作方式的场合，手提式静电喷枪则以其灵活、轻便、不占作业场地的优点，在外形复杂工件及凹陷部位的均匀涂装方面具有明显优势。

以在我国多家汽车、摩托车制造厂批量使用，具有一定的实用性和代表性的 PRO 3500 型空气静电喷枪为例，该空气静电喷枪由枪柄、枪管、扳机、空气帽组件、各管路、气路系统等部件组成。其静电原理为：由压缩空气带动内藏式涡轮发电机，经不断放大整流而成 615×104 V 高压直流电，使漆液粒子带电并进一步雾化而进行静电涂装。

3. 安全措施及安全检查

空气静电喷涂需要特别注意的是安全问题，为此，国家专门颁布了相关安全标准。对于 PRO 3500 型及其他同类空气静电喷枪，每次使用前还应采取以下安全措施及安全检查：

（1）喷枪系统安全　必须保证系统安全接地，枪身对地电阻小于 $1 \sim 2M\Omega$。

（2）人体安全　操作者及所有进入作业区的人员必须穿导电鞋，操作者不允许戴绝缘手套，人体对地电阻小于 $1 \sim 2M\Omega$。

（3）工件状态　地链小车或导轨可靠接地，与工件呈点或线接触，工件对地电阻小于 $2M\Omega$，否则直接影响静电效果，甚至使漆雾回抱于操作者。

（4）作业区安全　作业区内所有可燃液体必须放在安全接地的容器中，所有导电体应接地。

（5）操作保证　所有操作者必须经过培训，可以安全使用静电喷涂系统，且掌握卸压技术。

4. 工艺条件

与普通空气喷涂相比，直接影响空气静电喷涂效果的工艺条件有：

（1）喷枪相对位置　在多支喷枪同时操作的场所，使用时应注意其相对位置，应使喷出漆流互不干扰，避免同性电荷的漆雾相斥，尤其是对于喷涂中小型工件的场所。

（2）喷漆室风速　静电喷涂时喷漆室风速、排风量小于一般空气喷涂。一方面，静电喷涂本身漆雾、溶剂挥发量小，不需要过高排风量；另一方面，风速过大，直接影响漆雾在电场中的吸附力而影响静电效果。对于一般空气静电喷枪，建议风速为 $0.5 \sim 0.7$ m/s。

（3）涂料的电阻　涂料的电性能直接影响静电雾化性及静电效果。电阻值过高，带电困难，静电效果差；电阻值过小，则易漏电，危害喷枪，且不利于安全操作。各种规格不同的静电喷枪，均有其特定的电阻值范围，可结合现场试验及喷枪供应商建议而确定。

（4）涂料的黏度　静电喷涂用涂料的施工黏度一般较空气喷涂略低，有利于提高雾化效果，使漆雾易于沿电力线方向环抱沉积。

（5）空气压力　在相同的管道输漆系统条件下，空气静电喷枪所需压力低于普通空气喷枪。过高的空气压力，一方面会影响涡轮发电机的正常工作，另一方面也影响了静电效果。

（6）输漆压力　与普通空气喷枪相比，静电喷枪喷涂所需输漆压力也略低。

5. 涂装效果

与普通空气喷涂相比，空气静电喷枪喷涂具有以下优点：

（1）厚度增加且均匀　在操作方法基本相同的条件下，由于静电吸附作用，空气静电喷涂的涂膜厚度略高于空气喷涂的涂层厚度，且由于环抱效果，对工件转角、凹陷等部位易于上漆，涂膜更加均匀，不易于造成漏喷。

（2）良好的流平性　由于湿膜平整、均匀，在适当的黏度、温度和湿度等条件下，涂膜易于流平，桔皮明显减轻，涂膜更加平整。

（3）鲜映性得到提高　由于桔皮等外观缺陷的减少，直接提高了涂膜的鲜映性。

（4）光泽有所改善　整面光泽有所改善，对于内表面、转角等难上漆部位，光泽提高更加明显。

（5）涂料利用率得到提高　在同一涂装生产线上，用普通空气喷枪和空气静电喷枪各喷一定数量的工件，同时进行相应的数据测定，结果是空气静电喷枪喷涂比普通空气喷涂涂料利用率提高35%。

因此，尽管采用空气静电喷枪在使用、维护、工艺条件、操作安全等诸多方面均须特别注意，但其优良的喷涂质量，尤其是涂料利用率的大幅度提高，可以为企业、社会带来良好的经济效益和社会效益。

8.1.4　高流量低压喷枪

1. 高流量低压喷枪的特点

一般以高压空气将涂料进行分散的喷枪赋予粒子极高的速度，导致大量的粒子从基材表面反弹，或吹散前未能附着在基材上。高流量低压（HVLP）喷枪（又称高效低压喷枪）则给予粒子较低速度，可使粒子更准确地朝基材喷涂，而被反弹的粒子则相应减少。这样，黏附于涂膜的粒子比例相对提高，提高了喷涂效率。

高流量低压喷枪具有下述特点：

1）喷涂效率高，一般为65%～90%。与一般传统喷枪相比，节省涂料50%以上。

2）扇面均匀，在诸如高级轿车之类的装饰性要求较高的表面施工时，非常容易获得接近镜面的效果。

3）特别适合喷涂金属闪光漆，闪光效果明显，均匀，侧视效应良好。

4）压缩压力低，一般不超过0.07MPa。

5）由于喷涂效率高，涂料损耗较低，对环境保护特别有利。

6）采用旋转式空气帽，以适合不同场合的不同要求。

2. 高流量低压喷枪应用中的一些问题

（1）雾化功能　低压方法雾化液体存在一些潜在问题。这是因为该方法容易产生雾化的动力不足，但是高流量低压喷枪是使用更多的空气和新的喷枪设计，弥补了这方面的不足。

在判断个别喷枪的雾化功能时，可喷涂低黏度的涂料并且观察喷涂扇边缘。如果出现大片污渍，这表示喷枪不适合用于局部修补（以当时的设置而言）。但是问题不一定只限于喷枪本身，某些喷枪要求正确地选用空气压缩机的容量型号与之配套。在选购喷枪之前，可进行试喷，以检查空气压缩机是否符合规格以及液体顶针的选择。

（2）外观和颜色的影响　对于未曾使用过此类喷枪的操作者来说，他们一般会喷过多涂料，从而会影响外观（流挂）和颜色，尤其是喷涂金属漆时。可通过调整喷涂工艺，并且对喷枪进行多次试喷，便可达到理想的效果。

（3）是否需要用较慢性的稀释剂　某些空气压缩机生产厂商建议采用较慢性的稀释剂，以减低设备所散发的热气。但是这类热气带来的影响却是微乎其微，因为热气在离开喷枪后随即冷却。

稀释剂可促使桔皮状涂料更易流出，从而弥补了雾化功能的不足。稀释剂也有助于解决较小型空气压缩机需较慢喷涂速度的问题。如果所使用的是大型空气压缩机或是一把良好的转化功能枪，便可不必添加稀释剂。

（4）使用高流量低压喷枪能否节约用料　采用高流量低压喷枪的关键是节约用料。在喷涂过程中，涂料粒速度较低，而被反弹的粒子则相应减少，在空气中挥发的有机溶剂相应减少，并且在工作场所飞散的粉末也减少。这样不但节约了涂料，而且有利于车间内环境的保护。用料节约的程度取决于所进行的工作、所采用的涂料、设备的类型和品质，以及操作设备人员的技能。根据经验，若正确使用设备，采用较高黏度的涂料可更节约。

8.1.5　加热喷涂法

喷涂加热的涂料称为加热喷涂；喷涂常温的涂料称为冷喷涂。冷喷涂和加热喷涂用硝基漆的性能比较见表 8-4。加热喷涂是通过加热来减少涂料的内部摩擦，降低黏度的，即用加热方式来代替加稀释剂，从而使涂料黏度下降的。

表 8-4　冷喷涂和加热喷涂用硝基漆的性能比较

项　　目		冷喷涂用硝基漆	加热喷涂用硝基漆
原漆的不挥发分含量（质量分数,%）		25 ~ 30	40 ~ 45
稀释率（涂料与稀释剂之比）		1:1	1:(0 ~ 0.2)
稀释后的不挥发分含量（质量分数,%）		12.5 ~ 15	33 ~ 45
在常温下的黏度/10^{-3}Pa·s		50 ~ 60	250 ~ 300
喷涂时的漆温/℃		常温	70 ~ 75
干燥时间/min	表干	5 ~ 10	15 ~ 20
	实干	60 ~ 80	120 ~ 180
喷涂一次的涂膜厚度/μm		10 ~ 12	30 ~ 40

1. 加热喷涂的工作原理和应用对象

加热喷涂工艺需在输漆系统中增设加热器，加热方式分循环式和非循环式两种。热源主要是电和热水。采用电加热时，有的加热器设置在喷枪上。各种加热器都应能准确调节温度，操作安全，装卸简便。

加热喷涂主要适用于稀释剂用量多的硝基漆涂装，也可用于乙烯系和氨基树脂系等涂料的涂装。像油性系涂料那样一次喷涂的涂膜较厚而干得又慢，容易起皱的涂料，则不采用加热喷涂。

加热喷涂在新型工业涂料中得到了广泛应用。水溶性涂料在低温下黏度极高，通常喷涂困难。其中水溶性涂料的黏度比溶剂型涂料随温度的变化大，所以使用热空气喷涂和无空气加热喷涂最适宜；新型的高固体分涂料（不挥发分质量分数约为80%），黏度随温度的变化也较大，故也适宜用加热喷涂；在双组分涂料的涂装中，可分别加热两组分以降低黏度，在喷嘴前混合，靠加热促进涂膜的反应。

2. 加热喷涂的优点

1）减少了稀释剂的用量，对节省资源和减轻大气污染有利。

2）不挥发分含量较高，因而能获得较厚的涂膜，可减少涂装次数。

3）涂膜的流平性好，因而光泽提高。

4）不受气候的影响，就是在湿度大的时候涂膜也不产生白化缺陷。不同季节施工，无须调整涂料黏度。

5）涂膜丰满，不易产生流挂、垂流等缺陷。

3. 采用加热喷涂的注意事项

1）必须使用加热后黏度下降显著的涂料。

2）预先测定好涂料的温度黏度曲线，以便选择最适宜的温度。

3）在使用热固性涂料进行加热喷涂时，必须慎重操作，因在加热输送或加热循环时可能引起反应，从而使涂料增稠和胶化，所以加热温度必须保持在不产生反应的温度以下。

4）在电加热时，电源电压不应超过加热器的额定电压。

5）在电加热器通路中有涂料时，不应通电。

8.2　无气喷涂

8.2.1　高压无气喷涂

高压无气喷涂是目前较先进的喷涂技术。它利用特殊形式的气动、电动或液动力驱动的涂料泵，将涂料增至高压后通过狭窄的喷口喷射，使涂料形成极细的扇形雾状，高速喷向工件表面形成涂膜。

通常，在高压无气喷涂过程中，涂料经过加压泵加压（0.14 ~ 0.69MPa），通过特制的硬质合金喷嘴（0.17 ~ 1.8mm）喷出，其速度非常高。当高压漆流离开喷嘴进入大气后，随着冲击空气和高压的急剧下降，涂料内溶剂剧烈膨胀而分散雾化，高速地涂覆在被涂工件上。高压无气喷涂设备如图8-5所示。

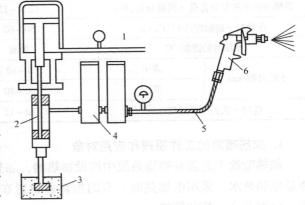

图 8-5　高压无气喷涂设备

1—动力源　2—柱塞泵　3—涂料容器
4—蓄压器　5—输漆管　6—喷枪

1. 高压无气喷涂设备的分类

1）以动力源分为气动式（压缩空气）、电动式（电动机）和内燃式（汽油机）三种类型。

2）以单位时间喷涂量分为大型、中型和小型三种类型（10 L/min 为大型，2 ~ 8L/min 为中型，1 ~ 2L/min 为小型）。

3）以压力分为高压和超高压两种类型。

4）以料的组分分为单组分和双组分两种类型。

5）以工艺分为静电型和加热型两种类型。

6）以操作分为固定式、移动式和手提式三种类型。

2. 高压无气喷涂的优点

1）高压无气喷涂比一般喷涂的生产率可提高几倍到十几倍。

2）高压无气喷涂的漆雾比空气喷涂少，反冲力小，工件边角涂膜均匀，涂料利用率高，且减少了漆雾的污染，适用于高固体含量、高黏度涂料的喷涂，一次可形成较厚的涂膜。

3）由于漆流中没有空气，避免了因压缩空气含有水分、油污、尘埃等杂质而引起的涂膜缺陷。涂膜附着力好，即使在缝隙、棱角处也能形成良好的涂膜。

4）涂料可直接从大包装桶汲取，操作可连续，枪不带壶，质量较小。

5）适用于多种基材与不同黏度的涂料，可根据工件、基材与涂料黏度来变换喷射口大小和角度。

3. 高压无气喷涂的缺点

1）操作时喷雾的幅度和喷出量不能方便地调节，必须更换喷嘴才能达到调节的目的。

2）涂料损耗大，对环境有一定的污染，不适宜用于喷涂面积较小的物件。

3）出漆速度过快，厚度不易控制，费料。

4. 高压无气喷涂设备的参数选择

（1）喷涂压力　它是高压无气喷涂时重要的技术参数。喷涂压力应低于该喷涂设备所允许的最高压力。虽然提高喷涂压力可以增加涂料喷出量，在一定范围内可提高喷涂效率，但压力过高，对高压无气喷涂设备来说，会造成设备过早磨损，影响使用寿命。

（2）喷嘴　高压无气喷涂设备喷嘴孔径的大小决定了流量的大小，通过对喷嘴孔径和喷幅（或喷射角度）大小的选择，可获得规定厚度的涂层和合适的喷涂效率。各厂商生产的喷嘴都有一系列的规格型号，从型号可以看出喷嘴的孔径（或流量）、喷嘴的喷幅与喷射角。

8.2.2　空气辅助无气喷涂

高压无气喷涂的局限性可借助空气辅助系统来弥补，可克服出料过快、厚度不易控制等缺点。空气辅助无气喷涂利用无气喷涂的喷嘴和空气喷涂的气帽，让少量低压空气进入气帽两侧，产生均匀的喷幅，使漆雾变得非常柔软细腻，可获得较高的喷涂效率和优异的装饰效果，而且涂料浪费最少。该方法综合了空气喷涂与无气喷涂两者的优点，适用于喷涂一些固体含量较高的优质涂料，在不锈钢基材、钢木结构行业颇为欢迎。

空气辅助型无气喷涂消耗的空气量比空气喷涂低得多，仅为 28.32 ~ 74.96L/s；而且采用的流体压力比无气喷涂低，从而最大限度地降低了过喷量，提高了涂着率和节省了涂料。

空气辅助高压无气喷涂工作原理与高压无气喷涂基本相同，只是工作压力较低，并在泵及喷枪上设有助喷空气分配及控制装置，在喷枪喷嘴外周处设有助喷空气喷孔，使助喷空气能包在漆雾的外面，起到辅助雾化的作用。由于工作压力的降低，出漆量和出漆速度减小，在助喷空气的作用下，漆雾变得非常的柔软和细腻。空气辅助型无气喷枪独特的部件是无气流体喷嘴和空气枪帽。无气流体喷嘴是用来雾化涂料的，在较低的流体压力条件下（一般低于6 894.76kPa），形成扇形喷幅，并可获得良好的雾化效果，但喷幅却不令人满意，因为有流挂现象存在。为了减少流挂，并辅助雾化，引入了低压空气，压力一般在34.47~127.89kPa之间。

　　辅助空气穿过位于特殊空气枪帽上的喷气孔，被导入无气喷涂扇形喷幅上，使流挂减少并使喷幅得以完全。空气辅助无气喷涂技术形成的喷幅是一个完全的喷幅，雾化良好，过喷现象减少。由于空气辅助无气喷涂比无气喷涂使用的流体压力低，并低于空气喷涂要求的空气压力，因此空气湍流小和粒子速度较低。进入无气液流的压缩空气，在较低流体压力下辅助涂料的分粒或雾化，由于喷涂粒子速度比空气喷涂的低，可形成松软喷涂，同时涂膜质量也比无气喷涂好。这种喷涂系统的优点是节省涂料，具有较高的涂着率，一般为25%~40%。

8.2.3　静电空气辅助无气喷涂

1. 静电空气辅助无气喷涂的特点

　　静电空气辅助无气喷涂是将静电引入空气辅助无气喷涂。静电空气辅助无气喷涂施工过程如图8-6所示。其工作原理与传统方法一样，也属于松软喷涂，涂料的反弹飞散少，比空气喷涂耗用的空气更少，将粒子推向工件的速度也低。与无气喷涂比较，涂膜更好，飞散也少，涂着率在三种静电方法中最高，为55%~85%。表8-5列出了几种喷涂方法及引入静电后的涂着率。

图 8-6　静电空气辅助无气喷涂施工过程

表 8-5　几种喷涂方法及引入静电后的涂着率

方　　法	涂着率（%）	方　　法	涂着率（%）
空气喷涂	15~30	静电空气喷涂	45~75
无气喷涂	20~40	静电无气喷涂	50~80
空气辅助无气喷涂	25~45	静电空气辅助无气喷涂	55~85

　　注：涂着率是在实验室内用一个固定式喷枪对悬挂在输送机上的移动物件进行喷涂而测得的。

　　被喷涂物体宽15.24cm，中心到中心的距离为77.42cm。涂着率的高低取决于喷漆室的空气流速、空气压力、涂料压力等。静电喷涂的特点是在空气辅助无气喷涂中引入静电，具有涂着率高、喷涂更均匀、涂料反弹更少等优点。静电的基本原理是带负电荷的物体与带正电荷的物体相互吸引。因此，在涂料粒子上加负电荷后，其结果是使这些粒子被吸引到接地工件上，从而提高涂着率，采用静电喷涂法可以使涂着率提高一倍。静电喷枪的特点是高电压、低电流。任何静电喷枪都必须使用限流电阻器来保证系统的安全。

　　空气辅助无气静电系统使用限流装置抑制电流，电源的电压范围为70~100kV。喷嘴电压总比电源电压低，喷嘴电压随电源电压、电流及系统电阻的变化而变化。

　　实际电流是由喷枪到被喷物体的距离和涂料导电性决定的。高电阻的涂料会降低实际电流值，提高喷嘴电压，而高导电性的涂料将使实际电流升高并减少喷嘴电压。喷嘴电压越高，涂着率也就越高。

2. 静电空气辅助无气喷涂的工作原理

在接地工件与喷枪之间加 $7.5 \times 10^4 \sim 1.0 \times 10^5 V$ 的直流高压，产生一个静电场。当带同样极性电荷的涂料微粒通过一个特殊设计的喷嘴时，由一个倾斜的供料环形通道向多条细直线通道供料，于是在细通道出口处形成无空气雾化，在旋转运动条件下产生涡流，从而产生一种软性雾化良好的圆形喷云。空气辅助无气静电喷枪利用的最大压力为 $2.5 \times 10^5 Pa$ 的压缩空气，加强了雾化过程，其雾化的涂料微粒被喷枪喷射到工件上时，经过相互碰撞均匀地沉积在工件表面。那些散落在工件附近的涂料微粒仍处在静电场的作用范围内，它会缠绕在工件的周围，这样，就涂到了工件所有的表面上。因此，喷涂工件时，不必从工件的每个方向来喷涂，即使是复杂的几何形状和隐蔽的位置，也只要一次喷涂就可喷好，如在喷涂栅栏、管道、小型钢结构件、钢管制品等工件时，最多可节省80%的作业时间，涂料的利用率高达90%，并可显著提高涂膜表面的质量。静电空气辅助无气喷涂由于具有以上优点，正逐步取代静电空气喷涂和静电无气喷涂。表8-6列出了三种静电喷涂性能的比较结果。

表8-6 三种静电喷涂性能的比较结果

项　目	静电空气喷涂	静电无气喷涂	静电空气辅助无气喷涂
涂膜外观	细密	粗糙	良好，无桔皮
涂着率	好	更好	最好
涂料流量控制	低到中	高	更多控制，更快覆盖
过喷	低	少于空气喷涂	最少
喷幅调整	有	无	有
设备寿命	长	喷嘴磨损率高，泵寿命短	喷嘴磨损少，泵寿命比无气型长
能耗	使用大量空气，雾化流体效率低	效率良好	最有效雾化，使用空气少
喷涂作业间维护	过喷最多和形成雾气	过喷较少，有涂料反弹	过喷和雾气最少

使用静电空气辅助无气喷涂，可节约涂料40%，生产率提高，表面质量好；同时喷漆室因过喷和残渣的减少而减少了清理工作量，涂膜的流挂也少，涂膜更为致密，有效地改善了工人的操作环境。

3. 生产中应注意的问题

（1）黏度　静电喷涂对黏度很敏感，理想黏度为 $18 \sim 30s$（涂-4 杯）。

（2）电导率　以 $7 \sim 30 M\Omega \cdot cm$ 最合适。如电阻大，可在涂料中添加导电溶剂，高导电喷枪水性涂料无限制。

（3）吸风　要设吸风装置。如果喷涂时无吸风装置或风速小于 $0.2 m/s$，涂料喷射时会积淀或回弹；风速大于 $0.6 m/s$，会使粒子飞出静电场而减弱缠绕粒子状况。风速以 $0.4 m/s$ 为佳。

（4）接地　接地不良时，工件充电后，电压无回路，会因高电位、低电位放电而产生火花。

8.2.4　高压无气喷涂与空气喷涂的比较

空气喷涂如图 8-7 所示，高压无气喷涂如图 8-8 所示。由两图可以看出，空气喷涂时气体在边角反冲使边角不易喷到，涂料回弹多；高压无气喷涂直射边角，涂料回弹少。高压无气喷涂时，起雾少，涂膜均匀一致，减少污染，节省涂料。

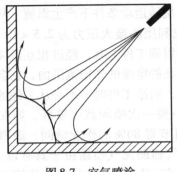

图 8-7　空气喷涂

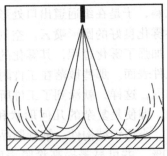

图 8-8　高压无气喷涂

空气喷涂与高压无气喷涂的比较见表 8-7。

表 8-7　空气喷涂与高压无气喷涂的比较

空气喷涂	高压无气喷涂
以潮湿、寒冷、带油的空气作为喷涂的动力，常引起在工作表面的灰色和涂膜不平	因不用带油或寒冷空气作喷涂动力，故表面灰色和涂膜不平的现象不存在
用压缩空气喷涂时，其漆雾是不可避免的，漆雾弥散于空气中，造成严重的空气污染	无气喷涂不用气，所喷出的漆雾几乎全部到达工件表面，几乎无漆雾反弹，施工环境良好
只有 40% ~50% 涂料喷到工件上，其他弥散在空气中，涂料损失严重，费用增加	80% 以上涂料被利用，涂料损失少，涂料利用率提高 30% 以上
不能使用黏度太高的涂料［一般黏度（涂-4 杯）在 23s 下］，消耗溶剂多，溶剂挥发和漆雾飞散损害操作者的身体健康	黏度（涂-4 杯）在 35s 以下的涂料无须稀释即可直接用于喷涂，不存在外加稀释剂的污染问题
因强烈的气流反冲，工作角落和凹凸不平处难于形成均匀的涂膜，造成厚此薄彼	无气流反冲，工件表面各处均可得到均匀的涂膜
因涂料黏度小，一次喷涂难以获得理想厚度的涂膜，须经多道喷涂完成，且稀释漆料费料、费时	高黏度涂料用于喷涂。一遍即可达到所需涂膜的厚度

8.3　喷涂工艺的应用

8.3.1　汽车车身的喷涂

针对用于规模化生产的汽车车身喷涂系统，多采用集中供漆方式，即将油漆用管道输送到各作业点，为保证各作业点使用油漆的黏度等性能完全一致，还应使油漆不断流动循环，并以设计的流速流动，以确保油漆不产生沉淀。

1. 供漆的基本流程

供漆的基本流程为：供漆桶→传输泵→管道→喷涂作业点（枪站）→管道→返回供漆桶。

每一种油漆独立使用一套供漆系统，由专业人员进行设计。供漆桶和传输泵汇总，布置在专门为集中供漆系统设计的调漆间内。这样布置可以对各种油漆统一管理，便于工人操作。同样，根据工艺设计，每个枪站有各种油漆出口，便于工人使用。

2. 汽车车身喷涂系统的设计

汽车车身喷涂是经过多道工序来完成的。汽车车身喷涂系统的设计就是喷涂系统中的管线设计。

管线设计的本质是，把系统中的每一个元器件和每一段管线的尺寸（长度、内径）都用它们的物理模型表现出来，按实际施工的连接方式组成一个系统的物理模型，利用泊肃叶定理及其他物理定理建立系统的关联函数，输入系统的可调节元件的设计参数，利用计算机和专用软件算出系统中每一个节点的压力、每一段管线的流量和流速，以判断是否满足不沉淀的要求。管线设计又分为静态设计和动态设计两种。

静态设计就是在系统中的每一支喷枪都关闭时的系统设计。喷枪的吐出量没有参与计算，有经验的设计者仅仅是将吐出量引起的可能因素考虑进去，人为地加大流过某些节点的流量。当系统中的所有喷枪处于不规则的开关状态时，系统中的每一个节点的压强和每一段管线的流量、流速是否还满足不沉淀的基本要求，是静态设计无法反映出来的。也就是说，静态设计只能保证系统在停止作业时不沉淀，但不保证系统作业时也一定不沉淀。而这正是使用了国际上最好的设备组成的静态设计系统，却不一定能喷涂出最好效果的原因。

动态设计是把系统中每支喷枪按实际工艺调整后的吐出量计入系统参数，并参与了系统计算（利用流体场的"漏"和质量守恒原理）。动态设计系统不仅在停止作业（所有喷枪都关闭）时保证了不沉淀，而且在系统作业时（所有喷枪在进行无序的开关）也能保证所有管路不产生沉淀。这就是动态设计与静态设计最大的不同。而在管线长短、粗细变化等结构形式上，两者没有什么根本差别。

3. 集中供漆方式

管道输送是集中供漆方式的共同点，大致可分为以下几种方式：

（1）盲端方式 即油漆仅从传输泵输送到喷涂作业点，不返回供漆桶。这种方式适用于各种溶剂或不会沉淀的液体。

（2）主管循环方式 主输送管内油漆运送到各喷涂作业点后返回供漆桶，不断循环，而喷涂作业点支管内的油漆不循环。这种方式适用于不容易产生沉淀或产生沉淀很慢的油漆，对喷涂要求不高的工艺也可采用主管循环方式。

（3）两线循环方式 两线循环输漆方式中，不仅主输送管内的油漆循环流动，各支管和软管内的油漆也循环流动，这样一直将油漆流动输送到喷枪入口。这种方式适用于容易产生沉淀的油漆，如金属漆。

（4）三线循环方式 三线循环输漆方式与两线循环方式类似，不仅主输送管内的油漆循环流动，各支管和软管内的油漆也循环流动。这种方式也适用于容易产生沉淀的油漆。

4. 汽车用环保型涂料

汽车用的环保型涂料包括水性涂料、高固体分和超高固体分涂料、粉末涂料等，欧美多家汽车厂已开始使用。

汽车车身涂装的涂底漆工序自 20 世纪 70 年代采用阳极电泳涂料后，被阴极电泳涂料替代，早已实现水性涂料化。当今的侧重点是开发采用公害更小的无铅、无锡溶剂阴极电泳涂料。在国内，中涂及面漆涂料还是以有机溶剂型涂料为主流，它们占 VOC 排放量的绝大部分。特别是面漆的底色层涂装，涂层最薄，可是 VOC 排放量极高。为适应环保要求，必须用低 VOC 排放量型涂料来替代。

在北美地区，汽车厂家以选用高固体含量中涂和粉末中涂为主；欧洲地区则以采用水性中涂为主。水性中涂的烘干条件为 70℃下干燥 10min，升温到 155℃，保温 22min。现今，为适应环保型涂料的涂装条件，无论金属色还是本色面漆涂装工艺，都采用两涂层涂装法（即底色＋罩光），作为降低底色层的 VOC 技术，其中以选用水性涂料的效果最好。

水性金属底色和本色底色漆的有机溶剂含量为 10% ~ 15%（质量分数）。与有机溶剂型金属底色漆有机溶剂含量 80%（质量分数）相比，降低了许多，可使 VOC 的排放量从 45g/m^2 降到 7g/m^2。

在 VOC 排放限制严格的德国，采用水性底色漆成为主流，约达到汽车用涂料的 60%。在水性涂料喷涂场合，水分蒸发慢，涂料必须具有黏度自控特性，受喷涂时剪切力黏度下降，在涂着到车身上的瞬间，黏度增高（恢复）。这样的黏度特性，有可能确保在相对湿度为 80% 的高湿度条件下的涂装质量良好。另外，刚喷涂后的水性底色涂膜的固体质量分数只有 30%，在涂膜中残存多量的水分。在这种状态下进行罩光涂装，在烘干过程中，会产生由水分突然沸腾引发气泡孔和底色层与罩光层的混层产生光泽下降的问题。为防止这些现象的发生，在底色层涂装工序和罩光涂装工序间，必须设置强制水分蒸发的预加热装置。

5. 简化涂装工艺——开发 3C1B 涂装技术

采用水性涂料和 VOC 燃烧方式等环保技术，能大幅度削减 VOC 排出量，但伴随着 CO_2 排出量的增加。基于水性涂料中水的蒸发要比 VOC 排放难得多，因而要增加喷漆室的温度、湿度调控设施和强制水蒸发的预干燥设备等水性涂料的专用设备。其结果是，这些设备的能量消费增大，CO_2 排出量要比传统涂装增大约 5%。采用燃烧法处理喷漆室和烘干室排气中的 VOC，需配置直燃式的燃烧装置（在北美地区使用较多），VOC 排出量虽可降到 25g/m^2（约降低 60%），可是设备大型化，燃烧需消费较多的能量，从而使 CO_2 排出量增加 20% ~ 60%。新开发的易实现的"三涂层一烘干"（3C1B）涂装技术，能同时降低 VOC 和 CO_2 排出量，又能降低涂装成本，且能实现环保的目标。

所谓 3C1B 涂装工艺，是将传统车身涂装工艺简化，取消中涂烘干工序，就是在电泳底漆烘干后的底涂层上喷涂辅助面漆层，包括耐久性的中涂、着色的底色涂层和给予耐久性的罩光涂层，中涂、底色、罩光三层在湿态连续涂装后一起进行烘干的涂装工艺，如图 8-9 所示。马自达公司采用 3C1B 涂装工艺后的结果如下：

1) 与原工艺相比，节省的热能，换算成 CO_2 可降低 15%，VOC 排放量约降低 45%，可达到 35g/m^2，达到欧洲先进水平。

2) 在质量方面，色调、表面平滑性等处理质量，以及耐崩裂性等耐久性质量，维持与原工艺同等以上的质量。

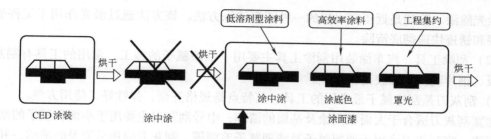

图 8-9 3C1B 涂装工艺

3）每台车身涂装成本要比原工艺降低约 15%。该公司开发的 3C1B 涂装技术，仍使用溶剂型涂料，也能实现采用水性涂料的欧洲 VOC 限制标准。同时能大幅度降低 CO_2 排出量和降低成本，是易实现的环保技术。今后，3C1B 涂装技术应用于水性涂料，将开发出同时降低 VOC 和 CO_2 排放量的新工艺新技术。

8.3.2 汽车修补漆的喷涂

汽车在运行中，难免出现漆面老化、破损、划伤等现象，如不及时处理，会加剧钣金件的腐蚀，影响车辆的使用寿命。当汽车漆面出现以下情况时，必须进行喷涂处理：

1）漆面严重老化，无法采用抛光还原工艺解决。

2）漆面因透镜效应严重失光。

3）漆面氧化层较厚，出现局部腐蚀，已无法抛光还原。

4）漆面出现深度划伤，无法用抛光方法清除。

5）漆面出现局部或大部分破损。

1. 常用工具

汽车修补漆的喷涂作业中，常用的工具分为四大类，即清除工具、刮涂工具、打磨抛光工具和汽车喷烤漆设备。

（1）清除工具　涂装施工中使用的清除工具有两类：一类是清除旧漆工具，另一类是除锈工具。

1）清除旧漆工具分为手工工具和机械工具两种。常用的手工清除旧漆工具有钢刮刀、钢铲刀、扁铲、钢丝鞭、敲锤等。刮刀主要用于平面旧漆的清除，如轿车前、后盖板等，刮除时应一手握刀柄，一手握刀身，沿车身纵轴线方向依次清除。铲刀主要用于边缘、夹缝部位旧漆的清除，钢丝鞭和敲锤主要用于清除凸凹不平部位的旧漆。常用的机械清除旧漆工具有小型风动铲、喷灯、电热器等。小型风动铲清除旧漆效果好，操作省力，适合于不同漆面环境。

上述提及的旧漆清除工具主要适合于清除腻子层等较厚的旧漆涂膜，若轿车漆面破损严重，最好用脱漆剂与相应工具配合施工。

2）除锈工具也分为手工工具和机械工具两种。手工除锈工具有钢刮刀、扁铲、钢丝鞭、锉刀、砂轮片等。手工除锈操作费力，效率低，除锈效果差，应配合粗砂布使用，主要用于局部小工作量的施工。机械除锈工具有喷砂枪、气动圆盘钢丝刷、离心除锈器、风动除锈锤等。机械除锈工具的特点是除锈速度快，质量好，工作效率高，适用于大面积作业。

激光除漆、除锈是近年来出现的一种新型清除方法。该方法通过激光作用于工件表面，将旧漆和锈迹快速彻底清除。

（2）刮涂工具　汽车涂装用刮涂工具主要用于刮涂腻子的施工。常用的工具有刮灰刀、牛角板、钢片刮板及橡胶刮板四种。

1）刮灰刀是刮涂腻子最常用的工具。其特点是规格齐全，弹性好，使用方便。

加宽刮灰刀适合于大面积刮涂及基层的清理；中号刮灰刀主要用于小面积腻子的刮涂及清除旧漆；窄刮灰刀多用于调配腻子及清理腻子毛刺等。刮灰刀使用后要及时清洁，并涂少许黄油防锈。

2）牛角板是用优质水牛角制成的。其特点是使用方便，可往复刮涂，主要用于修饰腻子的补刮作业。牛角板使用后应清理干净，并置于木夹上存放，以防止变形。

3）钢片刮板是刮涂汽车腻子的主要工具。其特点是刃宽，刮涂效率高，刮后腻子层平整，适用范围广。钢片刮板可以根据施工需要自制或选购。

4）橡胶刮板弹性好，刮涂方便，可随施工面形状不同进行刮涂，以获得平整的腻子层，尤其是对凸形、圆形、椭圆形物面更为适用。使用橡胶刮板应注意，不能与有机溶剂（如香蕉水、二甲苯、酮类等）接触，以防止变形。

（3）打磨工具　打磨工具分为手工打磨工具和机械打磨工具两种。手工打磨主要是用砂布或水砂纸包裹木块或橡胶块进行打磨。砂布包裹木块主要用于干磨腻子层，水砂纸包裹橡胶块主要用于水磨细腻子及中间涂层。使用手工打磨工具时，通常配合刮灰刀、毛刷、棉纱等用品，如干磨腻子，可先用刮灰刀清除腻子层表面的毛刺，平整粗糙刮痕，再进行打磨。干磨粉尘较多，水磨无粉尘且效率高，质量好，故提倡采用水磨。机械打磨工具有气动磨灰机、电动磨灰机等。气动磨灰机效率高，打磨质量好，使用安全。电动磨灰机噪声小，振动轻，粉尘少，打磨质量比气动磨灰机高。

（4）抛光工具　抛光工具主要是抛光机，通常为电动。它与机械打磨工具的工作原理相同，不同之处是抛光工具的转速较高，磨料较细，主要用于面漆抛光、上蜡抛光等作业。

（5）喷烤漆设备　选择汽车喷烤漆设备的基本依据有如下几点：

1）一般来说，选择中档价位的喷烤漆比较经济实用。

2）外观设计美观大方，做工精细。

3）房体材质要保温好，强度大，防腐蚀，具有良好的耐候性，使用寿命长，保温材料的堆密度比高。

4）采用高质量的相关配置。

5）送排风系统要设计科学，功率配比合理正确，保持微正压循环，空气循环和漆雾排放均匀并防倒流，流速为 0.2~0.3m/s，能有效阻止外界灰尘进入，保持室内无尘工作。

6）空气过滤效果好，净化度高，过滤材料要选用优质进口立体喷胶高效过滤棉。

7）房体结构设计合理，墙壁密封效果好，在接缝处不应有漆尘的积聚。

8）加热系统要使用较好的阻燃保温材料，并有良好的密封效果，热利用率高，安全可靠。

9）升温速度快，烤漆时从室温升至60℃，所用的时间一般为 10~15min。

10）自动化程度高，能自动恒温喷漆、自动关机、超温报警、缺相保护、故障自检等。

11）有良好的售后服务。

选择一台合适的喷烤漆设备，不仅能最大限度地满足高水平高质量喷漆的要求，在最短的时间内喷涂出完美无瑕的车身漆面，而且还能给操作人员带来安全、明亮、舒适和健康的工作环境。

2. 本色轿车翻新涂装工艺

本色轿车翻新是指按轿车原漆的颜色进行翻新。根据轿车的档次不同，通常采用普通、中档本色轿车翻新与高档本色轿车翻新两种涂装工艺。

（1）普通、中档本色轿车翻新涂装工艺　一般可用国产该色丙烯酸聚氨酯磁漆作为面漆，中涂漆可用硝基类、丙烯酸类或聚氨酯类漆，填平腻子可用原子灰，找麻眼可用硝基腻子或专用麻眼灰。对轿车原漆（旧漆）的清除，可视实际情况选择局部清除或全面清除，如原漆的附着力很好，可进行局部清除，反之则应进行全面清除。

具体工艺程序为：全车冲洗→清除旧漆→底层磨光→吹光抹净→用清洁剂擦净→用原子灰刮平→干燥，磨光，吹光抹净→用原子灰二次刮平→干燥→磨光→吹光抹净→用原子灰细收光→干燥→水磨→洗净抹净→晾干水分→玻璃、灯具贴纸遮盖→用清洁剂擦净→喷中涂漆（硝基二道浆或丙烯酸中涂漆）→干燥→用硝基腻子找麻眼→全面水磨→洗净抹干→彻底晾干→二次细找麻眼→细水磨→抹干并彻底晾干→用压缩空气反复吹净→用清洁剂细擦净→湿碰湿喷涂同色面漆→干燥检查→揭纸擦净→修饰→交车。

上述工艺主要适用于各种普通轿车的翻新。对中档轿车的翻新，应进行两次面漆喷涂，即第一次面漆干燥后，进行二次找麻眼、细水磨后再喷第二次面漆。

（2）高档本色轿车翻新涂装工艺　翻新高档轿车，必须使用该车的指定漆种（进口产品）和配套的中涂漆等品种，底层刮平和找麻眼也要用进口产品。如是抛光翻新，应用进口抛光漆，以确保翻新质量。

具体工艺程序（以不抛光翻新涂装工艺为例）为：全车冲洗→清除旧漆→底层磨光（完全露出金属光泽）→吹光抹净→用清洁剂擦净→刮进口原子灰→干燥→磨光（磨光机磨光）→吹光抹净→刮第二次进口原子灰→干燥→磨光→吹光抹净→用进口原子灰收光→水磨平滑→洗净抹干→遮盖玻璃→细喷进口中涂漆→干燥→第一次找麻眼→干燥→细水磨→抹干擦净→晾干水分→第二次找麻眼→干燥→细水磨→洗净抹干→用清洁剂擦净→第一次喷该色进口面漆→干燥→第三次找麻眼→干燥→全面细水磨→洗净抹干→晾干水分→全面细检查（细小麻眼用特制铅笔划上标记）→第四次细找麻眼→干燥→精细水磨（500～600号水砂纸）并擦净抹干→反复吹净（尤其是缝隙、死角部位）→用清洁剂细擦净→精心细喷第二次面漆→干燥→揭纸擦净→检查修饰。

3. 金属色轿车翻新涂装工艺

金属色轿车翻新可分为银粉漆翻新和珍珠漆翻新两种涂装工艺。

（1）银粉漆轿车翻新涂装工艺　常见的银粉漆有粗银、中银、细银、特细银四种，其中粗银和中银金属漆主要用于普通、中档轿车，细银和特细银金属漆多用于高档轿车。在涂装工艺程序方面，基本上大同小异，只是高档轿车用料价格较贵，操作过程精细。

具体工艺程序为：全车洗净→清除旧漆→底层磨光→吹光抹净→用清洁剂擦净→贴纸遮盖→喷涂丙烯酸环氧底漆→干燥→用原子灰刮平→干燥→磨光→吹光抹净→用原子灰二次刮平→干燥→磨光→吹光抹净→用原子灰收光→干燥→水磨→洗净抹干→用清洁剂擦净→喷淡

灰色丙烯酸中涂漆→干燥→用原子灰找麻眼→干燥→全面水磨→洗净抹干→晾干水分→用快干麻眼灰找麻眼→精细水磨→擦净抹干→彻底晾干→用清洁剂细擦净→湿碰湿喷银粉色浆→湿碰湿喷清漆罩光→干燥→揭纸擦净→检查修饰。

（2）珍珠漆轿车翻新涂装工艺　珍珠漆有一般漆种与高档漆种之分。一般珍珠漆用于普通、中档轿车的翻新；高档珍珠漆质地细密，价格昂贵，喷涂后表面平滑度好，主要用于高档轿车的涂装。因此，在翻新珍珠漆轿车时，应根据轿车的档次和原装珍珠漆的实际情况，确定使用普通珍珠漆还是高档珍珠漆。

对于普通珍珠漆，只要将色浆搅拌均匀，使用配套的稀料进行调稀，喷涂时注意气压保持稳定（不过大或过小），喷枪的喷涂角度与被喷物面始终保持垂直，喷涂的质量通常就可以保证。对于高档珍珠漆，由于质地细密，喷涂时除掌握好喷涂压力、喷枪的角度和移动速度外，还必须根据施工季节气温的高低，选用挥发速度相应的稀料进行调稀。如在 20 ~ 30℃条件下，应使用慢干稀料调稀，而且调稀时要将漆料彻底搅拌均匀，并用细筛网过滤洁净后再进行喷涂，以防喷后出现色差。

为保证成功率，用高档珍珠漆（进口产品）翻新高档轿车时，应先喷制样板，待样板的颜色与原车颜色一致时再正式喷涂。喷制样板时，先在砂磨干净的薄铁板表面湿碰湿喷涂一道淡灰色丙烯酸中涂漆作为底漆，干后磨光擦净，湿碰湿喷涂一道同色珍珠漆，待涂膜干燥后，将样板（长铁板）一头 1/5 面积喷清漆罩光。喷涂时将 4/5 面积贴纸遮盖，清漆干后与原车颜色对照，如颜色偏浅，可在 2/5 的面积部位再喷一次珍珠漆，依次将颜色试准。如果第一次喷后颜色偏深，可用少量的浅色珍珠漆色浆进行调整，直至样板颜色与原车一致时再进行施工，以防盲目喷涂产生色差造成返工。

具体工艺程序（以高档珍珠漆轿车翻新涂装工艺为例）为：全车洗净→抹干晾干→清除旧漆→底层彻底磨光→吹光抹净→贴盖玻璃→用清洁剂擦净→喷进口丙烯酸环氧底漆→干燥（8 ~ 12h）→刮第一次进口原子灰（连续刮涂至平整）→干燥→磨光→吹光抹净→细刮第二次进口原子灰→干燥→细磨平→吹光抹净→用进口原子灰收光→干燥→水磨（300 ~ 400 号水砂纸）→洗净抹干→反复吹净（缝隙、死角）→用清洁剂擦净→喷涂淡灰色进口中涂漆→干燥→第一次找麻眼（进口麻眼灰或原子灰）→干燥→全面水磨（400 号水砂纸）→洗净抹干→彻底晾干→第二次找麻眼（快干麻眼灰）→干燥→细水磨→抹干擦净→彻底晾干→第三次细找麻眼→干燥→精细水磨（500 ~ 600 号水砂纸）→抹干擦净→彻底晾干水分→全面细检查（重点是麻眼及水磨的平整光滑度）→精心吹净→用清洁剂细擦净→喷该色高档珍珠漆→喷配套清漆罩光→揭纸→细擦净→检查修饰→交车。

（3）金属色轿车翻新注意事项　翻新银粉漆出现新漆颜色（指色浆）比原车颜色深时，可用快速稀料进行调稀，并以比该产品规定的比例多出的稀料使色浆的黏度降低。喷涂时喷涂间距适当远些，喷枪的移动速度适当快些，这样喷后的涂膜就会薄些，颜色相应地就会浅些。如果比原漆颜色浅，可用相反的方法，以比规定略小的稀料比例进行调稀，来加深色浆的颜色。翻新珍珠漆时，必须先彻底混合均匀，再装罐喷涂，以防颜料沉淀产生色差。

4. 分色轿车翻新涂装工艺

分色轿车主要指出租车。国内各大中城市对出租车通常要求涂装分色漆，以便于顾客识别。对分色轿车的翻新，主要应根据原漆的种类、颜色、分色部位等进行翻新，以使翻新后的分色质量与原漆一样。

（1）银色与本色轿车翻新涂装工艺　工艺流程为：全车洗净→清除旧漆→底层磨光→吹光抹净→用清洁剂擦净→用原子灰刮平→干燥→磨光→吹光抹净→用原子灰细收光→干燥→细磨光→吹光抹净→玻璃贴纸→用清洁剂擦净→全车喷涂灰色中涂漆→干燥→找麻眼→干燥→全车细水磨→洗净抹干→彻底晾干→专用麻眼灰二次细找麻眼→干燥→局部细水磨→抹干擦净→晾干水分→用胶带粘贴分色线（将风窗玻璃和车门玻璃的下边沿围绕一圈贴齐、拉直、按实，不得有蜂窝或鼓泡）→贴纸遮盖四周车身→用清洁剂将上部车身银色部位表面反复擦净→湿碰湿喷涂银色漆（粗银、中银或细银按要求喷涂）→稍干数分钟→清漆罩光→下部车身揭纸→上部清漆干燥→贴纸遮盖银色漆→用清洁剂擦净四周车身→湿碰湿喷涂下部车身红色漆→干燥→上部车身及玻璃揭纸擦净→全车检查→修饰交车（修饰包括小毛病修饰和喷涂标记字号）。

（2）珍珠漆分色轿车翻新涂装工艺　这种工艺的施工操作比上述工艺麻烦，由于分色部位处于车身两侧的中心部位，每侧车身须粘贴两道分色线，每车要粘贴四道分色线，故一定要把分色线粘直贴实，使喷涂后的车身美观大方，引人注目。

具体操作工艺为：在翻新中涂漆表面的麻眼彻底找净后，先全车喷涂一道浅色（与原漆一样颜色）珍珠漆，喷好后暂不用清漆罩光，待珍珠色浆半干时，用纸胶带按两侧车身中心部位的模压线棱贴齐按平，之后将线棱上下部位的色面贴纸遮严，用清洁剂将分色部位轻轻细擦洁净，用分色珍珠色浆细心喷涂均匀，但要注意不能有露底现象。

分色喷好后，轻轻揭去纸胶带和盖纸，并用干净的绒布将遮盖的色浆表面浮尘轻轻抹干净，抹时不要用力过重，以防留下抹痕。这些工作做好后，用配套的罩光清漆将全车湿碰湿喷涂均匀，干燥 15～20min 后，将玻璃等表面的盖纸依次清除干净，并用干净毛巾蘸清洁剂将玻璃、压条、灯具等不喷漆部位细擦干净。如有残漆雾时，应先用毛巾蘸稀释剂将残漆雾细心擦净，应特别注意不要擦到新漆涂膜的表面，以防产生失光，影响作业质量。经检查合格后，再喷出租车的标记字号。

8.3.3　汽车塑料件的喷涂

塑料在汽车上的应用越来越多，目前，汽车上使用的塑料主要有热塑性塑料和热固性塑料两种。汽车塑料件采用哪类面漆进行喷涂，应根据汽车修补漆供应商提供的资料来决定。塑料件通常需要使用塑料底漆，原因在于塑料底漆在塑料件上的附着性能好。软性塑料要求在油漆中加入柔软剂，有的生产厂要求根据不同的油漆选用不同的柔软剂，有的则提供可用于多种油漆的万能柔软剂。最好不要混用不同厂家的产品，即应尽量选用同一厂家生产的柔软剂、底漆、面漆和稀释剂。

1. 车内用硬性塑料件的喷涂

硬性塑料件如硬质或刚性 ABS 塑料件，通常不需要用底漆、底漆二道浆或封闭剂，直接喷涂热塑性丙烯酸漆就可获得满意的效果。

具体涂装工艺为：先用面漆稀释剂或推荐的溶剂（应使用中性洗涤剂，不能用碱性化学清洗剂）彻底清洗塑料件，并用清水冲净擦干。需要喷涂底色漆的部位用 400 号砂纸打磨，需要喷涂透明清漆的混涂区域用 600 号或更细的砂纸打磨，然后用表面清洁剂擦净。参照油漆供应商提供的色卡及汽车厂的颜色标号选择丙烯酸面漆，或底色漆罩透明清漆。按说明书规定的比例稀释涂料，然后进行喷涂。用漆量以达到遮盖效果为佳，不要太多，以免失去纹理效果。经干燥后，即可将塑料件重新安装到汽车上。

2. 车外用硬性塑料件的喷涂

大多数外用硬性塑料件不需要用底漆，而有些油漆生产厂仍然建议在涂色漆前使用底漆，但不应使用磷化涂料、金属处理剂、自蚀底漆和柔软剂。

具体涂装工艺为：先用肥皂水清洗待修补区域，再用清水清洗干净，最后用面漆稀释剂或推荐的溶剂彻底清洗塑料件。需要喷涂底漆的部位用 400 号砂纸打磨，需要喷涂透明清漆的混涂区域用 600 号或更细的砂纸打磨，然后用表面清洁剂擦净。底漆要选用合适的丙烯酸或聚氨酯漆，或是底漆罩透明清漆。按说明书规定的比例稀释涂料，然后进行喷涂。漆的用量以完全遮盖零件表面为宜，不要过多，一般有 2~3 层中厚湿涂膜即可。待底漆干透后再涂透明清漆。

3. 车外用软性塑料件的喷涂

（1）聚丙烯塑料件的喷涂　聚丙烯是一种难粘、难涂的材料，因此对聚丙烯零件进行涂装，必须先用专用底漆打底，或对零件表面进行特殊处理，然后才能喷涂丙烯酸色漆。最常见的车外用聚丙烯部件是保险杠。聚丙烯保险杠的表面处理不同于钢质保险杠，需要使用柔软剂，否则就会脱皮。如果采用丙烯酸漆作为面漆，其涂装工艺如下：

1）用肥皂水清洗待修补区域，再用清水清洗干净，然后用面漆稀释剂清洗零件表面。

2）打磨待修补的区域，形成斜面口（薄边）。采用电动打磨机进行打磨时，先用 36 号粗砂轮粗磨，然后用 180 号细砂轮进行精磨。

3）粘贴遮盖胶带后，喷涂聚烯烃增黏剂，干燥 10min，在增黏剂上用橡胶刮板将中间涂料薄薄地刮一层，然后刮至比损坏部位稍稍高一点，干燥 30min，再用 180 号砂纸打磨收边。

4）再次喷涂聚烯烃增黏剂到打磨过的修补区域，干燥后再喷涂中间涂料以填平小的凹坑、针孔及打磨痕迹。用 240 号砂纸打磨至平整，更换 320 号或 400 号砂纸，彻底打磨塑料件上的原装漆层，去掉其光泽的 80%~90%。

5）第三次喷涂增黏剂，干燥后喷涂中间涂料，闪干 10~15min，再喷涂一层中间涂料，干燥 1~2h，用 400 号砂纸磨平表面。

6）稀释并混合好丙烯酸漆和固化剂，按说明书配比混合后喷涂，干燥 8h。面漆中不能加柔软剂。

对于微小的表面划痕，一般可按下列步骤进行：如果划痕没有进入基材，可以直接涂漆；如果划痕已进入基材，则可先薄薄涂一层聚丙烯专用增黏剂，干燥 10min 后刮涂腻子，再用聚烯烃增黏剂给修补区域打底，最后喷涂面漆。

（2）聚氨酯保险杠的喷涂　其涂装工艺如下：

1）先对待修补的聚氨酯保险杠进行清洗、脱脂、填补腻子（同聚丙烯保险杠的表面处理），随后擦拭和吹净待修补区域，并遮盖其他区域。

2）喷涂第 1 层湿涂层，干燥 10~15min，再喷涂第 2 层，干燥 1~2h，然后用 320 号或 400 号砂纸将涂膜磨平。

3）将柔软剂与热塑性丙烯酸涂料或双组分丙烯酸漆混合（在底漆中不采用柔软剂）。

4）在正式喷涂前，先喷涂样板进行比色。如果是二工序施工，则在涂后闪干约 5min 再涂一层透明涂层（即在清漆中加入柔软剂），并按说明书规定时间干燥。

4. 车内用乙烯基塑料件的喷涂

软性乙烯基塑料（如聚氯乙烯）制品中，常见的有座椅装饰、车门内装饰、车顶篷蒙皮和遮阳板等，硬性聚氯乙烯则用于座椅靠背扶手、衣帽钩等。喷涂软性塑料件要用乙烯基漆，这是一种高黏度面漆。通过调整稀释配方和喷枪压力，乙烯基喷漆干燥后会出现皮革状纹理，类似有纹理的维尼纶的外观。它也可用作无光面漆，用来加重条纹和做无反光发动机罩装饰。多数乙烯基喷漆干燥后仍要再涂丙烯酸喷漆或磁漆，使它的颜色与汽车颜色相配。

喷涂乙烯基漆的工艺如下：

1）确认待修补区域无油、蜡和其他污物，用合适的溶剂清洗乙烯基塑料件。如果表面污物较多，可先用洗涤剂加水清洗，再用溶剂清洗，最后用清洁的抹布擦拭干净。

2）用聚氯乙烯（PVC）专用表面调整剂处理。调整剂是由强溶剂配制而成的，具有强烈的渗透性，能软化 PVC 零件表面并产生轻微的溶胀，可大大提高涂料的附着力。用无绒布将调整剂擦涂到待处理表面，保持 30～60s 后，当表面还湿润时用清洁无绒布擦干净（不要来回擦），然后涂 PVC 专用涂料。

3）按规定配制乙烯基漆，喷涂湿涂层，并留有闪干时间。达到遮盖程度即可，不要多涂（喷枪压力为 0.14～0.17MPa），否则会失去纹理效果。

4）在色漆完全闪干前喷涂一层透明乙烯基涂层。对仪表板来说，最后还应喷涂一层无反光的面漆，待干燥后再安装。

5. 乙烯车顶蒙皮的喷涂

乙烯车顶蒙皮的喷涂工艺为：先用漂白洗涤剂和水刷洗蒙皮，用清水洗净后，再用清洗溶剂或乙烯调整剂清洗。用压缩空气把蒙皮周围的缝隙吹净擦干。仔细遮盖整个发动机罩和行李箱盖，以免喷涂时漆液溅入。喷涂底漆时采用带状喷涂法，采用低压（0.14～0.17MPa）和窄扇形雾型，喷涂部位包括雨水槽、风窗玻璃和后窗装饰板条与车顶连接部分的缝隙。然后加大气压，把雾型调整到正常状态，从车顶一边开始，并逐渐涂至车顶中间，接着在车的另一侧喷涂车顶剩余部分，从车顶中间往边上湿喷，每道漆之间一般覆盖 50%～70%，且为全厚涂层。喷涂第 2 个全厚湿涂层，达到完全遮盖并使湿度一致。用稀释的乙烯基喷漆（1 质量份乙烯基色漆，用 2 质量份硝基稀释剂稀释）在整个车顶喷一层湿涂层，干燥 1h 后揭去遮盖纸，再干燥 4h。最后，用乙烯防护剂来保护车顶和其他乙烯基材料表面。

6. 车内用塑料件表面起纹的方法

一般汽车的内表面上有许多不同的纹理结构，在修复的塑料件上做出纹理时，新纹理并非一定要与原来的一模一样，但要求纹理的粗细程度必须与原来的一样。喷涂时用喷雾器代替油漆喷枪，采用较低的气压，以免涂料雾化。如果要得到较粗的纹理，则不要稀释起纹涂料；如果想要纹理细致一些，则可加入少许硝基漆稀释剂。

典型的表面起纹工艺为：按油漆供应商的资料调和起纹涂料。第一层只涂在整修区内，喷嘴与零件表面距离 45～60cm，始终用干喷（湿喷会破坏纹理），每层留出闪干时间，一般喷涂 8～10 层薄涂层才能达到要求。随后把纹理向整修区外扩展，这与底漆混涂一样。表面干燥后，用 220 号砂纸打磨，使新形成的纹理与原纹理相配，如果对纹理不满意，可再用涂料薄薄喷一层，然后再打磨。重起纹后，应把塑料件表面吹干净，以备重喷面漆。由于起纹涂料一般都是硝基漆，所以常规内饰件用丙烯酸漆最为适宜。

8.3.4 无溶剂聚氨酯涂料的喷涂

上海国际航运中心洋山深水港码头钢管桩设计使用年限为 50 年以上，在防腐涂料的选择上经过多次研究比选、专题讨论和反复论证，最终选用了美国联合涂料公司所生产的 ELASTUFF 涂料体系。这是一种代表世界先进水平的聚丁二烯改性聚氨酯涂料，该涂料为双组分、100% 固体含量的聚烯烃改性聚氨酯涂料聚合物，固化后分子结构高度交联、分子排列异常紧密。

1. 被涂材料的表面处理

钢材表面要进行喷砂方法处理。基材表面处理要求达到 Sa2.5 级，表面粗糙度值 Ra 为 65μm 以上。被涂材料的表面必须干燥，含水量高时容易引起涂层鼓泡。喷砂后，需要用高压空气吹扫干净，还要进行表面氯离子和表面粗糙度检测。表面处理后要尽快喷涂，不能超过 8h。

2. 高压无气喷涂

对于 100% 固体含量聚氨酯涂料，要利用特殊的高压无气喷涂设备在经过表面处理的材料上进行喷涂施工。所采用的设备是目前世界上最先进的喷涂设备，采用高压无气喷涂，最高工作压力可达 21MPa，施工温度可以从常温到 80℃ 之间任意调节，这些特点保证了涂料的均匀混合，同时适应了几乎大部分气候环境条件下的施工。采用高压无气喷涂，不仅效率高，而且不会带入压缩空气中的水分、油等杂质，还有利于劳动保护。除了这些特点外，这类设备还有其他喷涂设备无法比拟的优势，如平稳的物料输送系统、精确的物料计量系统、均匀的物料混合系统、良好的物料雾化系统，以及方便的物料清洗系统。

现在广泛使用的无气高黏度双组分喷涂设备，是由低压空气泵、高压柱塞泵、蓄压器、过滤器、加料罐、加热器、比例调节器、喷枪等组成的，如 GusmerH20/35、Graco 喷涂设备。

将 A、B 组分分别搅拌、加热到要求的温度及喷涂参数后，即可进行喷涂施工。由于采用双组分喷涂设备，不存在适用期的问题，一桶料没有用完，下次可以继续使用，不像环氧涂料一次调配必须一次用完，否则就很快失效。喷涂设备的先进性还体现在喷涂配套设备上，这些设备包括喷涂小车、自动旋转装置及附属设施。

3. 检测

完善的检测是评定整个施工过程的手段及依据，包括底材处理、环境条件、施工参数、涂膜厚度、漏点、硬度、附着力等相关检测。洋山工程涂膜的检测是汇集了美国 ASTM 标准及国内相关涂膜检测标准进行检测的，涉及的检验内容、检验方法和检验标准都已归纳整理在《洋山深水港区二期工程钢管桩防腐涂膜质量检验办法》中，形成了一套检测内容齐全、技术要求高的技术性文件，此办法将会给其他港口工程或相关行业的防腐施工提供很有价值的参考。

4. 涂膜损坏修补

根据洋山工程施工现场的实际环境条件，美国联合涂料公司对于修补材料的选择做了大量工作。ELASTUFF 系列涂料有两种配套修补料：一种是常规修补料，又称为陆上修补料；一种是水下修补料。施工完成后，在场内吊运或现场施工时，如造成涂膜局部损坏的情况，可以采用专用的修补料进行修补。陆上采用陆上修补材料，水上采用水上专用修补料，修补后不低于原涂膜的各项技术指标。

8.3.5　耐火纤维的喷涂

1. 工艺原理

纤维喷涂技术是将耐火纤维棉通过机械化处理后，在高压管内用风送射。同时用特种泵将黏结剂喷射在已射出的纤维颗粒上，两者产生外混合，一齐涂结在介质表面，形成三维网络状制品结构。

2. 材料说明

（1）耐火纤维　耐火纤维通常为岩棉、玻璃棉、硅酸铝、纤维棉。另外，高温棉有高铝纤维棉和含锆纤维棉。根据不同使用温度选择不同的纤维。

（2）黏结剂　纤维喷涂所用的黏结剂为纤维喷涂专用黏结剂 HB 系列，根据不同使用温度选用不同型号的黏结剂。

（3）锚固件（内保温）　锚固件是内保温加固件，将其焊在设备内壁上，喷涂后其隐蔽在纤维涂层下面，起着锚固耐火层的作用。

（4）钢网（内保温）　钢网是内保温衬里的备件，是将锚固件相互拉结起来的耐高温金属细丝，一般材料与锚固件相同。

3. 工艺设备

设备选用瑞典 Termo Barod 公司第三代纤维喷涂设备，其机械部分全部采用不锈钢制造，并且配有先进的遥控装置。该设备具有体积小、质量轻、自动化程度高、操作灵活的特点，安装在施工专用车上，移动方便快捷。设备主要技术参数如下：喂料机容量为 200L，设备总功率为 5.6kW（十级变速电动机），空气压力为 100 ~ 700MPa（可调节），常压进气量为 390m³/min，操作半径为 200m，出棉速度为 5 ~ 11m³/h（可调节）。

4. 纤维喷涂技术性能指标

（1）耐火纤维喷涂　堆密度范围为 200 ~ 300kg/m³，最高使用温度范围为 700 ~ 1350℃，热导率为 0.085 ~ 0.110W/(m · K)（$T_m \approx 400℃$），高温热收缩率不大于 2%（100℃，6h）；耐气流冲刷性小于 20m/s（800℃）。

（2）矿物棉（包括玻璃棉）喷涂　堆密度范围为 200 ~ 300kg/m³，最高使用温度范围为 400 ~ 600℃，热导率为 0.035 ~ 0.044W/(m · K)（$T_m \approx 75℃$）。

5. 应用实例

某精细化工厂承建的 $20 \times 10^4 t/a$ 轻烃分馏装置中有 8 个球罐，将该装置中的 4 个 1000m³ 球罐进行纤维喷涂处理。

耐火纤维喷涂是通过专用的纤维喷涂机，将经过预处理的散状纤维棉与专用的无机高温黏结剂在一定的压力下同时喷出，散棉与黏结剂在喷枪外部均匀混合后喷射到球罐外壁上，纤维层呈三维网络状结构，类似于纤维制品平铺的安装方法。这种喷涂方法将整个球罐外保温层制成了一个厚度均匀、整体密封无缝隙、强度高的纤维层，其外观平整，节能率提高约 30%。

与传统保温方法对比，该技术有如下优点：

1）施工速度快，且保证了施工质量（无返工）。

2）纤维喷涂涂膜整体无接缝，密封性好，对于异形部位的施工更加容易。

3）喷涂的工作面经过处理后，光洁平整，阻力损失小，可抵抗高温气体的冲刷。

4）由于整体性好，强度高，其使用寿命高于制品安装的 1~2 倍。

5）外部保温铁皮安装容易，且密实无空鼓。

通过实践表明，以纤维喷涂代替传统的保温毡块施工可使绝热、保温厚度减薄，并且施工速度快，质量高，使用寿命长，从而实现了保温结构的轻型化、简单化。

8.3.6　工程机械的喷涂

某工程机械公司喷涂分厂通过技术改造，采用美国 GRACO 公司的供漆、输送及喷涂设备，使产品涂装质量和工艺水平有了很大的提高。

1. 工程机械的涂装工艺

1）生产能力设定为两班制，年产工程机械 2500 台。

2）中小型零部件涂装采用流水线生产方式，工艺流程如下：预处理→涂装前屏蔽→上涂装线→进底漆喷漆室喷底漆→进底漆流平室流平→进中涂漆喷漆室喷中涂漆→进中涂漆流平室流平→进桥式烘干室烘干→下线转下工序。

3）大型零部件涂装采用间歇式生产方式，其工艺流程如下：预处理→涂装前屏蔽→上涂装线→进喷漆室喷底漆→待底漆表干后喷中涂漆→待中涂漆表干后进烘干室烘干→下线转下工序。

零部件规格、喷涂方式及油漆用量零部件大小不一，数量不等，品种繁多。

4）每日用漆量（按月产 200 台主机、双班制计算）。大型零部件：中涂 160kg/d；底漆 180kg/d，中小型零部件：中涂 160kg/d；底漆 160kg/d。

喷涂底漆采用 GRACO 公司生产的混气喷涂设备，喷涂中涂漆采用 GRACO 公司生产的混气静电喷涂设备。底漆采用双组分铁红环氧防锈漆，中涂漆采用单组分环氧改性丙烯酸二道浆。

2. 集中供漆系统

集中供漆系统是从中央供漆室向工场内的多个作业点，集中循环输送涂料的装置，由供漆模组、输送管路和喷涂系统组成。而供漆模组通常由中央供漆室内的空气调压器、空气过滤器、注油器、空打保护器、高压柱塞泵、隔膜泵、搅拌器、油漆供料桶、回流阀、背压阀等组成。中央供漆室与喷漆室的相对位置图如图 8-10 所示。

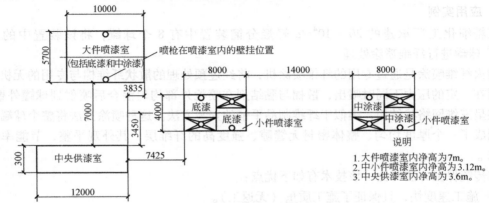

图 8-10　中央供漆室与喷漆室相对位置图

（1）技术要求 底漆、中涂漆输送管线均采用两线布置（包括送漆管路和回漆管路），溶剂采用盲端输送，底漆和中涂漆各采用一套溶剂清洗系统。主供料桶和辅助供料桶均采用100L 不锈钢桶，低液位显示，防爆，带气动搅拌器。动力源采用洁净压缩空气。主管循环管线（管路内）油漆流量≥7.8L/min，管路内油漆流速≥0.3m/s，输送压力≥7.2MPa。另外，还要实现枪下支管油漆回流。

（2）动力要求

1）压缩空气技术参数见表8-8。

表 8-8 压缩空气技术参数

项　　目	指　标	项　　目	指　标
空气压力/MPa	≥0.5	含水量/(mg/L)	≤1.3
压缩空气露点/℃	-19	含油量/(mg/kg)	≤0.1
过滤精度/μm	0.1		

2）压缩空气用量。中央供漆室空气供应量≥6.0m³/min；喷漆室枪站处空气供给量≥0.8m³/min。

3）涂装环境温度要求。冬季喷漆室温度≥15℃；夏季无须降温且喷漆室温度<40℃。

（3）系统主要设备 集中供漆系统的主要设备见表8-9。

表 8-9 集中供漆系统的主要设备

序号	名称及型号	数量	供货商	备　　注
1	高压主机泵 B24:1	1	GRACO	用于中涂漆
2	高压主机泵 K45:1	1	GRACO	用于底漆
3	高压涂料加热器	1	GRACO	包括空气调压器、过滤器和注油器
4	空气三组件	2	SMC	100L 桶用
5	搅拌器	4	台湾	用于中涂漆
6	混气静电喷枪	4	GRACO	用于底漆，反向去污
7	混气喷枪	4	GRACO	
8	泵用空打保护器	2	GRACO	
9	供料隔膜泵	4	GRACO	清洗、供料各两个
10	泵用回流阀	2	GRACO	
11	高压涂料背压器	2	GRACO	
12	高压涂料背压器	8	GRACO	用于中涂漆
13	高压涂料背压器	8	GRACO	用于底漆
14	静电空气管	4	GRACO	用于静电喷涂
15	空气调压过滤器	8	GRACO	枪处使用
16	不锈钢供料桶	6	国产	底漆、中涂漆和溶剂各两个

（4）管路布置和集中供漆设备 整套系统采用不同直径的管路进行连接，有利于油漆合理循环流动和保证各工位处油漆循环流量的要求。不同直径的管路采用特殊的工艺进行连接，以保证循环管路内部水平，不允许存在台阶，从而减少油漆循环阻力和防止油漆在连接处沉积。

油漆在备用供料桶内进行调漆搅拌，调好的油漆再由隔膜供料泵输送至主供料桶内。同时，主供料桶也进行着油漆自动搅拌，主供料桶内搅拌均匀的油漆被模组中的高压柱塞泵输送至油漆主管内，油漆主管围绕着喷漆室的每个工位一圈并回到中央供漆室。没有被喷涂的油漆则经回流管流回到主供料桶内，再重复上述循环过程。

油漆主管在经过每个工位后将分出一路支管，支管接至工位的枪站上，喷枪经过枪站处的涂料调压器和空气调压器的压力调整，以使喷出的油漆能达到一个良好的雾化状态。

该系统使用过程中，工人严格按规范进行操作。经过一年多的生产运行，系统整体表现稳定、可靠，能满足生产要求，提高了产品的涂装质量。

8.3.7 钢管混凝土拱桥梁的防腐涂装工程

采用喷涂铝和有机涂膜相结合技术，显著提高了钢管混凝土拱桥的防腐蚀寿命。

1. 工艺流程

钢拱肋拼装完工→检验→脱脂及杂质→外表面喷砂除锈→检验→喷涂铝及铝合金层→检验→涂刷封闭底漆→检验→喷涂面漆→总检→涂装结束。

2. 表面预处理

（1）清理杂物 在喷砂除锈前先将焊渣、飞溅物等清理干净，尖锐边缘打磨成 $R3mm$ 的圆角，用高效脱脂清洗剂清洗表面附着的油污等杂物，并经自然干燥。喷砂除锈使用的压缩空气必须干燥、无油，可以用清洁白纸或白布进行检验。

（2）喷砂除锈 按 GB/T 8923.1—2011 喷砂除锈达到 Sa3 级，表面粗糙度值 Ra 为 40 ~ 80μm。金属表面应完全除去氧化皮、锈蚀及污物，彻底净化、粗化，清洁干燥，露出灰白色金属光泽。

（3）喷砂除锈工艺参数

1）压缩空气压力：≥0.6MPa。

2）磨料粒径（铜矿砂）：1.2 ~ 2.5mm，含水率 <1%（质量分数）。

3）喷射距离：120 ~ 200mm，但至少要 ≥80mm。

4）喷射角度：40 ~ 70°，但至少要 ≥30°。

具体参数根据实际工况，通过工艺评定确定。

（4）除尘 先用 0.3 ~ 0.4MPa 压缩空气吹净灰尘，然后用小于 0.1MPa 的压缩空气吹扫，将粉尘吹扫干净。

3. 喷涂施工

（1）基材要求 经喷砂除锈后的钢结构，应尽快进行喷涂铝施工，其时间间隔越短，效果越好。在晴天或不大潮湿的天气，间隔时间不得超过 12h；在雨天、潮湿或盐雾条件下，间隔时间不得超过 2h。在雨天、潮湿或盐雾的条件下，喷涂操作必须在室内或工棚中进行。喷涂施工的环境温度为 5 ~ 35℃，或者基体金属的温度高于大气露点 3℃以上。

（2）材质要求 铝表面光洁、无油、无折痕，铝丝纯度 ≥99.5%（质量分数），锌丝纯度 ≥99.99%（质量分数），如果是铝镁合金丝，则镁含量 ≥2.2%（质量分数）。

氧气、乙炔气应净化干燥，氧气纯度 ≥99.2%（质量分数），乙炔纯度 ≥96.5%（质量分数）；另外，也可采用电弧喷涂。

（3）喷铝工艺参数

1) 氧气使用压力：0.4～0.6MPa（常用0.4MPa）。

2) 乙炔使用压力：0.05～0.1MPa（常用0.07MPa）。

3) 压缩空气使用压力：0.5～0.6MPa。

4) 喷涂电流：160～200A。

5) 喷涂电压：27～40V。

6) 喷涂距离：120～150mm（≤200mm）。

7) 喷涂角度：喷枪与表面应成90°（个别倾斜时，角度≥45°）。

（4）施工注意事项

1) 使用氧气前，应将氧气瓶的出口阀瞬间开放，以吹出积尘。当使用新皮管或较长时间未用的皮管时，应吹除管内积尘。

2) 喷枪使用前应做气密性试验。

3) 检查减压阀是否正常并调整适当，检查油水分离器是否良好，工作前应把积水放掉。

4) 在点火前，必须全开喷枪总阀，以除去氧气压缩空气及乙炔的混合物。金属丝应伸出喷枪的空气风帽外10mm以上，并必须在金属丝不断输送的情况下才能点火。

5) 点火工作完成后，应仔细检查调整金属丝的送丝速度及氧气、乙炔、压缩空气的压力，直至正常为止。

6) 涂膜厚度达100μm时，应分层喷涂，前一层与后一层必须进行90°交叉或45°交叉，以保证涂膜厚度均匀致密。

7) 喷枪移动速度宜为300～400mm/s，并调节喷枪火花的密集度，保证熔融材料的细密度，同时防止工件表面有局部过热或过厚的现象。

8) 喷涂过程中，不得用手抚摸被喷涂的表面。

（5）涂膜的质量检查

1) 外观检查。用目测或5～10倍放大镜进行检查。涂膜表面应无杂质、翘皮、鼓包、裂纹、大溶滴及脱皮等现象。

2) 厚度检查。用磁性测厚仪进行检查，测得的任何一点厚度值不小于设计规定的最小值。

3) 孔隙率检查。清除涂膜表面的尘土，用浸有10g/1000mL的铁氰化钾或20g/1000mL的氯化钠溶液的试纸覆盖在涂膜上，5～10min后，试纸上出现的蓝色斑点不多于1～3点/cm² 为合格。

4) 检查中发现的缺陷经补喷后，重新进行上述检查，直至合格为止。

4. 涂装施工

（1）涂装施工条件

1) 涂装环境温度：10～35℃。

2) 涂装相对湿度：≤80%。

3) 涂装钢板温度：5～50℃或高于露点3℃。

4) 涂装时风力：≤3级（超过3级要采取防护措施）。

（2）封闭底漆施工　涂膜检查合格后，应立刻进行封闭漆施工，期间隔时间越短越好，最好在尚有余热的情况下进行。喷涂金属表面层粗糙，因此封闭漆一般要求采用刷涂方式进行，应避免产生气泡。一次刷涂严禁过厚，应视具体情况分层进行，并防止漏涂和流挂或局部过厚、针孔等不良现象产生。刷涂时，要求层间纵横交错，往复进行，前一道干燥后再进行第二道施工。

（3）面漆施工 面漆施工一般要求采用高压无气喷涂方式进行，先上后下，先难后易。多层喷涂，各层应纵横交叉，第一层横向，则第二层应竖向。各层之间的时间间隔应严格遵照油漆说明书的规定进行。其工艺参数如下：

1）喷涂机进气压力：0.4~0.6MPa。

2）喷嘴选择：017号~019号（0.43~0.48mm）。

3）喷嘴与物面距离：25~38cm。

4）喷射角度：尽量与工件表面垂直。

5）喷枪移动速度：30~100cm/s。

（4）注意事项

1）油漆配好后应按说明书要求进行静置熟化后才可使用，并要在使用期内用完。

2）分层涂装，各层切忌一次过厚，应严格按有关规定分层进行（每层25μm左右为宜），避免各层一次涂装过厚。各层涂覆间隔时间必须把握好，只有在前一道干燥后，才能进行下一道施工。但各层间隔时间也不能太长，超过7天，则应用0号砂纸打磨并清除污物后才能进行涂覆。

3）涂膜在干燥过程中，必须防止外来物的污染，如水淋、灰尘等。颗粒状的灰尘，可作为电解质存在涂膜中，破坏涂膜的防护作用；雨水同样会破坏涂膜表面，严重时会产生回黏现象。

8.4 喷涂常见问题及解决方法

喷涂过程中的影响因素众多，产品的喷涂质量与喷涂环境的温度、湿度、清洁度、通风等有关，也与涂料质量、稀释剂品种和用量、施工方法及干燥条件等密切相关。

1. 粉尘颗粒

灰尘颗粒落在湿涂膜上，当涂料变干时，灰尘也随之嵌在涂膜中，在涂膜表面形成粉尘颗粒。

（1）形成原因

1）喷涂时，灰尘从喷漆室、喷涂工具和空气中落入涂膜表面。

2）打磨时粉尘滞留在表面。

3）涂料变质或受污染。

4）工作人员衣服上有灰尘。

5）塑料部件有静电并吸附灰尘。

6）在工件周围移动（走动）使灰尘上扬。

7）烤房内空气压力过低。

8）过滤棉堵塞。

9）烤房地板上有灰尘。

10）烤房墙壁很脏。

11）天花棉不合适。

12）空气管道很脏。

13）遮蔽纸的撕裂处有纤维落下。

（2）解决方法

1）将喷涂区周围彻底进行清洁。

2）涂膜、腻子打磨后必须吹掉粉尘。

3）喷涂前，小心用抹尘布擦拭被涂装表面，并将抹尘布存放在干净的聚乙烯（塑料袋）内。

4）涂料用 140～180 目铜网过滤。

5）穿戴干净、无纤维、抗静电的喷涂工作服（尼龙）。

6）用抗静电剂处理。此后不要再对塑料件进行脱脂处理。

7）在烤房内不要随意走动。

8）经常检查烤房压力。

9）定期更换过滤棉。

10）保持烤房地板清洁。不要在烤房内部放置任何不必要的东西。

11）定期清洁烤房。

12）采用合适的天花棉。

13）用旧抹布擦净喷枪下面 2m 长的空气管，喷涂时不要让这段管子落在地板上，喷涂完后将空气管道挂起。

14）使用高质量的遮蔽纸，将撕裂边缘向内折起，并使纸的光滑面朝外。

15）喷涂时可用针尖挑走涂膜内夹杂的灰尘。干涂膜内的小灰尘可以用抛光处理除去。如果灰尘陷在涂膜深层，应打磨表面并重喷。

2. 麻坑或针孔

在涂膜表面出现直径大约为 0.5mm 的小孔洞，称为针孔。如果用针稍微扩大孔洞，便可以看出是在哪一涂层上产生的。

（1）形成原因

1）腻子在使用时混合方式和刮涂技术不正确，或者腻子失效。刮涂时，有空气被包裹其中，打磨后使一些空洞显露出来，形成小孔洞，随后的涂料进入这些孔洞。

2）空压机中有油或水，底漆、腻子没填平或缩孔。

3）使用的喷嘴尺寸太大或太小，所喷涂料太厚或太薄。

4）超过了使用期限，涂料已固化，很难用于喷涂。

5）挥发时间太短。人工干燥后，在涂膜表面之下仍存有溶剂；打磨后，空洞出现，但随后喷涂的涂料未能填充这些孔洞。

（2）解决方法

1）在混合腻子和固化剂时，必须用两把刮刀（不要搅拌）。刮刀与表面之间的最佳角度为 60°，限制刮涂动作的次数。另外，不要使用失效的腻子。

2）使用推荐的喷嘴尺寸，涂料按正确比例混合，不使用过期的涂料。

3）根据环境温度、空气流通速度等选择合适的稀释剂，使涂料具有适当的挥发速度。

4）彻底打磨涂膜或原子灰，除去针孔，然后重新喷涂。

3. 桔皮或起皱

新喷涂料流平性差，看起来很像桔皮，称为桔皮或起皱。

（1）形成原因

1）涂料喷涂黏度太高。

2）稀释剂干燥速度太快。

3）喷涂压力太高或太低。

4）喷嘴尺寸太大。

5）周围环境温度太高或太低，而准备使用的涂料温度太低。

6）在准备使用的涂料中加入了过多的助剂。

（2）解决方法

1）按使用说明书调整涂料黏度至合适程度。

2）根据环境温度、工件大小和空气流通速度等因素决定稀释剂的品种和用量。

3）加高沸点溶剂，降低喷室温度，严格控制好黏度、空气压力等，喷后应有足够的自然流平时间。

4）喷涂的理想环境温度在20℃左右，储存温度要在15℃以上为宜。

5）轻微的桔皮可通过抛光消除。若情况严重，应打磨表面并重新喷涂。

4. 涂膜附着力差

干燥后的涂膜容易从底材上脱落，意味着该涂膜附着力差，附着力差的现象有可能发生在涂层与涂层之间，也有可能发生在涂膜与底材之间。

（1）形成原因

1）涂料产品选用不当。

2）底材脱脂除锈不彻底，表面粗糙度值偏低。

3）固化剂和稀释剂选用不当，所用稀释剂挥发速度过快。

4）喷嘴太小或太大，涂膜过厚，挥发时间不够，喷涂过干。

5）过高或过低的喷涂温度，以及喷涂表面温度过低，导致聚集物形成。

（2）解决方法

1）根据产品相关的技术资料，选择合适的涂料品种。

2）在涂漆前对底材进行彻底脱脂，腻子要薄而实，每刮腻子或喷涂时，底层至少要求已表干，不能有水或粉尘等杂质。

3）根据随后喷涂的产品采用所建议等级的砂纸，对修补区及其边缘进行打磨。

4）选用所推荐的固化剂和稀释剂，根据环境温度、湿度和空气流通速度选用合适的稀释剂品种和用量。

5）选择适当的喷嘴，运用正确的喷涂技术，避免喷涂过厚。

6）喷涂的湿涂膜有湿润感。

7）在±20℃之间喷涂为佳。

8）在低温条件下，喷涂前应使基材达到与周边环境一样的温度。

9）根据范围大小，通过打磨、脱漆或喷砂处理技术等除去缺陷涂膜，并重新喷涂。

5. 涂膜透锈或锈点

（1）形成原因　未磷化或未涂防锈底漆，漏喷及涂膜太薄；漆种不良或不配套；涂膜有针孔或附有金属粉尘等杂质。

（2）解决方法 施工时要制定严格的工艺，拥有文明、整洁的生产环境，同时认真执行工艺，操作时一丝不苟。

6. 咬底

咬底现象是指喷涂时涂膜表面出现褶皱，部分底材被咬的现象。

（1）形成原因

1）选用涂料与底材不匹配。

2）前一层涂层与底材附着力不好。

3）前一层涂层尚未完全干透或硬化时喷涂后道涂料。

4）涂料喷涂过多。

5）涂料挥发时间太长，已挥发涂层被下一层涂料的溶剂溶解。

（2）解决方法

1）在喷涂选择前分析原旧漆成分，如不能确定旧漆层体系（底漆为单组分挥发干燥型漆，面漆为双组分交联型漆或已经重复修补过多次），应选用隔离底漆或双组分底漆，并采用正确的混合比例和喷涂技术。

2）采用合适的干燥时间和干燥温度，防止涂膜过厚。

3）经过合适的挥发时间后，立即喷涂下一层。

4）在一定程度上咬起的涂料可在完全干燥后将其打磨成平滑的涂膜，然后重新喷涂。

5）对于较敏感的底材，要小心喷涂（涂膜要薄），每层之间应保持足够的挥发时间。

6）如果涂膜咬底严重，则必须完全去除，然后进行重新喷涂。

7. 起泡

涂膜表面出现一些分散或集中的小隆起，称为水泡，它一般在面漆下的某一涂层中产生。小心地弄破一些隆起，便能发现水泡产生在哪一层。水泡是由于涂料下面有水汽或污物而产生的。

（1）形成原因

1）原有旧涂膜中本身就含水泡。

2）喷涂前底材上残留有污物。

3）预处理后水汽在表面上凝结。

4）腻子层经湿打磨处理或已吸引了空气中的水汽。

5）选择了不合适的催干剂或稀释剂。

6）催干剂已与罐中水汽发生反应。

7）压缩空气中含油或水。

（2）解决方法

1）预处理后仔细检查底材。

2）喷涂前一定要脱脂。

3）在阴冷潮湿的环境中施工时，应使涂装面温度达到环境温度，防止结露。

4）腻子层打磨处理后完全干燥。

5）选用推荐的催干剂和稀释剂。

6）催干剂罐使用后立即盖上盖子。

7）定期检查油、水分离器，及时排水。

8）采用打磨、脱漆或喷砂处理技术，除去含泡涂膜，重新喷涂。

8. 色差

后道漆或修补漆的颜色与原漆颜色不一致，或者表面有浮色现象。

（1）形成原因

1）催干剂或稀释剂使用不当。

2）油漆颜色与原漆的色号不相符。

3）在调漆机上的色母搅拌不充分。

4）喷涂时涂料的黏度不合适。

5）喷涂技术不规范，使涂料遮盖不均匀。

（2）解决方法

1）根据工件大小、喷涂温度、空气流动速度和所需干燥速度等因素，选择涂料产品。

2）对于难调的颜色，应先喷小样板，在与原有涂膜对色之前，将此部分涂膜清洗干净。

3）采取推荐的混合比例，用黏度杯测试喷涂用漆的黏度。

4）采用正确的喷涂技术，压枪（搭接）良好，确保涂层表面平滑。

5）如有必要，可用小样板与原涂层对色，然后将颜色已做微调的涂料进行重新喷涂。

9. 原子灰印

在面漆涂层可看见下面涂层的边缘，或者在修补区附近可见打磨痕迹，俗称原子灰印。

（1）形成原因

1）原子灰用在不恰当的底材上，导致张力差异。

2）打磨前底材未经脱脂或脱脂不当。打磨时边缘走样，在修补区四周留下一个不规则边缘。

3）对将要刮涂原子灰的底材使用过细的砂纸打磨。打磨平整后，由于附着力差，原子灰边缘走样。

4）修补接口区域未能正确进行磨缘处理。

5）底材打磨过粗，对原子灰打磨平整后，仍可见明显的砂纸痕。

6）涂膜中小的补丁区域没有充分磨边。

7）填充区域打磨得不够平滑，与周围区域相比显得凸出。

8）部分原子灰刮涂在旧涂膜上，打磨时在填充周围形成不规则边缘。

9）原子灰刮涂不平整，边缘未经磨边。

（2）解决方法

1）原子灰只能用在裸钢或防护底漆上。

2）原子灰在打磨前应彻底脱脂。

3）打磨和磨边时，建议采用较粗的砂纸。

4）对修补接口区域进行充分的磨缘处理。

5）采取正确的打磨步骤。

6）对小补丁的接口区进行充分磨边。

7）用打磨垫进行打磨，不时地触摸填充区域表面。

8）对修补区进行彻底的打磨。

9）刮涂原子灰时，应进行磨缘处理。

10）对修补区进行打磨、修边，使之平滑，然后再次喷涂。

10. 鱼眼

湿涂膜表面出现点状分布的小坑洞，在坑底有时可见底材，这种现象称为鱼眼。

（1）形成原因

1）底材脱脂不彻底，脱脂时使用了脏布。

2）压缩空气中含水或油，烤漆房被含硅有机物污染。

（2）解决方法

1）喷涂前用脱脂剂彻底脱脂，采用两块干净抹布交替即擦即抹的方法脱脂。

2）检查油、水分离器，及时把里面的水排净。

3）不在喷涂车间或烤房内使用含有机硅的产品。

4）打磨鱼眼涂膜使之变平。先喷一薄层，然后再正常喷涂，涂层之间应有合适的挥发时间和空间。如果仍有鱼眼在涂膜中形成，应加入防缩孔剂。

11. 龟裂

膜层使用一段时期后，表面大范围分布着非常细小的毛细裂纹，长时间后可发展成为裂纹，贯穿整个喷漆层，称为龟裂现象。

（1）形成原因

1）面漆喷涂在一个已经有裂纹的表面上。

2）双组分产品中加入了过多或过少的催干剂。

3）单组分产品中加入了过多的稀释剂。

4）底漆产品没有被充分搅拌。

5）面漆下涂层太厚。

6）封闭涂层喷得过厚。

7）面漆喷涂过厚。

（2）解决方法

1）脱脂时仔细检查底材是否有裂纹，如有裂纹，应用腻子或油漆进行封闭。

2）确认使用涂料的固化剂比例是否正确，涂料黏度是否合适。

3）在喷涂之前，充分搅匀所用涂料产品。

4）避免喷涂过厚，控制涂膜厚度。

5）采用正确的喷涂技术，按建议层数进行喷涂，以避免一次喷涂过多。

6）如有龟裂现象，应重新进行喷涂。

12. 失光

新喷涂的涂膜光泽度低，称为失光。

（1）形成原因

1）湿涂膜吸收了蜡或其他类似的污染物。

2）腻子层在打磨前未完全干透。

3）打磨砂纸过粗。

4）选用的稀释剂干燥速度太快。

5）选用了与涂料不配套的固化剂。

6）固化剂或稀释剂加入量不当。

7）双组分涂料产品的各组分混合方法不正确。

8）没有足够的挥发时间。

9）对单工序金属漆雾喷过头。

10）在湿碰湿体系中，前一道涂层溶剂未经充分挥发便继续喷涂或者一次喷得太厚。

11）烘烤温度太高或时间太长。

（2）解决方法

1）在打磨和喷涂之前，对喷涂区及周边区域进行彻底脱脂。

2）根据周围环境温度和涂膜厚度，选择合理的干燥时间。

3）选择使用合适的砂纸。

4）根据周围环境温度、工件大小和空气流通速度选择稀释剂。

5）选用推荐与稀释剂配套的固化剂。

6）按正常配比涂料的各组分。

7）选用正确的固化剂、稀释剂比例，先添加固化剂，搅匀后再加入稀释剂。

8）必须有充足的挥发时间。

9）实行一薄层雾喷。

10）遵照推荐的挥发时间，防止喷涂过多，以免导致涂膜过厚。

11）经常检查定时器和温度调节器的工作状态。

12）进行抛光处理，增加光泽度。若效果不明显，可在稍打磨后重新喷涂。

13. 流挂

在一些涂膜厚度不均匀的区域，局部涂料堆积太多，以至涂料在湿的时候就发生流挂现象，流挂主要是发生在垂直表面上。

（1）形成原因

1）底材脱脂不彻底，涂料不容易附着在底材上。

2）所选用的稀释剂干燥速度太慢、加入量过多。

3）喷涂距离太近或所喷涂料不均匀，导致局部涂料堆积。

4）喷嘴太大，涂膜过厚。

5）喷涂环境、基材和涂料温度太低。

（2）解决方法

1）喷涂前将油污清除干净。

2）由工件大小、环境温度、湿度和空气流通速度等因素确定适当的稀释剂品种和用量。

3）对所喷涂料，参照相关技术资料选用合适的喷嘴尺寸，采用正确的喷涂技术。

4）喷涂的理想温度约为20℃，如有必要，可添加适量的触变剂和快干型稀释剂。

5）通过适当措施提高基材、涂料的温度。

6）采用打磨和抛光等方法除去已干燥的流挂涂料。若出现严重流挂现象，应在干燥后打磨平整并重新喷涂。

14. 磨痕

在涂膜上有时可见由打磨机或手工打磨后的细小痕迹，并且它们大都出现在面漆上，这种现象可能在喷涂面漆后很快出现，也有可能经过几周之后才出现。

（1）形成原因

1）对于后道涂料来说，所选的打磨砂纸太粗。

2）修补区域磨缘用的砂纸太粗糙。

3）底漆或腻子层在打磨前未能完全干透。

4）打磨时砂粒或粗糙的灰尘粒子导致刮痕产生。

（2）解决方法

1）选择适当细度的砂纸。

2）选用比修补区砂纸细 100 个点的砂纸进行磨边。

3）打磨前应充分干燥，用除尘器或吹枪仔细清除所有灰尘。

4）手工打磨时，采用细一个等级的砂纸。

5）涂膜干透之后，采用合适粗细的砂纸打磨面漆，必要时可重新喷涂。

15. 溶剂泡

在刚刚干透的新涂膜上出现的一些由溶剂引起的小泡称为溶剂泡。

（1）形成原因

1）选用的稀释剂质量太差，干燥速度过快。

2）喷涂压力不正确，喷嘴尺寸不恰当。

3）涂膜太厚且涂层之间时间间隔太短。

4）没有足够的挥发时间。

5）喷涂后立即进行人工干燥，热源太近或干燥温度太高。

（2）解决方法

1）选用合适的稀释剂。

2）由环境温度、工件大小、空气流通速度来决定稀释剂的选择。

3）参照相关技术资料，选择合适的喷涂压力和喷嘴尺寸。

4）采用正确的喷涂技术，允许涂料有足够的挥发时间。

5）在人工干燥之前，让最后一层涂料挥发一段时间。

6）降低干燥温度，将热源与工件间保持适当的距离。定期检查烤房温度、温度调节器和开关等。

7）重新打磨涂膜，除去所有的溶剂泡痕迹，再重新喷涂。

16. 水迹印

涂膜上可看见水滴蒸发后留下的痕迹，即水迹印。

（1）形成原因

1）固化剂的加入量不恰当。

2）涂膜太厚，在建议的时间内未能完全干透。

3）涂膜冷却时与雨水或水珠有接触。

（2）解决方法

1）避免涂料喷涂过厚。

2）根据建议的干燥时间和温度进行干燥。

3）避免未干透的涂膜与水接触。

4）抛光表面直至痕迹消失。如果无济于事或抛光后问题重现，则应打磨后重新喷涂。

第9章 电泳涂装

9.1 电泳涂装的应用特点和条件

9.1.1 电泳涂装的发展概况

随电泳涂装技术的进步，电泳涂料至今已发展到第六代。其中前二代为阳极电泳涂料（也有把阳极电泳涂料划为三代的），各代电泳涂料的简单介绍如下：

第一代：低电压、低泳透力的阳极电泳涂料。以顺酐化油、酚醛和环氧酯制备的阳极电泳涂料为代表。其耐盐雾性在100h以下。由于该漆的泳透力低，为使车身内部能涂上漆，应设置辅助阴极。

第二代：高电压、高泳透力的阳极电泳涂料。以20世纪70年代开发、投产采用的聚丁二烯树脂的阳极电泳涂料为代表，在磷化板上的耐盐雾性提高到240h以上，在泳涂汽车车身时可不设辅助阴极。

第三代：20世纪70年代开发的低pH值、低电压的阴极电泳涂料。因在阳极电泳时产生阳极溶解，使其耐蚀性不能进一步提高，而不能适应20世纪70年代初石油危机时汽车工业迫切延长汽车使用寿命的要求，再加上高速公路的盐害日益严重，迫切要求提高汽车车身的耐蚀性，因而开发了第一代阴极电泳涂料。其槽液的pH值为3~5，由于其pH值较低，所以设备腐蚀较严重。耐盐雾性达到360~500h，泳透力比较低。

第四代：高pH值、高电压、高泳透力的阴极电泳涂料。槽液pH值在6.0左右，其泳透力较阳极电泳涂料和第一代阴极电泳涂料高，在磷化板上的耐盐雾性达到720h以上，现今还是世界各国采用的阴极电泳涂料的主流。

第五代：以20世纪80年代中期开发的厚膜阴极电泳涂料为代表。为提高被涂物锐边的耐蚀性和适应简化涂装工艺的需要（由三涂层改为两涂层），开发了厚膜阴极电泳涂料。一次泳涂的涂膜厚度，由原来的20μm左右提高到30~35μm，耐蚀性达到1000h左右。

第六代：无铅化环保型阴极电泳涂料。这一代涂料泳透力高，固化温度降低，加热减量低，同时又节省了资源与能源。

各代电泳涂料的涂膜性能对比列于表9-1中。

表9-1 各代电泳涂料的涂膜性能对比

项 目	第一代	第二代	第三代	第四代	第五代	第六代
涂料品种	阳极电泳涂料	阳极电泳涂料	阴极电泳涂料	阴极电泳涂料	厚阴极电泳涂料	阴极电泳涂料
涂膜厚度/μm	18~20	18~20	18~20	18~20	30~35	18~20
pH值	8~9	8~9	3~4	6.0左右	6.0左右	6.0左右
施工电压/V	20~40	100~180	100~180	200左右	200~300	200~300

（续）

项　目		第一代	第二代	第三代	第四代	第五代	第六代
泳透力（钢管法）		10%左右	>70%	>50%	>75%	>80%	>80%
耐盐雾性/h	未磷化脱脂钢板	24	96	180~250	400	500	500
	磷化板	48	240~360	360~500	720~800	1000	1000

9.1.2　电泳涂装的应用特点

电泳涂装除与一般无机电解质受电场的作用表现不同外，它和电镀也不相同，主要表现在电沉积物质的导电性方面。电镀时，电沉积后极间导电性并不发生变化，而有机涂膜则由于具有绝缘性，所以在水性涂料进行电沉积涂装时，随着电沉积的进行，极间电阻发生显著变化。图 9-1 所示为电沉积和电场分布的关系。图 9-1a 中Ⅰ靠近阴极的阳极面，此处电场最强，电沉积首先从这部分开始。

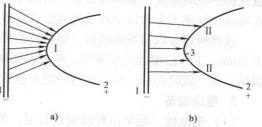

图 9-1　电沉积和电场分布的关系
a）电沉积前的电场分布
b）电沉积后的电场分布
1—阴极　2—阳极　3—初期电沉积膜

电沉积开始时先出现点状沉积，逐渐地连成片状。随着电沉积的继续，电沉积物部分绝缘，当电阻上升到一定程度后，电沉积在Ⅰ处几乎不继续进行。电场分布逐渐向Ⅱ处移动，电沉积随着涂膜的形成逐渐向未涂部分移动，直到表面均被涂覆为止。

电泳涂装具有以下特点：

1）涂装工艺容易实现机械化和自动化，不仅减轻了劳动强度，而且还大幅度地提高了劳动生产率。据某汽车制造厂资料统计，汽车底漆由原来浸涂改为电泳涂装后，其工作效率提高了 450%。

2）电泳涂装由于在电场作用下成膜均匀，所以适合于形状复杂，有边缘棱角、孔穴的工件等，而且还可以调整通电量，在一定程度上控制膜厚。例如，在定位焊缝缝隙中，箱形体的内外表面都能获得比较均匀的涂膜，耐蚀性也明显的提高。

3）带电荷的高分子粒子在电场作用下定向沉积，因而电泳涂膜的耐水性很好，涂膜的附着力也比采用其他方法的强。

4）电泳涂装所用漆液浓度较低，黏度小，带出损耗的漆较少。漆可以充分利用，特别是超滤技术应用于电泳涂装后，漆的利用率均在 95% 以上。

5）电泳漆中采用去离子水作为溶剂，因而节省了大量的有机溶剂，而且无中毒、易燃等危险，从根本上清除了漆雾，改善了工人的劳动条件，并且降低了环境污染。

6）提高了涂膜的平整性，减少了打磨工时，降低了成本。

由于电泳漆涂装具有上述许多优点，所以目前电泳涂装的应用较广，如在汽车、拖拉机、家用电器、电器开头、电子元件等表面的涂装上均可应用。此外，浅色阴极电泳漆的出现还适合于各类金属、合金，如铜、银、金、锡、锌合金、不锈钢、铝、铬等的涂装，所以在铝门窗框、人造首饰、银件、灯饰等方面均得到了广泛的应用。

9.1.3 电泳涂装的应用条件

1. 电泳漆

电泳涂装时需要一种良好的水溶性漆。水溶性漆是 20 世纪 60 年代初期获得发展，并在工业上得到广泛应用的新型涂料。它与溶剂型漆的主要区别在于它用水作为主溶剂。制备一种性能良好，使用稳定的电泳漆，首先要合成一种水溶性树脂。为此，必须在聚合物分子链上引进一定数量的强亲水性基团，例如羧基（—COOH）、羟基（—OH）、氨基（—NH$_2$）、醚键（—O—）、酰胺基（—CONH$_2$）等。但是这些极性基团与水直接混合时不能水溶，多数只能形成乳浊液，必须经过氨（或胺）或酸中和成盐，才可部分溶于水中。因此，合成水溶性树脂绝大多数以中和成盐的形式获得。

这些树脂加以适当的颜料、填料及助溶剂，即可配制成所需要的电泳漆。在电泳槽中通电 2min，工件出槽后经水淋洗，除去表面浮漆和气泡，再放入烘箱（烘道）在一定温度下烘烤。经一定时间后，便可获得一层平整光滑、性能良好的电泳涂膜。

2. 电泳设备

（1）电泳槽 通常由普通钢板制成，槽内壁可用橡胶或环氧树脂作为衬里，使其具有绝缘性。另外，槽体也有用聚氯乙烯硬板制成的。槽体大小应根据工件的形状大小和施工条件而定。连续自动化生产时，槽体长度取决于生产线速度和电沉积时间，槽体宽度取决于工件最大阴极与阳极间距（一般此间距为 200~600mm）。阴极与阳极面积比应根据所用电泳漆类型、工件的形状大小而定，面积大小可用聚氯乙烯隔板调节。常用电泳槽的形状有方形、船形等。槽体则由主槽和溢流槽组成。

（2）直流电源、电器控制及集电方式 通常采用硅整流器作为直流电源，大型设备采用直流发电机，也可采用直流电焊机作为电源。电源容量根据工件面积大小、漆液特性及施工工艺条件而定。工作电压一般在 150V 以下，大型电泳涂装流水线也可采用 150~250V 电压。采用高工作电压进行电泳时，虽然可以提高漆液的泳透力，增加涂膜厚度，但电解反应加剧，而且必须有特殊的防护措施。为了控制电压的高低，可装调压装置，但电压必须低于湿涂膜击穿电压。电泳涂装过程中的表观电流值随漆的种类、工件涂装面积的变化而变化。电泳涂装的电流密度一般为 20~50A/m^2。阳极电泳中，工件或挂具作为阳极，电泳槽与电源的负极直接连接，并将槽体接地作为阴极，此为阴极接地法。如使用阴极罩等隔膜装置时，电源的负极须悬于阴极罩内，电泳槽接地，槽内壁绝缘。工业上一般采用阳极接地法。

3. 循环和搅拌系统

漆液循环和搅拌主要有以下三个作用：

1）可以防止颜料粒子沉底结块，保证电泳槽中工作漆液各处成分均匀。

2）可消除漆液的温度不均，使漆液的工作温度均匀一致。

3）可排除电泳涂装过程中产生的气泡，保证涂膜具有良好的外观质量。

搅拌的方式分为机械搅拌和循环两种。一般多采用泵循环的方式，用这种方式对漆液过滤和热交换都比较有利。循环速度可根据漆液的组成而定，一般全循环速度可在 2~7 槽量/h 的范围内变动。

4. 阴极结构

目前在阳极电泳时，多采用均匀分布在电沉积漆槽两侧的不锈钢板作为阴极。这些钢板装在帆布袋制成的阴极罩内，阴极板的数目及面积由阴极和阳极面积比所决定。在阴极电泳时，装置的极性刚好与阳极电泳时的装置相反。被涂工件作为阴极，而分布在阴极电泳槽两侧的为放置在阳极罩内的阳极板。

9.2 电泳涂装过程和工艺

9.2.1 电泳涂装过程

目前，采用的电泳涂装有阳极电泳和阴极电泳两种。阳极电泳用水溶性树脂是一种高酸价的羧酸盐（一般是羧酸胺盐），在水中溶解后，以分子和离子平衡状态存在于直流电场中。两极产生电位差，离子发生定向移动，阴离子向阳极移动，并在阳极表面上放出电子沉积于阳极表面，而阳离子向阴极移动，在阴极上获得电子还原成胺（氨）。阴极电泳用水溶性树脂是一种阳离子型化合物，它用有机酸中和，在水中溶解后，以分子和离子平衡状态存在于直流电场中。接通电源后，离子发生定向移动，阳离子向阴极移动，并在阴极表面上放出电子氧化成酸。电泳涂装是一个非常复杂的电化学反应，无论阳极电泳还是阴极电泳，均包括电泳、电解、电沉积和电渗四个同时进行的过程。

（1）电泳　在直流电压作用下，分散在介质中的带电胶体粒子向与它所带电荷相反的电极方向移动，这个过程称为电泳。电泳漆液中，除带负电荷的树脂粒子可以电泳外，不带电荷的颜料粒子吸附在带电荷的胶体树脂粒子上，也随着电泳。

（2）电沉积　在电场作用下，带电荷的树脂粒子电泳到达阳（阴）极，放出（得到）电子沉积在阳（阴）极表面，形成不溶于水的涂膜的过程称为电沉积。它是电泳涂装过程中的主要反应，电沉积首先在电力线密度特别高的部位，如被涂工件的边缘棱角和尖端处。而一旦沉积发生时，被涂工件就具有一定程度的绝缘性，电场于是随着被涂覆的表面向后移动，直到最后得到完全均匀的涂膜。

（3）电渗　它是电泳的逆过程，当漆液胶体粒子受电场影响，向阳极移动并沉积时，吸附在阳极上的介质（如水）在内渗力的作用下，从阳极穿过沉积的涂膜进入漆液，该过程称为电渗。电渗的作用是将电沉积下来的涂膜进行脱水，通常新沉积涂膜的含水量为 5%～15%（质量分数），可直接进入高温烘干，不会发生起泡或流挂等现象。

（4）电解　当电流通过电解质水溶液时，水便发生电解反应，在阴极放出氢气，阳极放出氧气。因此，在涂装过程中，应尽量降低电压并防止其他杂质离子混入漆液中，因为电解反应时放出过量气体，会影响涂膜质量。

9.2.2 电泳涂装工艺

目前，在国内应用较多的电泳涂装工艺流程是：脱脂（除锈）→冷水洗→热水洗→磷化处理→冷水洗→钝化→纯水洗→电泳涂装→纯水清洗→烘烤成膜→冷却。

1. 电泳涂装前的金属表面预处理

表面预处理包括脱脂（除锈）、水洗、磷化处理、烘干、钝化。

2. 电泳涂装的工艺过程

（1）漆液固体含量的补充　通常电泳涂装的工作漆液的固体含量为 10%～15%（质量分

数）比较合适。由于在生产过程中工作漆液的固体含量会不断减少，工作漆液的组分会发生变化，因此，为了保证涂漆质量，需要定期补充新漆，以使工作漆液的固体含量基本保持稳定。

稀释漆液所用的水可以是一般蒸馏水、去离子水或软化水。

（2）漆液温度的控制　漆液温度应控制在一定的范围内（20～30℃）。如果漆液温度过高，漆液中助溶剂挥发快，漆液不稳定，导致产生涂膜较厚、表面粗糙，以及有流挂、堆集等现象。如果漆液温度过低，漆的水溶性降低，电沉积量减少，就会导致产生电泳涂膜较薄，深凹表面可能泳不上漆，还可能产生涂膜粗糙、无光等缺陷。电泳漆液温度控制可通过冷水夹套、冷却管及换热器中通冷水、热水或蒸汽等措施来实现。

（3）漆液 pH 值调整　阳极电泳的漆液常用氨或氢氧化钠中和成盐，所以偏碱性。在电泳过程中，由于带负电的树脂涂于工件表面而被带走，同时由于电解作用，阴极不断产生胺（氨），漆液的 pH 值就逐步上升。pH 值的变化会引起漆液电沉积特性改变，同时涂膜性能也会发生变化。阳极电泳漆液 pH 值的主要调整方法有：补加低胺或无胺涂料法、离子交换树脂法、阴极罩隔膜法、电渗析法。

阴极电泳的漆液呈酸性，第二、第三代阴极电泳涂料的 pH 值通常为 6.0～7.0。若漆液的 pH 值偏高，则涂料分散稳定性就会下降；若漆液 pH 值偏低，则库仑效率和泳透力就会下降，加剧对管路的腐蚀。

（4）电导率　当工作漆液的 pH 值、固体含量和槽液温度保持正常时，电导率增大，即混入槽液中的杂质离子（电解质）的量就增大，从而引起漆液变质、电压下降，使涂膜表面粗糙。

（5）库仑效率　每通过一库仑电量时沉积出涂膜的质量，称为库仑效率，单位为 mg/C。通过库仑效率的变化，可以了解漆液的电特性变化，以及漆液是否被杂质离子污染。

（6）涂面状态和"L"效应　涂面状态表示涂膜外观的特性，可通过现场观察或通过漆液检验来获得。若发现涂膜外观不平整，有缩孔、针孔、颗粒、斑痕等涂膜弊病时，应立即查找原因，采取相应的防治措施。"L"效应是指电泳涂装"L"形的钢板或工件时，其垂直面和水平面涂膜外观的差别。通常易在水平面产生表面粗糙、存在颗粒、光泽差等缺陷。

9.3　电泳涂装工艺的设备

批量不大的电泳涂装通常采用间隙生产的固定式电泳涂装设备，大批量的电泳涂装则多采用通过式连续电泳涂装的生产线设备。

电泳涂装设备主要由电泳槽体及辅助设备、涂装后水洗装置、烘干设备以及电泳废水处理设备等组成。

9.3.1　电泳槽及其辅助设备

1. 电泳槽

电泳涂装的电泳过程是在主槽内完成的，它是电泳涂装设备的核心。因此，合理地设计和制造电泳槽是非常重要的。

（1）形状　槽体形状由日处理量和生产方式决定，一般船形槽体适于连续通过式涂装生产，矩形和方形槽体适于间隙式生产。无论船形槽、矩形槽，还是方形槽，底边处都要求有圆弧过渡，以避免死角引起漆液静止沉淀。

（2）尺寸　槽体尺寸取决于被涂工件的最大外形尺寸，在确保电泳效率的前提下，槽体容量应尽可能地小，但须保持工件在槽体中距极罩、槽底和液面的距离不小于200mm。船形槽的长度取决于传送链的线速度、电泳时间，以及工件入槽的角度。由于电泳涂装时间通常都在 2 ~ 3min，所以槽体长度实际上是取决于传送链的线速度。宽度则取决于工件的宽度及工件与电极的距离，工件与电极的距离通常为 200 ~ 400mm。

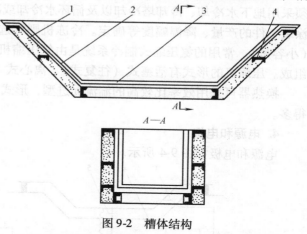

（3）材料　电泳涂装槽体一般由普通的低碳钢板焊接而成，槽体内可用硬聚氯乙烯塑料或环氧玻璃钢衬里，也可以涂刷绝缘涂料或者用不锈钢内衬。当

图 9-2　槽体结构

1—保温层　2—钢板　3—防腐层　4—槽体骨架

采用硬质聚氯乙烯塑料作为槽体时，槽体四周要用钢结构加固。槽体结构如图 9-2 所示。

2. 溢流槽

溢流槽的作用是控制电泳槽内漆液的高度，排除漆液表面的泡沫（工件入槽区域和出槽区域的液面要求无泡沫），防止泡沫附在工件和涂膜上影响涂膜的质量。溢流槽容量通常为电泳槽容量的1/10。溢流槽装在电泳槽的一侧或两侧，溢流口的高度则取决于电泳槽液面的高度，落差太大，容易产生泡沫。

电泳槽液从溢流槽底抽出，由循环泵泵入电泳槽底的喷管，经喷管喷出的强劲射流和旋涡使漆液得到充分的搅拌。电泳槽的漆液同时又不断地溢流到溢流槽中，使漆液得到不断循环。溢流槽内设置的过滤网，起到去除漆液中的机械杂质和消除气泡的作用。

过滤网的材料可采用50 ~ 100 目的尼龙丝、钢丝、不锈钢丝等，不锈钢丝过滤网最耐用。

3. 循环搅拌系统

电泳漆循环搅拌系统如图 9-3 所示。为防止漆液产生颜料沉淀，保证漆液成分和浓度均匀，应选择良好的循环搅拌系统。循环泵轴承的密封必须严密，以防止空气吸入形成泡沫。

漆液被离心泵从溢流槽或辅助槽中抽出，经过超滤器、换热器，再送入电泳槽底部的喷管喷出，由下而上再流回溢流槽或辅助槽。如此循环，达到使漆液循环和搅拌的效果。

在生产中发现，电泳槽中的漆液颜料一旦沉淀结块，单靠循环泵的流量来分散均匀是很困难的，所以要求搅拌系统始终循环搅拌。停工时，由时间继电器控制进行间歇循环搅拌。循环泵可选用离心泵、轴流泵、潜水泵等。泵的流量应保

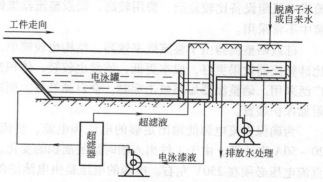

图 9-3　电泳漆循环搅拌系统

证能使整个电泳槽的漆液在 1h 内循环 4~6 次。

在气温较高或连续生产时，漆液温度上升得很快，涂装质量受到很大的影响。因此，必须采用地下水冷却、冷却塔冷却以及循环水冷却或冷冻强制冷却来降温。冷却形式根据电泳涂装工件的产量、降温幅度等确定。冷冻机则可选用涡轮式、吸收式（大容量）或往复式（小容量）。常用的氨压缩式制冷系统是由氨压缩机、冷凝器调节阀（膨胀阀）和蒸发器等组成。压缩机的形式有活塞式（往复式）、离心式（涡流式）、旋转式（回转式）等。

换热器可采用效率比较高的湍流促进型，形式有板框式和管式，而面积比其他形式要小得多。

4. 电源和电极

电源和电极如图 9-4 所示。

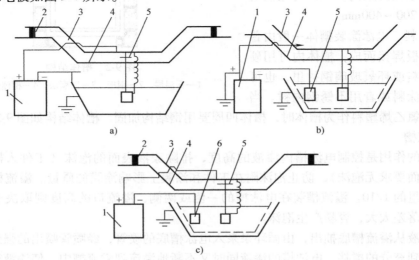

图 9-4　电源和电极
a）阴极接地　b）阳极接地　c）槽体接地
1—整流器　2—绝缘体　3—导电梁　4—传送链　5—挂具绝缘处　6—阴极隔膜

（1）电源　电泳涂装使用的电源通常为直流电源。常用的直流电源的整流设备有：直流发电机组（由直流原动机、直流发电机、激磁发电机等组成）、汞整流器（采用大型汞弧真空管进行整流）、硅整流器（一种大容量的半导体整流器件）以及晶闸管整流器。由于直流发电机组设备比较复杂、费用较高，而汞整流器维修量也较大，费用较高，所以在电泳涂装中不常采用。

硅或硒整流器由于整流效率较高，结构也较简单，维修方便，成本低。而晶闸管整流器比硅整流器效果更好，成本更低，质量也较轻，体积又小，并且可以实现自动调节，所以被广泛采用。硒整流器短路被击穿时，会自动补好。而硅整流器发生短路就会报废，所以必须附加保护装置。

为确保直流电源能输出足够的电压和电流，整流器的容量应根据每平方米工件电流为 20~50A 来计算。由于工件出入槽时涂装面积的变化，电流峰值必须高于平均值的 1~3 倍。直流电压必须在 250V 左右。电源的电压是由电泳漆的电阻值、工件面积、生产方式、产量和电极分布等来决定的。

（2）接地方式　接地方式有阴极接地和阳极接地两种。阴极接地又可分为槽体接地和电极接地两种。阳极接地即工件接地，槽体与地面绝缘。由于阳极接地法中工件、导电排、传送链之间均不必绝缘，具有挂具结构简单、节省投资等优点，并且工件接地后处于零电位，操作安全，所以生产中多采用阳极接地法。但采用这种方法必须保证槽体和所有连接管道绝缘，槽体本身也必须内衬硬氯乙烯塑料板或涂绝缘涂膜。否则，在通电的瞬间，整个槽体将成为阳极工件，而且极距较近，面积较大，导致电流很大，从而必将损坏整流器。

（3）电极　电极通电后，使槽内电泳漆和工件之间形成电场。

1）极板。阳极电泳极板采用普通钢板或不锈钢板，厚度一般为 $1 \sim 2 mm$，极板面积与工件面积比为：阴极极板面积∶工件面积 = $(0.5 \sim 2) \colon 1$；阴极电泳极板采用不锈钢、石墨板或钛合金板，板板面积与工件面积比为：阳极面积∶工件面积 = $1 \colon (4 \sim 6)$。

2）极罩。其作用是调节电泳槽漆液内的 pH 值。它采用半透膜或 1 号工业帆布用环氧黏结剂黏结制成，呈袋状。使用时，在其内部注满了脱离子水，极板插入其中，电泳时便形成了 NH_4^+ 离子，在电场作用下通过透膜或工业帆布袋集中在罩内，定期排除，将槽液的 pH 值控制在一定的范围内。极罩袋可放置在硬氯乙烯框架内或经涂塑处理的铁框架内。极罩结构（不锈钢、低碳钢外涂塑料）如图 9-5 所示。

（4）辅助电极　同电镀一样，电泳时工件内部也有法拉第效应，存在屏蔽作用，如洗衣机箱体、汽车门等。为使内壁均匀涂覆，应增加装卸式辅助电极棒（连续生产用），如使用垂直升降入电泳槽，即装固式辅助电极于槽底。只要工件下降时，箱口对准辅助电极管，工件内底壁上即可均匀涂覆。

（5）脱离子水的生产装置　极罩袋内电泳槽液的配调和稀释补充都需要使用脱离子水，工件磷化后进入电泳槽前，也需要用脱离子水进行洗涤，所以脱离子水的生产是必

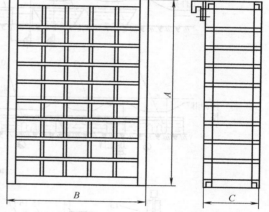

图 9-5　极罩结构（不锈钢、低碳钢外涂塑料）

不可少的。脱离子水可以用蒸馏法、电渗析出法和离子交换树脂法制得。离子交换树脂生产脱离子水的方法所需设备较少，工艺简单，投资也较少，而且水质好，因此，通常采用这种方法。离子交换树脂生产脱离子水的装置有复床和混合床两种。通常采用复床和混合床共用，可达到很高的水质纯度。生产的主要过程是：先用阴阳离子混合交换柱，清除大部分离子，然后用阴离子交换柱，除去残留的阴离子如 Cl^-、SO_4^{2-} 等；再用阳离子交换柱，除去残留的阳离子如 Ca^{2+}、Mg^{2+}、Na^+ 等，即可彻底除去水中的阴阳离子。离子交换树脂可选用 732 型聚苯乙烯强酸性阳离子交换树脂和 717 型聚苯乙烯强碱性阴离子交换树脂。

（6）电泳槽工作时常见设备故障原因

1）工件易掉入电泳槽中。

①输送链运转不正常，有爬行抖动现象，导致工件抖入槽内。

②吊具变形导致工件没到位。

③装工件时没到位。

2）工件的“白板”现象（电泳不上）。

①当负载电流突然增大时，整流器的保护装置就会自然切断电源。

②导电排与电缆线接触不良。

③极板与导电排接触不良。

④吊具与工件接触部位导电性能不好。

3）停车后重新起动整流器时，电流上不去，或当槽内挂满工件时，突然起动整流器开关，会使起动电流上升得太快，整流器内的保护装置就会自动切断电源。

4）长期使用泵的密封填圈磨损导致循环泵漏漆。

5）电泳涂装后冲淋管喷不出水。

①冲淋槽底积存的杂物太多，管道或喷口被堵塞。

②喷淋管的吸口过滤网孔被堵塞。

6）电泳槽液面泡沫太多，循环泵、管路漏气。

AB 循环式电泳涂漆自动流水线如图 9-6 所示。

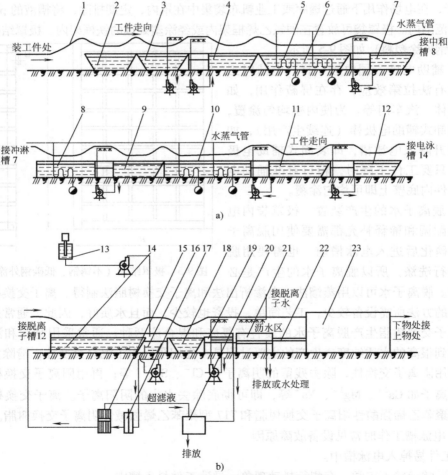

图 9-6 **AB 循环式电泳涂漆自动流水线**
a）A 循环式电泳涂漆自动流水线 b）B 循环式电泳涂漆自动流水线
1—输送链 2—脱脂槽 3—热水浸淋槽 4、7—冷水浸淋槽 5—加热装置 6—去锈槽
8—中和槽 9、11—淋浸槽 10—磷化槽 12—去离子水淋浸槽 13—供漆槽 14—电泳槽
15—超滤器 16—溢流槽 17—预滤器 18—电泳后浸洗槽 19—去离子水淋洗槽
20—超滤液储槽 21—自来水冲淋槽 22—沥水盘 23—烘箱

9.3.2　电泳涂装后的水洗设备

工件完成电泳漆涂装后，在涂膜的表面会黏附漆液，由于含有胺（阳极电泳），易产生电泳涂膜的"再溶解"（涂膜减薄），并使烘干后的涂膜表面粗糙，因此，必须用水冲洗干净。电泳涂装后的水洗装置有喷淋式、浸洗式和喷淋浸洗式三种。在水槽上方或空槽内，清洗水通过喷嘴喷向工件，既能节省用水量，而且清洗的效果也比较好。喷嘴材料可采用尼龙、青铜等，可制成卸式结构，有利于清洗和更换。如图 9-7 所示，V 形喷嘴，出口呈 V 形条缝，射流呈带状，冲击力较强，不易阻塞，但扩散角度小；Y-1 型雾化喷嘴，扩散角度较大；莲蓬头射流呈锥形，锥角大，水珠细密均匀，更有利清洗。

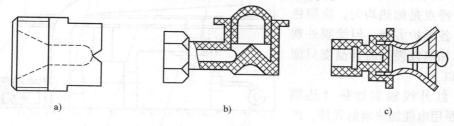

图 9-7　喷嘴
a）V 形喷嘴　b）Y-1 型雾化喷嘴　c）莲蓬头

1. 喷淋式

喷淋式有单极循环和多级循环两种。单极循环即在循环冲洗水中，不断补充清水稀释，保证冲洗水在污染范围外，重复循环喷淋；多级循环则由两个以上的冲洗工位组成。补充的清水先从最后一级加入，冲洗液流向前一级冲洗工位进行冲洗，最后从第一工位流出，然后进行各种处理。

目前，超滤技术在电泳涂装中得到了广泛应用。采用了超滤的滤液来补充部分清洗水，既减少了喷淋洗的废水处理，补充了清洗水，同时又净化了电泳槽液，回收了部分电泳漆。

喷嘴出口的水压力通常不得大于 0.1MPa，莲蓬头式喷嘴的流量为 $0.5\text{m}^3/\text{h}$，螺旋喷嘴的流量为 $0.3 \sim 0.35\text{m}^3/\text{h}$，喷嘴之间距离为 $200 \sim 300\text{mm}$，喷嘴与工件距离为 $250 \sim 300\text{mm}$。

2. 浸洗式

浸洗式是将电泳涂装后的工件浸入清水槽内，使工件表面吸附的浮漆除去。为保证清洗的效果，要求有大量的流动清水，因而在生产中会有大量的废水产生，存在一定的局限性。

3. 喷淋浸洗式

电泳涂装后的工件先浸洗，然后再喷淋水洗，即为喷淋浸洗式。这种方式适用于内腔管壁和喷淋不到的几何形状比较复杂的工件清洗。

9.3.3　电泳涂装的烘烤设备

电泳涂装的烘烤是工件表面的电泳涂膜发生物理性挥发、化学性氧化和缩聚，形成与工件黏结牢固的固化薄膜的过程。涂膜只有经过烘烤后才具有一定的硬度、机械强度，才能达到防腐蚀及装饰的目的。因此说，烘烤是电泳涂装工艺三个基本工序之一，也是极为重要的一环。

烘烤方式的选择，应综合考虑能源供应情况、工件涂膜质量的要求、电泳涂料对固化所需要的烘烤温度和时间、工件的材料种类和形状等因素。

1. 烘烤方式

根据被涂装表面的加热方式，烘烤可分为热空气对流加热、红外线辐射加热、远红外线辐射加线等方式。

（1）热空气对流加热　它是以煤气、油和电加热的空气为介质，用对流换热的方式加热工件涂膜的方法。燃气烘道如图9-8所示。对流加热的特点是加热均匀，涂膜色差小，设备维护方便，但涂膜外观有污物，加热较慢，而且温度只能在200℃以下。

（2）红外线辐射加热（热辐射）　它是用电能加热辐射元件，产生红外线或远红外线来加热涂膜的方法。常用的辐射红外线元件有碳化硅板、氧化镁管、红外线灯泡等。它的特点是热量能透到涂膜底层，固化速度快，温度可高于200℃，而

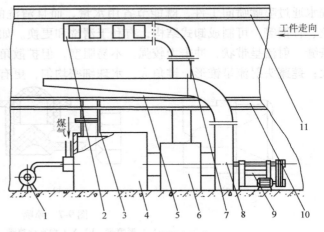

图9-8　燃气烘道
1—送风机　2—回风管　3—进风管　4—燃烧室
5—出风管　6—混风室　7—回风调节阀　8—离心风机
9—风机座　10—下保温层　11—上保温层

且温度能自动控制，设备比较简单，涂膜质量比对流加热好，但是受热面因距离不同而不均匀。

热辐射加热是用煤气、天然气加热辐射元件，使其产生适合涂膜吸收的红外线，以辐射方式直接加热工件涂膜的。它的特点是对电力供应不足的地区比较适用，固化较快，温度可达250℃，费用也比较低等。

（3）远红外线辐射加热　在电加热红外线辐射器或燃气红外线辐射面上，涂上0.12～0.4mm厚远红外辐射涂料，使放射的远红外线波长与电泳漆高分子材料的红外线吸收波的6.2～12μm的波峰区相匹配，使其吸收的能量最大，产生激烈的分子和原子的共振，加速涂膜固化。它的特点是高效快速，节能省时。

2. 烘箱或烘道结构

电泳涂膜的干燥包括沥水、升温、保温、冷却等几个阶段。电泳涂膜的烘干温度一般较高，其烘道通常是连续通过式结构，主要由炉体、辐射器、反射板、通风装置、空气幕和自动控温装置组成。

（1）炉体　为了制造和安装方便，烘道由多节组合而成，炉体架一般采用角钢和槽钢焊接而成。炉体结构如图9-9所示。壁板材料一般采用2～3mm薄钢板。炉体通常由进口区（升温区或预热区）、固化区（保温区）和出口区（冷却区）三部分组成。为防止热量外泄，在进口区和出口区设置了风幕或桥式装置，如图9-10所示。为防止工件上滞留的水珠骤然高温汽化沸腾而损坏尚未充分固化的涂膜，通常加长炉体进口升温区的长度。固化区的长度和辐射器装置的数量，必须符合电泳涂膜温度和固化时间的工艺要求。虽然烘烤水性漆

的炉体可采用自然排气，利用炉体中较高废气压经排气管排出，但实际效果并不好，通常要使用机械强制通风。

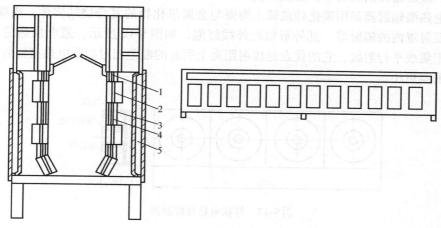

图 9-9　炉体结构

1—烘箱骨架　2—辐射板　3—反射铝板　4—石棉板　5—门

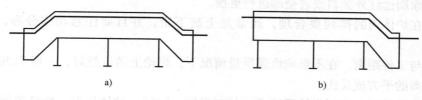

a)　　　　　　　　　　b)

图 9-10　桥式装置

a) 桥式烘箱　b) 半桥式烘箱

（2）辐射器　根据加热对象来正确选用辐射器。常用的辐射器有电热型、燃气型两种。电热型辐射器又可分为管状、板状及灯状三种。

板状电热型辐射器使用得比较多。它是以碳化硅板为基体，表面采用手工涂刷、等离子喷涂或烧结等方式涂覆一层有高辐射系数的远红外涂料的辐射器，主要由远红外涂层、碳化硅板、电阻丝、保温材料、石棉板、金属保护盒组成。它的表面温度可达 300 ~ 400℃，如图 9-11 所示。

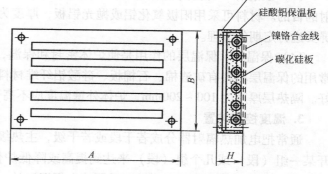

图 9-11　碳化硅板状电热型辐射器

板状电热型辐射器温度分布比较均匀，适用于在中、高温范围内烘干平面及形状较复杂的工件。

管状电热型辐射器是在石英管、不锈钢管、陶瓷管等中间嵌入电阻丝，并用氧化镁粉填充空隙绝缘，然后在管壁外涂覆一层远红外辐射涂料制成的。通电加热后，辐射出一定波长范围的远红外线。该辐射器主要由金属外管、电阻丝、氧化镁填料等组成。使用管状电热型辐射器时，应加抛光铝反射罩，以提高其辐射效率。

灯状电热型辐射器是用碳化硅或稀土陶瓷与金属氧化物的复合烧结实体，内绕电阻丝，置于灯形反射罩内的辐射器，其外形似红外线灯泡，如图9-12所示。通电加热后，辐射线经反射罩汇集成平行射线。它的优点是辐射距离上引起的温差相对板状电热型辐射器、管状电热型辐射器更小。

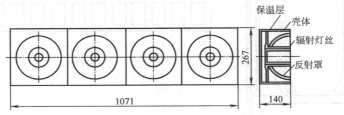

图9-12　灯状电热型辐射器

由于各种加热元件涂覆远红外辐射涂料，使用一定时期后，其辐射效果开始下降，因此应注意重新涂刷远红外涂料或者全部进行更换。

辐射器在炉体内的排列要合理，通常是上疏下密，并且要注意功率分布，减少辐射死角。

辐射器与工件距离，在不影响涂膜质量情况下，理论上越近越好，一般为50～350mm，辐射能与距离的平方成反比。

初次炉体设计时，也可先按照要求，如对温度、时间、炉体保温、抽风等做模拟试验，取得具体数据后进行设计，也可借助多点式烘道测温仪，对工件各部分在烘道内的温度曲线，合理调整烘道内辐射器的排列。国外常采用桥式烘道，并在进口区采用对流式加热的方式，使升温均匀。

（3）反射屏　为提高辐射效率，一般在烘干炉体内壁铺设一层反射铝板，达到增加反射的目的。材料可采用阳极氧化铝或抛光铝板，厚度为1～2mm。为保证反射效率，对反射屏要进行定期的清理。

（4）保温层　保温层的作用是使炉体密封和保温，减少炉体的热量散失，提高热效率。常用的保温层材料有矿渣棉、石棉板、硅酸铝纤维材料等，用硅酸铝纤维材料保温效果比较好。隔热层厚度为100～200mm，炉体外壁温度应不高于40℃。

3. 温度控制装置

通常把电加热辐射器分成若干段或若干级，主热级处于常热状态，调温组通过接触或断开某一组（段）或几个组（段）来达到提高或降低炉体内温度的目的，这样可保持炉温波幅平稳。炉体内各段的温度测量可采用热电偶温度计，并用调节式测温毫伏计来显示。炉体内温度可用电子控制继电器和带有温度调节器的继电线路来控制。

4. 传送装置

为了使电泳涂装工艺过程的各道工序连续化、自动化，应选择高效耐用的传送装置。

（1）传送链　电泳涂装常使用钢丝绳传送链、万向板链式传送链和推杆拨块式传送链。钢丝绳传送链（见图9-13）结构简单，维修方便，但伸缩变形大，节距须经常调整。万向板链式传送链（见图9-14）弯曲升降方便，轻巧灵活，节距稳定，变形小，但维修比较困难。推杆拨块式传送链（见图9-15）可使工件垂直上升、下降，减少槽体长度，维修方便。

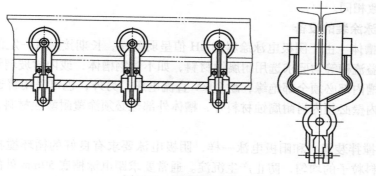

图 9-13　钢丝绳传送链

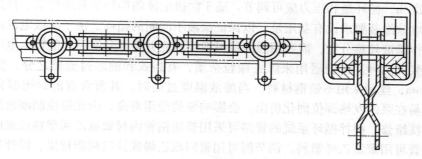

图 9-14　万向板链式传送链

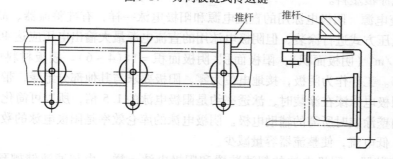

图 9-15　推杆拨块式传送链

（2）驱动装置　传送链运行的原动力由电动机、带轮、链轮、变速箱、减速箱等组成。传送链较长，转向又较多时，必须在两个位置上设置驱动装置，但电动机必须同步。

（3）拉紧装置　由于链子的磨损，温度升高产生膨胀和钢丝绳拉力所引起的长度的伸长，须设有使其紧张的装置。

（4）猫头吊　由两个装有滚珠轴承的滚子、两个行车拖架及附件组成。

9.3.4　阴极电泳涂装设备

1. 表面处理设备

阴极电泳涂装时，表面处理的要求同阳极电泳一样，都要求磷化膜结晶细而致密，薄而均匀，特别是电特性均一，并要求磷化后必须充分水洗，以防止杂质离子带入电泳槽，尤其是要防止 Fe^{2+}、Na^+ 等阳离子混入阴极电泳槽。一般来说，阴极电泳的表面处理工艺和设备与阳极电泳大致相同。

2. 阴极电泳涂装的设备

（1）电泳槽体　由于阴极电泳涂料的 pH 值呈弱酸性，长期接触有一定的腐蚀性，所以阴极电泳槽、溢流槽等均要求选用耐腐蚀材料，如不锈钢槽体，或内衬玻璃钢、聚氯乙烯硬塑料等。电泳槽内部必须全部绝缘，耐 20kV 直流电压。另外，也可采用普通低碳钢制作槽体，但除了槽内壁必须内衬耐腐蚀材料外，槽体外部也必须涂覆耐酸蚀材料，以保证槽外壁也不受腐蚀。

（2）循环搅拌装置　和阳极电泳一样，阴极电泳要求有良好的循环搅拌装置，保证漆液中树脂和颜料粒子的均匀，防止产生沉淀。通常要求距电泳槽底 50mm 处的漆液流速不得小于 0.4m/min，液面流速不得小于 0.2m/min。所选用循环泵，应保证槽液总容积的循环次数为 5～10 次/h，循环量和压力应可调节。适于阴极电泳的循环泵有旋转泵、自封泵、潜水泵等。阴极电泳涂装要求设有备用泵，以保证漆液不间断的循环。由于阴极电泳涂料由原漆配制成的工作槽液较难分散，需要用强力机械搅拌器充分搅拌分散后才能输入电泳槽。搅拌器有锚式和桨式两种。过滤器用来除去颗粒杂质，有袋式和滤芯过滤器之分，要求孔径为 $\phi50～\phi100mm$，丝网采用不锈钢材料。当漆液温度过高时，其所含有的封闭型异氰酸酯由于不耐热，易在泵的发热部位固化析出，会影响泵的使用寿命，因此要控制漆液温度，同时还要经常拆洗维修。搅拌循环系统的管路可采用普通钢管内衬聚氯乙烯塑料或聚四氯乙烯塑料。槽内喷管可用聚氯乙烯塑料，调节阀可用聚四氟乙烯或橡胶树脂衬里。搅拌器、容器可采用不锈钢或涂覆塑料。

（3）直流电源　阴极电泳用的直流电源和阳极电泳一样，有硅整流器、晶闸管整流器，也可采用恒电压方式进行涂装，但阴极电泳用的直流电源最大输出电压应达 400～500V，电流密度为 $10A/m^2$（阴极面积），阳极面积：阴极面积 = 1:（4～6）。极板材料可采用不锈钢板、炭精棒等。工件作为阴极，接地电位为零，阳极要求与其他部分绝缘，带有涂装所必需的正电位。阴极电泳漆在涂装时，泳透率约是阳极电泳的 1.5 倍，所以可简化一些复杂形状的工件深孔内壁涂装时所需的辅助电极。阴极电泳的库仑效率是阳极电泳的数倍，所以可以采用高电压、低电流，使整流器容量减少。

（4）超滤装置　阴极电泳的超滤装置和阳极电泳一样，由超滤液储槽预滤器、管路、电泳槽、泵等组成封闭循环系统。区别在于阳极电泳的超滤液为碱性，阴极电泳则为酸性。因此，阴极电泳超滤装置中的管路必须是由不锈钢和塑料衬里铜管组成的。超滤装置的容量要比阳极电泳略大，为保证工件冲洗用水的要求，超滤透过液储槽应有保证 3h 工艺运行时正常所需的超滤透过液容量。

（5）烘箱和排气装置　阴极电泳的烘干温度一般要比阳极电泳高 10～20℃，工作温度达 170～180℃。工件的预热时间约需 10min，这样烘箱的长度就要加长。高温干燥时，会产生比阳极电泳更多的挥发物，如丁醇、异丙醇、甲基乙二醇醚、二丙酮醇、中和剂甲酸、醋酸、乳酸等。挥发物中，除以上这些有机溶剂外，还有低相对分子质量有机酸、水蒸气、低相对分子质量的树脂，因此有引起爆炸的危险，同时挥发物还会冷凝成粉末或黏稠状物质，黏附在传送链、烘箱内壁和排风管道内。另外，低相对分子质量有机酸会腐蚀烘箱和传送链。因此，阴极电泳涂装的烘箱要求有强有力的抽风装置，排风量为阳极电泳的 3 倍左右。而且传送链结构上要采取保护措施，既要便于清除凝聚物，又要防止粉末灰掉落到工件上。

9.4 电泳涂装常见问题及解决方法

由于电泳涂装方法的独特性，所产生的涂膜缺陷虽与一般涂膜缺陷相同，但产生原因及解决方法不同，有些缺陷是电泳涂装独有的。

1. 颗粒（疙瘩）

在烘干后的电泳涂膜表面上，存在有手感粗糙的（或肉眼可见的）较硬的粒子，称为颗粒。

（1）形成原因

1）电泳槽液有沉淀物，凝聚物或其他异物，槽液过滤不良。

2）电泳后冲洗液脏或冲洗水中含漆浓度过高。

3）烘干炉脏，落上颗粒状的污物。

4）进入电泳槽的被涂物不洁净，磷化后的水洗不净。

5）涂装环境脏。

（2）解决方法

1）减少尘埃带入量，加强电泳槽液的过滤。所有循环的漆液应全部经过滤装置，推荐用 25μm 精度的过滤袋过滤，加强搅拌防止沉淀，消除槽内的"死角"和金属裸露处，严格控制 pH 值和碱性物质，防止树脂析出或凝聚。

2）提高后冲洗水的清洁度，电泳后冲洗的水中固体含量要尽量低，保持后槽向前槽溢流补充。清洗液要过滤，减少泡沫。

3）清理烘干室，清理空气过滤器，检查平衡系统和漏气情况。

4）加强磷化后的冲洗，洗净浮在工件表面上的磷化残渣。检查去离子水循环水洗槽的过滤器是否堵塞，防止被涂物表面的二次污染。

5）涂装环境应保持清洁。磷化至电泳槽之间和电泳后沥干（进入烘干室前）应设置间壁，检查并消除空气的尘埃源。

2. 陷穴（缩孔）

由外界造成工件表面，磷化膜或电泳湿涂膜上附有尘埃、油等，或在涂膜中混有与电泳涂料不相溶的粒子，它们成为陷穴中心，并造成烘干初期的流展能力不均衡而产生火山口状的凹坑，直径通常为 0.5~3.0mm，不露底的称为陷穴、凹洼，露底的称为缩孔。

（1）形成原因

1）槽液中混入异物（油分、灰尘），油飘浮在电泳槽液表面或乳化在槽液中。

2）工件被异物污染（如灰尘、运输链上掉落的润滑油、油性铁粉、面漆尘埃、吹干用的压缩空气中有油污）。

3）预处理脱脂不良，磷化膜上有油污。

4）电泳后冲洗时清洗液中混入异物（油分、灰尘），纯水的纯度差。

5）烘干炉内不净或循环风内含油分。

6）槽液内颜基比失调。

7）补给涂料或树脂溶解不良（不溶解粒子）。

（2）解决方法

1）在槽液循环系统应设脱脂过滤袋，以除去污物。

2）保持涂装环境洁净，运输链、挂具要清洁，所用压缩空气应无油，防止灰尘、面漆尘雾和油污落到工件上。不允许带油污和灰尘的工件进入电泳槽，设置间壁。

3）加强预处理的脱脂工序，确保磷化膜上无污染。

4）保持电泳后冲洗水质，加强清洗液的过滤，在冲洗后至烘干炉之间要设防尘通廊。

5）保持烘干室和循环热风的清洁，第一升温区升温不宜过急。

6）保持电泳槽液的正确颜基比及溶剂含量等。

7）补加新漆时应搅拌均匀，确保溶解、中和好，并且应过滤。

3. 针孔

在涂膜上产生针状小凹坑现象称为针孔，它与陷穴（麻坑）的区别是：后者在凹坑的中心部一般有成为核心的异物，凹坑的周围是涂膜堆积凸起。

（1）形成原因

1）再溶解性针孔。泳涂的湿涂膜在电泳后冲洗不及时，被涂膜再溶解而产生针孔。

2）气体针孔。在电泳过程中，由于电解反应激烈，产生气泡过多脱泡不良，因槽液温度偏低或搅拌不充分，造成被涂膜包裹，在烘干过程中气泡破裂而出现针孔。

3）带电入槽阶梯式针孔。发生在带电入槽阶梯弊病程度严重的场合下，针孔是沿入槽斜线露出底板；另外，气泡针孔是在带电入槽场合下，由于槽液对物体表面润湿不良，使一些气泡被封闭在涂膜内或是槽液表面的泡沫附着在工件表面上形成气泡针孔，易产生在工件的下部。

（2）解决方法

1）工件经泳涂成膜后，离开槽液立即用 UF 液（或纯水）冲洗，以消除再溶解性针孔。

2）在电泳涂装时，从工艺管理上应控制漆液中杂质离子的浓度，对各种离子的含量要控制在规定的范围之内。要求定期化验槽内各种离子浓度，如超标，要排放超滤液，对极液也要控制在规范之内。在磷化膜孔隙率高的情况下，易含气泡，因此应遵守工艺规定的温度（阴极电泳温度一般为 $28 \sim 30\,^{\circ}\text{C}$）。

3）为消除带电入槽的阶梯式针孔，要求槽液表面的流速大于 0.2m/s，以消除堆积泡沫，在带电入槽的通电方式生产时，防止运输链速度过低。

4）为消除水洗针孔，首先要保证涂膜电渗性好，控制槽内溶剂含量（不能过高）及杂质离子的含量，以获得致密的涂膜，后冲洗的水压不可高于 0.15MPa。

4. 膜厚太薄

泳涂后工件表面的干涂膜厚度低于所采用电泳涂料技术条件或工艺规定的膜厚。

（1）形成原因

1）槽液的固体含量过低。

2）泳涂电压偏低，泳涂时间太短。

3）槽液温度低于工艺规定的温度范围。

4）槽液中的有机溶剂含量偏低。

5）槽液老化，使湿涂膜电阻过高，槽液电导率低。

6）极板接触不良或损失，阳极液电导太低，工件通电不良。

7）电泳后冲洗过程中 UF 液清洗时间过长，产生再溶解。

8）槽液的 pH 值太低（MEQ 值高）。

（2）解决方法

1）提高固体含量，保证固体含量稳定在工艺规定的范围内，固体含量的波动最好控制在 0.5%（质量分数）以下。

2）提高泳涂电压和延长泳涂时间，使其控制在合适范围内。

3）注意定期清理换热器，检查其是否堵塞，加热系统及示温元件是否出了故障，槽液温度控制在工艺规定的范围内。

4）添加有机溶剂调整剂，使其含量达到工艺规定的范围。

5）加速槽液更新或添加调整剂，提高槽液电导和降低湿涂膜电阻。

6）检查极板是否有损失（腐蚀）或表面有结垢，一定要定期清理或更换极板，提高阳极液电导，检查工件通电是否良好，挂具上是否有涂料附着。

7）缩短 UF 液冲洗时间，防止再溶解。

8）添加中和度低的涂料，使槽液 pH 值达到工艺范围内。

5. 涂膜过厚

工件表面的干涂膜厚度超过所采用电泳涂料技术条件或工艺规定的膜厚。

（1）形成原因

1）泳涂电压偏高。

2）槽液温度偏高。

3）槽液的固体含量过高。

4）泳涂时间过长（如悬链停止等）。

5）槽液中的有机溶剂含量过高，槽液熟化时间太短。

6）工件周围循环效果不好。

7）槽液电导率高。

8）阴阳极比不对，阳极位置布置不当。

（2）解决方法

1）调低泳涂电压。

2）槽液温度绝对不能高出工艺规定，尤其是阴极电泳漆，漆温过高将会影响槽液的稳定性，维持槽液在工艺规定的温度范围内。

3）将固体含量降到工艺规定之内，固体含量过高不仅使涂膜过厚，而且表面带出槽液多，增加后冲洗的困难。

4）控制泳涂时间，在连续生产时应尽可能避免停链。

5）控制槽液中的有机溶剂含量，排放超滤液，添加去离子水，延长新配槽的熟化时间。

6）检查泵、过滤器及喷嘴是否堵塞，并维修调整之。

7）排放超滤液，添加去离子水，降低槽液中的杂质离子的含量。

8）调整极比和阳极布置的位置。

6. 水滴迹

电泳涂膜烘干后，局部漆面上有凹凸不平的水滴斑状缺陷。

（1）形成原因

1）湿电泳涂膜上有水滴，在烘干时水滴在涂膜表面上沸腾，液滴处产生凹凸不平的涂面。

2）在烘干前，湿电泳涂膜表面上有水滴，水洗后附着的水滴未挥发掉（晾干区湿度太高）或未吹掉。

3）烘干前从挂具上滴落的水滴。

4）电泳水洗后，工件上有水洗液积存。

5）最终纯水洗的纯水量不足。

6）所形成的湿电泳涂膜（过厚、组成松软、电渗性差等）的抗水滴性差。

7）进入烘干室后温升过急。

（2）解决方法

1）在烘干前吹掉水滴，降低晾干区的温度，将晾干区的温度调整到 30～40℃。

2）采取措施防止挂具上的水滴落在工件上。

3）吹掉积存的清洗水或开工艺孔，或改变装挂方式解决工件上的积水问题。

4）提供足够量的纯水。

5）改变工艺参数或涂料组成来提高湿涂膜的抗水滴性。

6）在进入烘干室时避免升温过急，或增加预加热工序（60～100℃，10min）。

7. 异常附着

工件表面或磷化膜的导电性不均匀，在电泳涂装时电流密度集中于电阻小的部分，引起涂膜在这部位集中成长，其结果是在这部位呈堆积状态附着。

（1）形成原因

1）工件表面导电不均匀，致使局部电流密度过大。

①磷化膜污染（指印、斑印、酸洗渣子）。

②工件表面污染（有黄锈、清洗剂、焊药等）。

③预处理工艺异常：脱脂不良，水洗不充分，有脱脂液和磷化液残留；磷化膜有蓝色斑、黄锈斑。由此因产生的异常附着称为预处理异常附着。

2）槽内杂质离子污染，电导率过大，槽液中有机溶剂含量过高；灰分太低。

3）泳涂电压过高，槽液温度高，造成涂膜破坏。

（2）解决方法

1）严格控制工件（白件）表面的质量，使其无锈迹、焊药等。要严格控制预处理各道工序，改进预处理工艺，确保脱脂良好，磷化膜均匀，水洗充分，应无黄锈、蓝色斑。

2）严格控制槽液中杂质离子含量，防止杂质离子混入，排放超滤液，加去离子水来控制杂质离子含量和有机溶剂含量。如果灰分过低，则添加色浆。

3）泳涂电压不能超过工艺规定，尤其要控制工件入槽初期电压，降低槽液温度，采用较为缓和的电泳涂装条件，避免极间距太短。

8. 泳透力低

复杂的工件的箱形（夹层）结构或背离电极部分涂不上漆或者涂得过薄的现象称为泳

透力低。

（1）形成原因

1）所选用电泳漆的泳透力本身就差或泳透力变差。

2）泳涂电压过低。

3）槽液的固体含量偏低。

4）槽液搅拌不足。

（2）解决方法

1）为使箱式结构（像汽车车身或驾驶室那样的被涂物）能泳涂上漆。

最根本的措施是选用泳透力高的材料，至少要选用 75%（一汽钢管法）的泳透力，严格检测进厂电泳漆和槽液的泳透力。

2）适当升高泳涂电压。

3）及时补加漆，确保固体含量在工艺规定的范围。

4）加强槽液的搅拌。

9. 干漆迹

由于工件出电泳槽后至电泳后清洗之间时间过长，或电泳后清洗不充分，致使附着在湿电泳涂膜上的槽液干结，在烘干后涂膜表面产生斑痕，称为干漆迹。

（1）形成原因

1）电泳至水洗之间的时间太长。

2）首次水洗不完全，电泳后水洗不充分。

3）槽液温度偏高。

4）环境湿度低。

（2）解决方法

1）在工艺设计时应注意，工件从电泳槽出槽到首次电泳后清洗之间的时间宜选在 1min 之内。

2）强化首次水洗，使工件清洗完全。

3）适当降低槽液温度。

4）提高泳涂环境湿度。

10. 二次流痕

按正常工艺电泳泳涂，水洗液在靠近工件的夹缝结构处烘干后产生漆液流痕，这种现象称之为二次流痕。

（1）形成原因

1）电泳后水洗不良。

2）槽液的固体含量过高，水洗水的含漆量偏高。

3）工件的结构不当。

4）进入烘干室时升温过急。

（2）解决方法

1）强化电泳后的水洗，增加浸式清洗工序，提高循环去离子水洗水的温度（30 ~40℃）。

2）适当调低槽液的固体含量，补加 UF 液，降低水洗水中的含漆量。

3）改进工件的结构，开供排液的工艺孔。

4）强化晾干的功能，为改善漆液的流动性，将晾干室的温度调到 30～40℃，并在工件进入烘干室之前进行加热（60～100℃，10min），以避免夹缝中的水分在急剧升温中沸腾将漆液挤出。

11. 再溶解

泳涂沉积在工件上的湿涂膜，被槽液或超滤清洗液再次溶解，产生使涂膜变薄、失光、针孔、露底等现象，这种电泳涂装的涂膜缺陷称为再溶解。

（1）形成原因

1）工件电泳后在电泳槽或 UF 水洗液中停留时间过长。

2）槽液的 pH 值偏低，溶剂含量偏高；UF 液水洗水的 pH 值偏低；冲洗压力过高，冲洗时间过长。

3）设备故障，造成停链。

（2）解决方法

1）在间歇式生产场合，断电后工件应立即从槽中取出；在连续式生产场合，应带电出槽。在 UF 液水洗槽中停留时间不宜超过 1min。

2）将槽液和 UF 水洗液的 pH 值严格控制在工艺规定范围内。每次 UF 液冲洗时间应控制在 20s 左右，冲洗压力不应超过 0.15MPa。

3）应及时排除设备故障、停链。

12. 涂面斑印

由于底材表面污染，在电泳涂装后，干涂膜表面仍有可见的斑纹或地图状的斑痕，这种电泳涂膜称为涂面斑印。它与水迹和漆迹斑痕的不同之处是涂面仍平整。

（1）形成原因

1）磷化后水洗不充分（不良）。

2）磷化后水洗水的水质不良。

3）预处理过的被涂面再次被污染，如挂具上的污水滴落在预处理过的表面上。

（2）解决方法

1）强化磷化后的水洗，检查喷嘴是否有堵水洗塞。

2）加强磷化后水洗水的管理；新鲜去离子水洗后的滴水电导不应超过 50μs/cm。

3）注意涂装环境，保持清洁，防止预处理过的表面再污染，防止挂具上滴水。

13. 漆面不匀、粗糙

烘干后的电泳漆涂膜表面光泽、光滑度等不匀，有阴阳面。这种电泳涂膜弊病称为漆面不匀或漆面粗糙。轻则光泽不好或失光，涂膜外观不丰满，重则手感不好（用手摸有粗糙的感觉）。如果在电泳过程中处在垂直面（或水平面的下表面）的涂膜光滑有光泽，而处在水平面的电泳沉积涂膜粗糙无光泽，这种现象称为"L"效果不好。

（1）形成原因

1）工件表面的磷化膜不均和过厚，磷化后的水洗不充分。

2）槽液的固体含量过低，槽液中有细小的凝聚物、不溶性的颗粒，槽液过滤不良。

3）槽液的颜基比过高。

4）槽液中混入不纯物，如杂质离子等不纯物混入，槽液电导率太高。

5）槽液中的溶剂含量过低。

6）在工件周围槽液的流速太低或不流动。

7）槽液的温度低。

（2）解决方法

1）改进磷化工艺，选用致密薄膜型磷化膜，加强磷化后的水洗及水洗水的水质管理。

2）提高槽液的固体含量，控制其在工艺规定的范围内，加强槽液的全过滤，尤其要除去易沉降的质量较重的小颗粒。

3）减少色浆的补加量，降低槽液的颜基。

4）排放超滤液，添加去离子水，降低槽液中杂质离子含量和电导率。

5）添加溶剂，提高槽液中有机溶剂含量。

6）在电泳过程中加强槽液的循环和搅拌。

7）将槽液的温度严格地控制在工艺规定的范围内。

14. 带电入槽阶梯缺陷

在连续式生产工件带电进入电泳槽的场合，涂面上产生多孔质的阶梯条纹状的涂膜缺陷，这种缺陷一般为带电入槽阶梯缺陷。

（1）形成原因

1）入槽部位液面有泡沫浮游（积聚），泡沫吸附在工件表面上被沉积的漆包裹。

2）工件表面湿润不均或有水滴。

3）入槽段电压过高，造成强烈的电解反应，在工件表面产生大量的电解气体。

4）运输链（工件的入槽）速度太慢或有脉动。

（2）解决方法

1）加大入槽部位液面的流速，消除液面的泡沫。

2）吹掉工件表面的水滴，确保工件全干（或均匀地全湿）状态进入电泳槽。

3）降低入槽段的电压，在入槽段减少或不设电极。

4）加快运输链速度，一般链速在 2m/min 以下易产生带电入槽阶梯弊病，链速应均匀脉动。

第 10 章 粉 末 涂 装

粉末涂料是一种含有100%固体成分、以粉末形态进行涂装的涂料。它与一般溶剂型和水性涂料的最大不同在于，它不使用溶剂或水作为分散介质。粉末涂料的开发始于20世纪40年代初，经过70多年的发展和完善之后，粉末涂料以其极高的生产率、优异的涂膜性能、良好的生态环保性及突出的经济性征服了整个涂料领域，享有"4E涂料"（经济、环保、高效、性能卓越）的美誉。粉末涂料广泛用于家用电器、汽车、机械仪表、家具、橱具、建筑材料、园林设施、电力设施、交通设施、输油输气输水管道防腐等领域。

10.1 常用的粉末涂料品种

粉末涂料由五大类原料组成：①树脂，如环氧树脂、环氧/聚酯、聚氨酯、丙烯酸聚酯等；②填料，如碳酸钙、硫酸钡、滑石粉、钛白粉、石英粉等；③固化剂；④颜料；⑤添加剂，如流平剂、催化剂、反针眼剂等。

以上五大类原料先用搅拌器调和均匀后，输入加温挤压机加温到130℃左右，使它胶化（但不固化）。挤出的胶体像一片连续的塑料布匹，其性质很脆，容易破碎成小片。把这些破片输入"粉碎机"磨成粉状，再经过空气筛选或筛网筛选不同大小颗粒的粉末，并按照一定的比例，将大小不同的粉末颗粒混合在一起，制成性能各异的粉末涂料，从而满足人们对各种表面涂装的要求。

粉末涂料按其成膜性能可分为热固性粉末涂料和热塑性粉末涂料两大类。

10.1.1 热固性粉末涂料

热固性粉末涂料按其功能可分为：绝缘、防腐、装饰及建筑用粉末涂料；按其涂膜外观光泽可分为有光、半光、平光及美术型四类。目前较普遍的是按其主要成膜物质——树脂的品种分类。

1. 环氧粉末涂料

（1）性能特点

1）具有良好静电作业性，静电涂装性能好。

2）环氧树脂的熔融黏度低，涂膜的流平性较好，厚度均匀，适合流水线快速涂覆。

3）涂膜具有优异的附着力、柔韧性，物理力学性能优良。

4）涂膜具良好的电气绝缘性。

5）涂膜耐蚀性优异，能防止阴极剥离。

6）涂膜耐酸、碱、盐，具良好的耐化学品性能。

7）涂料的常温储存稳定性好。

8）涂膜耐候性较差。

基于以上性能特点，环氧粉末涂料广泛用于电气绝缘、防腐及一般装饰要求的产品的涂覆，涉及的行业包括电器、仪表、金属家具、厨房用品、建筑等。

（2）涂料组成　环氧粉末涂料由环氧专用树脂、固化剂、流平剂、促进剂、颜料、填料及其他助剂组成。其中固化剂对环氧涂料的性能有较大影响。环氧树脂固化剂的类型较多，有胺类、咪唑类、酸酐类、（二酰）肼类及树脂类。

2. 环氧聚酯粉末涂料

（1）性能特点

1）具有良好的静电作业性。

2）涂膜流平性好，光泽高，物理力学性能优良。

3）涂膜耐蚀性和耐化学品性能优良。

4）涂膜的耐候性能良好。

5）具有良好的通用性。

（2）主要用途　环氧聚酯粉末涂料因具有上述优良性能且易于制造，成本较低，故现已成为粉末涂料的主导产品，并广泛应用于各行业，例如，家电、仪器仪表、轻工、针织机械等。

3. 聚酯 PTGIC 粉末涂料

聚酯粉末涂料的固化剂品种较多，采用异氰尿酸三缩水甘油酯（TGIC）来固化含羧聚酯制得的粉末涂料，即为聚酯 PTGIC 粉末涂料。

（1）性能特点

1）具有良好的物理力学性能。

2）涂膜附着力良好，略差于纯环氧粉末涂料，但远高于氨基溶剂涂料。

3）具有优良的耐热性，高于白色溶剂型丙烯酸涂料。

4）具有良好的耐化学性，能耐大多数化学药品，但对乙酸乙酯（丁酯）、乙二醇、甲乙酮、甲苯与二甲苯、强碱溶液等化学介质的防护性欠佳。

5）具有良好的电气绝缘性。

6）具有良好的耐蚀性。按 ASTM B 117 中规定的盐雾试验 1000h，X 型划痕边缘轻微腐蚀。

7）具有极其优异的耐候性，由于 TGIC 是一种环状多氧化物，对含羧聚酯又具有良好的化学反应性能及较高交联密度，其稳定的环状结构使聚酯树脂具有优异的耐候性。经人工老化试验 2000h，聚酯 PTGIC 光泽损失率仅为 13% ~ 15%，而聚氨酯粉末涂料为 19%，汽车用氨基烘漆则完全粉化。

8）涂膜外观较差。

9）TGIC 有毒，对皮肤有刺激。

（2）主要用途　聚酯 PTGIC 具有优异耐候性，广泛应用于户外产品的粉末涂装。其主要应用领域有建筑（特别是铝材）、汽车工业、家用电器、交通器材与标志桩及农业机械等。

4. 聚氨酯粉末涂料

聚氨酯粉末涂料是用封闭异氰酸酯固化含羟基聚酯制得的涂料。固化时，封闭剂受热离解挥发，解封的异氰酸基与聚酯的羟基加成反应而成膜。

（1）性能特点

1）由于采用封闭异氰酸酯作为固化剂，涂料的储存稳定性大大提高。

2）涂膜具有优异的耐候性，与聚酯 PTGIC 粉末涂料相当。

3）涂膜具有优良的装饰性，外观优于聚酯 PTGIC。

4）涂膜物理力学性能良好。

5）具有优良的耐蚀性。

6）固化时因封闭剂解离而成白烟，污染环境。

7）涂膜可达薄层化。

8）抗结块性能好。

（2）主要用途　聚氨酯粉末涂料广泛应用于户外产品的粉末涂装以及 PCM 钢板的预涂装；因为涂膜易达薄层化，所以也用于家电产品。

5. 丙烯酸粉末涂料

丙烯酸粉末涂料是由丙烯酸树脂与相应的固化剂配制而成的，所用固化剂不同，则涂料及其涂膜性能各有差异。目前使用的热固性丙烯酸粉末涂料一般较多采用含有缩水甘油醚基的丙烯酸树脂，固化剂多为长键的脂肪族二元酸。热固性丙烯酸粉末涂料通常要求玻璃化温度为 40～80℃，平均相对分子质量为 8000～30000；其固化机理为丙烯酸树脂中反应基团与固化剂中活性基团反应成膜。常用的丙烯酸粉末涂料固化过程为丙烯酸树脂中的环氧基与固化剂中羟基发生开环加成反应。

（1）性能特点

1）涂膜光泽平整装饰性优异，适用装饰性粉末涂装。

2）保光保色性及耐候性优良。

3）耐蚀性优良。

4）涂膜物理力学性能优良。

5）静电作业性好，其体积电阻率较大，可进行薄涂。

6）对基材附着力及涂膜颜料分散性较差。

7）生产成本较高，固化温度稍高。

8）耐污染性优良。

（2）主要用途　丙烯酸粉末涂料因具有优良耐候、保光保色性，而广泛应用于汽车工业、建筑材料、交通器材、家用电器、PCM 钢板预涂、农机等行业。

6. 丙烯酸聚酯粉末涂料

该涂料由含羟基聚酯与丙烯酸树脂的环氧基酯化而成。

（1）性能特点

1）具备聚酯粉末涂料的耐蚀性和附着力。

2）具有丙烯酸的优异耐候、保光保色性及耐污染性。

3）固化温度低（160℃ 固化）。

4）固化时无挥发物，无环境污染。

5）厚膜无气泡产生。

6）生产成本降低。

（2）主要用途　它可广泛用于户外产品的粉末涂装。

7. 环氧酚醛防腐型粉末涂料

该涂料以环氧树脂和酚醛树脂为主要成膜物质，其中酚醛树脂具有环氧树脂的改性剂与固化剂的双重作用。

（1）性能特点 该涂料具有环氧树脂附着力强、柔韧性和抗碱性好的特点，也具有酚醛树脂抗酸、抗溶剂性好的特点；两树脂的缩聚产物具有优良的耐蚀性及耐热、耐湿寒等性能；但涂膜固化温度较高，且固化时受高温易变色，故不宜制备浅色或色彩鲜艳的涂膜。

（2）主要用途 该涂料被广泛应用于石油化工设备，如储罐、管道等的防腐涂装。

8. 功能性粉末涂料

（1）导电型粉末涂料 在绝缘性聚合物中，如环氧树脂、聚酯树脂、聚酰胺、乙烯基树脂、硅树脂等，采用掺和原理，掺入金属粉末、金属氧化物和非金属粉末等导电粉末，从而制成具导电功能型的粉末涂料。导电型粉末涂料广泛应用于电子工业及医院手术室、计算机房等场合。

（2）绝缘型粉末涂料 在环氧树脂及聚氨酯树脂、丙烯酸树脂、聚酰亚胺树脂等中，通过选用不同固化剂、专用改性剂及具有优良绝缘性和耐热性的填充料，从而制备出具有特殊绝缘性的粉末涂料。此涂料区别于一般装饰型涂料，其主要的性能特点是：涂膜具有电阻系数大、介电常数小的电气性能；涂料具有良好的流动性和遮盖性、较高的附着力、涂膜的良好耐湿性和热稳定性、抗老化性。此类型粉末涂料主要用于电机、电子元件和电工器材方面的绝缘性功能涂装。

（3）阻燃型粉末涂料 该涂料是在高分子树脂中添加阻燃剂或引进阻燃性支链基团，以提高其阻燃性的一种功能性粉末涂料。环氧粉末涂料是阻燃型涂料的主要品种。其性能特点是：防止火焰点燃及蔓延，同时应具备优良的绝缘性、耐油性、耐溶剂性和耐湿热性。该涂料主要应用于电子、家用电器等行业。

（4）美术型粉末涂料 该涂料是一种高装饰性粉末涂料，运用其熔融特性产生的纹理效应，可制成网纹、砂纹、桔纹、皱纹、晶纹及雪花纹等各种花式品种。其特点是：涂膜具有极佳的装饰性外观和立体感，同时涂膜坚固耐久、耐磨耐划痕、耐化学腐蚀。美术型粉末涂料按形成花纹的材料可分为：采用铝粉的银色型、采用铜粉的金色型及采用各色颜料的彩色型，并由此而派生出几十种产品。其花纹的形式与立体感与涂料配方、粉末粒度及配制工艺有很大关系。配方中的合成树脂、固化剂、流平剂、颜料填料及各类添加剂是形成花纹的主要因素，其配方设计主要有：①采用不相容的高聚物；②采用不同固化速度的固化剂；③采用不同类的填料；④采用不同金属颜料；⑤采用珠光颜料。

热固性美术型粉末涂料适用于铸件、压延件、重型机械、工程构件、化工制冷设备、仪器仪表、五金工具、纺织机械、炊具等表面的涂装，其中以静电喷涂为主。

（5）半光、平光粉末涂料 该涂料是一种涂膜光泽柔和具装饰性的粉末涂料，适用于仪器仪表、车厢零部件等的涂装。

9. 热固性重防腐环氧粉末涂料

热固性重防腐环氧粉末涂料，又称熔结环氧粉末涂料，开发于 20 世纪 50 年代，20 世纪 60 年代实现了工业化生产。经过 50 多年不断的发展完善，其技术已经走向成熟。我国于 20 世纪 80 年代开始引进和消化国外先进的环氧粉末涂料生产工艺及设备。20 世纪 90 年代初，我国推出了重防腐系列环氧粉末涂料，填补了国内空白，并成功运用于各大油田和多条天然气输送管线等国家重点工程，取得了明显的经济效益和社会效益。"西气东输"工程西起塔里木的轮南油田，东到上海市，全长 4212km，管道直径 $\phi1016mm$，其中单粉末涂料用量就有几千吨，这还不包括各支线和城市地下天然气管网用的涂料。由此可见，重防腐粉末涂料具有广阔的市场前景。

（1）热固性重防腐环氧粉末涂料的性能特点

1）涂膜具有良好的耐化学品性、耐溶剂性，能够抵御传输介质中的 H_2S、CO_2、O_2、酸、碱、盐、有机物等物质的化学腐蚀，并能长期抵御含盐地下水、海水、土壤中微生物产生的各种有机酸等腐蚀物质的侵蚀。

2）涂膜坚韧耐磨，耐冲击性及抗弯曲性优良，对钢管有极佳的附着力，能有效地防止施工中的机械损坏，以及使用过程中的植物根系和土壤环境应力的损坏。

3）涂膜具有良好的绝缘电阻，能在阴极保护作用下抵抗化学腐蚀，达到长期保护的目的。

4）涂膜具有很高的玻璃化温度，使用温度范围宽，能在 $-30\sim100℃$ 之间保持最佳性能。

5）施工方便，无需底漆，固化迅速，可实现高效率的流水线作业，而且管道检测和修补简便，涂膜质量容易控制。

（2）热固性重防腐环氧粉末涂料的分类　按用途可分为管道内喷涂用粉末涂料、管道外喷涂用粉末涂料、石油钻管用粉末涂料及三层结构防腐用粉末涂料；按固化条件可分为快速固化、普通固化两个类型。快速固化粉末涂料在 230℃ 条件下一般 $0.5\sim2min$ 固化，用于管道外喷涂或三层防腐结构，由于固化时间短，生产率高，适用于流水线作业。普通固化粉末涂料的固化时间长，涂膜流平好，适用于管道内喷涂。

（3）热固性重防腐环氧粉末涂料的应用及施工　热固性粉末涂料的涂覆方法主要有：静电喷涂法、热喷涂法、抽吸法、流化床法等。其中，管道内涂覆一般采取摩擦静电喷涂法、抽吸法或热喷涂法；管道外涂覆一般采用静电喷涂法；异型件一般采用流化床或静电喷涂法。无论何种喷涂方法，都必须在喷涂之前将工件预热到某一温度，使粉末一经涂覆即熔化，其余热应该能使涂膜流动，并在规定时间内固化，最后用水冷却终止固化过程。单层熔结环氧粉末涂料的施工工艺如图 10-1 所示。单层环氧粉末涂膜的厚度一般为 $300\sim500\mu m$，加强级可达 $700\mu m$。

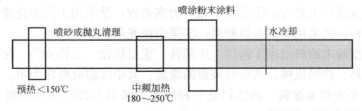

图 10-1　单层熔结环氧粉末涂料的施工工艺

三层防腐结构包括环氧粉末底层、EVA（乙烯-乙酸乙烯酯共聚物）胶黏剂中间层和聚乙烯面层。其中环氧粉末底层的作用是形成连续的涂膜，与钢管表面黏结、固化而提供良好的附着力，并具有良好的耐化学性和抗阴极剥离能力；EVA 胶黏剂的作用是在粉末涂料固化之前与之融合，并与外面的聚乙烯层黏结，使三层成为一个整体。三层防腐结构兼有环氧粉末涂料的附着性、防腐性和聚乙烯层的耐候性、抗破坏性，弥补了各自的缺点，从而大大提高了涂膜的使用寿命。这种防腐形式的缺点是，聚乙烯虽具有良好的绝缘性和耐水性，但它会阻碍阴极保护电流的通过，使阴极保护失去作用。三层防腐结构的施工工艺如图 10-2 所示。先用静电喷涂法将环氧粉末涂料均匀涂覆在钢管表面，厚度为 60～150μm，在其固化过程中将胶黏剂涂覆于粉末层上，然后将挤出的黏流态聚乙烯带侧向缠绕于胶黏剂之上，并辊压使之与胶黏剂层牢固附着，使三层成为一个整体。

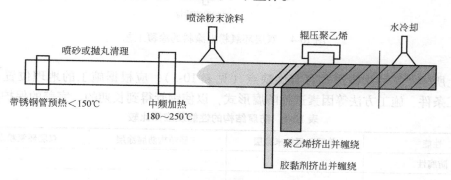

图 10-2 三层防腐结构的施工工艺

双层环氧粉末涂料系统是由两种不同的环氧粉末涂料在喷涂过程中一次喷涂成膜。底层为普通单层环氧粉末层，提供防腐性及附着力；外层为增塑层，提供耐机械损伤性能，两层中间是过渡层，因为两层的基料具有相同的结构，所以具有较好的相容性，可形成一个有机的整体，不会产生层间分离现象（见图 10-3）。整体涂膜厚度为 625～1000μm，使用温度可达 115℃，适用于各种管径的钢管。

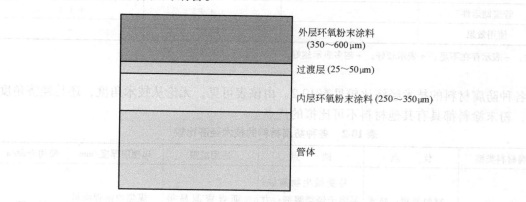

图 10-3 双层环氧粉末涂膜结构

双层环氧粉末涂料防腐体系具有以下优点：与基材的附着强度大，抗阴极剥离性能好；吸水率小；使用温度范围宽；耐机械损伤强度高，不会产生阴极保护屏蔽；"补口""补伤"操作方便，质量容易控制。双层环氧粉末涂料的涂覆工艺（见图 10-4）比较简单，在原有的单层环氧粉末涂料喷涂设备的基础上进行稍微改造即可，即把喷枪分成三组，第一组喷涂底层粉末，第二组喷涂外层粉末，第三组喷涂回收粉末，喷涂粉末可单独回收，也可一起回收。

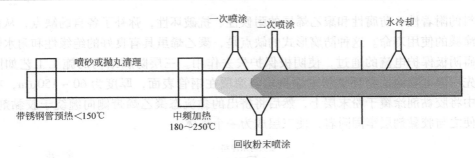

图 10-4　双层环氧粉末涂料的涂覆工艺

综上所述，三种涂覆形式各有优缺点（见表 10-1），应根据施工的地理位置、地理状况、施工条件、施工方法等因素选择防腐形式，以使钢管得到长期的、完美的保护。

表 10-1　防腐结构的性能及应用比较

性能	单层环氧粉末涂层	三层结构防腐涂层	双层环氧粉末涂层
防腐性	+	+	+ +
经济性	+ +	+	+
使用环境	+	+ +	+ + +
运行温度	+ +	+	+ + +
表面处理要求	+	+	+
施工方法简易性	+ +	+	+ + +
"补口""补伤"的配套性	+ + +	−	+ + +
阴极保护相容性	+ + +	−	+ + +
管道储运性	−	+ + +	+ + +
使用效果	+ +	+ +	+

注：− 表示存在不足；+ 表示较好；+ 越多表示越好。

各种防腐材料的技术经济比较见表 10-2。由该表可见，无论从技术角度，还是经济角度来看，粉末涂料都具有其他材料不可比拟的优点。

表 10-2　各种防腐材料的技术经济比较

防腐材料类型	优　点	缺　点	适用范围	包覆层厚度/mm	使用寿命/a
煤焦油沥青涂料	材料易得；技术成熟，设备简单	易受微生物腐蚀；易溶于烃类溶剂；力学性能差，低温脆化，高温软化	沥青资源易得地区	煤焦油沥青涂料 + 玻璃布 6 ~ 8	15 ~ 20
环氧煤焦油沥青磁漆	耐蚀性良好；施工安全	固化时间长；环境污染大	地下及海底管线	一布三漆 4 ~ 6	20 ~ 25
塑料胶黏带	耐低温性好；机械强度好；绝缘电阻高	能耗高；材料费用高；耐高温性差	地势宽阔，土质干燥地区	1.3 ~ 1.8	30 ~ 40

（续）

防腐材料类型	优　点	缺　点	适用范围	包覆层厚度/mm	使用寿命/a
热固性环氧粉末涂膜	耐蚀性好；力学性能好；抗阴极剥离强	表面处理严格；耐候性差；吸水率略高	埋地管道、海底管道	0.3～0.5	40～50
热塑性线形聚乙烯粉末涂膜	耐蚀性好；耐候性好；抗机械破坏能力强	施工设备要求严格；附着力比环氧粉末差	露天管道、异形管道、弯头等	1～3	40～50

10.1.2　热塑性粉末涂料

热塑性粉末涂料具有遇热软化，冷却后又能固化成膜的特性。可作为涂覆的热塑性粉末涂料品种很多，有聚乙烯、聚氯乙烯、聚丙烯、聚酰胺、氯化聚醚、聚四氟乙烯等，适宜作防腐、耐磨、无毒及一般装饰性涂膜。应用范围主要包括化工设备、管道、储槽、线材、板材、机械零部件、轻工及食品工业等。随着静电喷涂及静电流化床法的实施，其应用领域扩大至电子、仪表、汽车、机械、建筑等行业。热塑性粉末涂料的突出特点是：涂料配制加工简便，且价格一般较低，但树脂粉末粉碎较难，粒度较粗；涂膜具有优良的化学稳定性、耐蚀性、电气绝缘性能、耐磨润滑性能及吸振消声性能，但涂膜流平性与光泽较差，机械强度不理想，与金属附着力较差，故常需预涂底漆以配套使用。

1. 聚乙烯粉末涂料

聚乙烯简称 PE，分为高压聚乙烯、中压聚乙烯和低压聚乙烯三种。制备粉末涂料大多采用高压聚乙烯和低压聚乙烯两种。高压聚乙烯又称低密度聚乙烯（LDPE），低压聚乙烯也称高密度聚乙烯（HDPE），两种均为无臭无味无毒的白色颗粒。

（1）主要性能　聚乙烯粉末涂料具有优良的耐蚀性、耐酸碱等化学药品性，优异的电绝缘性、耐低温性能及耐紫外线辐射性，涂膜平整光滑、丰满、手感舒适，无毒、无污染且价格低廉，但机械强度不高，附着力较差。

（2）主要用途　聚乙烯粉末涂料是热塑性粉末涂料中应用最广、产量最大的一种，目前被广泛应用于家电、仪器仪表、日用品、医疗器械、轻工、化工槽等的防腐和绝缘涂膜。近年来，各种金属网制品，如冰箱内网板、自行车网篮、食品架、管道内壁等均以喷粉末PE 代替镀锌工艺。

我国幅员辽阔，地形复杂，大部分天然气管道须经过无人的山区、丘陵或沙漠地带，若采用埋地管施工，会大大地增加施工难度及施工费用，而且砂石的回填很容易损伤环氧粉末涂膜表面。而采用架空管道，则因环氧粉末涂膜耐候性差而须另加表面遮蔽保护。线形聚乙烯粉末涂料，克服了热固性环氧粉末涂膜的缺点，在化工、石油管等道领域得到了一定的应用。

与热固性环氧粉末涂膜相比，线形聚乙烯粉末涂膜具有以下优点：涂膜柔韧，耐冲击性良好；耐候性良好；涂膜玻璃化温度低，能适应寒冷地区的施工和使用；保温性能良好；防水性良好。缺点是：附着力比环氧粉末涂膜差，不适合流水线作业，涂膜厚度大，总造价高。热塑性防腐粉末涂料一般采用真空吸涂法、流化床法或静电振荡法涂覆，涂覆前工件要经过喷砂处理、预热。采用流化床涂覆，涂膜厚度为 1～3mm，特别适用于长输送管道的弯头、架空管道及带法兰的化工管道等异型管道的防腐。

2. 聚氯乙烯粉末涂料

聚氯乙烯简称 PVC，为白色粉末固体，结晶度约为 5%，不溶于水、乙醇和汽油。180℃软化可塑，130℃以上分解放出 HCl 气体而变色，其性能取决于聚合度的大小。

（1）主要性能　聚氯乙烯粉末涂料具有优良的耐蚀性、耐候性和可挠性，涂膜平整光滑、色彩鲜艳、机械强度高；但附着力和热稳定性较差，其熔融温度与分解温度差别小，塑化时易产生污染性增塑剂烟雾。

（2）主要用途　聚氯乙烯粉末涂料目前广泛应用于油田、矿山、户外护栏、照明、化工设备、钢制家具、网板、管道等。

3. 聚酰胺粉末涂料

聚酰胺也称 Nylon，是以重复的酰胺基团为主键的高分子聚合物。聚酰胺粉末涂料（亦称尼龙粉末涂料）应用较多的有尼龙 11、尼龙 1010、二元尼龙 1010P6、改性尼龙、低熔点尼龙等。

（1）主要性能　尼龙具有很高的机械强度、冲击强度和剪切拉伸强度，极佳的耐磨性及优异的润滑性，可代替铜、铬、铝、钢等材料；涂膜平整光滑无毒，具有消声功能，但附着力及耐化学药品性较差，涂料吸水性大而熔融温度窄。

（2）主要用途　一般应用于有特殊要求的部件，如泵体叶轮、机床设备、纺织机械及仪器设备的主轴、导轨等的涂装及维修。

4. 氯化聚醚粉末涂料

氯化聚醚是一种乳白色半透明晶体型聚合物，难以燃烧。

（1）主要性能　氯化聚醚具有优异耐化学腐蚀性，仅次于聚四氟乙烯而优于聚乙烯，但不耐强氧化剂如硝酸、H_2O_2 等。涂膜耐热性好，耐磨性和电绝缘性优异，力学性能优良，但低温脆性大。

（2）主要用途　由于氯化聚醚具有极佳化学稳定性，故主要用于防腐膜层，如海洋作业部件、地下管道等。

5. 聚丙烯粉末涂料

聚丙烯目前主要使用等规聚丙烯，又名全同立构聚丙烯，简称 IPP，它是一种无臭、无味、无色、无毒粒体结晶体。该粉末涂料具有优异的耐化学药品性和耐溶剂性，韧性强，冲击强度大于 8J，密度为 0.39～0.91kg/m³，熔融点为 164～170℃，耐电压为 30～32kV/mm。IPP 结构中无极性，故其与工件的附着力差，可通过改性解决。聚丙烯粉末涂料主要用于家电部件、化工管道及化工设备的防腐蚀内衬。

6. 乙烯醋酸乙烯粉末涂料

乙烯醋酸乙烯是乙烯单体和醋酸乙烯单体的共聚物，简称为 EVA。其性能与醋酸乙烯酯（VA）的含量有很大关系。涂膜附着力强，耐蚀性和耐化学药品性好，耐候性等性能优良，并具有良好的低温可挠性，电性能、柔软性与透明性优于聚乙烯。但其硬度不足，耐油性及耐溶剂性差。它主要应用于桥梁与建筑物构件、槽衬，以及管道和板状物的涂装。

7. 热塑性聚酯粉末涂料

热塑性聚酯粉末涂料的储存稳定性好，涂膜的力学性能、附着力及耐化学药品性较好，具有优良的耐候性、绝缘性和耐磨性，但耐热性及耐溶剂性较差。

该涂料主要用于家用电器、机械零部件、食品机械、变压器、储槽、管道、户外栏杆与标志等。

8. 醋丁纤维素和醋丙纤维素粉末涂料

这类涂料的涂膜具有优良的耐水性、耐溶剂性、耐候性和耐色性。涂膜柔韧、无毒，并且醋丙纤维素粉末涂料达到美国 FDA 标准而被应用于食品机械方面的涂装。

9. 氟树脂粉末涂料

氟树脂粉末涂料有聚四氟乙烯、聚三氟氯乙烯、聚偏氟乙烯以及三氟氯乙烯与偏氟乙烯的共聚体、四氟乙烯与六氟丙烯的共聚体等品种。聚三氟氯乙烯，俗称 F23，由三氟氯乙烯单体聚合而成，平均相对分子质量为 5 万～20 万。该粉末涂料具有突出的耐蚀性，其涂膜在低于 130℃ 下可长期抵抗各种无机酸、碱或氯气、氯化氢、氟化氢等物质的腐蚀，且性能优于不锈钢和搪瓷。涂膜耐温差性能优良，可耐 −100℃ 的低温，但温度高于 130℃ 时，涂膜稳定性变差且影响使用寿命。较高温度下，涂膜易被有机溶剂溶解，当温度高于 200℃ 时即开始分解，释放出有害的 HF 气体。此外，涂膜硬度低，抗冲击性差。该粉末涂料主要用于化工厂、制药厂、洗涤剂厂中各种设备的防腐保护。

聚偏氟乙烯树脂简称 PVDF，熔点较低。由 PVDF 配制的粉末涂料具很高的化学耐蚀性，其涂膜只受初生态氯、氟以及热的氧化性酸的侵蚀。涂膜坚硬、耐磨，冲击强度大，具有良好的耐候性、耐污染性、耐热性及耐油性，主要用于化工设备衬里的防腐蚀涂膜。但由于其涂膜没有聚四氟乙烯（PTFE）涂膜致密，孔隙率较高，且价格较贵，使其应用范围受到一定影响。

10.2 粉末涂料的应用

10.2.1 粉末涂料在家电行业中的应用

我国是世界家电产业大国，电冰箱、洗衣机、电风扇、冷冻柜等的产量都稳居世界前列。粉末涂料对于提高家用电器外观和内在质量，增加花色品种等有着重要意义，可以促进产品的品质升级，提高商品的价格和竞争力。

10.2.2 粉末涂料在汽车工业中的应用

汽车工业是世界工业涂料最大的用户，但面临着来自政府及各种组织和机构为降低排入环境中挥发性有机物（VOC）含量而制定的诸多标准的巨大压力。粉末涂料不含溶剂，并辅以有效的施工回收体系，是一种理想选择，因而粉末涂料在汽车工业的应用得到了快速发展。

汽车工业使用粉末涂料已有 30 多年历史。与传统溶剂型涂料相比，早期粉末涂料的特点是提高了涂膜的抗石击性和耐蚀性。粉末涂料的原材料成本与相应的液态涂料的原材料成本没有太大差异，但是一般来说，要求高的应用场合需要比较高档的涂料，粉末涂料也是如此，所以原材料的成本还与涂料的应用场合有直接关系。除了粉末涂料本身的成本之外，粉末涂料原材料的成本还与粉末涂装的沉积效率及涂膜厚度有关。高质量粉末涂料的沉积效率可达到 75%～80%，如果考虑回收的粉末，其材料利用率可能高于 90%。

目前，各工业系统都采用回收的办法，但对于汽车生产线用的透明面漆还有困难，粉末涂料一般需要比较厚的涂膜。使用粉末涂料时，在能耗、维修和有害废料的减少及处理方面，均可节省费用。

1. 粉末涂料在汽车零部件上的应用

粉末涂料在汽车零部件上的应用始于20世纪70年代中期，如用于悬挂物部件、发动机坯体、油滤清器、空气净化器和刹车管等部件，其首选品种是环氧粉末涂料；用于门窗组件、雨刷、行李架、保险杠等外用金属构件的粉末涂料，则以聚酯或丙烯酸类为优选体系。这些粉末涂料通常为低光泽黑色或深灰色产品。

环氧粉末涂料赋予涂膜以优良的附着力、力学性能、抗石击性、耐化学品性和耐蚀性，这些特性可在低温（130℃）下15min固化后实现。用于机罩下机件的涂装，可满足极端环境下的使用要求。经喷砂除锈的铸铁发动机机体直接用环氧粉末涂装，用短波红外快速固化（160℃，8min），接着对气缸头表面等关键部位进行机加工，获得适用于密封垫定位的表面，涂膜要求能承受高速机械加工，不出现碎落、卷层或周边翘片等缺陷。一些世界级汽车制造厂均采用上述技术，代表性的粉末涂料的牌号是 INTERPON AUTOBLOCK。滤油器和刹车管等构件，采用 INTERPON AUTOPAN 粉末涂料涂装后，插入滤纸再绕滤油器构件底座弯曲来完成装配，主要性能要求是耐油性。

聚酯和丙烯酸体系的粉末涂料具有良好的耐候性。几乎所有外用金属构件均可用粉末涂装，车顶围栏、门窗组件是典型的外装饰件，颜色通常为黑平光或深灰色，要求耐紫外线老化性和美观性优异，这部分涂料几乎占汽车用粉末涂料的15%。外用耐久性可通过仪器测量，如镜面光泽或色泽的下降值，通常结合目视标准，如"灰度色标"。现行外装饰件的技术标准多数要求达到12个月的佛罗里达曝晒。目前，一些汽车制造厂已认识到外装饰件需满足与车身外壳一样高质量的耐候性，典型的例子是，通用汽车（GM）公司规定其涂料性能要达到60个月的佛罗里达曝晒（GM 4367 M），这类性能水平称为高级耐久性。大多数聚酯粉末涂料能够满足外用金属构件标准耐久性技术规格的性能标准，INTERPON AUTOBODY 粉末涂料即是代表性的一例。高级耐久性通常是用丙烯酸类粉末涂料来达到。然而，实践已证明牌号为 INTERPON AUTOBODY 5000 的新一类聚酯粉末涂料在佛罗里达曝晒60个月以上的，保光率大于80%，与丙烯酸体系相比，成本较低，在使用中不存在一般丙烯酸粉末易出现的粉末间不相混溶性问题。

聚酯粉末除耐候性得到提高外，在美观性方面也获得改善，一道涂层的20°光泽超过90，影像清晰度值（HUNTER DORIGON 定义）达85，可具有与传统溶剂型涂料和多道汽车车身外壳面漆类似的外观。

2. 粉末涂料上车轮的应用

车轮用粉末涂料约占整个汽车用粉末涂料销售量的25%，是市场份额最大的一部分。所用粉末为以下三类基本产品，实际使用取决于特定要求的车轮面漆。

（1）混合型和聚酯型粉末底漆 用于合金车轮涂装的粉末底漆大多采用如 INTERPON AUTOWHEEL 类粉末涂料，它们对喷砂处理过的车轮表面有良好的流平性和优良的耐蚀性，同时赋予后道液态金属闪光底色漆以良好的表面。混合型粉末涂料固化温度低，对于热敏感的镁合金车轮尤显重要；聚酯型粉末可以克服因紫外线透过面漆所引起的层间脱层问题。在日本也将丙烯酸型粉末用作车轮底漆。

（2）金属闪光彩色粉末　目前，大多数金属闪光漆仅限于液态涂料，然而车轮生产厂与其供漆厂同样面临着环保问题。为此，INTERPON AUTOWHEEL 金属闪光粉末涂料可以单道涂装来取代粉末底漆和底色漆。聚酯粉末是其优选的类型。

（3）罩光清漆　罩光清漆分为丙烯酸型和聚酯型两类。美、日以丙烯酸型为主，而欧洲市场则使用聚酯型。丙烯酸体系具有较好的耐蚀性和耐醇类试剂的化学腐蚀性，其缺点是价格较贵，与其他涂料不相配套。聚酯型比丙烯酸型价廉，可满足相同的耐久性技术标准，但不能满足某些耐化学品性试验，例如耐醇弯曲细裂试验。

3. 粉末涂料在汽车车身外壳上的应用

1996 年初，美国通用、福特、克莱斯勒三大汽车厂联合创建的新研究室着手开发一种丙烯酸型透明粉末面漆，用于汽车车身外壳。现在，全球有一些生产厂用粉末涂料涂装汽车，由于每个厂家车身外壳涂装中通常只使用一种类型的粉末涂料，因此不会出现丙烯酸型不相混溶的问题。目前，车身外壳的粉末应用所占比例还很小。

（1）头二道合一底漆　粉末头二道合一底漆如 INTERPON AUTOPRIMER，具有平整均匀的表面外观、优良的耐环境腐蚀和抗石击性，可与相应的液体涂料相媲美。为避免面漆体系出现任何脱层现象，头二道合一底漆的户外耐久性至关重要。可用的粉末涂料品种较多，混合型、聚酯型和丙烯酸型均可供选用。混合型具有低温固化的优点，同时价格低廉，平整性优良，抗石击性好，但其 UV 耐久性和重涂性较差，主要用于机罩下面部件；聚酯型粉末的固化范围宽，平整性好到优良，抗石击性优良，但耐蚀性较差；丙烯酸型综合性能最好，具有良好的耐蚀性。大多数场合中，头二道合一粉末底漆施工于电泳底漆之上。

（2）透明面漆　汽车车身外壳的透明面漆耐久性要求通过 60 个月的佛罗里达曝晒，具有可与现行液态面漆相当的低温固化性、流动流平性及最佳的涂膜外观，其 20° 光泽大于90，影像清晰度值达 85。在配方中引入脂肪族或环脂族单体为主的新型聚酯树脂，可提高耐候性；混拼特殊加工的丙烯酸树脂，可改善产品的外观和力学性能。基于甲基丙烯酸缩水甘油酯（GMA）、采用脂肪酸或酸酐固化的丙烯酸粉末涂料是透明面漆的首选配方，其涂膜异常平滑，最符合 A 级汽车面漆的要求，已应用于美国一些汽车生产线中的头二道合一底漆和罩光漆。在德国，BMW 汽车厂已实现了粉末透明涂料涂装车身的工艺。

10.2.3　重防腐粉末涂料在管道工程中的应用

海底管道所处环境恶劣，属一次性保护，无维修可能，初期投资昂贵，使用寿命在很大程度上取决于钢管的防腐方法，要求达到几十年或更长。20 世纪 50 年代以前，管道防腐主要采用煤焦油沥青涂料。20 世纪 50 年代后，采用热压聚乙烯或聚丙烯塑料带包覆、环氧煤焦油磁漆等材料，使管道得到了较好的保护，但这些材料存在很多缺点，应用范围受到一定的限制。直到重防腐粉末涂料推出后，管道防护技术才有了质的飞跃，重防腐粉末涂料在管道工程中得到了广泛应用。

10.2.4　粉末涂料在建筑工程中的应用

自 20 世纪 90 年代以来，粉末涂料以其特有的装饰和保护功能，被广泛应用于建筑行业。据报道，国外粉末涂料在建筑领域的消耗量在 20% 以上。

1. 粉末涂料在建筑钢筋上的应用

钢筋是桥梁、水电站、水库大坝、高速公路、机场、高层建筑等的骨架。混凝土的裂缝会引起钢筋腐蚀，腐蚀产物的膨胀又促进混凝土裂缝进一步扩大。尤其是沿海地区，由于混凝土中采用未完全洗净的海沙，使钢筋混凝土结构中氯离子含量过高，会加速混凝土结构的失效和破坏。采用熔结环氧防腐粉末涂料涂覆钢筋，可以大大提高其使用寿命，从而对建筑物起到良好的保护作用。自 1973 年美国宾夕法尼亚大桥使用熔结环氧粉末涂料涂覆钢筋之后，建筑业发生了一次革命，使建筑物寿命大大提高，而且增大了保险系数。由于不怕腐蚀，一些含盐分的旧混凝土可作为填料再次使用，大大地降低了造价，抵消了使用环氧粉末涂料造成的成本提高。

2. 粉末涂料在建筑门窗、构件上的应用

在木材资源日益减少的今天，钢门窗、铝合金门窗、钢塑复合门窗正迅速取代木质门窗。我国每年需要建筑门窗面积达数亿平方米，其中钢门窗、铝合金门窗占 2/3 以上。目前，这些金属门窗的涂装多以粉末涂料涂装为主，并有不断增长的趋势。

3. 粉末涂料在彩色铝型材上的应用

铝合金门窗以其质轻、稳固、美观、耐久而受到用户青睐。近年来，用粉末涂料涂装彩色铝型材的发展势头迅猛，通常采用聚酯/ TGIC 体系的粉末涂料涂装，适用于户外使用的门窗、阳台、屋顶、幕墙等。其不但具有完美的装饰效果，而且具有优越的耐久性和色彩坚牢度。

采用粉末涂料涂覆后的彩色铝型材具有以下优点：色彩美观、多样、持久，符合现代建筑的审美要求；涂膜的耐候性、耐酸雨性、耐湿热性良好，使用寿命可达 15 年以上；涂膜可覆盖铝材表面轻微挤压伤痕，这样便可允许挤压铝型材的模具具有更多的使用次数，降低底材的制作成本。

4. 粉末涂料在钢窗、防撬门上的应用

钢窗、防撬门的共同特点为：底材是钢铁，焊点较多，预处理不可能很精细，但对附着力要求严格。不同点是：钢窗用于户外，而防撬门一般用于户内，为了遮盖焊点，两者一般都使用深颜色的涂料。钢窗一般采用古铜色纯聚酯粉末涂料涂覆；而防撬门一般采用锤纹、皱纹、网纹等遮蔽性较强的美术型粉末涂料。

5. 粉末涂料在顶棚上的应用

顶棚是现代家庭、宾馆、饭店、写字楼、高级公寓、地铁不可缺少的户内装修材料。现在国内外普遍流行一种喷涂的铝合金顶棚，所用的粉末涂料为无光、半光型，颜色采用浅淡的冷、暖色调，一般以白色为主。这种铝合金顶棚轻巧、易安装、经久耐用、易清洗，而且配备平滑的无光、半光表面，更使空间显得高雅、美观、整齐，提高了装饰档次。

6. 粉末涂料在建筑模板上的应用

钢制模板在我国已有很长的使用历史，因其具有寿命长、成本低、工程质量高、节约木材、使用方便等优点而已基本取代传统的木制模板。由于建筑模板使用条件特殊，浇注混凝土时要受振荡器振动和砂石料的摩擦，脱模时还要受到混凝土的吸附，同时混凝土具有很强的碱性，因此要求涂膜具有非常好的机械强度、硬度、柔韧性、耐化学性及耐沾污性。建筑模板一般选择环氧型粉末涂料进行涂装。这是因为环氧粉末涂料不但耐化学性优异，而且力学性能也能满足要求，尤其是环氧粉末涂料 2H 以上的硬度，最适合长期摩擦的场合。

7. 粉末涂料在建筑用脚手架上的应用

钢制脚手架已经普遍代替了木制脚手架，它不但结实耐用，而且在施工中整齐美观，运输、储存、使用方便。涂装脚手架一般采用耐候的鲜艳醒目的橘红色纯聚酯型或聚氨酯型粉末涂料。这两种粉末涂料不但具有良好的耐候性，而且力学性能也非常好，涂膜坚韧耐磨，耐冲击性优异，现已广泛应用于脚手架的喷涂。

10.2.5　粉末涂料在交通设施中的应用

粉末涂料以其丰富坚固的色彩、长久的户外保护性、简便高效的施工等优点而广泛应用在交通设施上。道路两旁鲜艳、耐久的护栏板、隔离栅、交通标识会给人耳目一新的感觉。现在热固性粉末涂料和热塑性粉末涂料在这一领域都有应用，并有不同的应用范围和效果。

1. 热塑性粉末涂料在护栏网上的应用

随着我国交通运输事业的发展，交通安全越来越为人们所重视，国家每年都投入大量资金，以提高交通保险系数，维护人民的生命财产安全。在各种措施中，道路的封闭防护越来越显得重要，而护栏网的表面处理是其使用的关键，以前使用溶剂型涂料或镀锌的护栏网，不仅视觉效果不美观，而且耐蚀性、耐候性差，使用寿命非常短。1994 年，廊坊燕美公司推出了一种热塑性粉末涂料，用于交通护栏网的涂覆，并通过交通部北京公路研究院的鉴定，已在全国推广。现在这类粉末涂料已在全国许多高速公路护栏网上使用并经受了多年的考验，涂层情况良好。交通护栏网采用流化床涂覆热塑性粉末涂料，其过程是将 400℃ 预热的工件浸入流化状态的热塑性粉末涂料中，其表面黏附一层半熔化状态的粉末，然后进入 250℃ 的烘道中塑化 10min，使之表面流平而形成均匀的涂膜，涂膜厚度为 400 ~ 1000μm。应用领域包括：高速公路护栏网、铁路护栏网、环机场围网、城市街道护栏网、园林护栏网、住宅小区护栏网等。

2. 热固性粉末涂料在护栏板上的应用

由于护栏网边角较多，热固性粉末涂料因边角覆盖不理想而不太适用。而在高速公路护栏板方面，由于是大的平面或弧面，热固性粉末涂料能较好覆盖工件，热塑性粉末涂料由于附着力较差而不太适用。最初的护栏板一般都是采用热镀锌法，近几年一个新的趋势是用热固性粉末涂料（一般采用草绿色聚酯/TGIC 粉末涂料）喷涂的彩色护栏板代替热镀锌板，不仅整齐、美观、耐用，而且是冷色调的视野，可有效调节司机的心情，减少交通事故的发生。

3. 马路划线粉末涂料

从前的马路划线涂料都是液体涂料，喷涂后干燥时间长，耐磨性差，现在国外已经采用一种热塑性粉末涂料代替液体马路划线涂料。这种粉末涂料采用 EVA（乙烯-乙酸乙烯酯共聚物）为基料，配以颜料、填料、助剂，经混合、挤出、低温粉碎而成。其涂装施工采用火焰喷涂，施工方法简单，而且涂膜坚韧耐磨，具有立体感，美观醒目，耐候性极佳等优点，使用期可比传统马路划线涂料延长 3 ~ 5 倍。

10.2.6　粉末涂料在预涂金属板（卷材）行业中的应用

粉末涂料涂装的预涂金属板（卷材）在家电行业的应用快速增长，它要求粉末涂料能在 25 ~ 60s 内完成熔融、流平和固化全过程，并具有良好的涂膜外观与各种抗性。家电用粉末涂料必须具有一定的后成形性，其成形度取决于最终用途。涂装好的板材可以叠放在一起，普通金属板材薄涂膜的涂装线速度应当达到 9~24m/min，卷材涂装的线速度应达到 30m/min。另外，气流控制（或降低）、上粉率或电荷转移率应控制在最佳状态。在高的涂装线速下，固化涂膜外观的改进是家电粉末涂料技术改进的主攻方向。它涉及红外光波长、光照强度与涂料及底材的匹配问题、快速流平的对流加热和感应加热固化方式、粉末涂膜表面连续性好的固化程序，以及整个固化体系的清洁程度。

10.2.7　粉末涂料在电工电子行业中的应用

电工电子行业应用粉末涂料已经有 20 多年的历史，从仪器、仪表壳到高、中、低压配电设备，从输变电线路托架到电子变压器绝缘层，从大型通信交换机到电气化铁路供电系统，都有粉末涂料在使用。

1. 在供电系统上的应用及展望

目前，我国发电总量持续增长，国家并已完成对城市和农村电网的全面改造。电网改造主要是配电设备及变电设备的更新换代，而配电设备的外壳逐步由传统的溶剂型涂料涂装转向纹理型的纯聚酯粉末涂装，并成为主流；经济节能的干式变压器的许多元件则采用绝缘、防腐的环氧粉末涂装，这无疑给粉末涂料的应用带来巨大的市场。

2. 在电气化铁路上的应用及展望

电气化铁路具有高速、低耗、经济、可靠、舒适、美观、噪声小、无污染等优越性，在我国发展很快。电气化铁路的牵引供电系统包括牵引变电所和牵引网两部分，其电缆托架、配电设施可以采用绝缘性、耐候性好的纯聚酯粉末涂料涂覆。

10.3　粉末涂装方法

粉末涂装方法很多，按照涂装原理及工艺特点大致可分为热熔涂装法、静电涂装法及粉末电泳涂装法三类。每一类工艺的涂装原理基本相似。粉末热熔涂装法包括流化床法、火焰喷涂法、热喷涂法、真空吸涂法、等离子喷涂法、滚涂法、瀑布法、散布法；粉末静电涂装法，包括静电喷涂法、静电流化床法、静电振荡法、静电云雾室法等。此外，还有喷胶冷涂法等。

10.3.1　粉末流化床涂装法

粉末流化床涂装法是粉末涂装中较早应用的方法之一。

1. 粉末流化床涂装的原理

将粉末涂料装入具有多孔板的流化槽中，从多孔板的下部气室中通入压缩空气或其他惰性气体。气体经多孔板的微孔通过粉末层，使粉末微粒漂浮翻动呈流态化。当粉末与气流建立平衡后，保持一定的界面高度。将加热到粉末熔融点以上的工件浸入粉末中并熔融附着粉末，取出经固化流平形成均匀的涂膜。

2. 粉末流化床涂装的主要特点

流化床涂装法适应于所有的粉末涂料品种，包括热塑型和热固型粉末涂料。设备简单，操作简便，并可进行连续生产，膜厚可达 150~1000μm。但膜厚不均，外观较差，工件须预热，对热容小的薄板工件等不适用，对工件大小也有限制。流化床涂装法主要应用于机电产品、家用电器、钢结构件及生活用品等。

3. 粉末流化床涂装的影响因素

（1）粉末涂料的熔融温度、溶解热及热容 如果粉末涂料的这些物理性能值较大，则工件必须有较高预热温度才行。

（2）粉末涂料的熔融指数 它指在一定温度和压力下，粉末的熔体在 10min 内通过标准毛细管的质量数（g/10min）。它反映了涂料在熔融状态下的流动性，选择适当工艺条件下的熔融指数，可控制涂膜的不同厚度。

（3）工件预热温度 它是影响较大的工艺条件，温度过低，无法熔融附着粉末涂料；温度过高，则易引起涂料分解。预热温度必须按涂料及工件的特性综合考虑。

（4）浸渍时间 其对涂膜厚度有一定影响。

（5）工件材料基体系数 K 基体系数 K 值是指某材料在某种几何形状下，每降低（或升高）1℃单位面积所放出（或吸收）的热量。K 值不同的工件，在一定预热温度及浸涂时间下具有不同的膜厚。

4. 粉末流化床涂装的主要设备与工艺流程

流化床涂装法主要设备包括工件预热炉、流化床及固化设备。其中流化床为涂装的重要场所，其结构分为流化槽与气室两大部分，中间由微孔透气板隔开，气室下装有振动器。流化床的结构如图 10-5 所示。

流化床法工艺流程为：预处理→蔽覆→预热→流化床涂覆→固化→工件清理→检查。

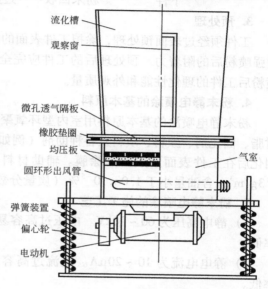

图 10-5　流化床的结构

10.3.2　粉末静电喷涂法

粉末静电喷涂是目前应用最广、涂装质量与效率最佳的一种粉末涂装方法。

1. 粉末静电喷涂的原理

粉末静电喷涂系统的组成如图 10-6 所示。工件通过输送链进入喷粉房的喷枪位置，准备喷涂作业。粉末静电喷枪与高压静电发生器相连，当喷枪电极接通高压静电后，与

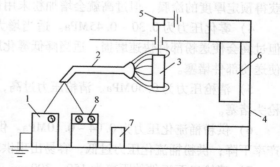

图 10-6　粉末静电喷涂系统的组成
1—高压静电发生器　2—喷枪　3—工件　4—喷房
5—传送机构　6—粉末回收设备　7—气源　8—供粉器

工件正极之间产生高压静电场，并在枪口处形成电晕放电。当粉末涂料由净化的空气从供粉器输送至喷枪，并由喷枪喷出时，雾化的粉末在电晕放电区捕获负电荷成为带电微粒，并在气流和电场作用下沿着电场力的方向飞向工件表面，按工件表面电力线分布密度涂布排列，

由库仑静电引力的作用而紧紧吸附在工件表面。涂膜达到一定厚度后，经加热熔融、流平固化而成为均匀、平整、光滑的涂膜。

2. 粉末静电喷涂的工艺流程

粉末静电喷涂的典型工艺流程为：

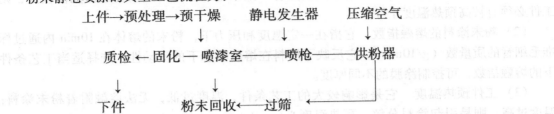

3. 预处理

工件须经过表面预处理，除掉工件表面的油污和灰尘，在工件表面形成一层磷化膜，以增强喷粉后的附着力。预处理后的工件应完全烘干水分并充分冷却到 35℃ 以下，才能保证喷粉后工件的理化性能和外观质量。

4. 粉末静电喷涂的基本原料

粉末静电喷涂的基本原料用室内型环氧聚酯粉末涂料。它的主要成分是环氧树脂、聚酯树脂、固化剂、颜料、填料及各种助剂（例如流平剂、防潮剂、边角改性剂等）。粉末加热固化后在工件表面形成所需涂膜。辅助材料是压缩空气，要求清洁、干燥，含水量小于 $1.3g/m^3$，含油量小于 $1.0 \times 10^{-5}\%$（质量分数）。

5. 粉末静电喷涂的施工工艺

1）静电高压为 60～90kV。电压过高容易造成粉末反弹和边缘麻点；电压过低，上粉率低。

2）静电电流为 10～20μA。电流过高容易产生放电击穿粉末涂膜；电流过低，上粉率低。

3）流速压力为 0.30～0.55MPa。流速压力越高，则粉末的沉积速度越快，有利于快速获得预定厚度的涂膜，但过高就会增加粉末用量和喷枪的磨损速度。

4）雾化压力为 0.30～0.45MPa。适当增大雾化压力，能够保持粉末涂膜的厚度均匀，但过高会使送粉部件快速磨损；适当降低雾化压力，能够提高粉末的覆盖能力，但过低容易使送粉部件堵塞。

5）清枪压力为 0.50MPa。清枪压力过高，会加速枪头磨损；清枪压力过低，容易造成枪头堵塞。

6）供粉桶流化压力为 0.04～0.10MPa。供粉桶流化压力过高，会降低粉末密度，使生产率下降；供粉桶流化压力过低，容易出现供粉不足或者粉末结团。

7）喷枪口至工件的距离为 150～300mm。喷枪口至工件的距离过近，容易产生放电击穿粉末涂膜；距离过远，会增加粉末用量和降低生产效率。

8）输送链速度为 4.5～5.5m/min。输送链速度过快，会引起粉末涂膜厚度不够；输送链速度过慢，则降低生产率。

喷粉工艺参数见表 10-3。

表 10-3 喷粉工艺参数

项目	参数值	项目	参数值
静电电压/kV	40 ~ 80	流速压力/MPa	0.2 ~ 0.5
静电电流/μA	10 ~ 40	雾化压力/MPa	0.30 ~ 0.45
文丘里管喉径/mm	≤8	供气压力/MPa	0.7
喷枪口与工件距离/mm	150 ~ 300	悬挂链速率/(m/min)	4.7 ~ 5.5

6. 粉末静电喷涂的主要设备

（1）高压静电发生器　高压静电发生器是粉末静电喷涂的关键设备，要求使用安全可靠稳定。它主要由电源、自激脉冲振荡、推动放大、功率放大、高压升压、倍压整流、恒流自动控制、过压自动保护等电路组成。为使高压静电发生器能有效地形成高压静电场而又防止火花放电现象，则要求其输出电压高而输出电流低。其主要技术指标为：电源电压为 $220V \pm 22V$，电源频率为 $50Hz$，输出高压 $0 \sim 120kV$ 并连续可调，过压自动保护 $50 \sim 100kV$ 连续可调，恒流输出 $0 \sim 200\mu A$ 连续可调，短路电流为 $300\mu A$，耗电功率小于 $300W$。

（2）静电喷粉枪　对静电喷粉的要求是：出粉均匀、雾化好，产生良好电晕放电使粉末充分带电，环抱效应好，结构轻巧，使用方便。喷粉枪结构形式有内带电式和外带电式；按枪口扩散机构分类，它又有反弹式、冲突式、二次进风式、离心式等；还有低压输入、高压输出的喷枪，如瑞士 Gema 公司、德国 Wagner 公司的产品等，都是将倍压系统置于喷枪内，使用安全轻便，性能优良。

（3）供粉系统　供粉系统主要由新粉桶、旋转筛、空气压缩机、油水分离器、调压阀、电磁阀、供粉器、输气输粉管等组成。粉末涂料先加入到新粉桶，压缩空气通过新粉桶底部的流化板上的微孔使粉末预流化，再经过粉泵输送到旋转筛。旋转筛分离出粒径过大的粉末粒子（$100\mu m$ 以上），剩余粉末下落到供粉桶。供粉桶将粉末流化到规定程度后，通过粉泵和送粉管供给喷枪喷涂工件。

（4）喷粉室　喷粉室是工件进行粉末喷涂的重要场所，起到防止粉末外逸扩散污染环境、保证喷涂质量及回收粉末的重要作用，以及控制粉尘浓度，防止粉尘起火爆炸的功能。

（5）粉末回收系统　粉末静电喷涂实际上粉率一般为 50% ~ 70%（质量分数），其他散落的粉末经回收防止环境污染，并使之过筛再利用，提高粉末涂料的利用率。目前生产中采用的回收装置有：旋风分离器 2 布袋除尘器二级回收装置、滤带式回收装置、脉冲滤芯式回收装置、列管式小旋风回收装置、无管道式回收装置、烧结板过滤装置等。可按生产工艺实际要求分别选用或组合使用，粉末的回收效率可达 95% 以上，最佳可达 99.5%。

（6）辅助系统　辅助系统包括空调器、除湿机等。空调器的作用一是保持喷粉温度在 35℃ 以下以防止粉末结块，二是通过空气循环（风速小于 $0.3m/s$）保持喷粉室的微负压。除湿机的作用是保持喷粉室相对湿度为 45% ~ 55%。

7. 粉末涂料的固化

（1）粉末固化的基本原理　环氧树脂中的环氧基、聚酯树脂中的羧基与固化剂中的氨基发生缩聚、加成反应交联成大分子网状体，同时释放出小分子气体（副产物）。固化过程分为熔融、流平、胶化和固化四个阶段。温度升高到熔点后，工件上的表层粉末开始融化，并逐渐与内部粉末形成漩涡直至全部融化。粉末全部融化后开始缓慢流动，在工件表面形成薄而平整的一层，此阶段称为流平。温度继续升高到达胶点后，有几分钟短暂的胶化状态（温度保持不变），之后温度继续升高，粉末发生化学反应而固化。

（2）粉末固化的基本工艺　采用的粉末固化工艺为 180℃，烘 5min，属正常固化。其中的温度和时间是指工件的实际温度和维持不低于这一温度的累积时间，而不是固化炉的设定温度和工件在炉内的行走时间。但两者之间相互关联，设备最初调试时，应使用炉温跟踪仪测量最大工件的上、中、下三点表面温度及累积时间，并根据测量结果调整固化炉设定温度和输送链速度（它决定工件在炉内的行走时间），直至符合上述固化工艺要求。这样就可以得出两者之间的对应关系。因此，在一段时间内（一般为两个月），只需要控制速度即可保证固化工艺。

（3）粉末固化的主要设备　设备主要包括供热燃烧器、循环风机及风管、炉体三部分。循环风机进行热交换，送风管第一级开口在炉体底部，向上每隔 600mm，有一级开口，共三级。这样可以保证 1200mm 工件范围内温度波动小于 5℃，从而防止工件上下色差过大。回风管在炉体顶部，这样可以保证炉体内上下温度尽可能均匀。炉体为桥式结构，既有利于保存热空气，又可以防止生产结束后，炉内空气体积减小而吸入外界灰尘和杂质。

（4）检查　对于固化后的工件，日常主要检查外观（是否平整光亮，有无颗粒、缩孔等缺陷）和厚度（控制在 50 ~ 90μm）。如果首次调试或需要更换粉末时，则要求使用相应的检测仪器检测如下项目：外观、光泽、色差、涂膜厚度、附着力（划格法）、硬度（铅笔法）、冲击强度、耐盐雾性（400h）、耐候性（人工加速老化）、耐湿热性（1000h）。

（5）成品　检查后的成品分类摆放在运输车、周转箱内，相互之间用报纸等软质材料隔离，以防止划伤，并做好标识待用。

8. 影响粉末静电喷涂质量的因素

（1）粉末粒度　粉末微粒的大小在很大程度上影响涂膜厚度的极限值。粉末微粒尺寸增大，涂膜厚度的极限值随之增大；同时粉末所带电荷数增大，受重力及电场力的影响也增大。粉末粒度一般应为 80 ~ 200 目。

（2）粉末电阻率　粉末电阻率是影响粉末电性能的重要因素。粉末电阻率低，易捕获电荷，但吸附到工件上后又易失去电荷而造成粉末散落；反之，电阻率高，较难捕获电荷，但吸附到工件后也较难失去电荷，从而对后面吸附于工件上的粉末产生静电同性相斥作用，影响涂膜厚度。所以粉末电阻率应调整至一定工艺范围内，一般在 108 ~ 1015Ω · cm 范围内较为理想。

（3）喷涂电压　喷涂电压影响粉末涂覆效率。电压低，电场强度弱，粉末带电量小，涂覆效率低；电压增大，粉末在工件上附着量增加，涂覆效率提高；但电压过高，工件上粉末静电斥力增大，粉末涂覆效率反而降低，甚至会使粉末涂膜击穿，影响涂膜质量。工艺上控制电压通常为 40 ~ 100kV。

（4）喷粉量　粉末涂膜厚度受喷粉量影响较大，其影响可分为两阶段：静电喷涂初始阶段，喷粉量大则涂层厚度随之增大；但在喷涂后阶段，喷粉量对涂层厚度增大率影响显著减小。随着喷粉量增大，粉末涂覆效率反而降低。一般喷粉量宜控制在 70 ~ 1000g/min。

（5）喷涂距离　喷涂距离对涂层厚度极限值有很大影响，是控制涂层厚度的重要工艺参数。在其他工艺条件不变情况下，喷涂距离增大，涂层厚度减少，粉末涂覆效率降低。一般喷涂距离控制在 100 ~ 250mm。

（6）供粉气压　供粉空气压力对粉末涂覆效率有很大影响，工艺上要将其控制在一定范围内。一般随着供粉气压的增大，粉末涂覆效率降低。

（7）粉末空气混合物速度梯度　速度梯度是指喷枪口处粉末空气混合物的速度与喷涂距离之比，对涂层厚度有一定影响。在一定喷涂时间及喷粉量等工艺条件下，随着速度梯度的增大，涂层厚度减少。

压缩空气必须经过脱脂、去水净化。工件预处理包括脱脂、除锈、磷化等处理，以及对不需涂覆的工件部位进行局部蔽覆等工序。预干燥后，工件按涂装不同要求，可冷却后进入喷漆室，也可作为预热工件直接进入喷漆室。

（8）固化设备　固化是粉末涂料成膜的关键工序，对涂膜的物理化学性能影响极大。固化设备有烘道通过式及适于间隙式生产的烘箱式。加热方式也有热风对流式、远红外辐射式等多种，可根据生产及工艺需要进行选置。不论配置何种固化设备，都必须确保粉末涂料成膜所必需的温度与固化时间。

10.3.3　粉末摩擦静电喷涂法

1. 粉末摩擦静电喷涂的原理

摩擦静电喷涂法是在静电喷涂法基础上由瑞典人研究发明的。与高压静电喷涂法不同的是，它不需要高压静电发生器，粉末的带电及静电场靠摩擦而产生。当粉末在净化的压缩空气输送下经过由强电阴性材料制的摩擦喷枪时，便与枪体内壁发生摩擦而带上正电荷；带电粉末喷出枪口后形成了一个空间电场，电场强度决定于粉末所带电荷密度及电场的几何形状；带电粉末主要在空气流的推动下喷向工件各部位，并与工件表面良好附着，从而形成致密涂层，经固化后成膜。

2. 粉末摩擦静电喷涂的主要特点

摩擦静电喷涂法不存在外电场，能有效地克服了高压静电喷涂法易产生的法拉第屏蔽效应，使粉末静电喷涂法也能应用于较复杂几何形状的工件。同时由于使用摩擦枪，不需高压静电发生器，从而节省了设备投资，消除了因短路引起的火花放电、粉尘燃烧爆炸等事故隐患。同时，喷枪内无金属电极，不会出现电极积粉，枪体操作也简便。摩擦静电喷涂时，反电离现象仅发生在喷枪起动后的 10～20s 之内，从而可提高喷涂的一次上粉率，喷涂厚膜时也没有反离子流击穿现象，保证了涂膜质量。

但因靠摩擦带电，喷枪的使用寿命较短，粉末带电量也不充足，对粉末品种的摩擦带电效应以及对气源、环境要求都比较严格，从而限制了其应用范围。

3. 粉末摩擦静电喷涂的施工工艺

粉末摩擦带电的状况是影响粉末沉积效率及涂层质量的主要因素。因此，围绕此因素在工艺上对下列几点均提出一定要求：

1）摩擦枪的带电性。

2）供粉气压及气流的净化。

3）粉末品种的带电性能、干燥性及粒度大小。

4）喷粉量。

5）喷涂距离。

6）施工环境的湿度、干净度。

要得到良好喷涂质量，必须综合制定上述最佳工艺条件。

4. 粉末摩擦静电喷涂的主要设备与工艺流程

与高压静电喷涂法相比，其设备上只是不需高压静电发生器，喷枪为摩擦喷枪，其他设备及工艺流程均相似。

10.3.4　粉末静电流化床涂装法

粉末静电流化床法是粉末静电涂装技术与流化床工艺相结合的一种涂装方法。

1. 粉末静电流化床涂装的原理

其涂装原理与静电涂装法类似，只是工艺方法不同。在静电流化床床身的粉末中装有接高压的电极，它与高压静电发生器的电源负极相连。当电极得到一定量的负电压时就产生电晕放电，在电极附近处于流化状态的粉末捕获电子成为带负电荷的粉末微粒，从而被吸附到带正电荷的工件表面，经取出加热固化形成均匀涂膜。

2. 粉末静电流化床涂装的主要特点

此涂装方法集合了静电涂装与流化床涂装两种方法的优点，克服了用流化床法时工件必须预热的不足，实现了常温下流化床法的涂装。与静电喷涂相比，设备结构简单，集尘装置与供粉系统要求低，粉末屏蔽易解决。控制工艺条件可获得较薄涂膜，且易实现快速自动生产线作业。

3. 粉末静电流化床涂装的影响因素

主要的影响因素有：

1）涂料的流化状态与气流压力。

2）涂料的带电性能。

3）静电电压。

4）电极与工件距离。

5）涂装时间。

6）空气流量等。

综合考虑上述各工艺条件是确保涂装质量的必要前提。

4. 粉末静电流化床涂装的主要设备与工艺流程

其主要设备是静电流化床与固化设备。与一般流化床法相比，它免去了工件预热设备，同时在流化床内添设了连接有高压静电发生器的电极。该涂装方法主要适用于线材、带材、电子元件等形状比较简单的小零件的粉末涂装。工艺流程为：工件预检→预处理→干燥→蔽覆→静电流化床涂覆→清理粉末→固化→工件清理→成品检查。

10.3.5　粉末静电振荡涂装法

在静电涂装基础上，德国于20世纪70年代研制成功粉末静电振荡法。

1. 粉末静电振荡涂装的原理（见图10-7）

在塑料板制的涂装箱中，工件接地为阳极，距工件200mm的底面或侧面设置电栅作为阴极，并埋在粉末中或铺于粉末上，接以负高压后，电极产生电晕放电，两极间形成高压静电场，粉末与电栅或电晕套接触获得电荷。借助于交变静电场的作用力，阴极电栅产生弹性振荡，从而导致粉末微粒由静态变为振荡动态，带电粉末在高压静电场作用下飘浮并沿着电力线方向吸附于工件表面，经固化而形成均匀的涂膜。

2. 粉末静电振荡涂装的主要特点

静电振荡法所具有的独特电极结构，分别绝缘分隔的上、下电极，使其具备了不同于静电喷涂法的一些特点：

1）不需喷枪、压缩空气、供粉器及粉末回收装置，大大减少了设备投资。

2）设备结构简单，工艺操作方便。

3）换色容易快捷。

4）易实现自动流水生产线作业。

3. 粉末静电振荡涂装的影响因素

主要的影响因素有以下几点：

（1）涂装电压　电压直接影响高压静电场的强度以及电栅阴极的弹性振荡，从而影响涂装质量，通常取 50～90kV 为宜。

（2）振荡频率　它是指下侧电极电压产生周期性变化的次数，也是带电粉末产生振荡漂动的动力。因此，其频率过低或过高，都将影响涂装质量，振荡频率一般为 3.6～5.4kHz。

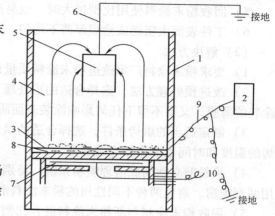

图 10-7　粉末静电振荡涂装法的原理
1—塑料板制的涂装箱　2—高压直流电源　3—上侧阴极电栅　4—电力线　5—工件　6—运输链　7—下侧阴极　8—粉末涂料　9—高压电缆　10—换向开关

（3）涂装距离　两极间距离影响静电场强度，过大、过小都影响涂装效果，一般为 180～250mm。

（4）涂装时间　涂装时间影响涂膜厚度，一般为 0.5～2min。

4. 粉末静电振荡涂装的设备与工艺流程

设备简单，主要为静电振荡涂装箱以及固化设备。工艺流程为：工艺预处理→静电振荡涂覆→固化检查。该涂装方法广泛应用于小型金属件的粉末涂装，尤其是零部件、门把手、电子元件、线材、管材等。

以上几种粉末涂装方法为目前生产中常用的涂装法，此外尚有一些应用于生产中的方法。例如火焰喷涂法，对一些大型工件或无法在喷粉室作业及无法进入烘干设备进行固化的化工池槽、储存罐、柜架等部件，采用火焰粉末喷涂法可同样有效地得到防腐涂膜、耐磨涂膜或一般装饰性涂膜，且设备简单，无需成套涂装设备和烘干固化设备，可在生产作业现场施工，具有一定独特性。再如粉末电泳涂装法，简称 EPC，是粉末涂装与电泳涂装相结合的一种新方法。该方法具有涂膜性能高、涂装效率高，仅数秒钟即可涂得高质量高性能涂膜的特点。

10.4　粉末涂装常见问题及解决方法

1. 涂膜表面色差明显和失光

（1）形成原因　引起涂膜表面色差明显和失光的现象，一般是由涂料弊病、涂装弊病和涂膜成分的分解和变质引起。

1）粉末涂料本身的颜料在分布不均匀，不耐温或树脂易发黄时，即可引起涂膜变色。

2）工件预处理质量差或有残留处理液时，可引起涂膜变色和失光。

3）涂膜烘烤时间过长或温度过高时，可引起涂膜变色和失光。

4）两种不同厂家或不同性质的粉末涂料混杂，易产生失光。

5）回收粉末涂料使用比例过大时，也易产生失光。

6）工件表面太粗糙或涂膜厚薄不均匀，引起色差。

（2）解决方法

1）要求粉末涂料厂家改进粉末涂料质量或更换合格的粉末涂料。

2）改进预处理方法，选择合适的预处理工艺。既要能将底材处理干净，并形成有利于涂装的薄膜，又要不留下任何影响涂装表面质量的残留液。

3）制定适当的烘烤条件，选择合适的烘烤温度和时间。粉末涂料型号和厂家不同，烘烤的温度和时间也要作相应的变更。

4）换粉前必须彻底清理喷粉系统，特别是两种不同颜色的粉末涂料，有条件的最好采用两套喷房，避免两种不同性质的粉末涂料混杂，防止渗色和失光。

5）回收粉末涂料与新粉末涂料混合比例要恰当，一般为1:1或3:2混合较恰当。

6）降低工件的表面粗糙度值，如打磨、抛光等，调整好喷粉工艺参数，保证喷粉设备运行良好，以确保涂膜厚度均匀一致。

2. 涂膜表面颗粒

（1）形成原因。在粉末静电喷涂中，最常见的弊病就是颗粒，一般是由涂料弊病和涂装弊病共同引起的。其主要原因在于粉末涂料中混进了胶化、难熔性粒子和杂质。

1）制造粉末涂料过程中，由于颜料或固化剂分散不好，使颜料产生凝聚物；在熔融混合过程中，有部分树脂进行固化反应产生胶化粒子，这些粒子都会形成涂膜上的颗粒。

2）在涂装设备的喷枪头部或管道内改变气流方向的部位，粉末涂料中的微细粒子容易堆集。当堆集到某种程度时，以凝集状态喷出来附着在工件表面，烘烤固化时不会熔融而变成粒径为0.5～3mm的颗粒。

3）附着在喷粉室内壁和回收设备内的胶化物，也能在涂膜表面形成颗粒。

4）粉末涂料受潮结团，供粉不均，喷枪雾化不好等，均能形成涂膜上的颗粒。

5）工件表面沾污严重，预处理清洗不彻底，附着在工件表面的异物形成涂膜上颗粒。

6）预处理过程中的残留物，如磷化渣等，没清洗干净而形成涂膜上的颗粒。

7）涂装现场不洁净，来自压缩空气、操作人员的工作服、回收设备、传送链和烘烤设备上的剥落物等灰尘，在静电喷粉过程中会引起涂膜的污染而带上颗粒。

8）涂膜太薄。

（2）解决方法

1）粉末涂料生产厂家必须在粉末涂料制造过程中防止产生胶化粒子和带进机械杂质，并控制粉末粒度分布范围，最好能达到16～80μm。

2）妥善保管好粉末涂料，严防粉末涂料受潮。

3）改进预处理方法，选用效率更高的预处理剂或增加清洗力度，提高工件的清洁度。

4）调整好粉末涂料静电喷涂系统的各个工艺参数，特别是空气压力、配粉压力和雾化压力，三者要配合调整到最佳点。

5）保持工作环境清洁，防止带进灰尘和杂质；维修和保养好设备，每天开工前使用压缩空气吹扫喷粉系统，用湿布和吸尘器彻底清洁固化炉的内壁，重点是悬挂链和风管缝隙处。如果是黑色大颗粒杂质，就需要检查送风管滤网是否有破损处，有则及时更换。

6）严格抽查粉末涂料质量，选用合格的粉末涂料。

7）增加涂膜厚度。

3. 砂粒

（1）形成原因　粉末涂膜的砂粒通常由粉末材料本身带来。由于制造粉末的基础原材料——树脂的质量不稳定，经常会带来粉末质量不稳定。除了要求粉末材料供应商加强其产品质量控制外，更重要的是应严格把关，做好粉末的入厂检验工作。粉末砂粒的检测，除了常见的筛网过滤办法外，溶剂法更是一种行之有效的方法。该方法利用了粉末可用一定溶剂（环己酮）进行溶解而砂粒不溶的原理，先对试样进行溶解，再用 $49\mu m$（300 目）丝网过滤，在 $60℃$，2h 条件下恒重，从而得出试样中砂粒杂质的含量。目前，溶滤物指标的控制范围为不大于 $40mg/100g$ 粉。

（2）解决方法　为了有效防止粉末涂膜出现砂粒，在生产中，还必须对所有回收粉和新粉进行旋转筛分。目前欧美通行的是 $120\mu m$（120 目）筛网过筛，但根据国内粉末材料的生产质量现状，通常采用 $85\mu m$（180 目）的旋转筛对粉末进行筛分，这样可以更有效地减少涂膜砂粒的出现。此外，对喷涂设备、固化炉、烘干炉、强冷通道、喷房环境的清洁、保养及管理，亦为防止粉末涂膜弊病的途径与重要内容。

4. 粉团

（1）形成原因　在运输、储存与使用过程中，粉末涂料对环境温度均有较高要求。试验统计表明：目前国内生产的粉末涂料，若长期处于高于 $60℃$ 的环境温度中，即出现结团现象。在缺少温度调节手段、通风欠佳的喷房环境中，由于工件带进热量等因素的影响，环境温度通常都比较高，粉末经常会出现结团。结团的粉末甚至连旋转筛也难以将其分散，一旦喷在工件上，即会出现粉团的病态。

（2）解决方法　为避免产生粉团，一方面应不断改进粉末质量，另一方面应对喷涂环境的温度进行有效控制和调节。通过在喷涂线上安装大容量冷水机式空调机组，喷房温度在炎热天气能控制在 $25℃$ 左右，可有效避免粉团的出现。

5. 色点

（1）形成原因　在粉末静电喷涂生产中，涂膜有时会出现色点。究其原因，一是粉末材料在生产过程中颜料混合不均匀；二是所用的颜料熔点偏低，容易在喷枪电极针等局部高温区富集。混合不匀或经富集的粉末颜料，随粉末一起喷在工件上，固化成膜后即成为色点。

（2）解决方法　为避免出现色点，一要改进粉末的生产配方，采用分散性好、熔点适宜的颜料；二要控制调节喷房温度，防止出现高温。

6. 涂膜缩孔

（1）形成原因

1）预处理脱脂不干净，表面有油污，或者脱脂后水洗不净造成表面活性剂残留而引起的缩孔。

2）粉末涂料静电喷涂所用的压缩空气中油、水含量超标，导致粉末涂料受污染。

3）喷涂施工的周围环境中，有使用含挥发性硅油的溶剂（如脱模剂）等。

4）悬挂链上油污被空调风吹落到工件上而引起的缩孔。

5）粉末涂料本身的质量问题，如粉末涂料制造过程中混入油和水，以及树脂本身的质量问题等。

6）粉末涂料静电喷涂设备回收及流化系统中，某些有机材料的粉屑混入粉末涂料中造成缩孔。

7）树脂混合比不同的粉末涂料混用。

8）其他环境因素引起的缩孔。如悬挂链润滑油泥、锈灰的污染，压缩空气油水分离及冷冻干燥效果不好，空气排风及磷化后强冷送风不净等。

（2）解决方法

1）控制好预脱脂槽、脱脂槽液的浓度和比例，减少工件带油量以及强化水洗效果，使表面磷化膜完整；提高预处理温度，延长预处理时间，或改变吊挂方式，改变喷嘴的喷淋角度，以达到干净脱脂的目的；换用更合适、更有效的脱脂剂，因为不是每一种脱脂剂都能适合任何类型的工件。

2）涂装使用的压缩空气必须经过油、水分离，根据设备及用气情况可适当考虑采用两级或三级的油水分离器。

3）严格控制涂装现场周围的环境，禁止使用含挥发性硅油的有机溶剂。

4）粉末涂料生产厂家改进粉末涂料制造工艺环境，选用合适的原材料，以改善质量，防止涂料受潮；或另选新粉末涂料。

5）不同厂家或同一厂家不同型号、不同树脂混合比的粉末涂料，在混用前一定要先做试验，确认可行后才可混用。

6）防止喷涂环境污染。悬挂链应采用喷射加油，并设置清洁刷集尘装置；对压缩空气净化器经常检查，定期维修；合理安排喷房空调采风方向，对磷化后强冷送风及喷房门洞进风过滤除尘；固化炉和烘干炉道之进、排风均设置滤网，并定期对烘道进行全面、仔细的清洁等。

7. 涂膜表面气孔

（1）形成原因　涂膜表面产生气孔、针孔，也是涂装常见的弊病之一，除气孔、针孔外，有时还会出现火山状的气孔（即周边凸起，中间有一小气孔）。产生这些现象的主要原因有：

1）工件表面本身有气孔，固化时气孔内的气体膨胀冒出，在涂膜表面产生气孔。

2）工件原材料质量差。主要表现在两个方面：一是工件表面镀层质量差，弯曲时镀层破坏，其破坏程度有时用肉眼是很难看出来的，涂装后涂膜表面产生火山状气孔；二是工件放置太久，已开始腐蚀，但从外表又无法看出来，导致涂膜表面产生火山状气孔。

3）工件表面有预处理的残留液，固化过程中残留液挥发产生气孔。

4）在粉末涂料静电喷涂过程中，喷枪离工件的距离太近，或施工电压过高，产生击穿，导致涂膜表面产生针孔。

5）粉末涂料中挥发分含量超过标准，或其中颜料含水量偏高，固化过程中产生气孔。

（2）解决方法

1）选用质量好的原材料。对于加工件，需加强工件的加工处理，提高表面质量。

2）改进预处理工艺，提高清洗效果。

3）调整好粉末涂料静电喷涂系统的各个工艺参数，特别注意要将施工电压、工件与喷枪之间的距离调整到最佳位置。

4）把好粉末涂料入厂的质量检验关，严格抽查，或对粉末涂料进行低温（30℃以下）除湿汽。

8. 涂膜表面桔皮

（1）形成原因　涂膜表面不平滑，呈肌状皱纹或斑纹桔皮状。影响粉末涂膜平整性的主要因素是粒度大小及其分布、熔融黏度、颜料和固化剂的分散状态、流平性等。另外也有涂装方面原因，其主要表现在以下几个方面：

1）工件表面粗糙，导致涂膜表层不平滑。

2）粉末粒子粗。对于烘烤时熔融黏度比较低的树脂，粉末涂料的粒度可以稍大一些。对于熔融黏度高的树脂，如果要获得 $40\mu m$ 厚度的平整涂膜，则粉末最大粒度约为 $60\mu m$。

3）粉末涂料固化速度太快，自身流平性差。

4）烘烤温度过低，熔融流动性差。

5）涂膜太薄，涂膜表面呈肌状皱纹；涂膜太厚，涂膜表面呈斑纹状桔皮。

6）静电屏蔽，涂膜厚薄不均。

7）喷粉时粉末雾化不好。

（2）解决方法

1）降低工件表面粗糙度值。只有工件平整，才能喷涂出光滑涂膜。

2）选择粒度分布均匀的高质量的粉末涂料。粉末粒度应控制在 $100\mu m$ 以下，最理想的粒度分布范围应为 $16\sim 80\mu m$。

3）生产厂家重新调整粉末涂料的固化速度和流平性，或选用新粉末涂料。

4）升高烘烤温度或减慢升温速度，延长流平时间。

5）调整好静电喷涂的工艺参数，主要应控制高压静电和工件表面与喷枪之间的距离，达到控制粉末厚度的效果。

6）调整配粉气、雾化气的比例，以期达到最好的雾化效果。

9. 涂膜力学性能差

（1）形成原因。涂膜的力学性能主要是以铅笔硬度、耐冲击性、附着力和柔韧性等进行衡量，其影响因素主要有以下几个方面：

1）底材质量差，或者底材表面处理不好，如镀锌板的锌层和底材本来就结合不好。

2）预处理水洗不彻底造成工件上残留脱脂剂、磷化渣或者水洗槽被碱液污染而引起的附着力差。

3）磷化膜泛黄、发花、局部无磷化膜，或磷化膜粗糙、过厚、过脆而引起的附着力差。

4）清洗用水含油量、含盐量过大而引起的附着力差。

5）烘烤条件不当，粉末未完全固化或过度烘烤。

6）粉末涂料本身质量差，或粉末涂料已超过保质期。

（2）解决方法

1）选用质量好的底材，把好进厂检验关。

2）改进脱脂工艺、延长脱脂时间、提高脱脂温度或选用更好的脱脂剂。

3）改进磷化工艺，适当调整总酸度、游离酸度及磷化温度，或重新选用更适用于底材的磷化液。

4）根据粉末涂料的技术条件，重新调整固化的温度和时间。或利用测温仪对烘炉进行温度分布测定，看是否满足粉末涂料技术条件。

5）选用合格粉末涂料，超过保质期的粉末涂料须做全面检查，达不到技术指标的坚决不用。

10. 涂膜剥离

（1）形成原因

1）工件和涂膜氧化。工件氧化的原因是表面处理工序和喷涂工序间的时间间隔太长。涂膜氧化的原因是操作过程中断次数过多、中断时间过长，以及喷涂过程中涂膜被严重污染，降低了层间的结合强度，产生剥离。

2）涂膜表面应力过大。工件表面温度太高，涂膜厚度太厚，会造成涂膜应力增大，工件边缘处容易发生开裂剥离。

3）工件出现异种材料。由于各种原因，工件由异种材料组成，例如冷轧板—铝合金，铸铁—铜等，由于各种材料的力学性能和理化指标的不同，一体喷涂涂膜很难获得满意效果。

4）遮蔽作用。有些工件喷涂前已用涂料遮蔽，涂膜固化时造成溶剂涂料溶解起壳，产生涂膜剥离。

5）工件吸收水分。工件死角、凹孔、砂眼等缺陷容易吸收水分和残留液，固化时受热产生起泡，造成涂膜剥离。

6）粉末涂料受到污染。过度使用回收粉末，使回收粉中粉末颗粒粒径严重失调，粉末杂质增加，造成粉末质量下降，粗糙和含有杂质的涂膜容易剥离。

7）搬运不当。在搬运和安装过程中，工件受到激烈的碰撞、摩擦或受化学腐蚀，使涂膜剥离。

（2）解决方法　可根据上述原因分析，找出解决方法，避免涂膜剥离。

10.5　粉末涂料与涂装技术的发展方向

1. 粉末涂料的发展方向

粉末涂料的发展方向列举如下：

（1）低温固化　为扩展粉末涂料的涂装范围，节省能源，更好地与溶剂型涂装线接轨，粉末涂料必须向低温固化型发展。可通过降低树脂本身的熔融黏度、软化点，增加树脂的官能团，提高交联度，应用适当的催化剂等手段来实现粉末涂料的低温固化性能。

（2）薄膜化　通常溶剂型涂料涂膜厚度为 $20\sim30\mu m$，而一般粉末涂料涂膜厚度为 $60\sim70\mu m$。因此，粉末涂料要占领溶剂涂料市场，必须向薄膜化发展。

（3）功能化　功能性粉末涂料是具有特殊功能，适应特殊用途的表面涂装材料，兼具保护和装饰作用，可以提高被涂物的使用寿命和特殊功能，主要包括重防腐型、耐高温型、耐候型、阻燃型、导电型等。

（4）专用化　专用化粉末涂料如汽车用粉末涂料（粉末涂装在汽车行业的应用不断扩

大，汽车底盘、内饰件、轮毂和车身均开始采用粉末涂装）、顶涂钢板用粉末涂料、木材用粉末涂料、管道用粉末涂料、建筑用粉末涂料等。

（5）美术化　开发无光、高光、高鲜艳性粉末涂料，以及遮盖粗质底材的花纹粉末涂料和金属闪光粉末涂料等。

（6）研究开发新型固化剂　在聚酯/TGIC 粉末涂料中，以 HAA（羟基酰胺）、四甲氧甲基甘脲和低环氧化合物代替有毒的 TGIC 固化剂。在聚酯/IPDI 粉末涂料中，以无封闭剂的新型固化剂代替以己内酰胺作为封闭的 IPDI 固化剂。在环氧粉末涂料中，开发新型固化剂和促进剂，如咪唑金属络合物等，使粉末涂料向低温固化和多品种方向发展。

2. 粉末涂装的发展方向

粉末涂装的发展方向列举如下：

（1）电场云粉末喷涂　电场云粉末喷涂也是一种静电喷涂，它以固定的喷嘴和平行排列的电极代替了活动的喷枪。将压缩空气吹出的粉末送入电极空间，通过电晕产生的离子而使之带电，这就是所谓电场云。当接地工件进入电场云区时，电晕针尖端发生的电晕放电与工件间形成电场，使带电粉末涂料被吸附上去。这一方法的最大优点是上粉率达到 95%，比一般静电喷涂法节省 1/3～1/2 的粉末。

（2）粉末电磁刷涂　粉末电磁刷涂装置由磁刷台和可将工件贴附的磁鼓组成，粉末涂料就如复印机的磁粉，平板型的工件就如待复印的纸张。当静电开通，随着工件通过，磁刷使其涂上了粉末涂料。这一方法是粉末涂料涂装方面的开创性进展。

（3）紫外固化粉末涂料　紫外固化粉末涂料与一般粉末涂料的差异在于固化体系。它的基料由主体树脂不饱和聚酯（或丙烯酸树脂）+ 光引发剂如乙酰苯酮衍生物组成。其固化分两步进行，第一步是通过红外线（或结合其他热源）加热至 100～120℃ 使粉末熔融、聚结、流平；第二步是通过紫外线使之在几秒至几十秒之间快速固化。由于温度低，速度快，所以特别适宜于木材、橡胶、塑料及纸张等热敏性材料的应用。

（4）机器人技术　将密相粉末涂装设备配合机器人使用，通过把密相枪、粉泵、控制器这三样先进的粉末喷涂设备与输送技术相结合，大幅度提高了日常粉末涂装操作中喷涂机器人的工作效率与喷涂精度，并且降低了生产成本。

（5）TEC 总能量充电控制系统　这项新技术是由英国依路达公司推出的，该技术可以减少高压电晕放电法中喷枪的喷涂距离，能同时自动降低总的充电能量，使粉末颗粒不会受到过度充电，彻底克服了屏蔽效应及反向电离等问题。这种技术将是传统的高压电晕放电法改造应用和发展的新方向。

第11章 防火涂装

防火涂料（又称防火漆）是指涂覆于可燃性基材表面，能降低被涂材料表面的可燃性，阻滞火灾的迅速蔓延，或是涂覆于结构材料表面，用于提高构件耐火极限的一种特种涂料。

国内外有关资料及有关机构的试验和统计数字表明，钢结构建筑的耐火性能远比砖石结构和钢筋混凝土结构为差。钢材的力学强度随温度的升高而降低。当钢材的温度升高到某一值而失去支撑能力，这一温度值定义为该钢材的临界温度。常用建筑钢材的临界温度为540℃。建筑火灾的火场温度一般在800～1200℃之间，在火灾发生的几分钟后，其温度就可达到钢材的临界值，使裸露的钢构件失去承载能力，导致建筑物垮塌。钢结构防火涂料涂喷在钢构件表面，可起到防火隔热保护作用，防止钢材在火灾中迅速升温而降低强度，避免钢结构失去支撑能力而导致建筑物垮塌。

11.1 防火涂料的类别

防火涂料一般由基料、分散介质、阻燃剂、填料、助剂（增塑剂、稳定剂、防水剂、防潮剂等）组成。它除了具有普通涂料的装饰作用和对基材提供物理保护外，还具有阻燃耐火的特殊功能。防火涂料主要用作建筑物的防火保护，如涂刷在建筑物的木材、纤维板、纸板、塑料等易燃建筑基材表面，或者电缆、金属构件等表面，具有装饰作用，又有一定的耐火能力，同时还具有防腐、防锈、耐酸碱、耐候、耐水、耐盐雾等功能。因此，防火涂料是一种集装饰和防火为一体的特种涂料。

1. 按燃烧特性分类

防火涂料按其燃烧特性分为非膨胀型防火涂料和膨胀型防火涂料。

（1）非膨胀型防火涂料　非膨胀型防火涂料又称防火隔热涂料，多为蛭石水泥系、矿纤维水泥系、氢氧化镁等无机体系，涂膜厚度一般为8～50mm，耐火极限可达30～180min。其作用机理的关键在于其中各组分一般具有不燃性、低导热性，并且质量轻。因此，涂膜具有很低的导热性并且轻质，施工时多采用喷涂（也可抹涂），涂膜较厚。在发生火灾时，能有效地降低热量的传递，具有较好的耐火隔热性能。这类防火隔热涂料由于耐火极限高，常用作建筑结构的保护层，如厚涂型钢结构防火涂料和隧道防火涂料。

（2）膨胀型防火涂料　膨胀型防火涂料是防火涂料家族中的主要类型。它在受火时，由于组分间的相互作用，涂膜膨胀发泡形成泡沫层，泡沫层不仅隔绝了氧气，而且有良好的隔热性能，能有效地阻滞热量向基材的迅速传导。此外，涂膜膨胀形成泡沫隔热层的过程是吸热反应，使体系的温度降低，因而其阻燃防火效果显著。为了防止涂料中有机物质产生火焰，往往还加入一些阻燃剂，如常用的氯化石蜡、四溴双酚A、FR22等，这类阻燃剂分解会放出卤素元素，中止燃烧反应。

2. 按功能和适用对象分类

防火涂料按其功能和适用对象可分为饰面型防火涂料、钢结构防火涂料、电缆防火涂料、油罐及石油输送管道用防火涂料、钢筋混凝土楼板用防火涂料、隧道用防火涂料、海上及石油化工建筑用防火涂料等。其中以饰面型防火涂料、钢结构防火涂料、电缆防火涂料应用最为普遍。随着我国隧道的不断建设和发展，隧道用防火涂料也呈现快速增长的趋势。目前，由于永久性阻燃制品、阻燃及耐火电缆的不断增加，使饰面型防火涂料与电缆防火涂料总体用量呈下降趋势。

（1）饰面型防火涂料　饰面型防火涂料是一种集装饰和防火于一体的防火涂料品种，主要应用于木质基材或其他可燃材料的防火保护。当其按一定的涂覆比涂覆于可燃基材上时，平时可起到一定的保护和装饰作用；火灾发生时，则能在火焰或高温烟气的作用下膨胀并形成具有一定厚度的防火隔热保护层，阻止火势蔓延。饰面型防火涂料按照 GB 12441—2005《饰面型防火涂料》进行检验。

（2）钢结构防火涂料　钢结构防火涂料根据所用的溶剂分类，可分为溶剂型和水基型钢结构防火涂料；根据防火机理分类，可分为膨胀型和非膨胀型钢结构防火涂料；根据施工厚度，可分为厚涂型（H 类）、薄涂型（B 类）和超薄型（CB 类）钢结构防火涂料；从其使用场所分类，可分为室内和室外钢结构防火涂料。

钢结构防火涂料的耐火性能以涂覆钢构件的涂膜厚度和相应耐火极限来表示。H 类涂膜厚度一般为 7～45mm，耐火极限可达 0.5～3.0h；B 类涂膜厚度一般为 3～7mm，耐火极限可达 0.5～2h；CB 类涂层厚度一般为 3mm 以下，耐火极限可达 0.5～1.5h。实际检测中发现，钢结构防火涂料的耐火极限与涂料本身的特性有关，与涂膜厚度并非呈线性关系，涂膜越厚，不一定耐火极限越高。

图 11-1 所示为国家防火建材质检中心得到的三类钢结构防火涂料对同一钢梁的涂膜厚度-耐火时间特征曲线。

钢结构防火涂料按照 GB 14907—2002《钢结构防火涂料》的要求进行检测。

（3）电缆防火涂料　电缆防火涂料具有良好的柔韧性，与电缆表面有良好的附着力，主要应用于电缆间或电缆井中铺设的电线电缆的防火保护。电缆防火涂料遇火时能形成均匀致密的海绵状泡沫防火隔热层，以防止火灾的蔓延和发展，从而达到保护电缆的目的。

（4）隧道防火涂料　隧道防火涂料的作用是保护隧道中的钢筋混凝土结构及强度在耐火

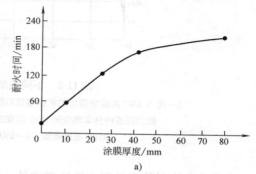

a）

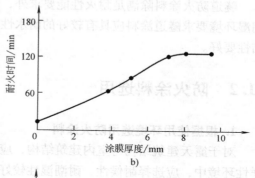

b）

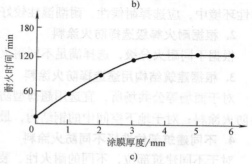

c）

图 11-1　钢结构防火涂料对同一钢梁的涂膜厚度-耐火时间特征曲线

a）H 类　b）B 类　c）CB 类

极限内不被破坏，从而减少维修费用，缩短工程修复时间。

隧道火灾具有升温速率快、温度较高的特点，为了保证隧道防火涂料的耐火性能与实际火灾情况相符，在测试其耐火极限时不宜采用传统的 ISO 834 中规定的时间-温度曲线，应采用反映隧道火灾真实情况的隧道火灾类时间-温度曲线。

图 11-2 所示为世界各国研究出的不同类型火灾的时间-温度曲线。

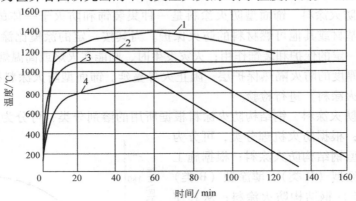

图 11-2　不同类型火灾的时间-温度曲线
1—荷兰 TNO 实验室得出的模拟隧道内油罐车燃烧的时间-温度曲线　2—德国得出的
模拟隧道内货车燃烧的时间-温度曲线　3—欧盟采用的碳氢化合物类火灾
时间-温度曲线　4—ISO 834 中规定的时间-温度曲线

隧道防火涂料除满足耐火性能要求外，还必须满足隧道应用环境的要求，例如，隧道的潮湿环境要求隧道涂料应具有较好的耐水性，隧道所处的强风和振动环境，要求隧道涂料黏结性要好。

11.2　防火涂料选用

1. 根据使用环境选用防火涂料

对于露天建筑结构与室内建筑结构，应分别选用室外使用与室内使用的防火涂料。在海洋性环境中，应选择耐候性、耐潮湿性较好的防火涂料。

2. 根据耐火等级选择防火涂料

根据不同耐火分级，选择满足不同耐火极限的防火涂料品种。

3. 根据建筑结构用途选择防火涂料

对于商场等公共场所，宜选用超薄型防火涂料；对于重要保护的电力系统，最好选用水性防火涂料；对于地下空间中的钢结构，最好选用水性无毒防火涂料。

4. 不同建筑部位选择不同防火涂料

对于不同建筑部位，不同的耐火性、装饰性要求等，应分别选用不同的防火涂料。

5. 根据不同的特殊要求选择不同防火涂料

对于防震建筑物，一般选择涂膜较薄的防火涂料；对于环保要求很高的场所，一般选择水性防火涂料。

11.3　防火涂料的施工与质量控制

　　防火涂料的施工工艺条件对涂料的综合性能有着重要的影响。防火涂料的施工应由经过培训并取得资质的专业施工队进行。施工中的安全和劳动保护应符合国家现行的有关规定。涂膜的质量直接影响其装饰效果和使用价值，而涂膜的质量决定于涂料和施工的质量。劣质的防火涂料自然不能得到优质的涂膜，而优质的防火涂料如果施工不当也不能得到性能优异的涂膜。因此，要达到预期的装饰和防火保护效果，必须采用正确的施工方法，并在实践中不断加以改进和完善，形成规范并严格执行。

11.3.1　防火涂料施工方法的选择

　　防火涂料的涂装，是用不同的施工方法、工具和设备，将涂料均匀地涂覆在被保护物件表面的过程。涂装的质量直接影响涂膜的质量。对不同的被保护物件和不同的防火涂料，应该采用适宜的涂装方法和设备以获得最佳的涂膜质量。防火涂料涂装施工方法一般依据被保护基材的条件、对涂膜质量的要求和防火涂料的特性来选择。例如：饰面性防火涂料、超薄膨胀型钢结构防火涂料、电缆防火涂料的施工，一般采用刷涂，也可采用喷涂和辊涂工艺；厚涂型钢结构防火涂料、预应力混凝土楼板防火涂料、隧道防火涂料的施工，可采用喷涂、抹涂和刮涂工艺，或喷涂、抹涂和刮涂相结合的施工工艺等。防火涂料应分次涂刷，根据要求结合防火涂料品种的特性而确定涂刷次数和相隔时间。一般来说，防火涂料的固体含量较高，容易沉淀，因此使用前应充分搅匀。双组分包装的防火涂料，要根据产品说明书上规定的比例进行调配，充分搅拌，经规定时间的停放使之充分反应，然后使用。

11.3.2　防火涂装工艺过程的质量控制

　　随着技术的发展，超薄型钢结构防火涂料由于其优秀的外观和较高的耐火等级在国内市场备受青睐，尤其是那些直接暴露在人们视野中的钢结构，大部分采用超薄型钢结构防火涂料。超薄型钢结构防火涂料的涂膜较薄，在火灾中的性能可靠程度与施工质量密切相关，如果不注意施工质量，可能使耐火等级达 90min 的防火涂膜在火场中只能表现出不到 30min 的耐火极限。

1. 施工环境对涂装效果的影响

　　施工环境对防火涂装效果有相当大的影响。一般要求涂装场所环境条件要明亮、不受日光直晒，温度和湿度合适，空气清洁、风速适宜，防火条件好。施工场所应具备一定亮度或照明条件，还要避免日光直晒，在烈日下施工效果不好，容易造成涂膜缺陷。大气的温度、湿度与涂料的施工和干燥性能关系很大，涂料施工要求中应规定施工时大气温度、湿度的限制条件。一般当温度在 5℃ 以下，相对湿度在 85% 以上时，施工效果都不太理想。各种涂料各有其最佳施工温度、湿度，在施工时应严格遵守，雨天施工效果往往很差。空气中尘埃对涂装效果有很大影响，必须采取防尘措施。通风效果既影响涂膜质量，也影响施工的安全卫生。室外钢结构防火涂料的涂装应避免在风力 3 级以上时施工。值得注意的是，溶剂型防火涂料的溶剂属易燃品且对身体有一定的危害，所以在生产及施工过程中应注意防火安全，施工过程应严禁明火。同时，要有人员的健康保护措施，施工应在通风良好的环境条件下进行。

2. 施工前的涂料质量准备

高品质的超薄型钢结构防火涂料都是用专门的丙烯酸树脂作为黏结剂的，其料浆的固体含量一般不低于 70% （质量分数），其树脂含量不会达到固体质量的 20%。就目前国内的生产工艺而言，这类涂料的细度一般为 60~90μm，这种涂料在生产过程中会有一定的沉淀，同时在存放过程中还存在沉降现象，尤其是当细度大于 90μm 时。因此，在施工前必须将涂料充分搅拌，才能将料浆成分均匀地分布涂装在钢构件上。只有这样，才能保证丙烯酸树脂充分地包覆其余各种功能填料，保证涂料形成高质量的涂层，在发生火灾前能牢固地与基材附着，在火灾中显示出足够的防火性能。一般涂料出厂时，固体含量为 70% （质量分数）以上时，黏度比较高，在施工前还需要加入 5%~10% （质量分数）的溶剂稀释，并搅拌均匀，此时黏度应在 150s （涂-4 杯）左右。

3. 施工器材的质量控制

超薄型钢结构防火涂料大都采用刷涂施工，因此准备干净的小桶和尺寸合适的毛刷对施工质量是很重要的。根据实际经验，小桶以 2~4L 容积较为合适，毛刷以质量好的空心双排鬃毛刷，即毛刷的毛层较薄并有一定的硬度，毛刷的尺寸大小根据构件截面的大小而定。对较大截面尺寸的钢件，可以选用 10~13.3cm （3~4 寸）的毛刷，一般情况下，选用 6.7cm（2 寸）的毛刷即可。

目前，超薄型钢结构防火涂料多为溶剂型，因此在施工中必须严格地避免水分混入料浆中。一旦防火涂料料浆混入水分，溶剂型涂料树脂包容填料的效果将会被破坏，轻则涂料产生溶胀，出现假厚现象，并具有严重的触变性，在刷涂过程中随着刷子的移动不能在工件的表面形成连续、细腻、光滑的涂膜；严重的会变成无法涂刷的渣料或涂刷后形成不平整外观。其附着强度急剧下降，干密度明显上升，干燥后涂膜会开裂。应该提到的是，目前超薄型钢结构防火涂料的溶剂主要是芳香烃，但可以加入一定量的脂肪烃类稀释。脂肪烃类稀料加入过多，会使料浆的表面张力上升，对工件的润湿性能大大下降，从而影响涂层的附着力。施工时，必须遵照施工工艺技术文件要求。考虑到工地条件所限，在施工现场不可能严格地进行称量，因此配料应仔细地逐步调配，通过小样试验取得可靠的试验结果。只有这样，才能保证涂层既有优美的外观，又有优质的防火性能。

4. 底漆的选用

防火涂料在火场中保证防火性能的一个重要前提是，在火场中膨胀体不能脱落。这除了与防火涂料配方密切相关之外，与底漆的选择也密切相关。目前，国内在钢构件上使用的底漆大多是醇酸防锈漆。一般来说，单独使用醇酸调和漆防锈寿命不超过 3 年。防火涂料涂膜有一定的透湿性，所以醇酸调和漆作为底漆不能保证防火涂料牢固附着长达 15 年以上，而且可能一旦发生火灾，醇酸调和漆达到 200℃ 左右时，即防火涂膜刚刚形成隔热海绵膨胀体时，就会因醇酸调和漆软化而脱落，从而丧失防火性能。甚至在国外检测可以达到 90min 耐火极限的涂料，因为这个原因在国内检测时还不到 30min 即发生脱落。根据国内外资料报道和实际工程证明，最好是选用环氧树脂类底漆。

1) 选用具有化学保护作用的防锈底漆，如以环氧树脂为主要成膜物，添加氧化锌或磷酸锌为填料的底漆。这类底漆中不含铅、铬等重金属，安全无毒，不会造成环境污染，附着力好，具有良好的化学保护作用，价格也相对便宜。在受火试验中，磷酸盐可于 300℃ 左右剧烈分解，并催化底层防火涂料膨胀发泡形成炭层而隔热，可有效增加涂膜的防火效果。

2）采用具有物理屏蔽作用的防锈底漆，如铁红环氧防锈漆、云母氧化铁环氧防锈底漆、铝粉漆等。这类漆通过良好的屏蔽作用保护基材不受水汽侵蚀，一般可有效使用 2 ~3a。

3）采用具有电化学防锈作用的富锌底漆。当底漆涂层的电极电位比铁元素更负时，钢结构变成阴极，受到电化学保护不会锈蚀。这类底漆是利用锌的电极电位比铁更负的特点来保护基材，可分为环氧富锌底漆和无机富锌底漆。环氧富锌底漆兼顾了环氧树脂的封闭作用和锌粉的电化学保护作用，使得该底漆对钢结构的保护寿命一般可达 5 ~ 10a。而无机富锌底漆又可分溶剂型无机富锌底漆和水性无机富锌底漆。溶剂型无机富锌底漆对钢结构的保护寿命可大于 15a；水性无机富锌底漆保护寿命还更长。相对来说，环氧富锌底漆对预处理的要求要比无机富锌底漆低。从施工、成本等多方面考虑，普通环境下建议采用环氧富锌底漆，在腐蚀环境苛刻、使用寿命长的条件下，建议采用无机富锌底漆。无机富锌底漆本身也可耐 500℃ 高温，在火灾中不会因底漆熔化而导致整个涂层过早破坏。

红丹、铬酸盐等防锈底漆具有良好的化学钝化作用，使用寿命较长，而且红丹漆能耐高温，在火灾中不至于先于防火涂料融化、脱落。但铅系防锈漆、铬酸盐防锈漆的毒性太大，对环境污染严重，近年来已逐渐被淘汰使用。

5. 刷涂过程中的质量控制

一般钢结构用防锈漆的干膜厚度为 0.1 ~ 0.25mm，而超薄型钢结构防火涂料即使是世界上最好的 Herbers 38091 也必须形成 2.0 ~ 3.0mm 的干膜厚度，才能实现 30 ~ 120min 的耐火极限。因此，一般情况下施工人员希望一遍涂刷越厚越能降低施工成本。实际上这样容易造成流挂，影响涂膜的外观；而且在大多数情况下，会由于深层干燥固化过程中的体积收缩，造成涂膜内应力过大，产生开裂。根据经验，在第一遍涂刷时，实际的干膜厚度不应超过 0.15mm；在第一遍涂刷 12h 后，再涂刷第二遍，第二遍厚度一般不应超过 0.20mm；再间隔 6h 后才可以涂刷第三遍，这时才可以达到干膜厚度为 0.20 ~ 0.30mm。这既可以保证涂膜的外观没有流挂，又可以防止干燥过程中因应力过大造成开裂。

实践证明，按以上要求施工的近百个工程到目前无一因为开裂等问题而被投诉。对德国的 Herberes 38091 涂料而言，每一遍也不宜过厚。北京某工程使用 Herberes 38091 施工时，第一遍涂覆过厚，在到 0.8mm 以上时还有底漆的红色渗透出来，结合力也不好，改进施工工艺后，第二遍就不再有渗液流出。涂膜达到 2.0mm 时，外观优秀，附着力强。超薄型钢结构防火涂料的施工过程中，工艺参数还应该根据当时的天气环境，如湿度、温度、空气流动速度等情况加以调整。当温度较高，相对湿度较低或气流速度较大时，可能由于不能形成致密的涂膜而附着力较差；当空气流动速度太大时，表面结膜太快而内部溶剂、稀料蒸发时会产生小气泡。在这种情况下，要适当调整溶剂、增加少量高沸点溶剂或每遍涂膜更薄，间隔加长以保证干膜的质量。事实证明，成膜好的涂膜干膜密度比成膜不好的要高 15% ~ 20%。

6. 养护过程的质量控制

对超薄型钢结构防火涂料而言，养护过程非常重要，在涂装施工完毕以后，涂膜还不具备足够的耐水性和耐潮性。应该在 20℃ 左右，相对湿度 80% 以下，养护时间 20d 以上才能形成具有足够的耐水、耐潮性的干膜。当温度降低或相对湿度高于 90% 时，这个过程要大大加长，否则涂膜的耐水性将达不到要求。在研制和试验过程中发现，养护不足时，在火场中膨胀体很容易从钢件上脱落下来，使耐火极限大大降低，因此养护过程非常重要。

严格控制超薄型钢结构防火涂料的施工中工艺质量，才能保证超薄型钢结构防火涂料的耐火性能和理化性能。

超薄型钢结构防火涂料施工质量的控制，应该贯穿于涂料准备、器材准备、底漆施工和涂刷工艺、施工后的养护全过程。任何一个环节失去质量控制，都可能导致涂膜理化性能和耐火性能的严重丧失。

7. 施工过程中应注意的几个问题

一般施工工序为：先除锈、脱脂，再刷配套防锈漆，最后刷上钢结构防火涂料，直至涂膜厚度符合要求为止。施工中容易出现的漆病有流挂、开裂（龟裂）、针孔、雨斑等。

（1）流挂 涂料涂覆于垂直物体表面，湿膜在涂膜形成过程中受到重力的作用朝下流动，形成不均匀的涂膜，称为流挂。

涂膜流挂主要取决于涂料的内在品质和涂料的流变性能。涂料厂家在涂料生产过程中，往往加入防流挂树脂或者添加适量的流变助剂如有机膨润土等。其防流挂机理为：加入防流挂树脂后，体系形成一种疏松的网络结构。这种网络结构是可逆的，在强剪切力的作用下，结构破坏甚至消失，从而导致涂料黏度下降。当涂料刷上工件后，在充分流平的同时，网络结构又迅速形成，引起黏度的增加，从而防止了湿涂膜的流挂。

对于已确定的涂料而言，涂刷厚度的影响最大，其次是黏度。因此，在具体的涂料施工过程中，稀释剂不宜添加过多，使涂料保持较高的施工黏度，控制好每道涂膜的厚度。

（2）开裂（龟裂） 涂料经过施工后干燥成膜，在短期内或在户外实际使用后，涂膜上出现了裂纹，这一现象称为开裂。根据裂纹的开裂程度和裂纹的形状，一般分为细裂、隙裂、微裂、龟裂、鳄鱼皮裂纹、发状裂纹等。钢结构防火涂料开裂大多发生在涂膜的表面，而以龟裂为最常见。发生开裂的原因主要有以下几点：

1）底面涂层配套不当。在钢结构防火涂料施工中，可选择的防锈底漆有：单组分环氧酯防锈漆、双组分的环氧树脂防锈漆、醇酸树脂类防锈漆。如果选择配套的底漆和面漆涂膜的伸缩性和软硬程度差距大，涂膜内部的收缩力大大超过了涂膜本身的内聚力，就直接导致了开裂的发生。例如，在某一涂装工程的试验中发现，钢结构防火涂料如选择单组分环氧酯防锈底漆来配套，施工时就有开裂现象发生，而选择双组分环氧酯防锈底漆配套，则不会出现开裂现象。

2）面漆中颜料体积分数（PVC）偏高。如果配方设计不合理，PVC 值偏高，则配方中颜填料含量偏高，相应地基料物质含量就偏少，从而导致了这一现象的发生。

3）底漆涂层未干透就进行施工。如果底漆涂层未干透就进行面漆施工，由于底面复合涂层的应力不一致，造成了面漆涂层的开裂。钢结构防火涂料某次在四川地区施工时，施工人员未考虑到当时空气湿度大这一气候条件，底漆施工后 24h 就开始面漆的施工，底漆涂层没有充分干透，结果面漆涂层就出现开裂现象，所幸当时刷涂的面积小，立即停下来，等底漆涂层充分干透后再进行面漆施工，有效地避免了这一现象的发生。

4）面漆涂得过厚。面漆涂得过厚或面漆涂层的户外耐候性差等，都可能导致开裂的发生。

要有效地预防开裂这一现象的发生，需要合理选择配套的底面漆；面漆的 PVC 值要适中、合理，要等底漆涂层充分干透后进行面漆施工，而面漆尽可能不要刷得太厚。

（3）针孔　涂膜干燥后，在涂膜表面形成针状小孔，严重时针孔大小似皮革的毛孔，这一现象称为针孔。主要原因是涂料刷得太厚，其次是溶剂挥发得太快。在闪干过程中 10～15min，涂料表面黏度已相当大，相对较多的溶剂被封在涂膜里，由于其快速挥发而形成逃逸通道，溶剂顶破涂膜就形成了针孔。

防治对策是根据溶解度参数理论严格选用涂料中的混合溶剂，使其挥发速度得到平衡。在涂料中添加适量的流平剂，有利于消除针孔。其次，要严格控制施工黏度，并适当选用挥发速度较慢的稀释剂，使得涂膜表面有充足的时间来流平。另外，已产生絮凝的涂料更易出现针孔现象，应禁止使用。

（4）雨斑　涂膜在户外老化阶段，受到雨淋或雨露的浸渍使涂膜产生斑点的现象称为雨斑，主要原因是涂膜的耐水性差，防治对策是在涂料中添加硅氧烷类防水助剂，从而提高涂膜的憎水性。

（5）涂膜太薄　钢结构喷涂防火涂料的目的是为了提高钢结构的耐火极限。钢结构耐火极限的性能指标与涂膜厚度密切相关。同种类的防火涂料，喷涂的涂膜厚度不同，其耐火极限也不一样。如钢结构的涂膜厚度不按设计要求喷涂，钢材的耐火极限就不可能达到消防的要求。

（6）喷涂表面有乳突　为了确保涂膜表面均匀平整，喷涂厚度又要符合要求，喷涂后的涂膜，应剔除乳突，确保均匀平整。

（7）室内涂料不能于室外使用　室内涂料在耐候性、耐曝晒性、耐洗刷性等各方面都不能满足室外使用的要求。室内型涂料于室外使用，会导致涂膜渗水、溶胀、鼓泡乃至于脱落等质量问题。

（8）防火涂料与底漆、面漆相容配合性能　配套涂装体系的稳定性直接关系着涂装质量，许多资料也介绍了一些配套选择经验，推出了一些具体配套组合方案。但是针对防火保护而言，防火涂料实际应用的时间还不长，应用中应尽量选择理论上配套性较好的品种。

（9）防火涂料施工队伍专业化　防火涂膜质量好坏由涂料质量与施工质量决定，施工质量也是很重要的一方面。防火涂刷技术要求较高，不能按照普通油漆施工方法进行施工，施工人员必须掌握相应的专业知识。

（10）施工安全性　防火施工一般均是高空作业。一些施工队伍安全意识差，常出现一些高空作业事故。油性防火涂料施工，还必须保证在通风、无明火的环境中进行。

11.4　防火涂料的发展趋势

防火涂料正随着整个涂料行业向"五 E"方向迈进，即提高涂膜质量（excellence）、方便施工（easy of application）、节省资源（economics）、节省能源（energysaving）、生态平衡（ecology）。以下几类防火涂料的研究开发，充分体现着防火涂料发展的新趋势。

1. 透明防火涂料

透明防火涂料是一种很有潜力的饰面型防火涂料，主要用于木结构古建筑、木质家具及其他木制品的防火保护。应用于木质基材或其他可燃材料的透明防火涂料，既有良好的防火性能，又能保持基材的原貌，起到装饰作用，且具备良好的耐候性，长时间不变色，耐刷洗。

2. 功能复合型钢结构防火涂料

金属腐蚀是人们面临的一个十分严重的问题。粗略估计，全世界每年因腐蚀而报废的金属达 1 亿 t 以上。因此，开发功能复合型防火涂料，如防腐蚀钢结构防火涂料，也是目前防火涂料领域的一个研究热点。

3. 适用于室内外的水性超薄型钢结构防火涂料

为了避免环境污染，保护生产和施工人员的身体健康，绿色、环保、健康的水性超薄型钢结构防火涂料的研究势在必行。水性超薄型钢结构防火涂料概括地说，就是以水作为溶剂，将成膜物、防火阻燃剂、填料、助剂等分散其中的防火涂料体系。因此，水性超薄型钢结构防火涂料的生产、运输、施工和使用等过程，均避免了有机溶剂，从而杜绝了挥发性有机物的产生，避免了环境污染，保护了施工人员的身体健康。

4. 纳米技术（防火涂料）、纳米乳液防火涂料、纳米颜填料

纳米的小尺度效应会使材料的性能发生突变，采用纳米技术（防火涂料）、纳米乳液防火涂料、纳米颜填料，可改善涂料表面成膜物性能，改善防火涂料的防火性能和理化性能，减少阻燃剂用量，降低成本。

5. 阻燃剂的发展方向

防火涂料关键部分是阻燃剂。近年来，阻燃技术的研究和阻燃产品的开发应用已受到各界重视。主要发展方向有：

1）开发多效、高效、低水溶性脱水成炭催化剂和发泡剂。

2）多种阻燃剂协同作用合理搭配。

3）树脂的拼合改性，完善防火涂料的防火性能和理化性能。

4）膨胀型和非膨胀型防火涂料相结合。

5）无机无卤膨胀型防火涂料。

6）采用辐射交联、等离子改性接枝等技术进行高分子阻燃改性研究。

预定用于大面积施工的胶黏剂，应尽可能是低黏度的，易于泵入和均匀地涂刷的，在正常施工温度下，不应加热即可涂施或者能够加热到规定温度而又不影响其操作性能，在室温和高温固化，不影响涂料的连续涂层及其本身的操作性。

1）无溶剂，双组分聚脲涂料，一般不需加打底剂。

2）各组分贮存期长，一般不要现用现配。

3）异氰酸酯组分一般以 MDI 预聚体。

4）各组分为有色组分，以便用户区分不同组分。一般甲组分为无色透明，乙组分为黄色或蓝色等。

5）固化速度要快，一般施工固化为 10min 左右，具有高强度、高弹性、高撕裂强度，良好的耐磨性及耐候性等特点。

6）适用于门窗、桥梁等的防腐、防水涂装。

12.1.1　聚脲涂料的特点

随着聚氨酯涂料及聚氨酯弹性体应用领域的不断扩大，传统的涂装工艺在实际应用中遇到不少困难，如一些建筑涂膜、矿山机械的高耐磨涂膜以及一些特殊场合，需要涂膜厚度达几毫米甚至十几毫米，若采用手工刮涂，效率低而且外观差，遇到复杂结构更是难以施工。另外，由于人们对环保的日益重视，传统的溶剂型聚氨酯涂料的使用越来越受限制。正是在这种情况下，无溶剂喷涂聚脲涂料技术被开发成功。

聚脲涂料又叫喷涂聚脲弹性体，属于聚氨酯弹性体的一种。

在聚氨酯体系中，为了提高反应活性，必须加入催化剂。聚脲体系则完全不同，它使用了端氨基聚醚和胺扩链剂作为活性氢组分，与异氰酸酯组分的反应活性极高，无需任何催化剂，即可在室温（甚至 0℃ 以下）瞬间完成反应，从而有效地克服聚氨酯弹性体在施工过程中，因环境温度和湿度的影响而发泡，造成材料性能急剧下降的致命缺点。

喷涂聚脲涂料技术在国内开发历史虽不长，但由于其成形快速、适应性强、可喷涂厚涂膜等优点，受到业界的重视，发展较快，在化工防腐、军事工程、农业、矿业等部门得到了应用。

聚脲涂料通常具有以下特点：

1）不含催化剂，快速固化，可在任意曲面、斜面及垂直面上喷涂成形，不产生流挂现象，5s 凝胶，10min 即可达到步行强度。

2）对水分、湿气不敏感，施工时不受温度、湿度的影响。

3）双组分，100% 固体含量，对环境友好，可以 1:1 的体积比进行喷涂和浇注，一次施工达到厚度要求，克服了以往多层施工的弊病。

4）优异的力学性能（如抗张强度、柔韧性、耐磨性等）。

5）具有良好的热稳定性，可在 150℃ 下长期使用，可承受 350℃ 的短时热冲击。

6）可加入各种颜填料，制成不同颜色的制品。

7）配方体系任意可调，手感从软橡胶（邵氏硬度 A30）到硬弹性体（邵氏硬度 D65）。

8）可以引入短切玻璃纤维对材料进行增强。

9）使用成套喷涂、浇注设备，施工方便，生产率高。

10）设备配有多种切换模式，既可喷涂，也可浇注。

近年来，喷涂成形（或称喷射成形）已成为弹性体一种重要成形方法。聚脲涂料无溶剂喷涂成形，主要是利用压力将聚脲原料由计量泵输送至喷枪，经过快速混合后，喷至物体表面进行成形。喷涂设备体积小、质量轻，易于搬运，操作灵活，施工方便，生产率高，特别适用于大面积范围的施工以及容器管道的耐磨、防腐内衬保护层的施工。喷涂成形的弹性体无须预热和热硫化。无溶剂喷涂聚脲涂料技术的原料体系一般具有以下基本条件：

1）无溶剂，双组分，室温或加热（100℃）后为低黏度液体。

2）各组分黏度差异尽量小，一般不要超过0.3Pa·s。

3）异氰酸酯组分一般为MDI预聚体。

4）各组分有良好相容性，反应组分混合体积比大多为1:1，一般不要超过3:1。

5）固化速度尽量快，但凝胶时间大于5s，以免撞击混合时凝胶。一般凝胶时间在60s以内，立面喷涂时凝胶时间应短一些，以免流挂。

6）需用专门设计的高压无气喷涂设备。

12.1.2 聚脲涂料的原料及制备工艺

1. 原料

聚脲涂料的主要原料有异氰酸酯、低聚物多元醇（多元胺）、扩链剂、助剂等。

（1）异氰酸酯 喷涂聚脲弹性体体系最常用的二异氰酸酯是MDI和液化MDI（如碳化二亚胺改性MDI），对性能要求不高的体系也可使用少量聚合MDI（PAPI）。用高2，2′—MDI含量的MDI半预聚体，由于减弱了反应活性，可改善弹性体的操作性能，弹性体的物理性能也得到较大的改善。

（2）低聚物多元醇（胺） 在喷涂聚氨酯（脲）体系中，采用的低聚物多元醇（胺）有：端伯羟基的低聚物多元醇如聚醚多元醇、聚酯多元醇，端氨基聚醚。

多元醇应选用以伯羟基为主的产品，以满足高速反应的要求。聚醚多元醇一般采用聚氧化丙烯二醇（PPG）、高活性的端伯羟基为主的聚氧化丙烯—氧化乙烯多元醇、聚四氢呋喃二醇（PTMEG）等，其中相对分子质量为600~2000的PPG多用于合成预聚体。高活性聚醚（相对分子质量在5000左右，官能度为3）既可用于预聚体，也用于活性氢组分。

端氨基聚醚与异氰酸酯反应速度极快，不需要任何催化剂。聚脲涂料体系可适用于立面喷涂，而且力学强度较以聚醚多元醇为主要原料的产品高。这种端氨基聚氧化丙烯可使涂膜具有较低的湿气透过率。Huntsman公司的伯氨基聚氧化丙烯产品（商品牌号为Jeffamine）有两个系列：其中三官能度的T系列品种有T-5000和T-3000，其相对分子质量分别是5000和3000；二官能度的D系列品种有D-4000和D-2000，它们的相对分子质量分别是4000和2000。Jeffamine聚醚多胺在喷涂聚脲的技术发展中起了很大的作用。

（3）扩链剂 常用的小分子二醇及二胺类扩链剂都可用于喷涂聚氨酯（脲）体系，但目前主要采用芳香族二胺。采用二胺作为扩链剂，主要原因如下：

1）二胺扩链剂固化涂膜的力学强度明显高于二元醇扩链的力学强度。

2）胺类扩链剂反应速度远较醇类高，可以少用甚至不用催化剂。

3）胺类扩链剂具有优异的抗潮气敏感性，这一性能极为重要，因为在露天施工时，对潮气过于敏感会引起涂膜发泡，导致涂膜性能大大下降。氨基的反应活性远高于羟基和水，因此可有效抑制发泡。

不同的胺类扩链剂反应活性不同，芳香族伯胺类扩链剂如二乙基甲苯二胺（DETDA，美国Albemarle公司牌号Ethacure100），大量用于快速反应喷涂技术，其反应速度快，混合后凝胶时间一般小于5s。反应速度相对较慢的二胺扩链剂，是含吸电子基团的空间位阻型芳香族伯胺如二甲硫基甲苯二胺（DMTDA，美国 Albemarle 公司牌号 Ethacure300）、芳香族仲胺扩链剂如 4，4′—双仲丁氨基二苯甲烷（美国 UOP 公司牌号 Unilink4200）、低相对分子质量聚氧化丙烯二胺等。

（4）助剂 为提高涂膜的耐候性及其他性能，在配方设计时，应考虑添加适当的助剂。

在喷涂聚氨酯配方中，为了加速羟基与异氰酸酯的反应，必须加入催化剂，如二月桂酸丁基锡、辛酸亚锡、三亚乙基二胺等。

在配方中可添加有机硅偶联剂，以提高涂膜与基材的附着力。试验表明，添加适当的硅氧烷助剂可使附着力成倍提高。

用于露天的涂膜容易受到光和氧气的作用而发生降解，加入适当的抗氧剂和紫外线吸收剂，可显著提高材料的抗粉化变色能力。通常采用受阻酚类或亚磷酸酯类抗氧剂，如抗氧剂1010、抗氧剂246、抗氧剂1076等。紫外线吸收剂通常采用苯并三唑类，如 Ciba 公司的Tinuvin327、Tinuvin328、Tinuvin P 等。

某些场合要求材料有阻燃性能，就需要在配方中添加阻燃剂。为了使涂膜具有美观的颜色，可加入各种色料。

2. 聚脲涂料的制备工艺

（1）配方原则 喷涂配方原料一般采用双组分体系，由异氰酸酯基组分（A 组分）和活性氢组分（R 组分）组成。A 组分多为 MDI 与低聚物多元醇合成的半预聚体（MDI 大大过量）。R 组分是低聚物多元醇（多元胺）与扩链剂及色浆等助剂的混合物。

在喷涂聚氨酯（脲）的配方设计时，应尽可能满足以下三个条件：

1）各组分黏度要低。在喷涂弹性体体系时，为了利于快速撞击混合，各组分的黏度最好控制在 2Pa·s 以内，并且要求两个组分的黏度差异尽可能小。原则上各组分黏度越低，混合效果越好。

2）两个组分的体积比尽可能设计为 1:1。尽管目前已有适合于不同组合比的喷涂设备面世，但体积比为 1:1 时混合效果最好，而且体积比为 1:1 时操作方便。

3）异氰酸酯指数。双组分配合时的异氰酸酯指数应设计为 1.05 ~ 1.10，尽管试验证明由于聚脲有极好的潮气不敏感性，当异氰酸酯指数高达 1.5 时，仍无明显发泡现象，但过高的异氰酸酯指数对涂层性能不利。

（2）异氰酸酯组分的合成 A 组分是由 MDI 或液化 MDI 与聚醚多元醇反应生成的半预聚体。在预聚物合成时，应使 NCO 与 OH 基团的摩尔比远大于 2，这样制成的半预聚体实际上是端 NCO 基预聚物与游离异氰酸酯的混合物。低黏度游离的异氰酸酯的存在，降低了组分的黏度。NCO 与活性氢的摩尔比一般为 5 ~ 15。与一步法相比，由于游离的异氰酸酯要少得多，因此可以克服一步法的湿气敏感性，制品力学强度较好。

通常的生产工艺为：将计量的聚醚加入到配有搅拌器、温度计、真空系统及蒸汽加热套的反应釜中，升温至 100 ~ 140℃，高真空下脱水 1 ~ 2h，直至水含量低于 0.05%（质量分数），然后冷却至 40 ~ 60℃，解除真空；最后加入到多异氰酸酯中，反应放热，体系自然升温 30 ~ 40min 后，缓慢加热到 60 ~ 80℃，保温反应，取样分析 NCO 含量，当与设计值基本相符时，冷却过滤并出料包装。

（3）R 组分的制备工艺 将干燥的颜填料用适量的氨基聚醚在三辊机上研磨。将研磨好的浆料投入反应釜中，加入端氨基聚醚、扩链剂、助剂，在 100 ~ 110℃高真空下脱水，当水分含量低于 0.08%（质量分数）时降温，用 200 目筛网过滤后包装待用。

12.1.3 聚脲涂料的喷涂设备

与传统的聚氨酯相比，喷涂聚脲弹性体技术是一门新技术，对温度、湿度不像聚氨酯那样敏感。另外一个重要的区别是，喷涂聚脲体系由两个化学活性极高的组分组成，混合后快速反应造成黏度迅速增大，如果没有适当的输送、计量、混合设备，这一反应便无法控制。喷涂设备是喷涂聚脲弹性体技术的基础，也是喷涂技术推广应用的难点之一。

1. 喷涂聚脲设备的工作原理

喷涂聚脲设备的工作原理为：A（异氰酸酯组分）、R（活性氢组分）两种物料分别经由各自的抽料泵从料桶输送至主机进行计量、加压、升温，然后输送至喷枪，在喷枪混合后喷出。计量输送和混合系统是喷涂设备的两个主要系统。因此，喷涂聚脲设备必须具有平稳的物料输送系统、精确的物料计量系统、均匀的物料混合系统、良好的物料雾化系统及方便的物料清洗系统。图 12-1 所示为 Gusmer 公司 H20/35 喷涂主机。

喷涂聚脲设备按设备动力源分为气动设备、液动设备及电动设备。

1）气动设备的能源来自空气压缩机，它的结构和控制系统简单、体积小、质量轻，移动方便，成本低廉，适用于中压和高压小流量的喷涂设备。

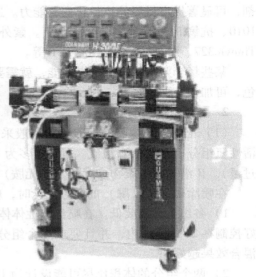

图 12-1　Gusmer 公司 H20/35 喷涂主机

2）液动设备由液压油来驱动设备。它的系统压力波动小，工艺压力稳定，原料混合和雾化好；压力流量比率特性刚性大，高压下能保持较大的输出流量；压力动态响应快；开关枪及调压时油压回流，A 和 R 料不回流，涂膜质量高、性能稳定、质量可靠，但成本较高，仅适用于流量大的聚脲喷涂。现场施工时移动不方便。

3）电动设备由电力驱动。它的结构和控制系统较简单，质量较轻，移动方便，适用于经济型的中小设备。但其压力流量比率特性刚性差，高压下流量大幅度降低，流量不足；设备动态响应慢，开关枪时压力建立和消失慢，在开关枪及调压时靠原料回流，原料分别回到各自的料桶中，易形成气泡，使涂膜易出现针眼和气孔；原料反复加热、冷却，不利于原料性能的保持。

2. 物料输送系统

提料泵是最常用的物料输送系统，其作用是为主机供应充足的原料。提料泵还必须满足双向送料等工作特点。例如，Gusmer 公司专门为 H 系列主机配备的是 2:1 气动提料泵，该泵既可用于 200L 工业大桶，也可用于各种小包装物料的输送。提料泵与主机之间都有严格的要求，否则会导致供料不足。

聚脲原料尤其是 A 料遇潮气会变质甚至结晶，因此必须对原料桶进行干燥处理。Gusmer 公司配备了空气干燥器，与提料泵一起连接在 200L 工业大桶上。通往两个料桶的干燥气体是连通的，这样也同时使得两个料桶具有相同的初始压力。Graco 公司也采用了类似的干燥措施。

R 料桶需要配备专门搅拌装置，因为 R 料中通常含有固态颜料、填料，储存时间长后会导致沉降。有些施工公司是通过在中间开孔的原料桶插入一台工作着的搅拌器来克服喷涂时的沉降问题。该类型的气动或电动搅拌器的供应商有 Graco、Binks 等公司。

在寒冷的季节施工时，为防止因原料黏度增大或结晶影响供料，对原料桶必须加上保温装置，以使其达到涂料指定的温度；另外，为保证供料的稳定性，也可以在提料泵与主机之间安装"管线加热器"，ECT 公司生产的 TCVR 装置和 SPI 公司生产的 ABP 装置等，都可满足上述要求。

3. 物料计量系统

计量系统通常称为主机，喷涂聚脲多采用往复卧式高压机，主要由液压或气压驱动系统、两个组分的比例泵、控温系统等组成。A、R 物料经抽料泵抽出后进入主机进行计量、控温和加压。它们必须满足如下特点：可为物料进行精确的计量和温度控制，并为均匀混合和良好的雾化产生高压，维护和保养简单易行。

其中较常用的液压驱动机型有 Gusmer 公司的 H 系列主机和 Glas-Craft 公司的 MH 主机等。下面以 Gusmer 公司的 H 系列主机为例，分别从比例泵、主加热器、长管加热器三方面加以介绍。

4. 物料混合、雾化系统

在喷涂聚脲技术中，应用较多的是撞击型、单阀杆、无气雾化、机械自清洁喷枪，例如 Gusmer 公司的 GX-7 喷枪、Graco 公司的 Foam-Cat 喷枪等，如图 12-2 所示。物料在混合室内瞬间可达到理想混合，对于凝胶时间通常低于 5s 的聚脲体系来讲是较为适合的。

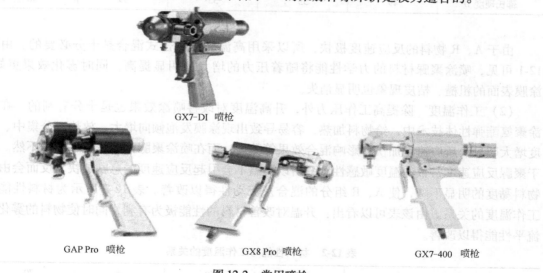

GX7-DI 喷枪

GAP Pro 喷枪　　　GX8 Pro 喷枪　　　GX7-400 喷枪

图 12-2　常用喷枪

对聚脲体系来说，由于在混合室内就已混合均匀，其雾化的目的主要是为了获得均匀平整的涂膜。该类喷枪的雾化系统主要是通过主机产生的高压来实现的，在混合物料喷出模式控制盘（PCD）时，必须开启气帽阀辅助雾化，以获得均匀的涂膜。

5. 物料清洗系统

在停止喷涂时，整个系统是全封闭体系，A、R 两股物料是各自独立的，只有在开枪时，才能在枪混合室内相互接触。因此，在喷涂结束时，抽料泵和主机一般不需要清洗，只需清洗混合雾化系统即可。

撞击型、单阀杆、无气雾化喷枪的混合室和阀杆的有机结合，把机械自清洗变成了现实。从上述的混合特点不难看出：这种设计不需要像传统的喷枪那样在暂停喷涂时必须用有机溶剂或高压空气来清洗枪头，大大减少了维护和保养的工作量；较长时间的停枪（如周末、过夜等），只需用专门的洗枪罐，用小量有机溶剂进行彻底清洗，而不必拆卸枪体。例如，在使用 GX-7 枪连续施工时，每周拆枪清洗一次就足够了，拆卸、安装比较简单。

在喷涂聚脲领域应用的喷枪还有 Glas-Craft 公司的 Probler 枪、Bink 公司的 Purge Master 枪、Gusmer 公司的 GAP 枪等。该类喷枪属于气净式喷枪，在暂停喷涂时同样不需要有机溶剂清洗。但由于混合室的容积较大，物料在混合室的停留时间相对较长，在一定程度上限制了在聚脲体系的应用。

6. 喷涂聚脲设备的工作参数

在使用喷涂聚脲设备时，必须加以注意一些操作参数。下面就工作压力、工作温度、喷枪的混合室与模式控制盘（PCD）的选择等参数分别加以介绍。

（1）工作压力　表 12-1 所示为涂膜物理性能与工作压力的关系，物料温度为 65℃。

表 12-1　涂膜物理性能与工作压力的关系

压力/MPa	7.8	10.0	12.7	14.0	17.0
拉伸强度/MPa	12.4	2.8	14.8	15.9	17.2
伸长率(%)	75	89	150	180	220
邵氏硬度 D	49	53	55	59	58

由于 A、R 物料的反应速度极快，所以采用高温高压撞击式混合是十分必要的。由表 12-1 可见，喷涂聚脲材料的力学性能将随着压力的增大而明显提高，同时雾化效果更好，涂膜表面的粗糙、桔皮现象也明显消失。

（2）工作温度　除提高工作压力外，升高温度对改善喷涂效果也是十分有利的。在喷涂聚氨酯弹性体技术中，给物料加热，容易导致出现涂膜发泡倾向增大、放热过分集中、黏度增大明显、反应速度加快、影响混合效果等弊病，而在喷涂聚脲弹性体技术中则不然。由于聚脲反应速度常数的温度敏感性低，所以升温不会引起反应速度的急剧加快，反而会由于物料黏度的明显下降，使 A、R 组分的混合及流动性得以改善。表 12-2 所示为材料性能与工作温度的关系。由该表可以看出：升温对改善材料的性能极为有利，同时使物料的雾化和流平性能得以改善。

表 12-2　材料性能与工作温度的关系

温度/℃	50	55	60	65	70
拉伸强度/MPa	11.2	11.1	12.1	13.5	13.2
伸长率(%)	142	150	176	226	250
邵氏硬度 D	47	54	56	53	53

（3）混合室与 PCD 的选择　同一个混合室通过更换不同的 PCD，不仅可以改变喷涂雾化直径的形状、大小，并可获得不同的输出量。混合室、PCD 是混合的核心部分，选择合适的混合室和 PCD 的组合尤其重要。由于不同的体系黏度差别不同，所以单凭推断无法断定使用多大孔径、多少孔数的混合室及对应的 PCD。使用不合适的组合，带来的绝不只是力学强度较低的问题，可能会导致雾化呈五指状、局部粘手等严重混合不匀的现象。设备制造商通常根据不同体系黏度的差异为用户选择了一系列的组合，但是大多是基于聚氨酯体系而言的，而对于聚脲体系，必须通过大量的试验来确定。选择的原则是：两种物料的混合压力相近（一般要求压力差低于 2MPa），若两者压力相差较大，可采用给混合室压力高的一侧进行机械钻孔的办法来解决，假设 A 料的压力过高，则应对 A 端的孔径进行扩大，使孔径与压力成正比。

喷涂聚脲技术的关键之一在于选择合适的设备，并能正确地安装、调试、维护保养，以及通过试验选择适当的操作参数。作为高性能材料的聚脲弹性体，对于混合精度要求非常高，聚氨酯泡沫喷涂机的混合精度远不能达到要求。

12.1.4　喷涂聚脲涂料的施工工艺

喷涂聚脲涂料具有极快的反应速度，一次喷涂厚度可达数毫米，涂层外观均匀、美观，可广泛应用于各种场合。

1. 聚脲涂料的施工条件

聚脲涂料的施工条件如下：

1）施工应在各种设备、柱子、管路、贯穿件的安装以及面漆施工之前进行。

2）底材表面的温度应高于露点温度 3℃以上，环境相对湿度应低于 75%。

3）R 两组分在进入抽料泵之前应保持在 21℃以上。

施工设备、保障条件及防护用品有：高压喷涂设备、设备清洗液、设备保护液、塑料薄膜、胶带、刮刀、料板、环氧腻子、油漆刷或辊子、便携式电源插座、密封胶枪、施工防护用品、搅拌设备（600W 冲击电钻一把，配套搅拌杆 2 个）、氮气、电源（380V、50A）。

2. 施工细则

喷涂聚脲涂料的施工分为：底材处理、聚脲涂料喷涂、后处理、密封胶施工、面漆施工。

（1）底材处理　底材处理是保证施工质量的关键，可分为金属底材处理和混凝土底材处理。

1）金属底材处理。首先将底材喷砂处理至 Sa2.5 级。对于焊缝等缺陷部位，用环氧腻子找平，使整个底材能够平滑过渡。待环氧腻子固化后，用角磨机磨平，然后清洁底材，辊涂或刷涂两道配套底漆。底漆重涂间隔最长为 24h，最短为 3h。

2）混凝土底材处理。对混凝土预制件进行喷砂处理，或者用角磨机、高压水枪等清除表面的灰尘、浮渣。待底材完全干燥后，用堵缝料进行表面找平，需堵缝部位待堵缝料固化后用角磨机磨平。然后清除掉表面的污物，刷涂或辊涂一道配套底漆，待用。

（2）聚脲涂料喷涂　聚脲涂膜的喷涂应在底漆涂装后 24 ~ 48h 内进行，如果间隔超过 48h，在喷涂聚脲涂膜前一天应重新涂装一道底漆，然后再涂装弹性层。在喷涂之前，应用干燥的高压空气吹掉表面的浮尘。

喷涂前应考虑周围环境情况，用塑料薄膜将周围可能被污染的物品遮蔽，做好周围环境的保护工作。喷涂前按照规定佩带防护用品。

1）喷涂前设备的准备。严格按设备说明书进行设备及附属设备的检查，尤其应注意检查易损件，然后按说明书的要求进行喷涂设备的参数设置。

2）喷涂前原料的准备。首先检查 A、R 两组分的包装是否完整，严禁使用包装已破损的产品。在原材料的开启过程中，应注意切勿将其他杂质落入涂料包装桶内，以免影响产品的正常使用。目测涂料的外观状态应为均匀、无凝胶、无杂质的可流动液体，如果发现涂料中有结块、凝胶或黏度增大现象，严禁使用。由于 R 组分含有固体颜料和助剂，长时间放置容易沉淀，所以喷涂前可使用搅拌设备将 R 组分进行充分搅拌 30min 左右，至 R 组分颜色均匀一致、无浮色、无发花、无沉淀为止。搅拌时，搅拌器不得触及包装桶壁，防止产生金属碎屑，否则应用 100 目筛网过滤。喷涂施工时，建议 R 组分最好进行同步低速搅拌。

3）喷涂。喷涂时应随时观察压力、温度等参数。A、R 两组分的动态压力差应小于1.38MPa，雾化要均匀。如高于此指标，即属异常情况，应立即停止喷涂，检查喷涂设备及辅助设备是否运行正常，并及时向设备维护专员反映，排除故障后，才可重新进行喷涂。

喷涂时，应先喷立面，再喷涂平面。在喷涂立面时，应保持较快速度，且多喷涂几遍，以避免流挂。喷涂平面则按照一般速度即可。每一道喷涂要保证覆盖上一道喷涂面积的20% 左右，以保证喷涂厚度均匀。聚脲涂膜的喷涂间隔应小于 3h，如超过 3h，应打磨已施工涂膜表面，刷涂一道层间黏结剂，30min 后（不超过 2h）施工聚脲涂膜。

4）表面状态的控制。在喷涂时，在控制喷涂速度的同时，注意调整喷枪的喷射角度、高度以及与底材的距离。直接喷涂可以得到表面光滑的"镜面"效果，如改变喷涂手法，便可以得到"麻面"的效果。利用喷涂聚脲技术快速固化的原理，通过对喷涂角度和流量的控制，在最后一道涂膜还没有完全固化前，在距离施工部位相对较远的位置（一般 2.5 ~ 3m），喷枪快速移动，使已混合雾化的涂料在空中完成反应以后，自由地降落在施工部位上，从而形成一定大小的颗粒，得到具有粗糙的防滑颗粒表面。造粒时应注意风向和风力，施工者应处于上风口，风力以 3 级以下为宜，以尽量减少雾化粒子向周围环境的飘落。

（3）施工后处理工作　施工完毕后，应及时对施工质量进行检查，检查喷涂效果是否良好，是否有漏喷部位，涂膜是否有起泡或者发黏的现象。若有质量问题，应及时采取措施。

质量合格后，应对设备进行维护工作，首先使用设备清洗液对设备进行清洗，然后在管道中充入保护液。

对施工周围环境进行整理，对生产所产生的垃圾按照国家关于危险废弃物的相关处理规定进行正确处理。

（4）密封胶施工　在喷涂聚脲涂膜后 24h 内，进行配套密封胶的施工，用密封胶枪将喷涂过的聚脲涂膜的收头部位进行封闭。

（5）面漆施工　如果要求涂刷面漆，应在聚脲涂膜施工 12h 内进行。如果超过 12h，应打磨聚脲涂膜后刷涂或喷涂一道层间黏结剂，30min 后再施工面漆。

（6）特殊部位处理　对于边、角、沟、槽等特殊部位以及高承载场合，应进行收头处理。

3. 载货汽车喷涂聚脲生产工艺

某载货汽车为提高货厢耐货物磨损的性能，采用了喷涂聚脲涂料。该涂料直接喷涂于车厢内表面，一次性涂装膜厚可达数毫米，涂膜和车体连接紧密、牢固附着，因涂膜具有卓越的弹性体物理力学性能，并能有效地防止酸、碱、盐、雨水等对货厢的腐蚀，从而使货厢得到终生保护。

工艺流程为：涂装底漆的载货汽车货厢产品→预处理→屏蔽→干燥→喷涂施工→后处理下线。

(1) 电泳底漆 载货汽车货厢内表面已进行电泳底漆处理（该表面不喷中涂、面漆）。

(2) 预处理 将货厢内表面轻微"打毛"、清洁。

(3) 屏蔽 用配套的切边胶带及遮蔽纸遮蔽车身外表面及不喷涂的部位。

(4) 干燥 在湿度大的季节，采用吹热风方式使工件表面去潮。

(5) 喷涂施工 采用专用的高压无气喷涂设备进行喷涂。

(6) 后处理 去除遮蔽纸，拉起切边胶带内的细钢丝，将聚脲弹性体涂膜边沿切成整齐、美观的直边。

喷涂设备施工参数如下：

主加热器温度：A 料 70℃，R 料 75℃。

长管保温温度：70℃。

提料泵压力：A 料 0.55 ~ 0.62MPa，R 料 0.55 ~ 0.62MPa。

空气压力：0.55 ~ 0.62MPa。

动态压力：A 料 15.17MPa，R 料 15.17MPa。

喷涂聚脲技术具有卓越的物理性能、化学性能及施工性能，是一种新型的涂装技术。它可以完全或部分替代传统的聚氨酯、环氧树脂、玻璃钢、氯化橡胶以及聚烯烃类化合物，在化工防腐、管道、建筑、船舶、水利、机械、矿山耐磨等行业具有广阔的应用前景。

12.2 自泳涂料与涂装

自泳涂料又称为自沉积涂料，是一种水分散乳液涂料，依靠化学反应将成膜物质覆盖到钢铁制品表面，经烘烤固化形成涂膜。自泳涂料依靠化学反应实现涂覆，操作简单，管理方便。同阳极电泳、阴极电泳相比，成本低，无公害，环保效益好，是一种环保型的表面涂装工艺。

自泳涂料适合用在某些外观质量要求不高的黑颜色的金属制品涂装上，典型的应用领域有：汽车零配件、金属家具结构件、家用电器、仪器仪表、机电产品等。作为阴极电泳的有机补充，自泳涂料涂膜具有广阔的发展空间。

经过多年的发展，自泳涂料产品和技术已日趋成熟，目前的主要品种有丙烯酸、聚偏二氯乙烯（PVDC）和环氧聚酯类自泳涂料。国外最新推出的产品是热固性环氧基自泳涂料，不含重金属，可用于单道涂层或底层，耐热性能好。环氧自泳涂料保持了自泳涂料的核心优势，在几何形状复杂的工件上及在管状工件的内侧也能形成非常均匀的膜厚。

12.2.1 自泳涂料

1. 自泳涂料的特点

自泳涂料的分散介质主要是水，槽液黏度低，能够在整个工件表面生成均匀的涂膜，不存在泳透力问题，可涂装复杂、管状和已装配好的工件。理论上只要是槽液能够浸没的钢铁表面，均有可能涂装上自泳涂膜。

1) 自泳涂料以水作为溶剂，不含或很少含有机溶剂，在烘干过程中排出水蒸气，无重金属离子和有机溶剂排放，不存在火灾隐患，属安全环保型涂料。

2）自泳涂装过程是化学反应过程，而不是电沉积，不会产生阴极电泳常出现的边缘效应和屏蔽效应。涂料黏度低，渗透性强，无泳透力问题，能对所有几何构型复杂的工件良好涂装。

3）水基乳胶粒子直接在清洁的金属表面进行反应。工件表面只需除锈脱脂即可泳上涂膜，不需磷化处理。除水洗外仅需四个工位，工艺过程简单，控制参数少，槽液易管理。

4）涂料自流平好，涂膜平整均匀，外观细腻，手感光滑，消除了凹凸处、棱角处、不易涂装处及不易上漆或涂膜过厚的缺陷。

5）涂膜附着力强、柔韧性好，与原子灰、中涂漆的配套性好（可以不用高档的或特别的中涂漆），与钢铁表面附着力强。

6）由于自泳涂料黏度低，与水的黏度差别不大，工件在离开自泳槽进行漂洗时，带出的槽液少，因而槽液损失少，涂料利用率可高达98%以上，既节约了涂料，又降低了成本。

7）自泳涂装适合流水线和机械化作业，操作方便，劳动生产率高，涂膜质量好，无死角。

8）自泳涂料沉积过程中不需电泳涂料所需的复杂电场设备，克服了电泳涂料耗电量大、操作困难等弊病。自泳涂装生产线占地面积小，设备投入和运行费用都低廉。

9）自泳涂料本身具有较高的固体含量及合理的黏度，其涂膜比阳极电泳涂料厚，有利于保护底材和节省面漆。

10）水性自泳涂料具有良好的推广前途。一般的水性阳极电泳涂料流水线只需做些小的调整，不要增加设备，即可使用更加经济、安全且性能卓越的水性自泳涂料，也采用无槽（喷射）工艺解决大型构件的涂装问题。

自泳涂料有着明显的优势，但也存在着缺点，主要表现在以下几方面：

1）色彩单调。到目前为止，只有黑色亚光漆和透明清漆，外观不理想，而且再涂装有一定的选择性。

2）基材的局限性。只能在钢铁表面进行涂装，不适宜镀锌板、铝板及其他材料。

3）自泳涂料湿膜附着力要比电泳涂料差，因此漂洗强度不能过大，时间不能太长。

4）自泳涂料的湿膜具有多孔性，漂洗完毕后，需要在含 Cr^{6+} 的水性钝化液中进行后处理，用于封闭自泳涂料湿膜的微孔，提高涂膜的附着力和耐蚀性。通过研究人员的努力工作，目前不含 Cr^{6+} 的水性后处理剂也达到了实用化的水平。

2. 自泳涂料的组成

自泳涂料主要由高分子乳液、防腐蚀颜填料、炭黑、渗透剂、转化剂、稳定剂和去离子水等组成。自泳涂料的参考配方见表12-3。

表12-3　自泳涂料的参考配方

原　料	规　格	质　量　份	原　料	规　格	质　量　份
氧化铁黑	工业级	15	高效分散剂	P998	0.8
磷酸锌	600 目	4	AMP-95	工业级	0.1
氧化锌	600 目	5	稳定剂	自制	0.2
超微细材料		5	防锈专用乳液	自制	50 ~ 60
杀菌测		0.1	水	无离子	10 ~ 20
消泡剂	SPA202	0.1	丙二醇	工业级	2 ~ 5

3. 自泳涂料的性能指标

不同厂家的自泳涂料技术指标侧重点有所不同，表 12-4 列出的自泳涂料的技术要求可供参考。

表 12-4 自泳涂料的技术要求

项 目	技 术 要 求	检 验 标 准
涂膜的外观	黑色、平整	
涂膜厚度/μm	20±5	
附着力/级	1	GB/T 1720—1979
柔韧性/mm	1	GB/T 1731—1993
冲击强度/cm	50	GB/T 1732—1993
耐汽油性	72h 涂膜失光，240h 涂膜不起泡	
耐溶剂性	甲苯 24h 失光，大于 24h 涂膜膨胀，但不起泡不脱层	
耐硝基漆性	不咬底，不渗色	
耐酸性	0.5mol/L H_2SO_4，240h 不起泡，不脱落	
耐碱性	1mol/L NaOH，48h 轻微失光	

12.2.2 自泳涂装

1. 自泳涂装的工艺流程

几种涂装方式工艺控制对比见表 12-5。

表 12-5 几种涂装方式工艺控制对比

涂装方式	工艺控制内容
自泳涂料	工件洁净度、铁离子含量、固体含量、涂装温度与时间
粉末喷涂	磷化效果、工件带电情况、工件及喷枪速度、雾化空气压力、静电电压、喷粉室风、供粉量
电泳涂料	磷化效果、颜基比、电泳电压、温度、固体含量、电导率、电泳时间

（1）国外的自泳涂装工艺流程 自泳涂装与电镀或粉末涂覆相比，工艺过程比较简单，具有很好的经济性。自泳涂装生产线的主要配置为可编程的提升、转换和传送线，工艺流程中共有八道工序，每道工序的名称和温度范围如下：

第一个工序：碱性喷洗（71~93℃）；

第二个工序：碱性浸洗（71~93℃）；

第三个工序：自来水漂洗（21~38℃）；

第四个工序：去离子（DI）水漂洗（22℃）；

第五个工序：自动电泳涂覆（22℃）；

第六个工序：自来水漂洗（22℃）；

第七个工序：自动电泳反应漂洗（21~60℃）；

第八个工序：烘烤/固化炉（温度取决于所用技术）。

自泳涂料工艺在涂覆前不需要磷化处理工序。此外，在使用国外 800 和 900 系列自泳涂料时，可免除含重金属的后处理工序。免去磷化工序可大大节约占地空间、能量和操作成本，可使整个涂装工艺过程中不含有毒金属。

图 12-3 所示为典型的自泳涂装生产线。

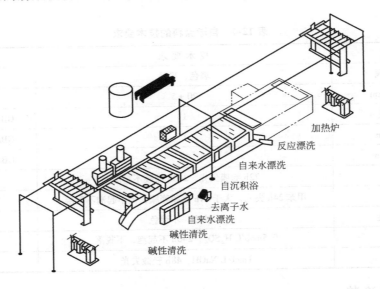

图 12-3　自泳涂装生产线

（2）国内常用的自泳涂装工艺流程

1）工艺流程。预脱脂→脱脂→热水洗→水洗→除锈→水洗（两道）→纯水洗→自泳→水洗→后处理→固化。

2）工艺说明

①预脱脂、脱脂：工件表面一般都有油污、锈痕、污渍和杂质，这些物质会阻止涂料与钢铁工件表面的结合，必须清除掉。

②去锈：除去工件表面上的铁锈、氧化物等。

③纯水洗：清除工件表面上的杂质离子，防止污染自泳涂料槽液。

④自泳：涂装过程，通过化学反应，形成涂膜，膜厚主要由时间、温度、固体含量等控制。

⑤后处理：通过钝化提高涂膜性能。

⑥固化：蒸发湿膜中的水分，使涂膜发生聚合反应，形成均匀、致密、平整的涂膜。

2. 自泳涂装的后处理

自泳涂料的湿膜附着力相对较差，涂膜烘干后容易出现返锈现象，难以保证涂膜的耐蚀性。目前的自泳涂料在涂装过程中需要铬钝化处理。而铬钝化本身毒性较大，又污染环境，不能随意排放，应用时受到限制，不利于自泳涂料的推广。研究人员利用高分子合成工艺，采用接枝共聚的方法，在大分子链中接入可反应性官能团，制得了一种新型自泳涂料后处理剂。该处理剂固体含量为 8% ~ 12%（质量分数），pH 值为 7.0 ~ 8.2，具有无毒、无味、无色等优点。不仅有助于提高涂膜的附着力、光泽度，而且防止了涂膜的返锈，增强了涂膜的耐蚀性。随着后处理剂含量的提高，附着力不断得到提高，但其质量分数大于 1.5% 时，对试片的成膜有一定的影响。因此，其质量分数应控制在 0.7% ~ 1.2%，pH 值控制在 6 ~ 7，这样不仅有助于保证涂膜的附着力，具有较好的光泽，而且不会影响涂膜的外观。随着后处理时间的延长，附着力得到提高，且对试片的涂膜外观无任何不良影响。

低温烘烤自泳涂料的化学后处理的对比见表 12-6。

表 12-6 低温烘烤自泳涂料的化学后处理的对比

项 目	无后处理	用铬处理	用钝化剂处理
附着力/级	≥5	1	1
返锈率	40% ~ 50%	无返锈	无锈
光泽(45°)(%)	23	5	40
耐盐水性 [5% （质量分数）NaCl]	96h 无变化	312h 无变化	460h 无变化
毒性	无	有	无

由表 12-6 可以看出，新型钝化剂能够提高涂膜的附着力、光泽度、交联度和耐蚀性，防止涂膜出现的返锈现象。

3. 自泳涂装的工艺参数

不同厂家自泳涂料的涂装工艺参数有着一定的差异。表 12-7 列举了三种自泳涂料的涂装工艺参数。

表 12-7 自泳涂装工艺参数

序号	工序	项目	工艺参数		
			自泳 866	NSD-1000	832-1
1	自泳	时间/s	60 ~ 120	90 ~ 150	90 ~ 180
		温度/℃	20 ~ 22	20 ~ 24	15 ~ 30
2	后处理	后处理时间/s	60	120	60 ~ 120
		温度/℃	室温	室温	室温
3	固化	时间/min	15 ~ 20	30	10 ~ 15
		温度/℃	100 ~ 110	100 ~ 105	90 ~ 110

4. 槽液管理（以自泳 866 为例）

1）检查涂装预处理的质量，每天检查纯水洗槽内的 pH 值和电导率，使工件滴落于自泳涂料槽内的水的电导率小于 $50\mu S/cm$。

2）采用净值法测量固体含量，将其控制在 5.0% ~ 7.0% （质量分数）。

3）槽温控制在 20 ~ 22℃。槽温过低，会降低反应速度，使涂膜厚度变薄；温度过高，会破坏自泳涂料槽液的稳定性。

4）电导率的变化可以反映槽液的污染程度和铁离子的含量。正常值应小于 $4\ 500\mu S/cm$。

5）ORP 氧化还原电位控制在 300 ~ 400mV，每 2h 检测一次，用 H_2O_2 调节氧化还原电位，容易实现自动控制。

6）氟离子浓度必须每 2h 检测一次，数值控制在 125 ~ 300mg/L。因氟离子参与反应，浓度易发生变化，通常采用定时添加的方法来解决。

7）每班检测一次铁含量，正常值为 28 ~ 36mg/L。

5. 废水处理

自泳涂料生产线产生的废水有两种。第一种是工件处理过程中飞溅、滴漏的工作液和清洗槽用久后更换下来的废水。这种废水处理方法是：废水归集到水沟→石灰沉淀池→砂滤池→中和池→冲气池（气浮分离池）→清水池。到清水池的水的 pH 值达到 8，此水经水泵打到清水槽循环使用，如不达标，再泵回中和池。达标后的水如不循环用，也可通过污水道排出。第二种是除锈、脱脂过程中产生的废水，以及活化槽内的浴液在更换时抽出的废液，由专业废水处理工厂处理。

12. 2. 3 涂膜性能

通过在标准条件下对试板和工件进行自泳涂装，比照汽车和通用工业规范进行测试，结果表明：自泳涂料可直接涂覆于金属表面而不需要磷化处理，涂膜的附着力和耐蚀性优良，耐潮湿和耐化学性能良好，同时柔韧性、硬度和抗冲击性等力学性能优异；涂膜暴露于无铅汽油、柴油、机油及传动液或机械冷却剂时，涂膜外观不变软或发生变化。

自泳涂料适用于汽车和通用工业市场，标准涂膜厚度为 $15 \sim 25 \mu m$。其中环氧基涂膜的硬度非常高，达到 $2 \sim 5H$（ASTM D 3363：2000），而柔韧性依然良好，通过了圆锥心轴试验、T 弯曲试验（$1 \sim 2T$），以及利用 E 反应漂洗测试时的反向冲击试验。环氧基涂膜暴露在高温后仍能保持这种柔韧性和冲击强度。例如，在 400℃ 下暴露 2h 后，涂膜还有极好的附着力，并且抗反向冲击性没有改变。

相对于丙烯酸、PVDC 基涂料，环氧基自泳涂料的另一个特点是涂膜的光泽范围宽。$60°$ 光泽计测试的光泽度为 $40° \sim 60°$ 和 $80° \sim 90°$，可用于许多装饰性涂装场合。

1. 自泳涂装的涂膜性能

表 12-8 所示为某公司的自泳涂装的涂膜性能。

表 12-8　自泳涂装的涂膜性能

项　目	指　标	项　目	指　标
膜厚	$15 \sim 25 \mu m$	耐湿热试验（1000h）	无脱落
划格	无脱落	盐雾试验（2000h）	无脱落
冲击	$16N \cdot m$	盐雾试验（600h 划叉）	无脱落
T 弯试验	0T	涂膜硬度	6H
抗石击	7 级（GM9508P）	耐柴油性（49℃×360h）	无硬度变化
摩擦因数	$0.3 \sim 0.4$	耐汽油性（常温 1500h 浸渍）	无硬度变化
水浸试验/240h	无脱落		

2. 自泳与阴极电泳的主要性能比较

自泳与阴极电泳的主要性能比较见表 12-9。

表 12-9　自泳与阴极电泳的主要性能比较

序　号	项　目	自　泳	阴　极　电　泳
1	内腔涂装性	很好	涂膜有限度
2	边缘覆盖性	很好	需使用特殊涂料

（续）

序　号	项　目	自　泳	阴极电泳
3	有机溶剂	无	少量
4	涂膜硬度	6H	HB ~ H
5	涂膜弯曲性	优秀	良好
6	涂膜耐热性	200℃以下	220℃以下
7	烘烤温度	100 ~ 180℃	140 ~ 200℃
8	表面涂装性	有选择性	优秀
9	冲击强度	400cm	200cm
10	附着力（划格法）	良好	良好
11	盐雾试验	600h 合格	1000h 合格
12	湿热试验	1000h 无脱落	1000h 无脱落
13	槽液固体含量（质量分数）	5.5% ~ 6.5%	18% ~ 20%
14	固化条件	100 ~ 180℃，15 ~ 30min	165 ~ 185℃，20min

12.2.4　自泳涂料的应用

1. 应用范围

目前，全球有许多自泳涂料设施在运作，为汽车和通用工业市场涂覆各种装配件。表12-10 所示为自泳涂料的应用。

表 12-10　自泳涂料的应用

项　目	应　用
OEM 汽车（外部应用）	框架、十字架、发动机安装架、支架、制动部件、缓冲器加固、风机外壳
OEM 汽车（内部应用）	座位导轨、座位框架、踏板组件、安全带部件、气囊部件、插孔、其他支架
悬臂和驾驶控制	振动支柱、控制杆、汽车钢板
通用工业	金属办公家具、二手汽车、农用部件、结构件、扬声器外壳、支架、冷凝器、铰链

2. 应用实例

自泳涂料与阳极电泳涂料相比，具有一些明显优势。例如，某拖拉机年产 10 万台拖拉机新流水线采用自泳涂装流水线后，与该厂采用阳极电泳涂料的老涂装流水线相比，产品涂装质量得到明显提高。

1）涂膜外观：老涂装流水线和新涂装流水线涂膜均光滑均匀。

2）涂膜耐盐水性：老涂装流水线 50h 有起泡、脱落现象；新涂装流水线 250h 不起泡、不脱落。

3）产品合格率：老涂装流水线的产品合格率为 90%（因为电压不稳定，或换工件重新调整电场所致）；新涂装流水线的产品合格率为 100%。

4）除挂件输送外，老涂装流水线空调、硅整流器等需耗电力 250kW·h；与老涂装流水线相比，新涂装流水线可节约电力 250kW·h。电泳涂料烘干温度为 165 ~ 175℃，自泳涂料烘干温度为 80 ~ 100℃，为此每小时节约柴油 30kg。

5）老涂装流水线电沉积后需无离子水清洗，才可保证产品质量。新涂装流水线自泳后无需清洗，每天可节约无离子水 30t。

6）新涂装流水线无需空调、整流、绝缘部件等方面的投资，与老涂装流水线相比，可节省 30% 的投资。

通过对比，可以看出新涂装流水线的涂膜性能达到或超过老涂装流水线，具有优异的性能和经济的运行成本，显示出了强有力的市场竞争力。

12. 3　光固化涂料与涂装

12. 3. 1　光固化涂料

1. 光固化涂料的特点

光固化涂料［UV（ultraviolet）涂料］，也称辐射固化涂料。该涂料在紫外线照射下，瞬间发生光化学反应而固化。由于环保意识不断增强，世界上许多国家均立法严格限制涂料中 VOC（挥发性有机溶剂）用量。而 UV 涂料固体含量高，涂膜综合性能优异。与传统的自干型和烘干型涂料相比，UV 固化涂料有如下特点：

1）固化速度快，生产率高。固化机理属一种自由基的链式反应，交联固化在瞬间完成，所设计生产流水线速度最高可达 100m/min，工件下线即可包装。

2）常温固化，很适合塑料工件，不产生热变形。

3）节省能源。UV 涂料靠紫外线固化，一般生产线能耗在 50kW 以内。

4）环境污染小。UV 涂料 VOC 含量很低，是公认的绿色产品。

5）涂膜性能优异。UV 涂料固化后的交联密度大大高于热烘型涂料，故涂膜在硬度、耐磨、耐酸碱、耐盐雾、耐汽油等溶剂各方面的性能指标均很高。

6）涂装设备故障低。由于 UV 涂料没有紫外线辐照不会固化，因而不会堵塞和腐蚀设备，涂覆工具和管路清洗方便，设备故障率低。

7）设备投资低。固化装置简单，易维修，占用空间小，设备投资低。

由于世界各地对环保问题的日益重视及对能源和自然资源保护的普遍关心，辐射固化技术发展成令人关注的产业。辐射固化技术可广泛用于涂料、油墨、印刷、光学透镜、电子元器件、光盘、光纤等高技术领域。

2. 光固化涂料的主要成分

（1）齐聚体　齐聚体是辐射固化体系中聚合的主体，其性质对最终产品性能影响最大。由于其相对分子质量较大，可改变的余地很多，故其品种丰富，常见的系列有：环氧丙烯酸酯、聚氨酯丙烯酸酯、聚醚丙烯酸酯、聚酯丙烯酸酯、有机硅丙烯酸酯。

（2）光固化单体

1）光固化单体的功能为：稀释齐聚体降低黏度，以利于操作；参与交联反应，增进固化完全；改善涂膜性能。

2）选择光固化单体需要考虑下列性质：黏度、稀释力、挥发性、闪点、气味、毒性、反应性、官能基数、玻璃化温度、收缩率及表面张力。

3）一般光固化单体有：单官能度，如 Z-EHA、IBOA、NVP；双官能度，如 HDDA、

TPGDA、NPGDA；三官能度，如 TMPTA、DTA；多官能度，如 PET4A、DPHA。

（3）光引发剂　光引发剂主要功能是吸收紫外线辐射能转化为化学能，本身断裂为主要反应体，通常为自由基，然后引发一连串聚合反应，在反应中引发剂本身会消耗。

（4）其他成分　光固化涂料还有添加剂、颜料、填充剂（如滑石粉等）、消光粉等成分。

12.3.2　光固化涂料的涂装与固化

1. 涂装

与其他种类涂料一样，UV 涂料的涂装可以采用多种方法进行，选择何种方法取决于对涂膜要求。UV 涂料的涂装方法如下：

1）流涂法用于各类地板（包括实木、竹、复合板、PVC 等）面漆。

2）辊涂法用于各类地板底漆、PVC 板、皮革、纸张上光。

3）喷涂法的应用范围最广，门类最多。本身有压缩空气喷涂、高压无气喷涂和静电喷涂等方法。其中以空气喷涂占多数，如各种塑料器具的涂装；无气喷涂曾用于钢管的涂装，而静电喷涂则曾用于太阳能热水器反射板的涂装。

4）刷涂法用于渔竿的制造。

5）甩涂法用于光盘的制造。

6）浸涂法用于工艺品的制造。

7）刮涂法用于丝网印刷。

2. 固化

紫外线源对 UV 涂料的固化过程及固化后涂膜性能有很大影响：

1）选择与光引发剂相匹配光谱的 UV 灯，可有效提高固化速度。

2）增加辐射（如减小灯距或放慢输送速度）可增加固化深度。

3）采用高强 UV 灯，可减少光引发剂用量，从而减轻或避免涂膜变黄。

4）采用短波和长高能量 UV 灯，可以降低氧的阻聚作用，并提高涂膜的抗刮痕性。

12.3.3　光固化涂料的涂装实例

1. 地板涂装

地板的涂装采用喷涂、辊涂和流涂三种涂装方式，其中地板四周榫槽部是用喷涂自干漆进行涂装的。

地板大致有以下几类：强化（密度）板、实木地板、实木复合地板、塑料地板、竹地板等。从环保及使用性能两角度综合分析，实木复合地板将逐步成为主角。下面以实木地板涂装为例说明，表 12-11 所示为实木地板的涂装工艺流程。

表 12-11　实木地板的涂装工艺流程

序号	工　序	主要内容
1	选板	将不合格（有裂纹、虫眼、节疤、缺边、凹坑、翘曲、双色等缺陷）素板选出
2	喷边	用自干漆喷涂素板四周（榫槽部位），其颜色与面漆颜色一致
3	砂光（木砂）	素板的精加工，使同批次素板厚度误差更小，板面更平滑。同时将浅、中、深不同色度素板分开堆放，最大砂磨量≤0.3mm，用 280 目砂带

（续）

序号	工　　序	主　要　内　容
4	除尘	去除灰尘
5	辊涂第一道底漆	填充板面管孔、微小裂纹、早材和晚材带间高差。一般采用高黏度底漆，如 ZM-3C150。对细腻（管状纤维细）材质如重蚁木等宜采用 ZM-3CIV 专用底漆。为增加填充效果，可采用双组辊涂。涂膜厚度在 50μm 左右，底漆温度 45℃左右
6	固化	固化底漆达半干（表干）状态。用三盏 5kW 弱光或两盏全光固化，其程序以指甲能划出白色痕迹为宜。输送带速度可达 18~20m/min
7	砂光（油砂）	砂光实质上是将涂膜"砂毛"，即将经固化发亮的涂膜"彻底"砂到不见亮点，同时又不能将涂膜砂掉而露出木质（漏底）。用 320 目砂带
8	除尘	去除灰尘
9	辊涂第二道底漆	可采用 ZM-3C120，漆温在 45℃左右为宜，一般采用一组辊涂
10	固化	同第 6 工序
11	砂光（油砂）	用 320 目砂带。若发现亮点缺陷，即在线手工补砂；若发现露底、小虫眼、小裂纹等缺陷，则应下线手工"补灰"后固化砂光
12	除尘	去除灰尘
13	辊涂第三道底漆	可采用 ZM-3C110，漆温在 45℃左右为宜，一般采用一组辊涂
14	固化	同第 6 工序
15	砂光	用 320 目砂带。若发现缺陷按第 11 道工序办法处理，但检查应更严格
16	辊涂背面漆及固化	采用 SL-2ADX 效果较好。背涂漆颜色应调成与淋前辊涂漆相似。固化在同一台设备上完成，5kW 两灯全开
17	流涂前辊涂面漆	色精加入量不应超过 3%（质量分数），所用漆应与淋涂漆槽里的漆相近，最好是取自于漆槽中。漆温在 45℃为宜
18	流涂面漆	所用涂料依需要而定，输送速度一般在 50m/min 左右，涂膜厚度以 80μm 为宜，温度在 50℃左右
19	流平	温度为 45℃左右，速度为 8~12m/min
20	固化	5kW 三灯全开，要彻底固化，速度为 12~18m/min
21	检验	挑选出有缺陷（气泡、颗粒、因闪幕漏涂）的板
22	入库	按浅、中、深色三档分别装箱

2. 皮革涂装

将 UV 涂料应用于皮革涂装，国外开始于 20 世纪 70 年代。涂装的效果主要包括高光、磨砂、绸面等，可使皮革的美观程度大大提高。UV 皮革涂料可用于真皮，也可以用于人造革，对固化层的柔顺性和耐磨性、抗刮伤性能要求较高。真皮材料具有可透性，其为极性表面，有利于增强涂膜附着力，鞣革剂的存在可能干扰涂膜附着性能，必要时针对鞣革剂性质添加相容性组分，改善附着力。涂装工艺以喷涂为主，要求涂料黏度较低，低黏度涂料向皮革层渗透较快，甚至进入难见光的层面。为防止渗透前沿固化不完全，宜缩短膜和辐照之间的时间距离，但又要同时注意涂膜流平是否充分。如果涂料固化不完全，残留的单体不仅产生气味问题，而且对人体皮肤产生刺激作用，导致过敏。

采用 UV 光油涂料的制革工艺步骤为：硬皮鞣革→平整化→喷涂 UV 色漆→辐照固化→喷涂 UV 面漆→辐照固化。

3. 塑胶件涂装

塑胶件目前包括化妆品系列中的各种瓶盖、电子产品塑胶外壳等，其工艺都相对简单。

（1）工艺流程　塑胶件 UV 涂料涂装工艺流程大致为：除尘→ 喷涂→流平→ UV 固化（静电，手动或自动，IR）。

（2）主要工艺参数

1）IR 加热流平：60℃，2～3min 或常温 5～10min。

2）UV 固化：线功率为 80W/cd，灯距为 100～150mm，能量为 800～1200mJ/cm^2。

12.4　卷材涂料与涂装

12.4.1　卷材涂料

1. 卷材涂料概述

卷材涂料是用于涂覆钢板、铝板表面，制成预涂卷材之后使用的一种专业性涂料。

卷材涂料的使用领域已从建筑材料扩展到汽车制造、船舶内部装饰、家用电器、集装箱、饮具等各方面，并已开始应用于包装领域，尤其是在金属容器制造业的应用正在普及。

2. 卷材涂料类型

预涂卷材的涂膜可以分为预处理层和涂料层，预涂卷材的预处理层是卷材生产商对卷材原前期处理。这里考虑的主要是预涂卷材的底漆、面漆和背面漆。

（1）底漆　底漆涂膜较薄，一般为 5～10μm。除了需具备良好的力学性能外，还应具有优异的耐蚀性。另一方面，底漆涂膜起着提高面漆涂膜附着力的作用，特别是对于那些和金属底材附着较差的面漆涂膜。因此，要求底漆涂膜与底材和面漆涂膜都要具有良好的附着力。为此，各种面漆都有与它配套的底漆，如氟碳聚合物面漆常配以热塑性聚砜或聚醚砜底漆；外用丙烯酸或聚酯面漆配丙烯酸改性聚酯底漆能改善涂膜的光泽、附着等性能。

常用的底漆主要有以下几类：

1）环氧底漆。环氧底漆主要分氨基交联型和聚氨酯交联型。环氧底漆的特点是附着性好，耐蚀性突出，耐化学品性强，与面漆的配套性好。但其柔韧性不及其他底漆，而且耐候性也差。用聚酯底漆和聚氨酯底漆改性后，可以大大改善环氧底漆的性能。

2）聚酯底漆。聚酯底漆的特点是附着力好、通用性强，耐候性、柔韧性突出。但对潮湿环境较敏感，耐化学腐蚀性不如环氧底漆。聚酯底漆常用于家用电器和彩钢板等对柔韧性要求很高的地方。

3）水溶性丙烯酸底漆。对底材的附着力良好，柔韧性也好，有机溶剂含量少，能低温固化，但不宜在潮湿环境下储存，预处理要求高。

4）聚氨酯（聚酯-聚氨酯）底漆。聚氨酯底漆耐化学腐蚀性、耐划伤性、耐久性和柔韧性均好。现在世界上许多卷材涂装流水线上使用的所谓"通用型底漆"，就是附着力优良的聚氨酯底漆。其对各种不同类型的涂膜均有良好的层间附着力，并能适应加工成形的要求。

5）电沉积底漆。因为电沉积的湿膜固体含量大于95%（质量分数，由电沉积时的电渗作用所致），所以面漆可以用辊涂法直接涂在未固化的底漆涂膜上，然后这两道涂层一起通过烘炉而同时固化。

在预涂卷材生产线上可能的电沉积时间为5s，甚至不到5s（一般电沉积涂装的沉积时间为2~3min）。因此，在预涂卷材生产线上电沉积需要高电流密度。此外，尚须解决用导电辊给金属板材供电时出现的一些问题，如导电辊的熔融等。

预涂卷材电沉积底漆的基料有顺酐化油树脂、酚醛改性醇酸树脂、环氧改性醇酸树脂、丙烯酸树脂和聚酯树脂等。在以上这些树脂配制的电沉积漆中，有一个共同的特点，即在水溶性高分子化合物中加入水溶性化合物，以提高涂膜的耐蚀性和耐久性。

（2）背面漆 背面漆涂在卷材的背面，主要起保护作用，同时提供外观装饰性和一定的耐久性。背面漆的要求不高，但是相对于底漆而言，它的耐候性和柔韧性都有一定的要求。它可以直接涂在处理过的卷材上，一般不涂底漆，也可以涂装约5μm厚的底漆后再涂装背面漆。

常用的背面漆有环氧型、醇酸型、聚酯型三种。前两种因为耐久性的原因，现已不大采用。目前，以氨基聚酯型为多。聚酯型背面漆的组成基本上与面漆相同。

卷铝用的背面漆使用丙烯酸树脂与三聚氰胺树脂配制而成，必要时使用催化剂促进固化。彩色铝塑板的色彩十分丰富，而且色差要求极严。此外，金属色占相当比例，铝粉的选用十分关键，粒径分布要窄，辊涂施工中要解决好定向排列且不产生边角异色现象。

（3）面漆 选择预涂卷材面漆品种时，首先必须考虑：①室外用还是室内用；②用于室外何种环境，耐久性需多少年；③加工成形的方法及程度（弯曲的半径、拉伸强度）；④是否再进行涂装；⑤有其他的特殊性能要求。各类预涂卷材面漆简单介绍如下：

1）聚酯涂料。多年来，预涂卷材主要使用热固型丙烯酸树脂涂料。该涂料具有优异的附着力、硬度和耐久性。然而丙烯酸涂料的加工性及弹性较差，因此需要更好的涂料来代替。聚酯涂料既有优异的加工成形性，又有优异的耐久性及其他性能，因此聚酯涂料在卷材涂料中所占的比例不断增长。

如果将既有柔韧性又有硬度的特殊树脂与聚酯树脂混合，则可开发出涂膜加工性好、硬度高的卷材涂料。另外，为了产生图案花纹感，过去是在涂膜中添加树脂球或无机拌和料，从而形成凹凸结构，但这会降低耐污染性。最近开发出一种新涂料，即在烘烤过程中通过控制涂料的流动，形成毫米级的凹凸形状。采用此技术制作成的钢板可广泛用冰箱、洗衣机、空调装置的室外机座等方面，用该技术所制成的涂膜颜色、凹凸程度、峰的变化及其外观变化能有数种。

聚酯粉末卷材涂料的市场份额迅速上升，粉末涂料具有如下优点：①不使用溶剂；②得到的涂膜比溶剂性涂料的湿膜厚；③可取代含卤素的PVC-塑溶胶厚膜体系。

2）PVC 塑溶胶。PVC 是一种结晶聚合物。温度达250℃时，增塑剂和聚合物均匀溶解，从而使熔化点降低。冷却后溶液凝固成一种坚硬的凝胶体。塑溶胶的体积固体含量非常高，达97%~100%（质量分数），而且没有挥发性溶剂。因此，涂膜厚度几乎不受限制，甚至超过100μm，很适宜厚膜涂装。在卷材涂料中，以PVC 细粉末和增塑剂（常用邻苯二甲酸二辛酯，两者质量比为175:25）为基础的厚膜体系是很重要的涂料体系。厚膜 PVC 塑溶胶涂在深冲成形的钢板上，弯曲性极好，因而达到了最佳防腐效果。但 PVC 塑溶胶也有缺陷，它的涂膜硬度和耐温性较差，与金属底材的附着力差。这种厚涂膜适用于压花加工、可进行木纹、皮革纹等的压花。压花的塑溶胶预涂卷材可于家电、汽车及飞机的内装饰等。

但是 PVC 塑溶胶用于建筑墙上的清洗困难，不适用热带地区，且耐候性差，所以应着手开发无卤素的塑溶胶涂料。

3）丙烯酸树脂涂料。丙烯酸树脂涂料具有良好的耐沾污性、光泽、硬度以及优异的耐候性、耐药品性。但是它的加工成形性差，一般不能经受深度加工，含羟基的低分子丙烯酸树脂在卷材涂料开发初期应用较广，但由于柔韧性较差，现在已很少使用。目前在卷材涂料领域，丙烯酸树脂只作为 PVDF-有机溶胶涂料的基料树脂使用。

值得一提的是，电子束固化的丙烯酸涂料固化速度快、效率高、节省能量，而且无公害，但涂膜的力学性能较差，难以满足预涂钢板的加工成形及使用要求，往往要加入增塑型树脂以改善涂膜的耐冲击性、附着力及柔韧性。

4）聚氟烯烃树脂涂料。在现有的预涂卷材面漆中，聚氟烯烃树脂涂料的性能最佳。它具有极好的耐候性、耐溶剂性、耐药品性、加工性、耐磨损性和附着力。

聚氟烯烃树脂一般采用聚氟乙烯树脂及聚偏二氟乙烯树脂。聚偏二氟乙烯是一种与丙烯酸树脂化合的结晶聚合物，呈粉末状，在 175℃ 或更高温度时开始熔化，然后与丙烯酸树脂混合（混合质量比为 70:30）。氟化树脂具有优异的耐候性。这种聚合物不吸收紫外线，不会水解，而且能抵抗紫外线—感应自由基的侵蚀。

用氟涂料预涂卷材的色泽艳丽、持久，性能稳定。因此，用氟涂料预涂的卷材广泛应用于各种高档建筑中。

5）水性涂料。预涂卷材用水性涂料主要包括两类：乳胶漆和水溶性漆。其中用得最多的是聚酯类及丙烯酸类。它们都采用六甲氧基甲基三聚氰胺树脂作为交联剂。水性丙烯酸涂料污染小、节能、安全，而且相对分子质量远大于溶剂型丙烯酸涂料，所以耐久性也好。

12.4.2 卷材涂料的涂装

典型的预涂金属卷材生产线如图 12-4 所示。它由五大部分组成，即引入段、预处理段、涂装段、后处理段和引出段。

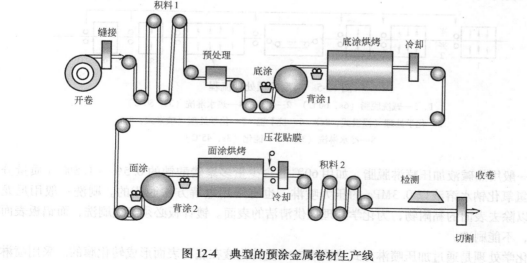

图 12-4 典型的预涂金属卷材生产线

1. 引入段

引入段包括开卷、剪齐、缝接及储料活套等设备。在引入段，将原料卷材松开并将它们连接起来，以便连续地、匀速地为机组供应金属薄板。

2. 预处理段

预处理段的作用是清洗被涂底板并对其进行表面处理，以提高耐蚀性和对上层涂膜的附着力。金属卷材在轧制过程中表面有润滑剂，有的产品在出厂前还要上一层防锈油脂。在预处理时，首先要除去这些油脂及其他黏附物，再使洁净的金属表面经化学处理，生成稳定的转化膜，从而提高基板的耐蚀性和对上层涂料的结合强度。金属卷带在生产线上行进的速度相当快，在预处理装置允许长度下，预处理的时间比一般常规金属制品预处理的时间短得多。表 12-12 所示为汽车生产线与预涂卷材生产线预处理时间比较。为保证预处理的质量，要求脱脂和化学预处理都是高效的。因此，对预处理液的工艺指标需要更严格地控制，使生成的转化膜有好的韧性及附着性，以便能经受预涂卷材的加工成形。

表 12-12　汽车生产线与预涂卷材生产线预处理时间比较

汽车生产线		预涂卷材生产线	
步骤	时间/s	步骤	时间/s
脱脂	120	脱脂	6
水淋洗	30	刷洗	—
化学处理	75	脱脂	6
水淋洗	30	水淋洗	3
钝化	30	化学处理	8
		水淋洗	3
总计	285	钝化	3
		总计	29

（1）预处理工艺流程　典型的预处理流程如图 12-5 所示。卷板速度为 65m/min，预处理段长度为 31.4m。

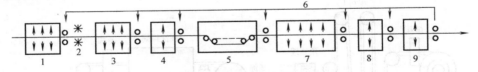

图 12-5　典型的预处理流程

1、3—碱洗脱脂（6s，60℃）　2—刷洗　4—热水淋洗（3s，80℃）
5—化学处理（浸没式，8s）　6—挤干辊　7—化学处理（喷淋式，8s）
8—冷水淋洗（3s）　9—钝化（3s，45℃）

一般用热碱液加压喷淋脱脂，如用 60℃ 的含少量多聚磷酸钠的 0.5% ~ 1.5%（质量分数）氢氧化钠水溶液以 0.3MPa 的压力喷淋，也有采用电解方法脱脂的。刷洗一般用尼龙刷，以除去表面的黏附物，为化学处理提供清洁的表面。镀锌板必须经过刷洗，而铝板表面较软，不能刷洗。

化学处理是通过加压喷淋方式或浸渍方式使转化液在底材表面形成转化膜的。采用喷淋方式时，转化液在使用过程中产生的渣泥往往会堵塞喷孔而影响喷淋效果。浸渍法则可避免这一问题。为得到最理想的转化膜，对于不同的金属卷板，应选用不同的转化液。

（2）预处理剂及其应用　冷轧钢板一般用氧化铁/磷酸盐型转化液。它是含有磷酸、碱金属磷酸盐及氧化剂（如氯酸盐、硝酸盐、钼酸盐）的酸性溶液。酸对钢表面有一定的酸蚀，形成氧化铁/磷酸盐的无定形转化膜，可用如下化学式表示：

$$3Fe + NaH_2PO_4 + 4[O] \xrightarrow{70℃} \underset{转化膜}{Fe_2O_3 + FeHPO_4} + H_2O + Na_2HPO_4$$

转化膜中氧化铁与磷酸铁之比决定于转化液的 pH 值和操作温度。一般控制转化膜量在 $0.38g/m^2$ 左右。在这种转化液中加入氟化物（作为促进剂）后，可用于铝及锌表面。

铝板一般用铬酸盐/氧化物型转化液，它是含有氟化物和钼酸盐作为促进剂的铬酸溶液。在铝表面生成黄色的无定型转化膜：

$$Al + H_2Cr_2O_7 + 2H_2O \xrightarrow{40℃} \underset{转化膜}{Cr(OH)_2HCrO_4} + Al(OH)_3$$

一般控制转化膜量在 $0.25g/m^2$ 左右。这种转化膜含有六价的铬离子，带这种转化膜的铝板不能用来制造食品和饮料罐。在上述转化液中加入磷酸，使六价铬转化成三价铬就能克服这一缺点，形成无色到绿色的铬盐/磷酸盐转化膜：

$$Al + 2H_3PO_4 + CrO_3 \longrightarrow \underset{转化膜}{CrPO_4 + AlPO_4} + 3H_2O$$

一般控制转化膜量在 $0.38/m^2$ 左右。

喷淋或浸渍预处理工艺要求严格控制预处理液的各项指标，才能保证转化膜的质量。使用中必须不断测试和调整。工艺流程中的冲洗废水含有铬和其他有害金属，排放前必须净化处理。为避免这些问题，开发出了"不淋洗"预处理工艺，用辊涂法将预处理液涂在底材上，经烘干即成为转化膜。"不淋洗"预处理工艺流程如图 12-6 所示。

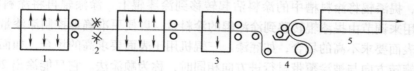

图 12-6　"不淋洗"预处理工艺流程

1—碱洗脱脂　2—刷洗　3—热水淋洗　4—辊涂转化液　5—烘干炉

"不淋洗"预处理剂是含有二氧化硅、氟化物、多种金属铬酸盐和丙烯酸或丙烯酸/环氧乳液等有机树脂的铬酸溶液。涂覆在基板上并烘干后，生成凝胶状无定型铬酸盐转化膜，适用于镀锌板、铝板等多种底材。在辊涂预处理剂前，基材表面用钴化合物处理一下，可改善铬酸盐预处理剂对基材表面的润湿性。

镀锌板溶胀的转化液有两种：复合氧化物型和磷酸锌型。复合氧化物型转化液是含铁、钴或镍等金属螯合物的碱性溶液。在锌表面上使碱蚀并形成由氧化钴、氧化锌、氧化铁等的螯合物组成的转化膜。一般控制钴或镍含量在 $0.005 \sim 0.01g/m^2$。这种转化膜对锌表面没有屏蔽作用，但它本身十分稳定，对涂膜也有很好的附着性。作为建材用的预涂镀锌板多用这种转化液进行预处理。

磷酸锌型转化液则主要用来处理制造家用电器的镀锌板。它是含磷酸、磷酸锌和促进剂

（硝酸盐、镍及氟化物）的酸性溶液。在锌表面形成结晶的磷酸锌转化膜，膜重一般控制在 $0.2g/m^2$。

磷酸锌的结晶粒度越大，转化膜的韧性越差，所以必须减小磷酸锌结晶的粒度。方法之一是在转化液处理前淋洗的热水中加入匀晶剂（钛盐）。淋洗时在锌表面留下晶核，经转比液处理时就能得到均匀的、细微结晶的转化膜。与复合氧化物转化膜相反，磷酸锌转化膜有很好的耐蚀性和耐湿性，而对涂膜的附着性较差，并随时间的推移进一步下降。

无定形转化膜的耐蚀性不如磷酸锌转化膜。为提高耐蚀性还需用含铬量为 0.1% ~ 0.5%（质量分数）的铬酸溶液淋洗进行钝化，将钝化液中的铬酸部分还原成三价铬，并加少量磷酸和氟化物，经钝化的转化膜有最佳的性能。这种部分还原的体系能生成"铬酸铬"，填充了无定形转化膜的孔隙，提高它的屏蔽性，所含的六价铬离子还能抑制金属的腐蚀。

预处理工艺要严格控制处理液的各项指标，使用中必须不断测试，并及时进行调整。处理后淋洗的水中含铬或其他有害金属，排放前须做净化处理。在调换不同底材而更换转比液时，设备的清洗相当费事。为克服这些问题，研制成功了名为"不淋洗型"的转化液。用辊涂法将转化液涂在底材上，烘干即成为转化膜。处理后不需淋洗，也不产生含铬废水。它是含有少量氟化物和硅酸盐的多种金属的铅酸盐为基础的转化液，适用于钢板、镀锌钢板、铝板等多种底材。

3. 涂装段

涂装段是机组的核心部分，通常采用正、反两面同时涂装的二涂二烘工艺，即涂底漆→烘烤→涂面漆→烘烤。随产品要求不同，还可以一涂一烘或涂单面。

（1）涂装工艺　辊涂机是利用辊筒将涂料涂覆在金属卷带上。用得最多的是双辊涂布机和三辊涂布机，如图 12-7 所示。

工作时，提漆辊将涂料槽中的涂料沾起转移到涂漆辊上，涂漆辊再将涂料涂覆到基板上，控制辊用来调节由提漆辊转移到涂漆辊的涂料量，以便更准确地控制涂漆量。一般用两辊机涂布对表面要求不高的场合，如底漆。三辊机用于表面要求高的场合，如面漆。

涂漆辊旋转方向与被涂覆带材行进方向相同时，称为顺涂法。它只能涂出 $20\mu m$ 以下的湿膜，而且当辊面与基板离开的一刹那，夹在它们间的漆液由于张力的作用不会同时均匀分向辊面和基板，而是成波纹状分开，在基板上形成竖向条纹，影响涂膜外观。除涂底漆外一般不用顺涂法施工。

涂漆辊旋转方向与被涂覆带材行进方向相反时称为逆涂法。通过调节各辊的间隙、基板行进速度和涂漆辊辊面线速度比，以及利用控制辊，便可得到所需厚度、外观平整的涂膜。当基材行进速度为 v 时，双辊机的提漆辊辊面线速度应为 $(0.3 \sim 0.5)v$，涂漆辊速度应为 $(1.2 \sim 1.5)v$；三辊机提漆辊速度应为 $1.2v$，控制辊为 $(0.05 \sim 0.1)v$，涂漆辊为 $1.01v$。

（2）涂膜固化　在生产过程中，基板行进速度很快，为保证有足够的固化时间，烘炉一般长 $30 \sim 50m$。基板涂装后两面都是湿的涂膜，为使基板能悬空通过炉腔，通常有两种炉型：气浮式是利用炉内的向上气流托住进板；悬垂式是利用张力辊将两头拉紧而悬挂在炉腔内，因距离很长，基板会有一定的悬垂度，这种炉膛必须做成相应的反弓形。通常都采用热风加热，炉内温度一般分四段控制，使炉内的温度曲线能随所用涂料的要求而变，如炉长为 $30m$，厚度为 $0.7mm$ 的钢板以 $45m/min$ 的速度行进，用溶剂型涂料时，四段炉温为：

125℃、175℃、225℃、200℃；用氟碳涂料时，四段炉温为 250℃、350℃、300℃、300℃；而 PVC 塑溶胶时四段炉温为：175℃、200℃、230℃、230℃。由于机组和涂料牌号的差异，每一机组对每一种涂料的最佳温度曲线应通过实践摸索确定。

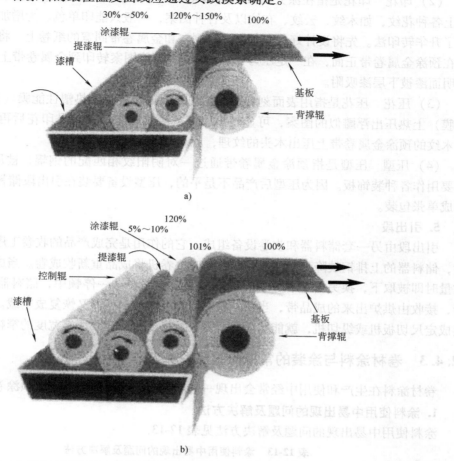

图 12-7　双辊涂布机和三辊涂布机

a) 双辊涂布机　b) 三辊涂布机

一条涂装 0.6 ~ 1.5m 宽基板的生产线的气浮炉在使用常规涂料生产时，炉内气流中有机溶剂含量在 1 ~ 2g/m³ 以上，流动速度为 15000 ~ 30000L/min。采用装有旁路陶瓷储热部件的再生储热氧化装置，将排出的含溶剂热风引入燃烧室，在预热进炉冷空气的同时，与燃料气混合进入焚烧炉燃烧，溶剂变成无害的水和二氧化碳，放出的热量通过装有陶瓷填料的热交换床被回收利用，最后排入大气的尾气中的有害物含量小于 50×10^{-6}（质量分数）。

为加快涂膜固化速度，利用红外、近红外、电感等加热技术，可将烘烤速度缩短到 5 ~ 20s。

4. 后处理段

后处理段是用来对生产出的金属预涂卷材做进一步的加工，赋予它更好的防护和装饰效果，主要有贴膜、印花、压花和压型。

（1）贴膜　贴膜是指将聚烯烃可剥性薄膜压贴在面漆上，作为临时性保护膜，以防止在运输、加工及装配中损害涂膜。另外，还有按使用要求预先制备好的聚合物薄膜通过黏结剂或热压法粘贴到金属卷带上，作为装饰性面层。

（2）印花 印花是指在涂完面漆的金属卷带烘干降温后，再经过一组印花辊，在上面印上各种花纹，如木纹、云纹、布纹以及各种图案，一般只能印单色。为增加图案的色彩开发了升华转印法。先将设计好的彩色图案印刷在和金属卷带同宽的纸卷上，将有图案的一面放在预涂金属卷带正面，在一定压力下经约30s就可将图案转印到金属卷带上，印料能渗过透明面漆被下层漆吸附。

（3）压花 压花是指用表面刻有凹凸花纹的钢辊在较厚的热塑性能膜（如PVC塑溶胶涂膜）上热压出浮雕似的图案，可显现出很好的装饰效果。尤其是印花后再压花，如在印行木纹的预涂金属卷带上压出木头的纹理，就有很逼真的木质效果。

（4）压型 压型是指预涂金属卷带通过一对阴阳纹相匹配的钢辊，被压出立体图案，主要用作各种装饰板。因为压型后产品不是平的，压型设备要装在引出段储料器的后面，并切成单张包装。

5. 引出段

引出段由另一套储料器和收卷设备组成，它的作用是完成产品的收卷工序。在正常运行时，储料器的上排钢鼓降到下部成空载，同时收卷机将成品重新收成卷。当成品卷大到一定质量时即被取下，换另一个收卷机，开始收第二卷。在这一停顿中，储料器的上排钢鼓上行，接收由烘炉出来的成品带，当第二卷正常收卷后，储料器又恢复成空载。如果将收卷机换成定尺切板机或纵切机，就能按客户所需尺寸提供单张板或所需宽度的窄幅卷材。

12.4.3 卷材涂料与涂装的常见问题及解决方法

卷材涂料在生产和使用中经常会出现一些问题，影响涂料的使用和预涂卷材的质量。

1. 涂料使用中易出现的问题及解决方法

涂料使用中易出现的问题及解决方法见表12-13。

表 12-13 涂料使用中易出现的问题及解决方法

现　象	产生原因	解决方法
施工时泡沫增多	涂料表面张力高，不易消泡	用低沸点醇或消泡剂消泡
局部漏涂、不匀	涂料组分不匀	使用前充分搅匀
	基板不平或被沾污	检查基板，消除起因
	涂辊不平或有黏附物	换辊或清除黏附物
流平不好	涂料黏度偏高	在固体含量允许范围内增加混合溶剂
	真溶剂挥发了快干稀释剂	混合溶剂中增加高沸点真溶剂
	涂料自身流平性欠佳	加入适量的适用流平剂
出现横条纹	涂辊或基板的速度抖动	检查相应设备并调整
出现竖条纹	涂辊各辊的速度比不匹配	调整各辊的相应速度
	涂料流平性不好	调整溶剂组成和加流平剂
固化性下降（主要出现在酸催化聚酯面漆）	涂料中的碱性物质与酸催化剂作用使催化剂失效	避免采用碱性颜料和助剂；选用稳定性高的封闭酸催化剂

（续）

现　象	产　生　原　因	解　决　方　法
有缩孔	湿膜表里的表面张力差较大	加表面张力低的溶剂或助剂，降低表面张力；提高底材或底漆的可润湿性
	异物微粒的沾污，引起局部表面张力变化，在缩孔中央能见微粒	注意净化环境，防止浮尘等沾污涂料和湿膜
	消泡剂特别是含硅消泡剂用量不当	谨慎选用消泡剂及最低有效用量
有微泡或针孔	颜填料表层吸附的微量空气或水分在烘烤时逸出形成针孔或微泡	对吸附性强的颜填料使用前进行脱气、脱水处理
	涂料使用前开桶搅拌过急，产生的微泡残留漆中	开桶搅拌不要过急，防止产生微泡旋转一段时间，再上机
	交联反应释放的小分子物未能自由逸出，冲破黏度增大的表层或被封在表层下	调整溶剂组成，增加高沸点溶剂比例，调整炉温分布，适当降低首段温度
	进烘炉时，大量溶剂挥发	调整溶剂组成，增加高沸点溶剂比例，调整炉温分布，适当降低首段温度
颜色发花	复色颜料因粒度、密度等差异，在成膜过程中流动速度不同造成分布不匀	避免采用过细过轻的颜料，利用适当的颜料分散剂
有雾斑	烘炉出口冷却水矿化度偏高，水汽蒸发后在涂膜表面留下矿化物	监测和控制冷却水的矿化度
	增滑蜡烘烤，冷却时熔融、冷结，成蜡斑于涂膜表面	选用熔点高于 PMT（最高金属板温）的增滑蜡

要注意的是，在许多情况下都要考虑所用钛白是否会有影响，因为钛白是用得最广、用量最大的颜料品种。为提高它的使用性能，各生产厂家做了大量改进工作，主要是通过包覆改进其表面性能。由于包覆工艺和包覆物组成的不同，形成了众多性能各异的钛白品种，所以选用时稍有不慎，就会出现诸多问题。

2. 预涂卷材成品性能可能出现的问题及解决方法

预涂卷材成品性能可能出现的问题及解决方法见表 12-14。

表 12-14　预涂卷材成品性能可能出现的问题及解决方法

现　象	产　生　原　因	解　决　方　法
干膜厚度偏低	湿膜偏薄	调整辊速，增加湿膜厚度
	涂料固体含量偏低	换用固体含量合格产品
耐溶剂不合格	未达到规定的 PMT	检查和调整炉温
	固化催化剂不足或（部分失效）	补加催化剂；找出并排除引起催化剂失效的因素
	成膜树脂与固化剂用量失准	严格制漆工艺管理和原料质量控制
	过烘烤涂膜热降解	检查和调整炉温；适当扩大 PMT 范围，改善涂膜耐过烘烤性能

（续）

现　　象	产 生 原 因	解 决 方 法
T 弯开裂	涂膜柔韧性不足	增加成膜树脂中柔性链段；降低涂膜的交联密度；酸催化聚酯漆中适当减少催化剂用量；调整颜基比
T 弯剥离	涂膜柔韧性不足，层间附着差，预处理膜、底漆、面漆间不匹配，被涂界面受污染	如上改善柔韧性。从剥离界面判断剥离部位，改进层间附着，如预处理膜与底漆间剥离，检查预处理膜上是否有影响底漆充分润湿和附着的因素，面漆与底漆间也是这样
附着力偏小	层间附着差	选用相匹配的预处理-底漆-面漆体系；被涂面有一定的表面粗糙度；防止被涂面受沾污
抗冲击强度不够	产生原因同 T 弯开裂与剥离，只是发生瞬间形变	同 T 弯开裂与剥离
铅笔硬度偏低	涂膜强度差	增加成膜树脂中刚性链段和涂膜的交联密度；适当提高涂料颜基比；利用表面增滑剂
抗划痕性能较差	表面硬度差；摩擦因数大；低光漆填料或消光粉过多	用微粉蜡类增滑剂提高表面硬度和减小摩擦因数；用高效消光粉控制颜料体系浓度
开卷背面漆黏连	背面漆固化不充分；固化涂膜的玻璃化温度低于环境温度；收卷时卷芯湿度偏高	改进背面漆配方与面漆同步充分固化，提高涂膜玻璃化温度，用增滑剂改善抗黏连性
户外老化性能较差	成膜树脂和着色颜料耐候性差	选用户外耐久性好的成膜树脂和颜料，加入合适的紫外线吸收剂——位阻胺复合光稳定剂

第 13 章　涂装质量检测与控制

13.1　涂装预处理质量检测

13.1.1　脱脂

1. 外观

将液体脱脂剂在 15～35℃ 条件下放置 24h 后观察，主要是观察脱脂剂溶液是否均匀，有无分层和沉淀现象。检查粉状脱脂剂外观时，主要是观察是否均匀、松散，有无坚硬团块。

2. pH 值

不同的金属在碱性脱脂剂中具有不同的腐蚀界限，如钢铁工件在碱性脱脂剂中就易被腐蚀。因此，必须根据工件的材质选择合适 pH 的脱脂剂。当工件是由钢和其他金属构成的组合体时，则必须考虑组合体各部件工作材质对脱脂剂 pH 值的要求。常见金属耐碱性的极限值（pH 值）见表 13-1。

表 13-1　常见金属耐碱性的极限值（pH 值）

序号	金属	pH 极限值	序号	金属	pH 极限值	序号	金属	pH 极限值
1	锌	10	3	锡	11	5	硅铁	13
2	铝	10	4	黄铜	11.5	6	钢铁	14

3. 总碱度

总碱度所表示的是水中 OH^-、CO_3^{2-}、HCO_3^- 及其他弱酸盐类的总和。

滴定总碱度时，可采用甲基橙（溴酚蓝）和酚酞作为指示剂。用甲基橙（溴酚蓝）作为指示剂时，滴定终点的 pH 值为 3～4。滴定游离碱度时，则用酚酞作为指示剂，滴定终点的 pH 值为 8～9。

总碱度测试方法为：取 10mL 脱脂溶液放于 250mL 锥形瓶中，加入 100mL 水，滴入 3～4 滴甲基橙（溴酚蓝）指示剂，用 0.1mol/L 盐酸标准溶液滴定，滴至溶液由橙色变为红色，即为终点。所消耗的标准溶液的毫升数称为总碱度或总碱度的"点"数。

脱脂剂使用过程的维护及调整方法均以测定溶液的总碱度为依据。

4. 消泡性能

将试液倒入 100mL 具塞量筒内使液面距离塞下端面 70mL，盖塞，在 30℃ ±2℃ 的水浴或电烘箱中放置 10min 取出，立即上下摇动 1min，上下摇动的距离为 0.33m，频率为 100～110 次/min。摇动完毕后，打开筒塞，盛试液的量筒置于 30℃ ±2℃ 的水浴或电烘箱中静置 10min，观察泡沫消失情况，记下残留泡沫高度（应为泡沫高、低值的平均数）。

5. 漂洗性能

漂洗性能用于检查清洗后覆盖在金属工件表面上的脱脂残留物被水洗去的性能。

将试片用金属挂钩挂好，全浸在 65℃ ±2℃ 的 500mL 低温型脱脂剂溶液中 5min，取出后将试片呈 45°角放置，到晾干为止。常温型脱脂剂在 30℃ ±2℃ 下浸液。将晾干的试片用金属钩固定在摆洗器试片架上，低温型脱脂剂全浸在 500mL 温度为 65℃ ±2℃ 的蒸馏水中，立即摆洗 10 次（往返为一次）。无摆洗器时，可按摆洗器一样的摆距、摆频，人工摆洗 10 次。常温型脱脂剂在 30℃ ±2℃ 下摆洗，然后立即取出试片用热风吹干，吹干时试片也呈 45°角放置。检查试片表面有无脱脂残留物，再在试片上滴一滴无水乙醇，乙醇自然挥发后再检查试片上有无白色残留物，然后按技术条件评定结果。

6. 清洁度检测

脱脂的目的是为工件提供清洁的表面，为涂装后续工序打下基础。

清洁度是指脱脂后工件表面的清洁程度，也就是清洁效果。清洁度在很大程度上取决于应用目的，见表 13-2。

表 13-2　清洁度要求

应用目的	清洁度要求
更好地加工和防锈	进一步清除更多的油污，但有相当量的残留油是允许的
用于防锈	许多油污的残余和防锈是一致的
火焰焊接	较多的油污也不受干扰
涂油性漆	允许有痕量的油污，甚至少量的氧化物，但对油污的接受有较大的选择
粉末涂装和电泳涂装	不允许有任何油污及各种其他污物，如浮尘、氧化皮、锈等
热焊锡、锡焊、铜焊、电焊	微量的油迹是允许的，但氧化皮及锈应全部除去
点焊和触点焊	为更好的焊接，既不允许有油也不允许有氧化皮等
搪珐琅	氧化皮和其他无机杂质是不允许的
电镀	不允许有任何油迹及氧化皮
储液氧瓶	必须除去与其反应的任何有机物、无机物粒子、砂及任何东西的痕迹
安装精密的电力部件	表面必须完全清洁，甚至痕量、大气中的灰尘也必须除去

清洁度检测的方法主要有以下五种：

（1）目测法　将经脱脂后的工件表面用水润湿，以表面水膜完整附着情况来评定清洁度。这是检测脱脂质量最常用的方法。

（2）擦拭法　用清洁的白绸布或滤纸擦拭经脱脂并清洗干燥后的工件表面，若滤纸或绸布表面无油污，说明脱脂效果佳。

（3）硫酸铜法　此法分为硫酸铜浸渍法和硫酸铜点滴法。

1）硫酸铜浸渍法是将脱脂后的工件浸在酸性硫酸铜水溶液中，1min 后从溶液中取出工件，用水冲洗。据铜膜情况评定清洁度，铜膜完整均匀、光泽及结合力好，表明工件表面无油污，此法适合于小型工件。

2）硫酸铜点滴法是将硫酸铜混合液滴在脱脂后的工件表面有代表性的位置（10 点以上），若液滴在 5s 以内出现粉红色的金属铜斑，表明液滴部位无油污；若在 5s 以内液滴没有变化，表明液滴部位有油污。等待出现粉红色的金属铜斑的时间越长，表明油污越重。该法特别适合大型工件。

（4）验油试纸法　该法是在目测法的基础上改进的。将一极性溶液滴在经脱脂处理并经净水冲洗后的金属工件表面上，用玻璃棒把溶液铺开，然后将验油试纸紧贴在溶液膜上。如果表面油污去除干净，验油试纸的表面可与金属工件表面上的极性溶液完全接触，并显出连片的红；若有油污附着，则由于极性溶液在油膜上而不能把表面润湿而呈现水珠状，因此，验油试纸显色呈稀疏点状或块状。该方法灵敏度高，操作方便快捷，适用于钢铁、铜、铝等金属工具表面油污清洁度的检测。

（5）自由能测试法　此法是以水的表面张力（$72 \times 10^{-5} \mathrm{N/cm}$）为典型的清洁度，然后测试出一个表面相对于此清洁度的洁净程度。有 11 种标准溶液，其表面张力大约为（25 ~ 100）$\times 10^{-5} \mathrm{N/cm}$，并依次列成表。测试时，将某一号的标准液滴落到被测表面，如滴液成珠，则用下一号标准液滴落。依次类推，测至某一号标准液能自然地浸润表面为止，由可以在金属工件表面上成珠的最低一号标准液，便知该表面清洁度的测定结果。

除以上方法外，还有雾化器测试法、荧光测试法和放射性痕量测试法等。但均因工序复杂、有一定的技术和设备要求，在生产实践中较少使用。

13.1.2　除锈质量检测

我国根据国际标准 ISO 8501-1：2007，制定了除锈质量标准 GB/T 8923.1—2011《涂覆涂料前钢材表面处理　表面清洁度的目视评定　第 1 部分：未涂覆过的钢材表面和全面清除原有涂层后的钢材表面的锈蚀等级和处理等级》。根据涂装要求可选择合适的除锈质量等级，目前还没有定量检验钢材在除锈后的清洁程度的标准方法。

13.1.3　磷化检测

涂装过程中，磷化检测的重点在于磷化膜与涂膜的配套性检测，主要体现在涂膜质量检测方面。

1. 磷化槽液检测

磷化槽液的检测主要有总酸度、游离酸度和促进剂的点数检测，将这三个指标控制到要求的范围内才能使磷化槽液正常工作。总酸度、游离酸度和促进剂的点数普通检测方法见表 13-3。

表 13-3　总酸度、游离酸度和促进剂的点数普通检测方法

参　数	检 测 方 法
总酸度	1）准确移取 10.0mL 工作液于三角瓶中，加去离子水 50mL 2）加 2 ~ 3 滴酚酞指示剂 3）用 0.1000mol/L NaOH 标准溶液滴定至淡红色 4）记下所耗 NaOH 标准溶液的毫升数，即为总酸度的点数
游离酸度	1）准确移取 10.0mL 工作液于三角瓶中，加去离子水 50mL 2）加 1 ~ 2 滴甲基橙指示剂 3）用 0.1000mol/L NaOH 标准溶液滴定至橙色 4）记下所耗 NaOH 标准溶液的毫升数，即为游离酸度的点数

（续）

参　数	检　测　方　法
促进剂	1）将促进剂注入发酵管 2）倾斜发酵管释放被阻滞的空气，让促进剂达到发酵管的封闭端，然后加入促进剂至大肚位置 3）倾斜发酵管，确认空气已从封闭端被排出 4）加入大约 4g 氨基磺酸，然后立即倒转发酵管，这样大部分氨基磺酸将到封闭端的刻度部分；保持这种状态 1～2s 5）把发酵管置于竖立位置，静置 1min 6）读出发酵管封闭端的气体毫升数，即为促进剂的点数

2. 磷化膜外观检测

外观检验是在现场评价磷化膜质量最实用最迅速的质量检验手段之一。可作为判断各种磷化膜质量特性的大致标准有色调、光泽、斑点、颜色深浅程度、均匀性、晶体结构、晶体粒度、平滑性、粉化现象等外观项目。作为观察手段，先以目测法进行整体观察，然后再用放大镜或金相显微镜进行局部观察。在现场可用 10～100 倍放大镜观察，实验室中用 100～600 倍金相显微镜研究磷酸锌等磷化膜的晶体形状及粒度。粒度小些为好，一般控制在几十微米以下，最好可达 2～5μm，排布越均匀，孔隙率越小越好。

检验标准为 GB/T 11376—1997《金属的磷酸盐转化膜》和 GB/T 6807—2001《钢铁工件涂装前磷化处理技术条件》。其中，磷化膜外观检测见表 13-4。磷化膜允许和不允许缺陷见表 13-5。

表 13-4　磷化膜外观检测

序　号	磷化膜缩写	检测方法	磷化膜颜色	结晶状况	均匀性及其他
1	Znph	目视或在 6 倍的放大镜下观察	浅灰、深灰、黑灰	可见的结晶结构	磷化膜均匀，无白点、无锈斑、无手印等。由于基本材料结构不同或与挂具相连处所引起的磷化膜外表上的微小变化是允许的
2	Fehph		深灰		
3	细结晶的 Znph、Mnph、ZnCaph	在 6 倍的放大镜下观察	浅灰、深灰、黑灰	结晶较细，在检验条件下不可见的结晶结构	
4	Feph	在 6 倍的放大镜下观察	单位面积上的磷化膜质量为 0.1～1g/cm² 时，成彩虹色，大于 1g/cm² 时呈深灰色	不可见的结晶结构	

表 13-5　磷化膜允许和不允许缺陷

磷化膜允许缺陷	磷化膜不允许缺陷
1）轻微的水迹、重铬酸盐的痕迹、擦白及挂灰现象 2）由于局部热处理、焊接以及表面加工状态的不同造成颜色和结晶不均匀 3）在焊缝的气孔和夹渣处无磷化膜	1）疏松的磷化膜 2）有锈蚀或绿斑 3）局部无磷化膜（焊缝的气孔和夹渣处除外） 4）表面严重挂灰

3. 磷化膜孔隙率的检测

目前常用的转化膜孔隙率测定方法有两种：铁氰盐溶液试验法和电化学测定法。

GMR 铁氰盐溶液测定孔隙率方法是 G. D. Cheever 为了测定不经涂装试片的孔隙率而研制的一种方法。它与盐雾试验法所得结果一致，是一种快速给出定性结果的测定方法。

该法测定要点如下：将质量分数分别为 4% 的 NaCl、3% 的 K_3Fe（CN）$_6$ 及表面活性剂（如质量分数为 0.1% 的全氟代辛酸铵）溶解在蒸馏水中，将溶液保存在褐色瓶中，经 24h 后过滤，将此溶液保存 4 个月后即可使用。将分析的滤纸浸入上述溶液中，然后提出滤纸，并把多余的滤液滴尽、晾干，这样就制得了铁氰法（Ferrotest）滤纸。当进行测定时，可将此试纸覆盖在待试验的磷化膜表面上，经过 1min 后，将试纸拿下来仔细观察在试纸上表示有孔部分的蓝色斑点生成情况。其判别法以优、良、劣三级来表示。它与烟雾试验相对应："优"表示磷化膜经过烟雾试验后切割部分剥离宽在 3mm 以下，"良"表示在 4～6mm 之间，"劣"表示在 6mm 以上。

电化学测定方法为定量测定法，在理论研究中经常用到。

4. 磷化膜耐酸（碱）性及电泳时溶出量的检测

涂装不同的底漆，对涂装前磷化膜的质量标准要求不尽相同。涂装溶剂型底漆或粉末涂料时，磷化膜除在涂装和干燥过程中失去部分结晶水外，其质量几乎没有损失。但在阳极电泳时，由于工件作为阳极，在涂装通电过程中存在着阳极溶解；而阴极电泳时，电泳应使界面上出现很强的碱性介质，不同的磷化膜在碱性介质中也出现不同程度的溶解，因而电泳涂装前的磷化膜普遍要求耐酸碱性。

磷化膜耐酸性可以通过比较磷化膜在 pH 值为 2 的酸液中的溶解量来评价。

磷化膜耐碱性是影响最终质量的一个重要指标。比较磷化膜在浸 0.1mol/L 的 NaOH 碱性溶液 25℃ 时 5min 前后的质量差，可得到磷化膜在碱液中的溶解量。

磷化膜在电泳时的溶解量可作为磷化膜耐酸（碱）性的考核指标，其测量可按以下步骤进行：

1）将吹干的磷化膜称量，其质量以 m_1 表示。

2）将该板电泳，并水洗去掉表面浮漆。

3）用有机溶剂（如溶解力强的酮类溶剂）洗去电泳涂膜，洗时不要擦拭。

4）反复清洗吹干后称量，直至恒重为止，其质量以 m_2 表示。

5）在 71～82℃ 的铬酸溶液中处理 10～15min，以除去磷化膜。在冲洗与吹干后再称量，其质量以 m_3 表示。

$$磷化膜溶出量 = [(m_1 - m_2)/(m_1 - m_3)] \times 100\%$$

5. 磷化膜 P 比的测定法

磷化膜 P 比物理意义：代表磷化膜中 P 组分所占的比率，该值与磷化槽液的 Zn^{2+} 含量、材质、磷化方式等因素有关。磷化膜 P 比可用下式表示：

$$P 比 = P/(P + H)$$

式中　　P——Zn_2Fe（PO_4）$_2 \cdot 4H_2O$ 的（100）晶面，d（晶面间距）= 88.4nm 时的 X 射线衍射强度；

　　　　H——Zn_3（PO_4）$_2 \cdot 4H_2O$ 的（0/20）晶面，$d = 90.4$nm 时的 X 射线衍射强度。

因此，P 比 = $P/(P + H)$ 已不是磷化膜 Zn_2M（PO_4）$_2 \cdot 4H_2O$ 的含量的直接指示，而是

作为特定条件下产生的 X 射线衍射强度比。但习惯还是作为磷化膜中两种不同物质的比。P 比高的磷化膜的耐蚀性、抗石击及磷化膜附着力均好。

6. 磷化膜单位面积膜层质量

磷化膜单位面积膜层质量测定方法按 GB/T 9792—2003《金属材料上的转化膜 单位面积膜质量的测定 重量法》规定进行，该标准系等效采用国际标准 ISO 3892：2000 而制定的。其测定原理为具有磷化膜的干燥试片，在分析天平上称量后，在适当的溶液中退除上述磷化膜，然后清洗、干燥、称重，以退膜前后的质量差计算单位面积上膜层质量，单位为 g/m^2。磷化膜的退膜方法见表 13-6。

表 13-6　磷化膜的退膜方法

| 序号 | 基体材料 | 磷化膜类型 | 退膜条件 | | | 备　　注 |
			退膜液成分及含量/(g/L)	温度/℃	时间/min	
1	钢铁	锰系	铬酸 50	75 + 5	15	将所需成分溶于少量水中，然后用水稀释至 1L
		锌系	氢氧化钠 100；EDTA 四钠盐 90；三乙醇胺 4	75 + 5	5	
		铁系	铬酸 50	75 + 5	15	
2	锌及镉	锰系、锌系	重铬酸铵 20 溶于 1L 氨水（密度 0.90g/cm³）中	室温	3 ~ 5	将 20g 重铬酸铵溶于 1L 氨水（分析纯级）中。配制溶液时，不能超过 25℃，退膜操作在通风柜中进行
3	铝及铝合金	结晶型锌系	硝酸（密度 1.46g/cm³）	75 + 5	5	
				室温	15	

测试方法为：取有磷化膜的干燥试片（总表面积为 A），用精度为 0.1mg 的分析天平称量记录质量 $m_1(g)$；然后将试片浸到相应的退膜液中，按规定操作条件进行退膜，退膜后的试片用清洁的流动水冲洗，再用蒸馏水清洗，迅速多次干燥，称量，直至恒重，记录质量 $m_2(g)$。

单位面积上的膜层质量 m_A，按下式计算：

$$m_A = 100(m_1 - m_2)/A$$

式中　m_A——单位面积上的膜层质量（g/m^2）；

　　　m_1——有磷化膜时试片的质量（g）；

　　　m_2——退除磷化膜后试片的质量（g）；

　　　A——试片总表面积（dm^2）。

结果表示，取 3 块平行试验试片测定结果的平均值，其中试片总表面积规定见表 13-7。

表 13-7　试片总表面积规定

单位面积上的膜层质量/(g/m²)	<1	>1 ~ 10	>10 ~ 25	>25 ~ 50	>50
试片最小的总表面积/dm²	4	2	1	0.5	0.25

13.1.4 硅烷化处理膜层质量检测

1. 外观

1）不同基体材料的氧化锆转化膜颜色一般为金属本色、浅黄色、金黄色、浅蓝色到蓝紫色。同种基材在不同的工艺条件下，转化膜也会呈现上述系列颜色。氧化锆转化处理剂与不同基体材料（如冷轧钢板、锌及锌合金、铝及铝合金等）反应，所形成的氧化锆转化膜的颜色和单位面积膜层质量也有所不同，见表 13-8。

表 13-8 不同基体材料氧化锆转化膜单位面积质量和颜色

基体材料	冷轧钢板	电镀锌板	热镀锌板	铝合金板
膜层外观	无色、淡黄色、金黄色、浅蓝色、紫色	无色、淡蓝色	无色、淡蓝色	无色、淡黄色
单位面积膜层质量/(mg/m^2)	20 ~ 100	40 ~ 180	40 ~ 160	10 ~ 50

2）氧化锆转化膜外观均匀，无污点，无缺膜区，无残渣。

3）同一基体材料上不同部位的转化膜以及不同基体材料的转化膜之间存在颜色色调差异属于常见现象。某些原因引起的氧化锆转化膜外观轻微的变化，如基体材料表面的差异或转化过程中与挂具接触的周围部分导致外观轻微的变化属于正常现象。

2. 膜层质量的测量

（1）X-荧光光谱仪测定膜层质量

1）按 GB/T 1727—1992《漆膜一般制备法》的规定，选取尺寸为 50mm × 120mm × (0.45 ~ 0.55) mm 的冷轧钢板 10 块，充分脱脂清洗后立即吹干，用分析天平分别称量并编号，称量的板材质量记为 m_1。

2）每块板材称量后，立即进行氧化锆转化处理，改变其处理时间，处理后立即吹干，并用分析天平分别称重，此时称量的板材质量记为 m_2，得出膜层质量 $m_3 = m_2 - m_1$。

3）分别用 X-荧光光谱仪测试每块处理后板材上的锆含量，得出的数值与 m_3 对应，做出工作曲线，得出锆含量与膜层质量的公式。根据不同材料做出不同的工作曲线，在实际生产中，仅需测试其锆含量，即可得出氧化锆转化膜层质量。

（2）称重法

1）仪器设备。所用仪器设备包括：玻璃的或者其他适当材料的容器、精度为 0.1mg 的分析天平、用于控制退膜液的温度的加热设备。

2）试样。按 GB/T 1727—1992 的规定，制备尺寸为 50mm × 120mm × (0.45 ~ 0.55) mm 的试样，试样的形状应当便于计算表面总面积。

3）退膜液。退膜液（见表 13-9）应由分析纯试剂和去离子水制备。

表 13-9 退镀液组成及工作条件

基体材料类型	退膜液组成成分		工作条件	
	材料名称	质量分数(%)	温度/℃	时间/min
铁	铬酸	7.5	75	30
铝	硝酸	40	25	30

4）测定方法。用去离子水清洗试样，在100℃下干燥15min，然后在干燥器中冷却至25℃以下，用分析天平称量（准确至0.1mg）；再浸入表13-9规定的退膜溶液中，取出后立即用去离子水冲洗，100℃下干燥15min，再用分析天平称量。重复上述步骤，直至得到稳定的质量为止，此时可确认为转化膜已被完全退除。

5）计算方法。根据失重计算膜层质量：

$$m = \left[(m_2 - m_1)/A \right] \times 10$$

式中　m——膜层质量（mg/m²）；

　　　m_1——退膜前的试样质量（mg）；

　　　m_2——退膜后的试样质量（mg）；

　　　A——试样转化膜的总表面积（cm²）。

平行测定三次，取算术平均值。

对于以上两种膜层质量测量方法，使用单位应根据自身的条件选择适合自己的测量方法。

3. 耐蚀性

（1）氧化锆转化膜耐蚀性的测定　按GB/T 6682—2008《分析实验室用水规格和试验方法》规定的分析实验室用水规格和试验方法，制备三级去离子水用于相关耐蚀性试验，氧化锆转化处理的试样，浸渍在三级去离子中，首次出现锈蚀产物允许的最短时间见表13-10。

表13-10　无后处理氧化锆转化膜铁基体首次出现锈蚀产物允许的最短时间

项　目	单位面积膜层质量/(mg/m²)	膜层厚度/nm	出现锈蚀产物允许的最短时间/h
氧化锆转化膜	20～100	20～50	1.5

（2）涂装后的氧化锆转化膜的配套性评价

1）原理。经适当后处理的氧化锆转化处理试样，应进行中性盐雾试验（NSS试验），试验方法见GB/T 10125—2012《人造气氛腐蚀试验 盐雾试验》。此方法可用于评估由氧化锆转化膜和油漆涂层、电泳涂层、粉末涂层等涂层组成的防蚀体系的适配性。

试样按GB/T 1727—1992《漆膜一般制备法》制备。

2）后处理。经氧化锆转化处理的试样分别采用油漆或粉末等涂料经不同的喷涂方式喷涂、固化后，组成不同的防蚀体系。

经后处理的氧化锆转化处理试样，应在23℃±2℃的恒温下放置16h以上。

3）规程。经后处理的氧化锆转化处理试样进行中性盐雾试验（NSS试验）。因后处理介质（油漆、电泳漆或粉末涂料等）的成分不同及氧化锆转化处理的基体材料不同，以致出现腐蚀产物的时间不一致。常见板材经过涂装后的氧化锆转化膜耐蚀性要求见表13-11。

表13-11　常见板材经过涂装后的氧化锆转化膜耐蚀性要求

板材类型	配套涂装	处理条件	处理时间/h	腐蚀情况
冷轧板	粉末涂料	表面划叉	240	单边腐蚀宽度<1mm
	油漆	—	240	表面无腐蚀
	电泳漆	表面划叉	500	单边腐蚀宽度<1mm

（续）

板 材 类 型	配套涂装	处理条件	处理时间/h	腐 蚀 情 况
镀锌板	粉末涂料	表面划叉	500	单边腐蚀宽度 <1mm
	油漆	—	240	表面无腐蚀
	电泳漆	表面划叉	500	单边腐蚀宽度 <1mm
铝合金	粉末涂料	表面划叉	1500	单边腐蚀宽度 <1mm
	油漆	表面划叉	500	单边腐蚀宽度 <1mm
	电泳漆	表面划叉	1500	单边腐蚀宽度 <1mm
铸铁件	粉末涂料	—	240	表面无腐蚀
	油漆	—	240	表面无腐蚀
	电泳漆	—	240	表面无腐蚀

13.2 涂料质量检测方法

涂装材料直接影响涂装质量。涂料的质量检测方法很多，我国根据国际标准和国内涂装发展的实际情况，制定了大量详细的相关标准，见附录。机械行业中常见的涂料检测方法见表 13-12。

表 13-12 常见的涂料检测方法

检测名称	参 考 例 子			
	底 涂		中涂	面漆
	电泳涂装用	喷涂用		
在容器中的状态检测	○	○	○	○
遮盖力检测	—	—	—	○
细度检测	○	○	○	○
密度检测	○	○	○	○
不挥发成分检测	○	○	○	○
黏度检测	○	○	○	
涂料中的灰分检测	○	—	—	—
电泳涂料中的树脂分的检测	○	—	—	—
中和剂 MEQ 检测	○	—	—	—
pH 值检测	○	—	—	—
沉降性检测	○	○	○	○
储藏稳定性检测	○	○	○	
稀释分散性检测	○	—	—	—
电导率检测	○			
库仑效率检测	○			
泳透力检测	○			
二次流挂检测	○	—	—	—

（续）

检测名称	参考例子			
	底　涂		中涂	面漆
	电泳涂装用	喷涂用		
干斑检测	○	—	—	—
水滴痕检测	○	—	—	—
处理面污染性检测	○	—	—	—
涂料电阻值检测	—	○	○	○
分极检测	○	—	—	—
筛余成分（过滤残余物）检测	○	○	○	○
乳液粒径检测	○	—	—	—
溶剂含量检测	○	—	—	—
击穿电压检测	○	—	—	—

注："○"表示需检测，"—"表示不需检测。

13.3　涂膜性能检测方法

涂膜性能检测方法主要有涂膜外观检测（见表13-13）、涂膜物理性能检测（见表13-14）、涂膜耐蚀性检测（见表13-15）、涂膜耐久性检测（见表13-16）和涂膜其他性能检测（见表13-17）。

表13-13　涂膜外观检测

检测方法	要　点
涂膜表面状态检测	肉眼观察涂膜外观应无颗粒、缩孔、针孔、斑痕、桔皮状，用手摸应平整光滑，无粗糙的感觉
光泽度检测	用于光泽测定的试板，不得有波纹、弯曲、表面扭曲，否则会严重影响测试结果 1）按标准制备试片 2）测量涂膜厚度，挑选出 $20\mu m$ 左右膜厚的试板 3）按仪器说明书预热校验仪器，在试板三个不同位置进行测量（读数精确到1%），至少测定两块试板
接触角检测	测量接触角时，把液滴视为球形的一部分，在液滴很小，重力的影响忽略不计时，测量在涂膜平面上小液滴的高度（h）和宽度（2r）， 根据 $\sin\theta = 2hr/(h^2 + r^2)$ 或 $\tan(\theta/2) = h/r$，可获得接触角的值；然后利用 Zisnman、O/W 等方法可计算出涂膜表面的临界表面张力、表面自由能
鲜映性检测	利用标准数字板通过涂膜反射到目视镜，观察者通过看得清的数字确定鲜映性数值（D01值），以标准镜片作比较，观察者在标准镜片上应能清晰读出 D01 值 1.0 所对应的数列
灰尘抵抗性检测	吹附粉末试料（灰尘涂料）到规定的试料（基层涂料）的情况和吹附设定的试料灰尘（灰尘涂料）到试料（基层涂料）的情况下，检测有无缩孔、凹下、颗粒、突出等现象。在相同条件下使用其他颜色或供应商的材料时，可用灰尘抵抗性检测调查灰尘带来的相互影响
色差检测	调查涂膜和标准板的颜色差异。可通过目视调查试验片和标准板的色差，将色差以色相、明度、彩度的程度表示出来；也可通过仪器方法的情况，用17个方向表示出和目视色差的相关值，测定值有偏差，测定取平均值

（续）

检测方法	要　点
耐过烘烤性检测	在脱脂棉或纱布上浸上专用溶剂（丙酮、甲乙酮或甲基异丁基酮，在涂膜上用力（约10N）往复摩擦10次，然后观察涂膜表面状态及纱布上是否粘有涂膜。涂膜表面不变色、不失光，脱脂棉或纱布上不粘色为合格 烘温过高，烘干时间过长，产生过烘干，轻时影响中涂或面漆在电泳底层的附着力，严重时涂膜变脆，甚至脱落

表13-14　涂膜物理性能检测

项　目	要　点
铅笔硬度检测	将试验片向上放置并且固定，将铅笔与试验片成45°角用力划，不要使铅芯折断，向试验者的前方以匀速划出1cm左右。刮划速度为1cm/s，划完一次后，应该重新研磨铅芯的尖端，用同一硬度记号的铅笔将试验反复进行5次 观察涂膜的破损情况来评估时，当5次试验中只有2次或2次以下的试验可见底材或底漆涂膜时，应换用上位的硬度记号的铅笔来进行同样的试验，当涂膜的破损达到2次以上（每进行5次试验）时，则可读取此时铅笔的硬度记号，并且记下此铅笔硬度记号的下一位硬度记号
附着力检测	在试验片的涂膜上刻网纹，要透过涂膜见到底材，然后在网纹上贴胶带。剥下胶带后，目视观察涂膜的附着状态 在试验板的一个面上按试样的制品规格的规定涂装干燥后，在标准状态下放置1h作为试验片 1）取试验片中央的位置，在涂膜上刻间隔一定的网纹 2）刻网纹一定要用新的刀刃，并保持与涂膜成35°~45°角 3）刻网纹要穿透涂膜到达底材，每条划痕以0.5s左右划过 4）在网纹上贴透明胶带，使胶带与网纹接触部长约50mm，用橡皮擦，使胶带完全附着在涂膜上 5）贴好胶带1~2min后，抓住胶带一端，保持与漆面垂直，在瞬间拔起胶带
耐石击性能检测	人工模拟小石、砂等碰到涂膜时的现象，观察其耐擦伤性；石击试验后的涂膜擦伤状态可用等级来表示擦伤状态；石击试验后的盐雾试验的生锈个数也可表示涂膜耐石击性能
耐冲击性检测	用冲击变形大的底材，按照试料产品规格中的要求涂上试料后，观察涂膜经球体猛烈冲击下是否有开裂、剥落现象，从而调查其涂膜的抗冲击性能 1）如无特别规定，安装好半径为6.35mm±0.03mm的冲击锤和接台，将试验板的涂面朝上夹入两者之间 2）如无特别规定，将质量为500g±1g的冲击锤从规定的高度放下 3）注意不要使涂膜再受损伤，小心地将试验板取出，在室内放置1h，目视观察涂面的损伤
耐折弯性检测	将涂膜一侧朝外，把试验片在铁棒周边弯折180°，通过涂膜上、下伸展差来调查抗裂性 将涂膜面朝外，用1s时间把试验片在弯曲试验仪上折成180°，立刻观察弯曲部涂膜的开裂、剥离情况 弯曲部两端约6mm以内，不作为评价对象
划痕检测	通过钥匙和戒指调查其是否易划伤涂膜。将试片水平放置，将夹具垂直安装，施加规定的负载；以规定的速度将夹具在50mm的水平下移动；调查涂膜表面的损伤程度

表 13-15　涂膜耐蚀性检测

项　目	要　点
耐湿性检测	测定涂膜涂料体系及其同类产品在连续冷凝的高湿度环境中的耐湿性能，特别适用于测定多孔性底材（如木材、水泥石棉板和非多孔性底材（如金属）上的涂膜的耐湿性能。耐湿性测定仪温度（不通风）23℃±2℃，水浴温度40℃±2℃，试板下方25mm处空气温度37℃±2℃，试板与水平面的夹角15°±5°，涂膜表面连续处于冷凝状态，检测涂膜表面的破坏情况
耐温水性检测	调查涂膜在温水中附着力的裂化程度。用纯水（$5 \times 10^{-6} \Omega^{-1} \cdot cm^{-1}$，25℃以下），温度为40℃±1℃。将试板的1/2左右垂直浸，按规定条件调整好的恒温水槽内，保持规定的一段时间。将试验板取出，在室温下放置24h后，做附着力试验来判定涂膜耐温水性
耐盐雾检测	在涂膜上划两条直达底材的交叉直线；将试板放在按规定条件调节好的盐雾试验箱内，使涂膜朝上，与盐雾流动的主方向平行，并与垂直线呈15°角倾斜固定，让漆雾均匀地喷在涂膜表面，连续试验规定的一段时间。试验结束后，调查涂膜交叉直线处的生锈、膨胀情况，可在交叉直线处的涂膜上贴一条透明胶带，压紧后撕去，观察有无涂膜层间剥离
耐酸性检测	将试片浸泡在规定浓度的硫酸溶液中，放置规定的一段时间后用水清洗试验板，观察有无涂膜的变色、失光、软化、斑痕、膨胀等问题
耐碱性检测	将试片浸泡在规定浓度的氢氧化钠溶液中，放置规定的一段时间后用水清洗试验板，观察有无涂膜的变色、失光、软化、斑痕、膨胀等问题
耐汽油性检测	将试板成45°倾斜固定；用移液管取1mL的汽油，花3s时间从试验板的上部滴下，烘干；将此作为一个循环，重复10个循环。重复操作完成后，用布将汽油擦掉，观察涂膜在刚擦完后以及24h标准状态放置后涂膜有无变色、失光、软化、斑痕、膨胀等问题
耐发动机油性检测	将发动机油装入烧杯中，把试板的一半浸入其中，标准状态下放置规定的一段时间。放置后把试验板从烧杯中取出，用布将发动机油擦净，必要时用石油醚等完全擦净，马上观察有无涂膜的变色、失光、软化、斑痕、膨胀等问题
耐盐水浸泡性能	将试片2/3面积浸泡在3%氯化钠溶液中，放置规定的一段时间后用水清洗试验板，观察有无涂膜的变色、失光、小泡、斑点、脱落等现象
边缘耐蚀性检测	调查涂膜在腐蚀环境的氛围中（盐水的雾、干燥及湿润等）边缘部分产生锈的程度。试片的评价部分（刀尖部）以外的端面，即使放置在试验条件下，也需用稳定的涂膜保护；将试片的刀尖部朝上安装后，达到所定的时间为止，连续进行试验；试验结束后，通过调查出刀尖部产生锈的个数来判断涂膜边缘耐蚀性

表 13-16　涂膜耐久性检测

项　目	要　点
自然曝晒试验	将涂膜置于自然环境中，观测其性能随时间而发生变化的情况，可真实地反映涂膜受各类综合环境因素的影响，可为涂膜的耐久性能积累贴切的应用数据 采样和试板的制备分别按GB/T 3186—2006和GB/T 1765—1979进行。试验场地平坦、空旷、不积水，其他条件符合GB/T 9276—1996的规定。曝晒试验架的制作和安放方法均按GB/T 9276—1996进行。按GB/T 9754—2007、GB/T 9761—2008和GB/T 11186.2—1989测定光泽和颜色，涂膜的老化评价按GB/T 1766—2008进行
人工加速老化试验	在人工条件下调查涂膜在自然环境中的劣化，适用于涂膜耐候性的测定。采用人工气候老化或人工辐射曝露，直至达到某种老化指标过程中的各种性能的变化情况，控制一定的温度、湿度、降雨周期和时间进行试验，以样板的外观破坏程度评定等级

表 13-17　涂膜其他性能检测

项　目	要　点
盖尔（Gel）分率测量试验	适用于涂膜固化程度的测定 1）准确称取磷化试片的质量，精确到 0.1mg 2）按指定的膜厚条件、电泳涂装，按规定的温度固化后，放入干燥器中冷却、称量（精确到 0.1mg） 3）将试片全浸入乙二醇乙醚和甲基异丁基甲酮的混合液（质量比 1:1）中，在 20~30℃ 的条件下，浸渍 24h 后，取出擦去溶剂 4）将试片于 120℃ 条件下干燥 1h 后，放入干燥器中冷却、称量，精确到 0.1mg 5）计算 $$\text{Gel 分率} = \frac{m_2 - m_0}{m_1 - m_0} \times 100\%$$ 式中　m_0—涂装前试片质量（g） 　　　m_1—涂装后试片质量（g） 　　　m_2—120℃ 烘干后试片质量（g） 一般认为，Gel 分率大于 90%，涂膜完全固化
耐黄变性试验	在烘烤工艺条件变动下，调查涂膜颜色以及涂层的状态变化。用目视方法表示的情况下，通过色泽、明亮度、彩色纯度的程度来表示出色差
烘道温度检测	利用温度传感器，同时测定 6 个点的温度（工件 5 点，炉膛空气温度 1 点），利用计算机、打印机绘出温度曲线，确定各点温度是否达到涂膜烘干条件
耐防锈蜡性试验方法	1）用玻璃管在试验片中央部位滴下 0.2mL 的防锈蜡，将试验片水平放到按规定温度调节好的恒温槽中，并按规定时间设置 2）放置后，从恒温槽中取出，放置至室温 3）用灯油擦净试验片上的防锈蜡，调查有无涂膜变色、失光、软化、渗透、膨胀等
电泳涂料重溶性检测	在规定的条件电泳涂装制取涂膜，马上把湿的试片的下半部再浸入槽液中，达到规定时间后烘干。比较观察涂板上下涂膜的膜厚、光泽及涂膜的外观
耐不冻液检测	检测不冻液附着在涂膜上时对其的影响。将不冻液放入烧杯，并将试验片浸入到 1/2 的深度，在标准状态下按规定时间放置。从烧杯中取出试验片，用布擦净不冻液，检验有无涂膜变色，包含不冻液的色素定着、减光、软化、渗透、膨胀情况，以及测定光泽、色差
耐涂膜保护剂检测	在试板上涂上涂膜保护剂（按照协商好的膜厚），标准状态下放置 24h，进行规定的一段老化试验，然后用浸润了灯油的布将涂膜保护剂完全除净，观察涂膜有无变色、失光、软化、斑痕、膨胀等问题
耐花粉试验	检测花粉带给涂膜的影响，试验条件如下 1）规定温度：(40±1)℃ 2）规定时间：1h 3）规定滴下量：0.2mL 试验操作如下 1）在室温下按照规定量将试药滴到试片上 2）将以上的试片水平安装在按照规定温度调节的恒温槽中，并按规定时间放置 3）按规定时间放置后，从恒温槽中取出试片，用自来水冲洗 4）用鼓风机将水滴吹起，如果有必要可用绒布研磨，在室温下放置 24h 5）放置后，观察试片的表面

（续）

项　目	要　点
耐鸟粪检测	检测鸟粪带给涂膜的影响，试验过程如下 1）将蛋白质溶入去离子水中，调至质量分数为 3% 的水溶液 2）在室温下按规定的量滴落到试验片上 3）将其按规定温度水平放置到按规定温度、规定湿度调整好的恒温恒湿槽中 4）放置后，取出试验片，用自来水将药品清洗干净 5）用较柔软的干布擦干水滴，在室温下放置 24h 6）放置后，观察试验片的表面，进行评级
耐铁粉检测	检测铁粉对涂膜的影响，操作过程如下 1）将铁粉用 200 目的筛网筛，所残留的铁粉（75μm 以上）再次用 150 目的筛网筛，使 17mg ±0.5mg 的铁粉（75～105μm）能均匀分散在 70mm×150mm 的试验片上 2）将分散有 17mg±0.5mg 的铁粉的试验片放置到恒温恒湿槽中前，用铝箔覆盖住不让铁粉飞散出来 3）将其水平放置到按规定温度调整好的恒温恒湿槽中 4）放置后，取出试验片用自来水和绒布将铁粉清洗干净 5）对试验片进行观察评定

13.4　常见涂装缺陷与对策

13.4.1　常见清洗缺陷与对策

常见清洗缺陷与对策见表 13-18。

表 13-18　常见清洗缺陷与对策

缺　陷	现　象	原　因	对　策
可见残油	工件的表面局部或大面积有可见油垢，工件表面不亲水	1）工件的局部油污过重，尤其黏附的是黏性较大的蜡类、凡士林类、带有羊毛脂类的防锈油 2）清洗槽中表面油污太多，造成工件出槽时油污重新黏附在工件表面上 3）喷嘴堵塞，流量不足	1）先采用有机溶剂擦或洗去重油污，再进行清洗或提高清洗温度，增加清洗次数 2）对于乳化能力弱的清洗剂，一般每天清理槽液上的油污 1～2 次，且工件出槽后，最好用热水冲洗；也可以补充清洗剂或增加流动水清洗的次数，清洗槽中含油量高时，必须更换清洗槽液 3）定期检查喷嘴情况，发现有堵塞喷嘴时，及时进行清理；清理不通的喷嘴，及时更换
泡沫溢出槽外	在流涂清洗过程中，清洗槽中泡沫从槽中溢出，污染操作环境，同时无法保持清洗液的工作浓度，影响工件的清洗效果	1）清洁剂自身的泡沫多，不适宜高压流涂工艺 2）清洗槽温度太低或流涂压力过大	1）及时补充消泡剂；更换清洗剂，选用少泡、无泡的专用清洗剂 2）提高清洗槽温度或减小流涂压力；也可在清洗剂中添加少量有机硅、挥发性石油溶剂或戊醇等消泡剂

（续）

缺　陷	现　象	原　因	对　策
眼睛看不见的油膜	工件的表面有一层看不见的油膜，用水清洗时，工件表面有亲油现象	1）清洗不彻底，显示表面活性剂的亲油现象 2）清洗液 pH 值降到 6.5～7.5 时，清洗性能降低，清洗液中的油污又黏附在工件的表面上	1）选择合适的清洗剂和清洗工艺，防止工件表面的亲油现象 2）更换清洗液或增加清洗液的过滤次数
表面碱点	工件表面残留有粉状、结晶状的固体颗粒，或由其引起的痕迹	清洗后的工件表面残留有碱性清洗液，会影响下道工序涂膜的附着力，也会因吸潮易产生锈蚀	增加漂洗工序，一般用 60℃ 左右的热水去除工件表面残留的碱性清洗液
清洗后的工件生锈	清洗后的工件经过漂洗后，还没进入下道工序前生锈	清洗工序与下道工序间隔时间太长或漂洗后生锈；清洗机停机时，被清洗的工件还滞留在清洗机内，高湿的环境造成锈蚀	清洗后的工件的表面用压缩空气或热风吹干，在工序间增加防锈措施或在漂洗槽中增加少量的防锈材料；停机时，清洗机内不允许停放被清洗的工件

13.4.2　常见磷化缺陷与对策

常见磷化缺陷与对策见表 13-19。

表 13-19　常见磷化缺陷与对策

缺　陷	现　象	原　因	对　策
蓝斑	磷化膜呈紫色、蓝色或彩虹色	1）表调 pH 值偏低 2）磷化：喷嘴堵塞或喷嘴方向不对；促进剂浓度偏高；游离酸度太低 3）输送带速度太慢	1）加入纯碱提高 pH 值 2）调整喷嘴；搅拌、停止一段时间再使用；补加磷化液 3）调整输送设备
干痕	端面、上部边缘及孔穴周围颜色不均匀，呈白色或蓝斑状	1）水洗温度太高 2）工序间滞留时间太长，微量喷雾喷嘴堵塞 3）磷化温度太高	1）降低温度 2）缩短工序时间；清理喷嘴 3）调整温控装置
磷化膜不完整	磷化膜不完整，明显可见工件基材	1）表调液老化 2）磷化：酸比（TA/FA）低，温度太低 3）脱脂到磷化的工序区间干燥	1）提高浓度或更新 2）补加磷化液，调整温控系统
液滴流痕	表面滴落的汗点状残留痕迹	1）各工序滞留时间太长，表面水膜薄，顶端有水滴落 2）磷化入口侧顶端有滴落水（酸性）；入口侧吊架有滴落水（强碱性）	1）调整挂具 2）磷化前清洗挂具
粉末	磷化膜附着粉末，以指触可拭去	1）工件的磷化性不良；脱脂后水洗不良 2）磷化：酸比（TA/FA）太高；温度太高；处理时添加促进剂；磷化后滞留时间太长	1）调整喷嘴和挂具方向，换水 2）降低总酸度；检查温控装置；少量多次加入促进剂；缩短磷化到水洗时间

（续）

缺　陷	现　象	原　因	对　策
锈	红锈：发生于工件材料本身 黄锈：在预处理工程内发生	1）工件生锈 2）表调效果不足 3）促进剂浓度低；游离酸高；总酸度低；喷嘴堵塞；温度低；搅拌不充分	1）采取防锈措施 2）提高浓度或 pH 值，或更新溶液 3）补加促进剂；加中和剂；加磷化液；清理喷嘴；调整温度；使槽液充分对流
沉渣	沉渣在水平面附着	1）表调液老化 2）磷化液中沉渣浓度过高；酸比高；循环管路堵塞；促进剂浓度低；磷化后水洗压力低 3）磷化到水洗的时间过长，形成干燥沉渣	1）补充或更新表调液 2）清理沉渣；调整酸比；清洗循环管路；补加促进剂；调整喷嘴 3）缩短磷化到水洗时间
沉渣异常	白色或纯色的半透明沉渣多	1）磷化槽内搅拌不足；磷化液添加过量；促进剂浓度低；配槽方法不正确；磷化液中沉渣多，补给剂、促进剂添加入口处搅拌不足；换热器清洗时有大量硝酸混入；升温用的温水温度太高；中和剂添加过快 2）表调液大量混入磷化液	1）加强搅拌；添加促进剂；改进工艺 2）更新表调液

13.4.3　常见涂膜缺陷与对策

1. 普通涂膜缺陷与对策

普通涂膜缺陷与对策见表 13-20。

表 13-20　普通涂膜缺陷与对策

缺　陷	原　理	产　生　原　因	对　策
缩孔、凹陷、鱼眼	表面产生涂膜被压扁的凹状 由于湿膜上下部分的表面张力不同，在成膜的过程中，当上层湿膜的表面张力低于下层湿膜的表面张力（由于湿润底材的关系）时就发生缩孔 表面在指触干之前，附着着有与涂料不相容的异物，涂料不能均匀附着，产生抽缩而露出被涂面，形成缩孔状态	1）环境原因：周围使用了有机硅类或蜡等物质，涂装环境空气不清洁（有灰尘、漆雾等）；涂装环境温度过低，湿度过高 2）设备、机器原因：调漆工具及设备不洁净；涂装工具、工作服、手套不干净 3）涂装作业时的原因：底材脱脂不良，有水、油、遮蔽胶带的胶、灰尘、肥皂、打磨灰等异物附着；旧涂膜打磨不完全，存在针孔、凹陷等缺陷；涂膜过厚 4）材料导致的原因：所用涂料的表面张力偏低，流动性差，释放气泡性差，本身对缩孔的敏感性大；所用涂料中混入水、油等；混入了异种涂料	1）在涂装车间，无论是设备、工具还是生产用辅助材料等，绝对不能带有对油漆有害的物质，尤其是硅酮 2）确保压缩空气清洁，应无油无水。确保涂装环境清洁，空气中应无尘埃、油雾和漆雾等。严禁裸手、脏手套和脏擦布接触被涂面，确保被涂面洁净。旧涂膜应充分打磨彻底、擦净。改良涂料性能、提高涂料对缩孔的敏感性 3）缩孔之处必须完全打磨后进行修补涂装

（续）

缺　陷	原　理	产　生　原　因	对　　策
颗粒	涂膜表面存在凸起物 指触干之前涂膜附着异物成凸状	1）环境原因：喷涂环境的空气洁净度差，有灰尘、纤维等杂质；空气流通不良，漆雾过多，喷涂温度过高或稀释剂挥发太快 2）设备、机器原因：喷涂压力不足，雾化不良；喷枪清洗不良；输漆循环系统处理不良，过滤网选定不合适 3）涂装作业时的原因：工作人员服装不洁净或材质容易掉纤维；车体清扫不良或清扫材质容易掉纤维；底材没有除去凸起物 4）材料导致的原因：涂料变质，出现析出、反粗、絮凝等异常；涂料的颜料或闪光材质分散不良；涂料未过滤或过滤效果不好	1）定期清扫调输漆室、喷漆室、晾干室和烘干室，彻底清除灰尘，确保涂装环境洁净 2）定期清扫送风系统、整理过滤无纺布、保证喷涂环境的空气洁净度 3）供漆管道上安装过滤器、配置合适的过滤装置 4）操作人员穿戴不掉纤维的工作服及手套 5）加强操作人员培训，注意喷涂顺序（从上至下、从里到外） 6）清洁被涂面的颗粒、尘埃、纤维等异物研磨后抛光处理 7）改良涂料性能，不使用变质或分散不良的涂料 8）设定涂料最佳施工参数，根据现场进行稀释剂调整 9）将大颗粒打磨，进行局部修补；小颗粒研磨后抛光处理
桔皮	涂膜表面如桔皮状凹凸不平 在涂液形成涂膜过程中，溶剂蒸发时在涂膜内部产生对流现象。如果其流动过早停止，则会引起涂膜表面凹凸	1）环境原因：温度高，风速强 2）设备、机器原因：喷枪口径小，压缩空气压力低，喷枪不佳或清扫不良，导致雾化不良 3）涂装作业时的原因：工件温度高；涂膜过薄；喷涂压力低；吐出量过少；喷枪速度快；喷枪距离远；晾干时间短 4）材料导致的原因：稀释剂挥发速度过快；涂料黏度高；涂料流平性不好	1）降低涂料稀释剂的挥发速度或添加流平剂，以改善涂料的流动性 2）降低涂料黏度 3）选择合适的空气压力，选择出漆量和雾化性能良好的喷涂工具，使涂料雾化良好 4）一次喷涂膜厚增加，改善涂膜流动性 5）降低喷涂环境温度、风速，减慢溶剂挥发速度 6）降低被涂物的温度 7）加强操作人员培训，调整合适的喷涂速度、喷涂距离 8）轻微桔皮抛光即可（以500号、800号、1000号的砂纸水磨，再以中目→细目→极细目的砂纸研磨修正） 9）严重桔皮则需打磨后返工

（续）

缺　陷	原　理	产　生　原　因	对　策
流挂	垂直面的涂膜局部过厚，产生不均一的条纹和流痕 根据流痕形状可分为下沉、流挂、流淌等 干燥慢，流动性持久，成流动、流挂（和桔皮相反）	1）环境原因：温度低；周围空气的溶剂蒸气含量高；风速慢 2）设备、机器原因：喷枪口径大；喷枪雾化不良 3）涂装作业时的原因：工件温度低；喷涂压力低；吐出量过大；喷枪速度慢；喷枪距离近；涂膜过厚 4）材料导致的原因：稀释剂挥发速度慢；涂料黏度低	1）改善涂料配方，提高抗流挂性能 2）正确选择稀释剂，注意选择溶剂的溶解能力和挥发速度 3）增加涂料施工黏度 4）严格控制涂料的施工黏度和温度 5）改善涂装环境，控制合适的环境温湿度、风速 6）提高喷涂操作的熟练程度，喷涂应均匀，注意正确的喷涂手法，走枪速度和枪距 7）轻度流挂，用砂纸研磨后抛光或修补 8）全面流挂，应彻底打磨流挂痕，再重新涂装
针孔	涂膜上产生针刺状孔或像皮革的毛孔样现象 涂膜中的溶剂在表面干燥过程中快速蒸发，其痕迹成孔残留，工件的边角等处为容易产生部位	1）环境原因：温度高；风速快；湿度高 2）设备、机器原因：升温过急，表面干燥过快 3）涂装作业时的原因：吐出量大；涂膜过厚；腻子的底孔 4）材料导致的原因：稀释剂挥发过快；涂料的流动性差；涂料中混入水分等异物	1）改善涂料性能、提高涂料的针孔极限 2）添加挥发慢的溶剂或降低涂料施工黏度，使湿涂膜的表干减慢 3）避免混入不纯物 4）改善涂装环境，设定合适的涂装温度、湿度、风速等条件 5）提高喷涂操作的熟练程度，注意正确的喷涂手法、走枪速度和枪距，保持均一、合适的涂膜厚度 6）升温时应缓慢升温，避免溶剂急速挥发 7）降低被涂物的温度和洁净度，清除被涂物面的小孔 8）彻底打磨后重新喷涂
砂纸痕迹	涂膜表面显现明显砂纸打磨痕迹，且影响涂膜外观（光泽、平滑度、丰满度和鲜艳性） 用粗砂纸打磨后，因为面漆涂料的溶剂使砂纸痕迹膨胀扩大，导致面漆无法遮盖其痕迹	1）环境原因：温度低；风速慢；压缩空气压力低 2）设备、机器原因：喷枪口径大 3）涂装作业时的原因：过度稀释；一次上膜过厚；底漆涂料干燥不足；喷涂厚度不够；底漆打磨痕太深 4）材料导致的原因：砂纸过粗；面漆涂料溶剂溶解力过强；面漆涂料的填充性不良	1）尽量使用细砂纸，中涂一般使用600～800号水砂纸打磨 2）改善面漆涂料的填充性 3）降低面漆溶剂的溶解力 4）改善打磨方式，减轻打磨深度 5）加强操作人员培训，调整合适的喷涂速度、喷涂距离 6）提高喷涂厚度 7）一般需重新涂装

（续）

缺　陷	原　理	产　生　原　因	对　策
起泡、膨胀	涂膜层间产生无数大小水胀状隆起	1）环境原因：温度高；湿度高；水溅到涂膜表面；湿晾干时间短，烘干加热急 2）设备、机器原因：压缩空气管道中含油、水等 3）涂装作业时的原因：脱脂不良（打磨颗粒、手印、汗、指纹剥离剂）；底材干燥不良 4）材料导致的原因：层间附着不良；耐水性不良的底材；溶解力不良的稀释剂	1）涂膜并非完全的防水膜，不同程度的水会渗透、蒸发。在其过程中，如果在层间残留有水、可溶物质或灰尘等，则会滞留水并发生起泡，应当除去 2）每次应先干燥且作致密的涂膜，尽量防止水的渗透 3）降低涂装室的湿度 4）晴天时膨胀或会消失，此系一时的现象 5）如湿度变高水分渗透后，则会再发生此现象，以针刺之，检查发生的部位，完全打磨后，再予涂装
露底、遮盖不良	由于漏涂、涂得薄或料遮盖力差而使被涂面未涂漆或未盖住底色的现象	1）涂装方面：喷涂不仔细或被涂物外形复杂，出现漏喷或少喷；底、面漆色差过大 2）涂料方面：所用涂料的遮盖力差；涂料在使用前未充分搅拌；涂料的黏度设定偏低（或施工固体含量低）	1）调整涂料性能，增加面漆对底涂的遮蔽性 2）使用前和涂装过程中充分搅拌均匀 3）适当提高施工黏度或增加喷涂次数，增加涂膜厚度 4）加强操作人员培训、保持合适的喷涂速度、喷涂距离、涂装次序及涂装次数 5）将底涂的颜色尽可能和面漆的颜色接近
咬起	底漆层被咬起脱离，产生皱纹、胀起、起泡等现象	1）涂料方面：涂料不配套；底漆层耐溶剂性差；面漆含有能溶胀底涂层的强溶剂 2）涂装方面：底涂层未干透；面漆喷涂太湿；面漆喷涂太厚	1）改变涂料体系，选配合适的底面漆 2）加强烘烤，保证底漆干透 3）适当调整面漆的稀释剂，剔除对底涂溶胀的强溶剂 4）在易产生咬起的配套涂膜场合，先在底涂层上薄薄喷涂一层面漆，等稍干后再喷涂
白化、发白	涂膜表面好似有霞雾，呈乳白色，失去光泽 易发生于高温多湿条件下。涂装后，因溶剂中的溶剂快速挥发致使空气中的水分凝结，作用于涂膜面而使其失去光泽	1）环境原因：温度、湿度高；压缩空气带入水分 2）涂装原因：被涂物温度低于室温 3）涂料原因：稀释剂沸点低，挥发过快；溶剂和稀释剂的选用及配比不恰当，真溶剂挥发过快，造成树脂从涂膜中析出而变白；涂料或稀释剂含有水分	1）控制涂装环境，温度最好保持 20~30℃；相对湿度最好保持小于 70% 2）调整涂料稀释剂的挥发速度 3）调整涂料配合，防止树脂在成膜过程中析出 4）防止通过稀释剂或压缩空气带入水分 5）涂装前最好先将被涂物加热，使其比环境温度略高

（续）

缺　陷	原　理	产 生 原 因	对　　策
拉丝	在喷涂时涂料雾化不良，呈丝状喷出，使涂膜表面呈丝状	1）涂料的黏度高，导致雾化不良 2）涂料所用的树脂相对分子质量偏高 3）涂料所用的溶剂溶解力不足 4）溶剂在喷涂时挥发过快	1）调整涂料配合，使用相对分子质量分布均匀的或相对分子质量较低的树脂 2）调整稀释剂，选用溶解能力适当的溶剂 3）调整涂料最佳的施工黏度或最佳的施工固体含量
不均匀、发花	由于涂装不当或涂料组分变质，涂膜颜色局部不均一，出现斑印、条纹和色相杂乱的现象	1）涂料的颜料分散不良 2）涂料稀释剂的溶解能力不足 3）涂料施工黏度不适当 4）喷涂过厚，涂膜中颜料产生里表"对流" 5）喷涂膜厚不均	1）使用分散助剂，加强颜料分散，增加颜料分散后稳定性 2）选用合适的稀释剂 3）调整涂料合适的施工黏度 4）加强操作人员培训，喷涂合适的、均一的膜厚
失光	有光泽涂膜干燥后没有达到应有的光泽或涂装后不久出现光泽下降、雾状朦胧现象	1）涂料方面：颜料的选择、分散和混合比不适当；树脂的混溶性差；涂料的溶剂选配不当 2）涂装方面：被涂面对涂料的吸收量大，且不均匀；被涂面粗糙，且不均匀；漆雾干扰或补漆造成；在高温高湿下或极低温的环境下涂装；2C1B 湿喷湿体系，底层未指触干即喷涂面涂，造成清漆渗透	1）改善涂料性能，避免出现失光现象 2）选择合适的稀释剂，调整合适的施工黏度 3）增加底面涂的配套性，以消除被涂面对面漆的吸收 4）细心打磨（砂纸型号及打磨方法），降低被涂面的表面粗糙度 5）加强操作人员培训，注意施工次序，减少漆雾的产生及附着 6）补漆后、充分干燥再抛光处理 7）控制最佳的涂装条件（温度最好保持在 20~30℃；相对湿度最好保持在小于70%）
鲜艳性不良	涂膜出现反射影像不够鲜明，像有一层雾气遮盖着，这是由于射向涂膜的反射光向反射方向两侧散射，造成反射影像不够鲜明，这种病态称为涂膜的鲜艳性不良。主要表现在其装饰性差，一般平滑性、光泽不良会导致鲜艳性差 鲜艳性用 PGD 表示，一般高级轿车鲜艳性为 0.8~1.0；普通型轿车、轻型车等要求为 0.6~0.7，如低于此规定数据，则称为鲜艳性不良	1）涂料原因：涂料的流平性差，光泽不高；细度不合格；涂料稀释剂选用不对；涂装施工黏度设定不对 2）涂装原因：喷涂工具不好，涂料雾化不良，涂膜表面桔皮严重；涂装环境差，涂膜表面产生颗粒；被涂面表面的平整度差；喷涂涂膜厚度偏薄，丰满度差；2C1B 湿喷湿体系，面漆和底色漆相互渗透；涂膜出现各种病态（桔皮、微孔、失光、颗粒、起皱等）均会导致鲜艳性不良	1）改善涂料性能，增加涂料的流平性和光泽度 2）选择合适的稀释剂、调整合适的施工参数，保证多层涂装体系各涂层间不相互干扰 3）提高加工精度，增加被涂物的表面平整度 4）改善涂装环境，减少颗粒、灰尘等异物对涂膜的影响 5）选用雾化性能好的喷涂工具，使涂料达到最佳的雾化效果

（续）

缺　陷	原　理	产 生 原 因	对　　策
厚边	喷涂后的涂膜，边角处特别厚，烘烤后边角发黑，看上去犹如镜框 主要是由于边角的湿膜溶剂挥发比别处快，使该处成膜物的浓度高于别处，温度也低于别处，形成高表面张力区，迫使临近的涂料流向边角，加厚了该处膜厚，同时由于颜料流动而变深，造成厚边现象	1）涂料方面：涂料的触变值低；涂料的稀释剂挥发速度太慢；涂料的施工黏度太低 2）涂装方面：喷涂太湿，一次成膜太厚；喷涂次数太多，喷涂膜厚太厚；静电涂装的边缘效应也导致边角膜厚偏厚	1）改善涂料性能，适当添加流变助剂，增加涂料的触变性 2）适当加快稀释剂的挥发速度 3）适当提高涂料的施工黏度 4）加强操作人员的培训，控制一次成膜膜厚及总膜厚
露角	喷涂涂料后，在底材的边、角处的涂膜回缩，导致该处涂膜较薄，甚至露底 主要是由于涂料湿膜的表面张力过高，使体系向表面能趋向最小，导致湿膜从边角处回缩	1）涂料方面：涂料的触变性差；涂料的施工黏度太低；涂料的稀释剂挥发速度太慢 2）涂装方面：被涂物边角为锐角、锐边；喷涂太湿，涂膜的流动性太好	1）改善涂料性能，添加适量的流变助剂，增加涂料的触变性 2）适当加快稀释剂的挥发速度 3）适当提高涂料的施工黏度 4）被涂物设计时要使用倒角、倒边；不能存在锐角、锐边 5）加强操作人员的培训，控制一次成膜膜厚及总膜厚；或改进喷涂 6）产生露角的部位进行局部修补
起皱	在干燥过程中涂膜表面出现皱纹，凹凸不平且平行的线状或无规则线状等现象 涂膜施涂过厚，湿膜闪蒸时间不够，骤然高温加速干燥所致（另对含有干性油的油性漆及醇酸漆，因固化剂选用不当，使用钴和锰催干剂过多，锌干料缺少均会引起涂膜起皱）	1）涂料方面：涂料本身的防起皱性能差（如桐油制油性漆）；涂料的施工黏度太低，产生流挂，涂料堆积部位；制漆时催干剂选择不当，使用了锰干料 2）涂装方面：被涂物烘干升温过急，表面干燥过快；喷涂太厚或浸涂时产生"肥厚的边缘"；氨基漆晾干过度，表干后再烘烤，易产生起皱现象	1）减少桐油类树脂的使用量 2）调整合适的施工参数、控制涂膜在不发生起皱的厚度范围内 3）按标准的晾干和烘干工艺规范执行 4）氨基类面漆在规定时间晾干后就进行烘干 5）选择合适的催干剂，尽量不用锰干料
烘干不良	涂膜干燥（自干或烘干）后未达到完全干固，手摸涂膜有发湿之感，涂膜软，未达到规定的硬度或存在表干里不干等现象	1）涂料方面：涂料本身的干燥性能不良；自干型涂料所加固化剂失效或使用量不合适 2）涂装方面：涂料的烘烤温度或时间未达到工艺规范；涂料一次喷涂太厚（尤其是氧化固化型涂料）；自干型涂料的自干场所换气不良，湿度高，温度偏低；被涂物上有蜡、硅油、油和水等	1）严格执行干燥工艺规范 2）自干场所和烘干室的技术状态应达到工艺要求 3）氧化固化型涂料一次不宜喷涂太厚 4）严格控制自干型涂料的固化剂类型和加入量 5）严防被涂物和压缩空气中的蜡、油和水等进入涂膜中

（续）

缺　陷	原　理	产生原因	对　策
擦伤	被涂物在运输、装配和使用过程中受外力作用产生涂膜出现伤痕	1）涂料方面：涂料的耐擦伤性能差 2）涂装方面：烘烤温度低，涂膜硬度不够；装配和运输中不注意漆面保护，产生划伤；在使用过程中受风沙和外物的冲击	1）改善涂料性能，提高其硬度和耐擦伤性 2）注意采用标准的烘烤工艺 3）在运输、装配和使用过程中应妥善包装和放置，加强漆面保护
涂膜开裂	涂膜出现部分断裂的现象，根据裂缝的开裂程度，一般分为裂纹、细裂、龟裂、鳄鱼皮裂纹等	1）涂料的底面涂层配套不佳，底层涂层和面漆涂层的伸缩性和软硬度差距大 2）底面涂层未干透立即喷涂面漆 3）涂料耐温变性差 4）涂料中颜基比设定不对，颜料分太高 5）面漆的户外耐候性差 6）面漆层喷涂过厚	1）合理选择配套的底面漆，一般使底面涂层和面漆涂层的硬度、伸缩性接近 2）改进涂料的耐候性、耐户外性、耐温变性等性能 3）加强涂装控制，按标准施工工艺施工，控制适当的膜厚，减少涂膜弊病，减少重涂次数 4）严格按标准干燥工艺烘烤，使涂膜完全固化

2. 电泳涂膜缺陷的产生原因与对策

电泳涂膜缺陷的产生原因与对策见表 13-21～表 13-31。

表 13-21　涂膜太薄、外观差的产生原因与对策

产生原因	对　策
固体含量太低	补加补槽漆，增加槽液的固体含量
槽温太低，电压太低	检测并调节
颜基比太高	加调槽液阴极电泳漆
溶剂含量太低	加配套溶剂
涂装时间太短	减低输送链速，增长泳涂时间
槽液老化，更新期过长	加配套溶剂并排放超滤液
接触故障	排除接电不良
pH 值太低（MEQ 值增高）	加强阳极液的排放
阳极液电导率太低	补加乳酸到阳极液回路中
循环冲洗液的重溶	检测并调节冲洗液

表 13-22　涂膜太厚的产生原因与对策

产生原因	对　策
熟化时间过短（初次投槽）	暂时降低槽液温度和涂装电压
槽温太高，电压太高	检测并调节

（续）

产 生 原 因	对 策
涂装时间过长	调节运输链速度
阴极与阳极比例失调	调节
阳极位置错误	调整
槽液电导率升高，溶剂含量太高	排放超滤液
工件周围循环效果不好	检查维修泵、过滤器及喷嘴

表 13-23　水平表面粗糙（"L"效果差）的产生原因与对策

产 生 原 因	对 策
颜基比太高	加调槽液阴极电泳漆
磷化膜不匀和过厚，或磷化后水洗不干净	改进磷化工艺或材料，加强水洗
槽液固体含量过低，有细小的凝聚物，不溶性颗粒，过滤不良	提高固体含量加强过滤细小颗粒
冲洗区被污染	降低冲洗水的固体含量并加强冲洗水过滤
槽液溶剂含量过低	加配套溶剂
槽液电导太高，杂质离子含量太高	排放超滤液，添加去离子水
pH 值太高，漆料溶解性差	加乳酸
阳极系统除去太多的酸	加入乳酸提高阳极液的电导率
浸入与提出之间间隔太长	调节槽上流涂喷嘴，加强湿润
槽衬里被腐蚀	检修

表 13-24　颗粒的产生原因与对策

产 生 原 因	对 策
工件不清洁，磷化水洗不净	加强磷化后水洗，防止二次污染
槽液有沉淀物或其他颗粒，过滤不良	减少尘埃带入量，加强过滤，必须时用 25μm 的过滤袋，消除槽内死角并加强搅拌来防止沉淀，严格控制 pH 值，防止碱性物质带入
烘干炉脏	清理烘干室和空气过滤器
电泳后冲洗水中固体含量过高	加强清洗水过滤，加大后槽向前槽的溢流补充，提高冲洗水的清洁度
涂装环境脏	消除空气中的灰尘，进入电泳槽前和电泳后的沥干区应有间隔

表 13-25　缩孔、陷穴的产生原因与对策

产 生 原 因	对 策
工件被异物污染，吹干用的压缩空气中有油分	保持环境清洁，运输链、挂具要清洁，不允许带油和灰的工件入电泳槽
有油类飘浮和乳化在槽液中	在槽液循环系统中采用脱脂过滤袋
预处理脱脂不良，磷化膜上有油污	加强预处理脱脂，确保磷化膜无污染

（续）

产生原因	对　策
槽液内颜基比失调	加调槽液阴极电泳漆并调整溶剂含量
补加新漆时溶解性差	补槽漆应搅拌均匀，确保溶解，并应过滤后入槽
冲洗时清洗液中混入油分和灰尘，纯水水质降低	保持冲洗的水质，加强清洗液的过滤，在冲洗至烘干室间要设防尘通廊

表 13-26　针孔的产生原因与对策

产生原因	对　策
再溶性针孔，冲洗不及时	涂装后立即冲洗
电解反应激烈，槽液温度低和搅拌不充分，磷化膜孔隙率高	控制杂质离子浓度，排放超滤液，严格控制槽温，控制阳极液指标以减轻电解，改进磷化工艺
带电入槽阶梯式针孔，针孔沿入槽斜线露出底板，是由于槽液对工件湿润不良，致使气泡封闭在湿膜内或槽液表面泡沫附着在工件上	要求槽液表面流速大于 0.2m/s，并防止输送链速度过低，控制槽液溶剂含量和杂质离子浓度，后冲洗水压不超过 0.15MPa

表 13-27　水滴迹的产生原因与对策

产生原因	对　策
烘干前从挂具上滴落的水滴	检查并采取措施
烘干前湿膜表面上有水滴，水洗后附着的水滴未挥发掉	烘前吹干水滴，提高晾干区温度（30~40℃）
水洗后，工件上存积水洗液	开工艺孔并改变装挂方式
最终纯水水洗量不足	加强纯水洗工艺
进入烘干室后升温过急	烘干室增预热（60~100℃）

表 13-28　涂面斑印的产生原因与对策

产生原因	对　策
磷化后水洗水水质下降	加强磷化后水洗水管理，要求水洗后的滴水电导率不超过 50μS/cm
磷化后水洗不充分	加强水洗，并检查喷嘴是否堵塞
预处理后的工件被二次污染	采取措施，保持工件清洁

表 13-29　二次流痕的产生原因与对策

产生原因	对　策
槽液固体含量过高，水洗水含漆量高	降低槽液固体含量，并加强水洗水的逆循环
电泳后水洗不良	加强水洗工艺，提高去离子水温度，必要时应增加浸洗工序
进入烘干室时升温过急	烘干室增预热（60~100℃）
工件结构所致	开供排液的工艺孔

表 13-30　漆迹的产生原因与对策

产 生 原 因	对　　策
电泳后至水洗区的时间太长	出槽至槽上冲洗时间应在 1min 之内
槽上冲洗不完全	加强槽上冲洗量，使电泳后的工件全部湿润
后水洗不充分	加强后水洗工艺
槽液温度偏高，环境湿度低	适当降低槽液温度，提高环境的湿度

表 13-31　异常附着的产生原因与对策

产 生 原 因	对　　策
工件表面导电不均匀；脱脂不良，磷化有问题或工件被污染	严格控制工件表面质量，并保持预处理过的工件不出现二次污染
槽内杂质离子含量高，电导过高，槽中有机溶剂量高，灰分低	加强排放超滤液，补加去离子水，灰分低则应补加原漆
涂装电压过高，槽温高导致涂膜被击穿	电压勿过高，尤其要控制入槽初期电压，降低槽液温度，避免极间距太短

第14章 涂装作业安全与环保

14.1 涂装作业安全

14.1.1 概述

涂装技术是一门综合性的、多学科应用技术。涂装作业遍及国民经济的各个部门，涂装工厂广泛地分布在城乡各地。在涂装过程中，要使用各类化工材料，如酸、碱、盐和各类涂料，酸有挥发性和腐蚀性，草酸及含铬、铅化合物均有毒。目前，我国用作防腐蚀的涂料90%是有机溶剂型，溶剂质量分数达40%~70%。众所周知，大多数溶剂有一定的毒性，且易燃、易爆，不仅危害人体健康，而且火灾现象时有发生。另外，许多涂装过程同时也需要操作各种设备，如喷砂、高压水砂除锈、静电喷涂、粉末喷涂等，这些操作产生的灰尘、噪声、静电也会带来危害。因此，涂装作业的安全问题远比铸造、锻压、焊接和机加工生产过程显得更为突出。在涂装过程中，必须强调安全问题，加强涂装操作人员的安全教育，并积极采取安全措施。为推动和加强安全卫生技术的发展，我国制定了《劳动安全卫生法》，对于推动和加强涂装安全技术具有极大的促进作用。为了规范涂装场所的设计和强化涂装场所安全措施，国家制定了一系列涂装作业安全规程的国家标准（见表14-1）。这对于保证涂装作业安全生产起到了很大的作用。涂装作业安全涉及各个方面，只有采取综合处理的方法，才能获得良好的效果。

表 14-1 涂装作业安全标准

标 准 号	标 准 名 称
GB 6514—2008	涂装作业安全规程 涂漆工艺安全及其通风净化
GB 7691—2003	涂装作业安全规程 安全管理通则
GB 7692—2012	涂装作业安全规程 涂漆前处理工艺安全及其通风净化
GB 12367—2006	涂装作业安全规程 静电喷漆工艺安全
GB/T 14441—2003	涂装作业安全规程 术语
GB 14443—2007	涂装作业安全规程 涂层烘干室安全技术规定
GB 14444—2006	涂装作业安全规程 喷漆室安全技术规定
GB 14773—1993	涂装作业安全规程 静电喷枪及其辅助装置安全技术条件
GB 15607—2008	涂装作业安全规程 粉末静电喷漆工艺安全

14.1.2 安全型涂料及其选择

1. 涂料不安全的因素

安全型涂料是指不含有毒、易燃、易爆成分的涂料，这是相对于目前大量使用的含有有毒或易燃易爆的有机溶剂涂料而言的。

涂料由油料或树脂、颜料、溶剂和辅助材料四部分组成。其中不安全的因素主要有机溶剂和颜料中的铅、铬、镉等有毒物质。涂料常用的有机溶剂如二甲苯、甲苯、200号汽油等都属于有毒物质，且易燃、易爆，因此在涂装作业场所必须严格控制其在空气中的浓度。涂料常用溶剂在空气中最高允许浓度见表14-2。

表 14-2　涂料常用溶剂在空气中的最高允许浓度　　　　　（单位：mg/m³）

溶剂名称	日本标准	美国标准	中国标准
甲苯	100	100	100
二甲苯	150	100	100
丙酮	200	1000	400
环己酮	—	—	50
甲基异丁酮	100	100	—
乙基溶纤剂	200	100	200
丁基溶纤剂	—	50	—
醋酸乙酯	400	400	300
醋酸丁酯	200	150	300
丁醇	50	50	200
苯乙烯	—	—	40
溶剂汽油	—	—	350
甲苯二异氰酸	—	—	0.2
酯	—	—	30
三氯乙烯	—	—	50
氯苯			

颜料中毒性最大的是含铅、铬和镉的物质。目前，国内彩色颜料采用铬酸盐较多，如铅铬黄、锌铬黄、铬酸镉、铬酸汞等，防锈颜料中红丹仍占较大比例，这些物质在涂装作业过程中会造成多种职业危害。

涂料中使用辅助材料，有些组分也是有害的，如防污涂料中有机铜、有机汞，防霉涂料中使用的铅、汞类防霉剂，油基漆中使用的铅催干剂等，进入人体内可引起急性或慢性中毒。

涂料中有的基料如煤焦沥青、环氧树脂类涂料中使用的胺类固化剂，可以引起接触性皮炎；聚氨酯涂料中的游离异氰酸酯可刺激呼吸系统引起过敏性疾病。

2. 安全涂料的选择

随着人们环保意识的增强，对人体和环境危害较大的有机溶剂型涂料使用受到了一定的制约。人类希望开发对环境友好、对人体危害小的安全涂料，并相继发展了不用有机溶剂的水性涂料和无溶剂涂料，以及少溶剂的高固体分涂料。这类涂料均属于环保型涂料，其品种有水性涂料、粉末涂料、无溶剂涂料和高固体分涂料。

1）水性涂料是以水为分散介质的涂料，涂料不放出有毒气体，不易燃，有利于环境保护、劳动保护和安全生产。

2）粉末涂料是以空气为分散介质，涂料挥发物含量极低，工艺上能够控制粉末散发，并可循环回收利用，基本上不污染环境，但存在粉末爆炸的危险，使用时要引起足够的重视。

3）无溶剂涂料是指不含挥发性有机溶剂的涂料，采用活性溶剂调节黏度，活性溶剂参与成膜反应；但有些活性溶剂（如苯乙烯）有一定的挥发性，对人体也有一定的危害性。

4）高固体分涂料中有机溶剂含量少，可大大减少环境污染和对人体的危害。

这些环境污染小、对人体危害小的涂料在性能上各有特点，在涂装过程中，应综合考虑涂膜性能和涂装技术的要求，合理选用这些安全涂料。

14.1.3　涂装作业的防毒安全

1. 涂装作业中的毒源与危害及预防

涂装作业过程中，有害物质主要来自预处理和涂料产品。

预处理时，脱脂、除锈、草酸化、磷化、钝化工艺中，使用有机溶剂脱脂，采用挥发性酸除锈，草酸、铬酸盐或亚硝酸盐钝化等。在流水线生产中，虽然不用有机溶剂脱脂，但是目前小型企业常常使用有机溶剂手工清洗脱脂，有机溶剂直接危害人体健康。酸蒸气刺激皮肤和呼吸系统，引起各种炎症。草酸、铬酸盐和亚硝酸盐均为有毒物质。

在涂料施工过程中，大多数涂料中的溶剂、粉质均含有少量有毒物质，如铅、汽油、苯类、醛类、酮类、烃类、醇类、胺类类固化剂等。

（1）苯类溶剂中毒　苯、甲苯、二甲苯等，其蒸气对人体有一定的毒性，主要影响神经系统和造血系统。长期接触苯类蒸气，被人体吸入后，在神经方面症状是头昏、头痛、记忆力减退、乏力及失眠等；在造血方面的损害通常是先使白细胞减少，以后会使血小板和红细胞降低。另外，苯易引起皮肤干燥、发痒、发红，使皮肤起泡，严重时还会皮肤脱皮。甲苯和二甲苯的毒性较纯苯小些。其预防措施为：①加强涂装作业场地的自然通风设备。②在那些非要用喷涂法（如车、船等舱内壁及空气不流动的场所）不可的涂装操作中必须戴好送风式面罩。③对于长期接触苯类以及其他有毒物品的操作人员，必须定期检查身体，对有症状者定期复查，以便及时治疗。

（2）汽油溶剂中毒　汽油属于挥发性溶剂，带有很强的刺激性，能经过呼吸气管、消化管、皮肤细胞进入人体，长时间与汽油接触会使人神经和血液受到损害，特别是皮肤与其接触，会使皮肤干燥，并有刺激性疼痛，严重的会使人恶心呕吐与头晕目眩。其预防措施为：改善工作环境，维护好涂装作业场地的通风设施，最主要的是要戴好防毒口罩及面具。

（3）酮类溶剂中毒　如环己酮、丙酮等，有一种特殊气味，属于低毒类，对人的黏膜有轻度刺激作用，经常吸入会导致头昏。

（4）醇类溶剂中毒　如甲醇，可经呼吸道、胃肠道和皮肤进入体内，一般吸入中毒后，会出现呼吸加快、黏膜刺激、运动失调、局部瘫痪、烦躁、虚脱、深度麻醉、体温下降、体重减轻等症状；如果长期接触中等浓度的甲醇蒸气，可导致暂时性和永久性视力障碍和失明。而乙醇蒸气吸入人体后，易出现轻微的黏膜刺激、兴奋、运动失调、失眠、麻醉和全身瘫痪等症状。其预防措施为：加强涂装作业场地的通风，完善储运设施，切不可口服。

（5）酯类溶剂中毒　如醋酸乙酯、醋酸丁酯、醋酸戊酯等，这些溶剂的蒸气主要对眼睛、黏膜有刺激性，长期接触易引起结膜炎、鼻炎、咽喉炎等症状。

（6）醛类中毒　如甲醛等，多用于乳胶漆中，其蒸气对黏膜和皮肤有较强的刺激作用。长期接触甲醛蒸气，可引起眼部烧灼感、流泪、结膜炎、眼睑水肿、角膜炎、咽喉炎等。其预防措施为：加强通风，注意个人防护。

（7）胺类中毒　如乙二胺、己二胺、三乙烯四胺、多乙烯多胺等，均为无色有刺激性气味的液体，常用作环氧树脂漆的固化剂，对皮肤与黏膜会产生刺激作用，易引起过敏性皮炎等。其预防措施是对症治疗，严重过敏时，则可改用加成物固化剂；在操作场地加强通风，并采取有效防护措施。

（8）铅颜料中毒　如红丹、黄丹、铅白、铅铬黄、铅铬绿等，对人体都有不同程度的毒性。可经过呼吸道吸入肺部，也可从口腔通过食物进入胃中，或从皮肤损坏处吸收到血液中，引起慢性中毒；时间长了会发生体弱易倦、食欲不振、体重减轻、脸色苍白、腹痛、头痛、关节痛等症状。其预防措施为：①尽量选用无毒或不含铅类颜料的涂料。②注意个人卫生，勤洗手，勤洗澡，不使粉质或漆料侵入皮肤内。③若必须使用含铅涂料，尽量使用刷涂法，不用喷涂，并适当采取防护措施，完善通风设施。

（9）四氯化碳中毒　会通过呼吸道或消化道被吸收，使黏膜受刺激，并使神经系统和肝脏受到损害。其预防措施是尽量避免直接接触，不用四氯化碳洗手。用于灭火或其他特殊使用时，则必须戴好过滤式防毒面具或送风式面罩。

（10）特定物质中毒　涂料中有的基料（如煤焦沥青）可引起接触性皮炎；聚氨酯涂料中的游离异氰酸酯，则会刺激呼吸系统引起过敏性疾病；防污涂料中的有机铜、有机汞，防霉涂料中使用的铅、汞类防霉剂等均为有害物质，进入人体会引起急性或慢性中毒。

2. 防毒技术措施

涂装作业的劳动条件比较恶劣，职业危害比较严重，对环境的污染也比较大，给经济造成了较大的损失。为提高劳动生产率，保护操作人员健康，涂装作业场地应有完善的防毒安全设施，对涂装作业人员应进行严格的培训。国家对涂料的使用以及涂装工艺方法均有相应严格的国家标准，每个涂装作业人员均应严格执行，并积极采取有效的防毒措施。

1）限制涂料中有害物质的使用：①禁止使用含苯（包括工业苯、石油苯、重质苯，不包括二甲苯、甲苯）的涂料和稀释剂、溶剂。对于船舶涂装工艺非用含苯涂料时，也应尽量选用含苯低的涂料和稀释剂。②禁止使用含铅白的涂料。③禁止使用含红丹的涂料，如防锈工艺有特殊要求，非使用不可时，应选用含红丹量低的涂料。④就溶剂而言，完全不用有机溶剂，采用水性涂料、粉末涂料及涂装方法，是消除有机溶剂毒害的根本途径。

2）限制采用严重危害涂装作业人员安全健康的涂装工艺：①限制使用火焰法除旧涂膜。②限制使用含游离二氧化硅 70% 以上的干喷砂除锈。③限制大面积使用汽油脱脂。④限制使用国家限制的涂料及有关产品的涂装工艺。⑤严禁敞开式干喷除锈。⑥禁止操作人员进入密闭空间进行干喷砂除锈。⑦禁止喷涂红丹防锈漆。⑧禁止在无有效通风作业场所施涂含苯涂料和使用含苯有机溶剂。

3）产生有害蒸气、气体和粉尘的工位应设有排风装置，使有害物质含量不超过标准许可浓度。

4）涂装作业场所的公用建筑物、电气装置、通风净化设备、机器设备等，应符合国家有关劳动安全卫生标准，相互配套，做到涂装作业场所整体防毒安全。

5）对涂装作业人员应进行劳动安全卫生培训，内容应包括涂装工艺过程的危险性、有害因素、作业环境质量指标、对人体健康的影响、劳动安全卫生防护技术、防毒技术、国家的有关法规与标准，以及改善作业环境的途径等；并要求涂装作业人员掌握个人防护用品的性能和使用方法。

6）禁止未成年人和怀孕期、哺乳期妇女从事密闭空间作业和含有机溶剂、含铅等成分涂料的喷涂作业。对涂装作业人员进行就业前健康检查，每年进行一次职业健康检查，对职业病患者应按国家有关规定定期进行复查。

7）涂装作业人员必须发放专用清洗剂，禁止用含苯有机溶剂洗手。

8）根据涂装作业现场不同的有害因素，发给涂装作业适用的、有效的防护用品，如面罩、手套、工作服等。

9）某些施工人员对大漆、酚醛树脂、呋喃树脂、聚氨酯树脂涂料过敏，重者可使可患皮肤过敏症。若皮肤已皲裂、瘙痒，可用质量分数为2%的稀氨水或质量分数为10%的碳酸钾溶液擦洗，或用硫代硫酸钠水溶液擦拭，并应立即就诊治疗。对大漆过敏的人较多，可用以漆酚代替大漆品种。接触大漆一段时间后，过敏症状会逐步减轻，将明矾和铬矾碾成粉末，用开水溶解，擦拭患处，也可洗澡时使用，需用温水洗涤，7d可痊愈。在涂装作业后，就应到通风处休息，并多喝开水。

10）一旦出现事故，应将中毒人员迅速抬离涂装现场，加大通风，使其平卧在空气流通的地方。严重者可施行人工呼吸，急救后送医院诊治。

14.1.4　涂装作业的防火防爆安全

1. 涂装作业中的危险物及性能

涂料及稀释剂所用的溶剂绝大部分都是易燃和有毒物质，在涂装过程中形成的漆雾、有机溶剂蒸气、粉尘等当与空气混合、积聚到一定的浓度范围时，一旦接触火源，就很容易引起火灾或爆炸事故。

火灾发生须具备氧气、可燃物质、着火源三个条件。可燃物质包括：有机溶剂在存放、清洗、稀释、加热、涂覆、干燥固化及排风时挥发、蒸发的易燃、易爆蒸气；沾有有机溶剂涂料的废布、纱头、棉球、防护服等以及漆垢、漆尘；涂料中的固体含量、粉末涂料、轻金属粉。着火源包括：明火（如火焰、火星、灼热等）；摩擦冲击（工件、器具之间相互撞击，带钉鞋或金属件与地坪撞击等）；电器火花（电路的开启与切断、短路、过载等引起的）；静电放电（静电积累、静电喷枪与工件距离过近等）；雷电；化学能（自燃、反应放热等）；日光聚集。表示危险物质主要性能的参数有：

（1）闪点和燃点　在室内，当可燃物质与空气混合，达到一定温度后，遇着火源即发生突然闪光（闪光时的温度称为闪点）。闪点对防火技术有实用性，是一种主要技术数据。根据某物质的闪点，可以区分各种可燃性液体发生火灾的危险程度。如果温度比闪点高，就引起燃烧。例如松香水的闪点为40℃，在室温下与明火接近是不能立即燃烧的，因为此温度（室温为20～25℃）比闪点低，不能闪光，更不能燃烧。通常根据涂料和溶剂的闪点来划分涂装作业的有机溶剂火灾危险性，见表14-3。

易燃和可燃性物质的沸点越低，挥发速度越快，其闪点也越低，发生火灾的危险性就越大。凡属闪点低于室温的有机溶剂或涂料，在涂装作业中必须严格控制这些物质的敞口作业。

表 14-3　涂装作业的有机溶剂火灾危险性分类

类　别	级　别	闪点/℃	溶剂举例	情况说明
易燃液体	一级	<28	汽油、苯类	易燃
	二级	28～45	煤油、松香水	一般
可燃液体	三级	45～120	柴油	较难燃
	四级	>120	甘油	难燃

（2）爆炸极限和爆炸危险度　爆炸易发生在密闭空间及通风不良场所。易燃气体及粉尘积累达到爆炸极限后，遇到着火源瞬间燃烧爆炸。溶剂蒸气的最低爆炸浓度称为爆炸下限，最高浓度称为爆炸上限。当可燃气体过少，低于爆炸下限时，剩余空气可吸收爆炸点放出的热，使爆炸的热不再扩散到其他部分而引起燃烧和爆炸；当可燃气体过多，超过爆炸上限时，混合气体内含氧不足，也不会引起爆炸，但极为有害。可用爆炸极限作为衡量爆炸危险等级的尺度。影响爆炸极限的主要因素有：①环境温度增高，爆炸范围扩大。②含氧量增高，爆炸范围扩大。③爆炸性混合气体中有惰性气体存在，爆炸范围缩小，惰性气体增加到一定数量则不能爆炸。④压力增高时爆炸范围扩大，压力降低时，爆炸范围缩小，爆炸范围缩小到零时的压力称为起爆临界压力。易燃和可燃性物质的蒸气的爆炸危险性可以用爆炸危险度表示：

$$爆炸危险度 = \frac{爆炸上限浓度 - 爆炸下限浓度}{爆炸下限浓度}$$

上式说明，爆炸下限浓度低而爆炸上限浓度高，即爆炸范围宽，出现爆炸条件的机会就多，爆炸危险度就高。这是因为爆炸下限低时，易燃气体稍有泄漏就会形成爆炸条件，这就要求严格限制外部空气渗入易燃气体的容器。一些有机溶剂的爆炸上下限见表 14-4。

表 14-4　一些有机溶剂的爆炸上下限

溶　剂	闪点/℃	爆炸极限（体积分数，%）	沸点/℃	自燃点/℃
苯	-11	1.5～8.0	79.6	562.2
甲苯	4.4	1.2～6.5	111.0	552
二甲苯	25.3	1.0～5.3	135	530
乙醇	14	2.8～9.5	78.3	390.4
异丙醇	11.7	2.0～12	82.5	460
丁醇	35.0	1.45～11.2	117.1	340～420
甲醇	12	6.0～36.5	64.6	470
丙酮	-17.8	2.6～12.8	56.1	561
200 号溶剂汽油	33	1.0～5.9	145～200	—
甲乙酮	-4	1.8～11.5	79.6	505
环己酮	44	1.1～8.1	155	460
醋酸乙酯	-4.0	2.2～11.4	77.0	425
醋酸丁酯	27	1.4～8.0	126.5	421
乙二醇乙醚	45	1.8～14.0	135.0	238
乙二醇丁醚	61	1.1～10.6	170.6	244

2. 防火防爆措施

1）涂料作业人员必须经过防火防爆安全知识的教育训练，并经考核合格后才能从事涂装作业生产。

2）涂装车间、工段、班组等必须有严格的安全操作规程和防火防爆制度，并随时检查贯彻执行情况，不能麻痹大意。

3）涂装作业过程中，应注意所处场所的溶剂蒸气浓度不能超过规定范围，储存涂料和溶剂的桶应盖严，避免溶剂挥发。涂装作业场所应设有排风和排气设备，以减少溶剂蒸气的浓度。在有限空间内施工时，除加强通风外，还要防止室内温度过高。

4）生产和施工场地严禁吸烟，不准携带火柴、打火机和其他火种进入工作场地。如必须生火，使用喷灯、烙铁、焊接时，必须在规定的区域内进行。

5）涂装作业中，擦拭涂料和被有机溶剂污染的废物布、棉球、棉纱、防护服等应集中并妥善存放，特别是一些废弃物要存放在储有清水的密闭桶中，不能放置在灼热的火炉边或暖气管、烘房附近，避免引起火灾。

6）各种电气设备，如照明灯、电动机、电气开关等，都应有防爆装置。要定期检查电路及设备、绝缘有无破损，电动机有无超载，电气设备是否可靠接地等。

7）涂装作业过程中，尽量避免敲打、碰撞、冲击、摩擦铁器等动作，以免产生火花，引起燃烧。严禁穿有铁钉皮鞋的人员进入工作现场。不能用铁棒启封金属漆桶等。

8）防止静电放电引起的火花，静电喷枪不能与工件距离过近，消除设备、容器和管道内的静电积累。在有限空间生产和涂装时，要穿着好防静电的服装等。

9）防止双组分涂料混合时的急剧放热，要不断搅拌涂料，并放置在通风处。铝粉漆要分罐包装，并防止受潮产生氢气自燃等。在预热涂料时，温度不能过高，且不能将容器密闭，不能用明火加热。

10）烘干室内可燃气体最高含量不应超过其爆炸下限值的25%，空气中粉尘最大含量不应超过爆炸下限值的50%。烘干室要加强通风，同时排风口位置应设在可燃气体浓度最高区域。加热器表面温度不应超过工件涂膜引燃温度的80%。

11）大型喷漆室的内部高度不低于2m，室内出口应畅通无阻且宽度不小于0.9m。室内设备采用阻燃材料，各种金属件需可靠接地。喷漆室宜设置多点可燃气体检测报警仪，其报警含量下限值应控制在所检测可燃气体爆炸下限值的25%。

12）涂装作业场所必须备有足够数量的灭火机具、石棉毡、黄砂箱及其他防火工具，施工人员应熟练使用各种灭火器材。

13）一旦发生火灾，切勿用水灭火，同时要减少通风量，应用石棉毡、黄沙、灭火器（二氧化碳或干粉）等进行灭火。工作服着火时，不要用手拍打，就地打滚即可熄灭。

14）大型烘干室的排气管道上应设防火阀，若烘干室发生火灾时，应能自动关闭阀门，同时使循环风机和排风风机自动停止工作。

15）大量易燃物品应存放在仓库安全区内，施工场所避免存放大量涂料、溶剂等易燃易爆物品。

14.1.5　涂装预处理工艺安全

涂装预处理工艺包括脱脂清洗、除锈、除漆、酸洗、磷化、钝化、烘干等工序，其中所用的多种化学溶剂具有极高的毒性和腐蚀性。喷砂、高压水除锈等要求工作人员具有较高的操作水平和安全防范意识。现在，涂装作业的预处理工艺采用先进技术，以无尘毒或低尘毒、低噪声、不需防火防爆的安全工艺替代有尘毒、高噪声、易燃易爆的不安全工艺，实现了管道化、密闭化和自动化。

1) 涂装预处理中的防火、防爆、防毒应严格按前述内容进行防治。

2) 涂装预处理的作业场所应设置在厂区夏季最小频率风向的上风侧，并宜与生产过程中相衔接的焊接、机械加工、装配、金属材料库、成品库分离。

3) 大面积脱脂和清除旧涂膜作业中，禁止使用苯、甲苯、二甲苯和汽油，应分别采用水性清洗液或碱性和水溶性脱漆剂代替。

4) 涂装预处理中产生的漂洗水、冲淋水、废液、废酸的排放，应符合 GB 8978—1996《污水综合排放标准》等相关规定。

5) 机械方法除锈或清除旧漆必须设置独立的排风系统和除尘装置；对于大中城市而言，排放至大气中的粉尘含量应不大于 150mg/m^3。

6) 用可燃性有机溶剂脱脂时，应首先拆去产品或部件的蓄电池等电源设备，其作业场所应设有醒目的标牌，并配置可燃性气体快速测量仪，定期检测。喷淋脱脂清洗的结构应为密闭式或半封闭式，工件出入口两端应设置防清洗液飞溅的屏幕室并用挡帘隔开，并设置独立的送风系统。长臂高压喷枪必须配置自锁安全机构，喷射间歇喷枪能自锁。所有设备及其管路、配件都须定期检查，防止破裂等事故的发生。

7) 手工除锈前，应检查工具的可靠性，相邻操作人员的间距不小于 1m。凡离地 2m 以上进行作业，必须设置脚手板及其扣挂绳索，脚手板应牢固平稳并防滑，工具放置可靠以防止坠落。

8) 电动、风动或液压打磨工具，应按照所选的磨片材料限制其线速度，作业前进行空载试转 2min，以检验工具的可靠性。应在使用一段时间后，检验磨具的材质消耗，超过一定限度不能使用。为了避免眼睛受伤，须佩戴防护眼镜。如遇灰尘较多，应戴好防护口罩。

9) 涂装预处理机械除锈限制使用干喷砂，采用真空喷砂、湿式喷砂、喷丸和抛丸、高压水代替。当有工艺特殊要求，允许使用干喷砂时，应在密闭箱内进行，并必须隔离操作。中、小型工件机械除锈应优选真空喷砂或湿式喷砂；大型工件优选喷丸和抛丸。另外，应注意改善劳动条件。

10) 与高压喷射清洗装置配套的泵、配件及管路和喷丸除锈装置的筒体和橡胶软管等，应按有关规定做耐压试验和密封性试验。

11) 喷丸除锈作业必须在密闭的喷丸室内进行。通风除尘净化系统必须与喷丸的压缩空气源连锁。当通风系统正常运行后，气源才能启动。操作人员一般应在室外操作，当不得不在室内操作时，必须穿戴长管面具防护服，并保证呼吸低尘新鲜的空气。喷丸室应设有观察窗供安全监护，应同时设置室内外都能控制启动和停止的控制开关，喷具或控制屏上应设置与监护人员联系的声光信号控制开关。

12) 喷丸、干喷砂、湿喷砂、高压水除锈等操作时，要有一定的安全防护范围。如在室外施工，要设置作业现场的防护栏，防止外来人员进入工作区，并注明"危险、勿靠近、高压操作"等警示牌。操作人员需配备的劳动用品包括头盔、眼镜、耳塞或耳罩、防护服、手套、专用鞋及呼吸器等。任何情况下，都严禁将喷枪或喷嘴口对准工作人员或非作业对象。操作者应至少两人一组，随时观察防范事故发生，并定时轮换，必须具有可以相互联系并传递信号的方式。喷头操作者应能直接控制喷枪、喷杆等的控制阀，并有安全锁。泵操作者应尽量缓慢升压，喷头操作者应持喷枪或喷杆，防止万一喷嘴堵塞而引起的喷头突然偏向抖动。当出现堵塞或泄漏等事故隐患时，必须卸压，关掉砂流后，再进行检查。详细内容可参见 GB 7692—2012《涂装作业安全规程　涂漆前处理工艺安全及通风净化》。

14.1.6　涂装工艺安全

涂装作业过程中，可采用手工刷涂、辊涂、空气喷涂、高压空气喷涂、浸涂、流涂、静电喷涂、粉末静电喷涂、电泳涂装等施工方法。为确保施工安全，在防护措施方面必须做好以下几点：

1）涂装工艺中的防火、防爆、防毒方面参照上述内容进行防治。涂装时划定涂装作业区，设置通风装置。

2）浸涂、流涂、辊涂作业流水线一般应设间壁防护设施，流水线的设计和运行应保证安全操作。作业场所宜安装火灾报警装置和自动灭火器；工件滴落漆液的地方应设置收集装置，并应加强局部排风。浸漆槽应备有非燃烧体制成的槽盖，当不工作时，严密地盖上槽盖。大型浸漆槽、流涂装置应在室外设置地下储槽。不工作时，将漆液放入储槽；发生火警时，也应迅速地将漆液排入储槽。

3）除特大工件外，空气喷涂和高压无气喷涂应在喷漆室内进行。集中多个喷漆室的作业场所，与相邻其他非涂装作业场所之间宜用非燃烧体隔墙隔开。

4）高压无气喷涂装置中的增压缸体、部件、管路、阀门等均应按高压管件规定进行液压试验和气密性试验。配套的高压软管除按上述试验合格外，管线布置时，其最小曲率半径不宜小于软管直径的 2.5 倍。

5）高压无气喷涂的喷枪应配置自动安全装置，喷涂间隙时能将喷枪自锁。喷涂机应设置最高进气压力和限压安全装置，并具有超压时安全报警装置和接地装置。在任何情况下，不应将承压的无气喷涂装置的喷嘴对准人体、电源、热源，也不应以手试压。喷涂机的油水分离器如果损坏或可靠性差，应整机停止使用。

6）静电喷涂时，高压静电发生器的电源插座为专用结构，插座中的接地端与专用地线连接，不应用零线代接地。高压输出与高压电缆连接端应设置限流安全装置。静电发生器应设置控制保护系统，当工作系统发生故障或出现过载时，能自动切断电源。涂装作业一旦停止，应立即切断高压电源，接地放电。

7）静电喷涂时，工件与电极、静电雾化器及其他导体之间必须保持安全距离，至少为该电压下的火花放电最大距离的两倍。在涂装室内的所有物件必须良好接地，特别是工件的接地是必备条件。生产中应定期检测接地电阻值和定期清理吊具上的积漆。未穿导电鞋的人员不得进入正在喷漆的区域，严禁接触正在作业的操作者。采用手工静电喷涂设备，操作者应裸手或手套开洞，以使手直接接触喷枪手柄的金属处。在正常作业位置时，应握紧接触手柄。操作者应穿着防静电工作服，不得穿丝绸、合成纤维等易产生和积累静电荷的材料制成的内衣。

8）粉末静电喷涂应在采用非燃烧体制成、内壁光滑、无凹凸边缘的喷漆室内进行，操作者应在室外操作。喷粉室出口排风管内粉尘的最高浓度不应超过其爆炸下限浓度的 50%，

一般不超过 $15g/m^3$。喷粉室的金属框架和工件要可靠接地，应安装火灾报警装置和自动灭火器，该报警装置应与关闭压缩空气、切断电源、启动自动灭火装置、停止工件输送进行连锁。喷粉室和粉末回收装置均应设置卸压装置。高压静电发生器配置具有恒场强喷粉的自动控制系统，在已调整好的工艺条件下，喷枪与工件间距在允许范围内变化，其电流不超过整定值的 10%。配套设置后，当电压调到最大值时，对地短路应无火花。

9) 电泳涂装前应严格检查电气设备，操作时必须穿戴好必要的防护用品。若以槽体为阴极电泳涂装时，应注意工件与槽壁保持一定的距离。如采用阳极接地方式，槽外配管应有绝缘措施，避免电流通过。电泳槽应设置间壁设施和通风排风装置，并应装有防止人员发生触电事故的安全或防护连锁装置。电泳涂装系统应单独设置在围护设施内，操作及维修由专人负责。电泳涂装需排放的废水应净化处理，达到规定标准才可排放。

14.1.7　烘干室安全

烘干室用于涂装作业中涂膜的加热干燥、固化。烘干室的设计、制造、安装、检验、使用和维修都有基本的安全技术要求。

1) 烘干室的防火、防爆、防毒等相应安全措施按前述内容进行。

2) 烘干室内的工件涂膜在干燥、固化过程中释放易燃、可燃蒸气或气体；粉末涂料涂膜在熔融、固化时用的烘干室，其工作空间为爆炸危险区。烘干室必须设置安全通风装置。烘干室内可燃气体最高浓度不应超过爆炸下限值的 25%，空气粉末最大含量不应超过爆炸下限浓度的 50%。

3) 烘干室内排气口位置应设置在可燃气体浓度最高的区域，每台烘干室单独设置废气排放管道，不宜与其他设备共用排放管道。对于多区的烘干室，允许设置一个废气排放总管，但烘干室在各种工作状态下，各支管的气量不得低于设计值。

4) 烘干室的安全通风系统不宜使用自然通风，排气管道下装设余热回收换热器时，应采取防止凝结物堵塞废气排气系统。排气管道和检修口应保持良好的气密性。

5) 未设置安全通风监测装置时，加热器表面温度不应超过工件涂膜溶剂引燃温度的 80%；设置安全通风监测装置时，加热器表面温度不应超过工件涂膜溶剂的引燃温度。不得使涂料滴落在加热器表面上。加热器应有足够的强度，不使用易碎的加热元件。

6) 电加热器与金属支架间应绝缘，其常温绝缘电阻不得小于 $1M\Omega$。烘干室工作区使用裸露电阻丝（带）作为加热元件时，应加防护措施，防止电气短路。对于燃油或燃气加热系统，必须设置紧急切断阀。

7) 烘干室应设置温度自动控制及超温报警装置，并使用可燃气体浓度报警器，直接监测爆炸危险浓度。可燃气体报警装置的报警浓度及连锁浓度，应设置在可燃气体爆炸下限的 50% 以内。烘干室控制系统连锁，开机时应使循环风机及排风机起动后，才能继续起动加热系统及工件输送系统；相反，停机时应使加热系统和工件输送系统关闭后，才能停止风机运行。

8) 烘干室应设置静电保护接地装置，其接地电阻值不大于 100Ω。装有电器设备的烘干室，其外壳必须接地，接地电阻值不大于 10Ω，内部电气导线应有耐温绝缘层。烘干室外部电气接线端应有防护罩。

9) 烘干室室体及其保温层均须使用非燃材料制造。应有良好的保温层，外壁表面温度不应高于室温15℃。燃烧装置与烘干室之间的连接管道应使用非燃材料绝热，外表面温度不应超过70℃。

10）人工装卸工件的大型间歇式烘干室，应设置安全门或室内报警机构，防止误将工作人员关在室内。

14.2　涂装作业的环境保护

14.2.1　涂装作业环境污染及其控制原则

1. 涂装作业中环境污染的来源

一个完整的涂装过程有：预处理、电泳、刮腻子、打磨、底面漆喷涂、密封胶喷涂和烘干等几十道工序。其中大部分工序均有可能产生所谓"三废"，即废水、废气和废渣。如果不进行治理而直接排放，会给环境造成不同程度的污染，影响生态平衡或直接危害人类健康。

（1）废水　涂装过程中的废水主要来自脱脂、酸洗、表面调整、磷化、氧化处理、水帘式喷漆、电泳涂装，以及每道工序间的清洗用水。用水量较大，污染较严重时，须处理后才能排放。

（2）废气　涂装作业中的废气主要来自有机溶剂脱脂、涂料用溶剂或稀释剂的挥发，尤其是喷漆室和干燥室（预干和烘干）放出的气体。其特点是气量大，成分复杂，毒性较大，直接排放会严重污染空气。

（3）废渣　废渣主要来自磷化液的沉淀物、喷漆室和电泳漆的废涂料、打磨时的涂料粉尘、变质和干结的废涂料，以及喷砂等机械除锈产生的粉尘等。与废水、废气相比，废渣的量及危害程度不太突出，并且随涂装技术的不断改进，废渣的量也在减少，所以涂装作业中的废渣治理往往易被忽视。但是随着工业的不断发展，涂料的用量不断增多，涂装中的废渣治理应引起重视，否则也会使环境造成严重的污染，因为这些废渣中含有许多有毒的成分，如铅、铬等元素。

2. 控制三废的原则

加强涂装中的三废治理，减少和消除涂装作业给环境带来的污染是环境保护的重要组成部分，其基本原则如下：

1）环境管理和治理相结合。环境治理固然重要，但是环境管理也不可忽视。所谓环境管理，即是从人类或社会的利益出发，以管理工程和环境科学的理论为基础，运用技术经济、法律和行政手段，采取环境监测协调发展和环境的关系，使生产和环境、经济效果和环境效果统一起来，为人类社会的生存和发展创造一个良好的环境。管理和治理在防止环境污染和生态破坏中是同等重要的两个方面。因此，应该加强管理，搞好环境规划，采取各种管理措施，才能有效地保护好环境。

2）在三废治理中，应搞好综合利用，化害为利，将三废"消灭"在涂装工程中。例如，电泳涂装中超滤装置与后清洗组成闭路循环系统，超滤后的废水作为清洗水利用或者尽可能减少工艺用水。此外，涂装过程上既有废酸，又有废碱，可利用自身的废碱中和废酸，即可节省原材料，也可消除三废。

3）加强监督，严格控制三废排放，采取三废治理措施。水和空气是人类赖以生存的基本条件，水和空气一旦被污染，后果严重，因此应严禁超标排放。

4）严格执行奖罚制度，强化法律管理。

总之，应确保环境保护法的贯彻实施。国家《环境保护法》明确规定环境工作的方针是：全面规划，合理布局，综合利用，化害为利，依靠群众，大家动手，保护环境，造福人民。一切企事业单位的选址、设计、建设和生产，都必须充分注意防止对环境的污染和破坏等，其中防止污染和其他公害的设施，必须与主体工程同时设计，同时施工，同时投产。各项有害物质的排放必须遵守国家规定的标准。我国的工业废水排放标准，把工业废水中有害物质最高允许排放浓度分为两类：第一类是能在环境和动植物内积蓄，对人体健康产生长远影响的有害物质，此类有害物质的废水，在车间或车间处理设备排出口应符合表 14-5 规定的标准，但不得用稀释方法代替必要的处理。第二类是长远影响小于第一类的有害物质，在工厂排出口的水质应符合表 14-6 的规定。

表 14-5 第一类污染物最高允许排放浓度 （单位：mg/L）

序号	污染物	最高允许排放浓度	序号	污染物	最高允许排放浓度
1	总汞	0.01	8	总镍	0.5
2	烷基汞	不得检出	9	苯并（α）芘	0.00003
3	总镉	0.05	10	总铍	0.005
4	总铬	1.0	11	总银	0.3
5	六价铬	0.2	12	总α放射性	1Bq/L
6	总砷	0.1	13	总β放射性	1Bq/L
7	总铅	0.2			

表 14-6 第二类污染物最高允许排放浓度 （单位：mg/L）

污染物	一级标准	二级标准	三级标准
pH 值	6~9	6~9	6~9
色度（稀释倍数）	50	80	—
悬浮物（SS）	70	150	400
生物需氧量（BOD_5）	20	30	300
化学需氧量（COD_{Cr}）	100	150	500
石油类	5	10	20
动植物油	10	15	100
挥发酚	0.5	0.5	2.0
氰化物	0.5	0.5	1.0
硫化物	1.0	1.0	1.0
氨氮	15	25	—
氟化物	10	10	20
磷酸盐（以 P 计）	0.5	1.0	—
污染物	一级标准	二级标准	三级标准
甲醛	1.0	2.0	5.0

（续）

污染物	一级标准	二级标准	三级标准
苯胺类	1.0	2.0	5.0
硝基苯类	2.0	3.0	5.0
阴离子合成洗涤剂（ALS）	5.0	10	20
铜	0.5	1.0	2.0
锌	2.0	5.0	5.0
锰	2.0	2.0	5.0
可吸附有机卤化物（AOX）	1.0	5.0	8.0
三氯甲烷	0.3	0.6	1.0
四氯化碳	0.03	0.06	0.5
三氯乙烷	0.3	0.6	1.0
苯	0.1	0.2	0.5
甲苯	0.1	0.2	0.5
二甲苯	0.4	0.6	1.0
邻苯二甲酸二丁酯	0.2	0.4	2.0

　　工厂排水口的水质应符合表 14-5 和表 14-6 的要求，这是一个基本的水质要求。生产废水排入下水道时，水温应不高于 40℃，pH 值为 6~9；悬浮物不阻塞管道；不产生易燃、易爆炸和有毒气体；致病菌应严格消毒处理；放射性物质应符合国家有关规定；不伤害养护工作人员，不影响污水处理和利用。

14.2.2　涂装预处理脱脂废水处理

1. 脱脂废水的来源和组成

　　脱脂废水来源于化学或电化学脱脂、表面活性剂或清洗剂脱脂的废液。来源不同，其成分有差别。

　　（1）化学或电化学脱脂废水　　这种废水含有各种碱类，如 NaOH、Na_2CO_3、Na_3PO_4 洗下的各种矿物油新生的皂类；当加入表面活性剂时，则含有少量的表面活性剂，以及铁的氢氧化物和其他杂质等。这种废水的特点是 pH 值高（一般 pH 值大于 10），洗下的动植物油则生成溶于水的皂类，有利于矿物油的乳化和分散；而矿物油不生成皂类，也不溶于水，由于溶液温度高，碱、盐含量多，矿物油也难形成稳定的乳化液，一般均浮于水面。这种废水一般不含有毒组分。

　　（2）表面活性剂或清洗剂脱脂废水　　这种废水含有各类表面活性剂、洗涤助剂（如磷酸盐、硫酸盐、碳酸盐等）洗下的油类等。其 pH 值一般比碱脱脂废水低，洗下的油多呈乳化状态，油污多时也浮于表面。这种废水一般也不含有毒组分。

　　脱脂废水的共同点是：①碱和无机盐含量比较高，pH 值也比较高，可用于中和含酸废水；②洗下的油污大多数浮于液面，易于分离除去，并且对脱脂液性能影响不大，因此在生产中只需补充新的组分，不必经常更换溶液，可以减少废水处理量；③基本无毒，不会对生态及人体直接造成破坏和危险。这样，脱脂废水的处理方法也就比较简单。

2. 脱脂废水处理方法

可根据不同情况选择以下方法：

（1）浮力上浮法　浮力上浮法是利用水的浮力作用由废水中分离悬浮物的方法。该方法又分自然浮上法、气泡浮上法和药剂浮上法，前两法可用于分离废水中的油污。

1）自然浮上法。自然浮上法用于分离颗粒较大的分散油，使之容易从废水中分离出来，漂浮于水面而除去。如前所述，脱脂废液中的油大多是浮在液面，少量分散在水中，因此采用本法脱脂可获得较好的效果。例如，采用如图 14-1 所示设备，脱脂率达 60% ~ 70%。

废水流入进水管。通过布水挡板（带孔或条缝）均匀分散于池内，废水中轻质油浮起，泥沙沉下。刮油机

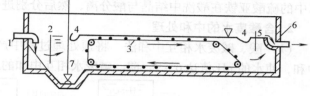

图 14-1　平流式脱脂池
1—进水管　2—布水挡板　3—刮油机　4—集油管
5—挡油板　6—出水堰　7—排泥阀

促使轻质油移进集油管（开口），而泥沙移向集泥坑，用排泥阀控制排出。清水经挡油板底部最后由出水堰排出。该方法适合于除去浮在水面上的油污。

2）气泡浮上法。呈乳状的油粒直径小，上浮速度很慢，很难自动浮上来，这样就不能用自然上浮法，可利用气泡携带微小的油粒迅速浮上液面。其方法是将空气通入废水中，利于旋转叶轮、多孔扩散板或穿孔管使其分散成极小气泡，然后使气泡和杂质互相接触黏附，一起浮上并聚集于液面，然后再采用其他方法将油污除去。该方法适合于除出呈乳化状的油污，如清洗剂去除的油污等。

（2）用水稀释法　当废水量不大时，可先刮去水面上的油污，再用清水冲稀，使废水的 pH 值降至允许排放的标准后再排放。

（3）中和法　当废水量大时，除去油污后，对于 pH 值超标的水，应用酸中和或将含碱的废水当作中和含酸废水的碱液。这样既可节省碱液，又可消除含碱废水。

（4）生物处理法　当脱脂废水中含有较多的有机物时，除了采用上述方法除去浮在水面上的油污外，还应采用生物法进行处理。

14.2.3　含酸废水的处理

含酸废水主要来自酸洗工序，其中含酸及其酸与铁锈形成的盐，如氯化铁、氯化亚铁或硫酸铁与硫酸亚铁等。含酸废水的 pH 值低，直接排放会腐蚀地下管道，污染水源，因此应对其进行处理。其处理的一般原则是：对于硫酸或盐酸质量分数在 3% 以上且量较大的废水，可采用回收综合利用的方法处理；对质量分数低于 3% 或含量虽高，但水量不大的废水，宜采用中和方法净化处理。

1. 回收利用

含酸废水的回收利用就是将含酸废水加以浓缩，将酸回收或将含酸废水与金属反应生成盐类进行回收。常见的回收利用方法有蒸发法、溶剂萃取法和硫酸亚铁结晶法等。

（1）蒸发法　蒸发法是根据酸蒸气平衡温度的不同，使混合酸液中蒸气压力高的酸被蒸发冷凝回收。一般宜用于含有比水蒸气压力高的酸（如硝酸、盐酸、氢氟酸等）的废水

的回收。

（2）溶剂萃取法 溶剂萃取法是利用不同的萃取剂分别将含酸废水中的金属离子或酸萃取，再经反萃取将酸回收。一般适用于硝酸、氢氟酸及盐酸的回收。

（3）硫酸亚铁结晶法 硫酸亚铁结晶法包括自然结晶法、浸没燃烧高温结晶法和真空浓缩冷冻结晶法等。自然结晶法是将含酸废水中的酸，用铁屑全部反应生成硫酸亚铁，再结晶回收。浸没燃烧高温结晶法及真空浓缩冷冻结晶法是利用硫酸亚铁的溶解特性，将含酸废水中的硫酸亚铁在酸洗中结晶与酸分离，然后分别进行回收。

2. 含酸废水的中和处理

（1）酸、碱废水相互中和法 将预处理过程中产生的废酸水和废碱水放入中和槽进行中和，使水的 pH 值达 6～9。酸、碱废水相互中和的工艺流程如图 14-2 所示。

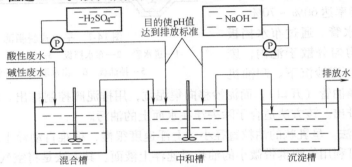

图 14-2 酸、碱废水相互中和的工艺流程

酸、碱废水相互中和处理系统是由混合槽、中和槽、沉淀槽及酸碱槽组成的。进行处理时，首先将废酸液和废碱液导入混合槽，通过搅拌、混合，然后注入中和槽。在中和槽内，根据测定的 pH 值大小，适当地注入酸液或碱液，将废液的 pH 值调整在一定的范围内。中和反应后流入沉淀槽，沉淀后进行排放。

（2）投药中和处理法 投药中和处理法是向含酸废水中投加适量的碱性物质，如碱、石灰、石灰石等，使含酸废水得到中和的方法。投药中和处理法又分为干投法和湿投法两种。

1）干投法。石灰干投法如图 14-3 所示。根据废水的含量，将石灰直接投入废水中，投药量为理论值的 1.4～1.5 倍。采用电磁振动给料机，保持均匀地投加石灰。废水经过隔板混合槽时，反应 1min 左右流入加速澄清池，生成的沉淀澄清后与水分离。干投法设备简单，但反应过程慢，而且反应不够完全。

2）湿投法。石灰湿投法如图 14-4 所示。将石灰加水配成 40%～50%（质量分数）的石灰乳后，再加水搅拌均匀，配制成 5%～10%（质量分数）石灰乳，然后用泵打到投配槽，经投加器投入渠道，与废水一起流入混合反应槽。中和后澄清，使水与沉淀物得到分离。计算中和用碱时，注意不要忽略废水中重金属离子生成氢氧化物沉淀所消耗的部分石灰乳。

消化槽可按石灰用量大小，选择国内定型产品。乳液槽禁用空气搅拌，应采用电动机械搅拌，防止碳酸钙产生，造成不必要的损失。

湿投法配置设备较多，但反应过程迅速而且完全。投药量仅是理论值的 1.05～1.10 倍，比干投法效果好，且劳动条件好，国内广泛采用湿投法。

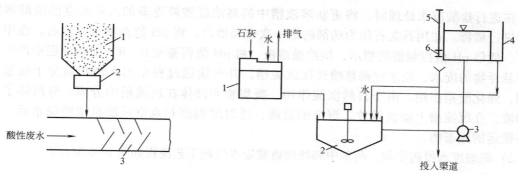

图 14-3　石灰干投法
1—料斗　2—电动给料机
3—隔板混合槽

图 14-4　石灰湿投法
1—石灰消化槽　2—乳液槽　3—泵
4—投配槽　5—提板闸　6—投加器

（3）中和与混凝结合法　中和主要是调节废水的 pH 值，当废水中胶状物或微细颗粒悬浮物很多时，可以加入某种凝聚剂，消除胶体带的电荷，或者产生吸附作用，使之成为絮状，形成较大的颗粒而沉淀除去，此过程称为混凝。混凝过程包括投药加入废水中产生的混合、凝聚、絮凝等多种作用。所加入的药剂统称为混凝剂，其中包括：凝聚剂、絮凝剂、助凝剂等。混凝剂可分为无机混凝剂和有机混凝剂两类。常用的无机凝聚剂有硫酸铝 $Al_2(SO_4)_3$、硫酸亚铁 $FeSO_4 \cdot 7H_2O$、碱式氯化铝 $[Al_2(OH)_nCl_{6-n}]_m$（其中 $n = 1 \sim 5$，$m \leqslant 10$）；有机混凝剂主要用聚丙烯酰胺（PAM），即三号絮凝剂 PAM，其他还有阴离子型（如聚丙烯酸钠）、阳离子型（如聚乙烯咪唑啉）等。

为了促进凝聚效果，有时还加入助凝聚剂，如絮体结构剂（用以改善絮凝和沉淀过程，有膨润土、二氧化硅、活性炭等）、氧化剂（用以破坏对凝聚有干扰的有机物）、调整剂（用以调整 pH 值，即中和剂）。下面介绍盐酸和硫酸废水联合处理系统。

1）盐酸废水联合处理法。盐酸废水联合处理装置系统由中和槽、水位调整器、碱溶液槽、混凝剂槽、沉淀槽等组成。药剂中和处理盐酸废水的工艺流程如图 14-5 所示。

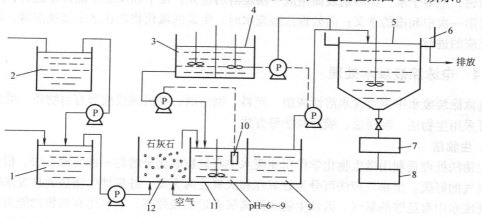

图 14-5　药剂中和处理盐酸废水的工艺流程
1—低浓度酸槽　2—高浓度更新酸液槽　3—碱液　4—混凝剂槽
5—沉淀槽　6—溢流槽　7—增稠器　8—真空过滤器　9—水位调整器
10—pH 值控制器　11—中和槽　12—第一次中和（pH 值为 4）

在进行盐酸废水处理时，将更新溶液槽中的高浓度酸液逐渐加入低浓度的废酸溶液槽中进行稀释。在用石灰石作为药剂的第一次中和槽内，将 pH 值调整至 4 左右。在中和槽内，凭借 pH 值控制器的指示，供给碱溶液，将 pH 值调整至 6 ~ 9。中和过程中产生的含有悬浮物的废水，经水位调整槽送往沉淀槽，并在输送过程中加入高相对分子质量混凝剂，强化凝集作用。由于自然沉淀作用，凝集物和液体在沉淀槽中分离，分离终了的澄清液，在沉淀槽上溢流排放。沉淀的淤渣，通过增稠器和真空过滤机浓缩脱水后，形成可搬运的固态物。

2）硫酸废水投药中和。药剂中和处理硫酸废水处理工艺流程如图 14-6 所示。

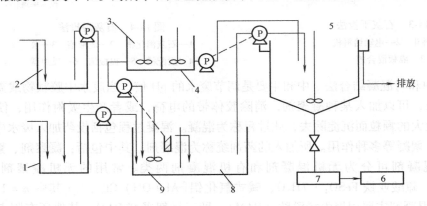

图 14-6　药剂中和处理硫酸废水的工艺流程
1—低浓度酸槽　2—高浓度更新酸液槽　3—碱液　4—混凝剂槽　5—沉淀槽
6—真空过滤器槽　7—增稠器　8—水位调整槽　9—中和槽

从图 14-6 中可以看出，处理系统的组成同处理盐酸废水相比较，除没有第一次中和槽外，其他都是相同的。这是因为若在处理硫酸废水时设置第一次中和槽，在处理过程中生成的硫酸钙，不溶于水，在药剂表面生成一层难溶的盐壳，使中和反应不能持续进行，从而失去设置第一次中和槽的意义；而处理盐酸废水时，生成的氯化物能在水中迅速溶解，不阻碍中和反应的进行。

14.2.4　电泳涂装废水处理

电泳涂装废水中主要含水溶性树脂、颜料、助溶剂、有机碱或酸等有害物质。处理这类废水可采用生物法、混凝法、膜分离法等方法。

1. 生物法

生物法处理是利用微生物化学作用使废水中有机物氧化分解的一种处理方法。根据微生物对氧气的好厌，生物处理法可分为好氧性和厌氧性两大类。好氧性生物法处理废水时，必须保证废水中有足够的氧气，因微生物在游离氧充足的条件下，它氧化有机物的能力大，从而纯化废水的效力也高。属于好氧性生物处理方法的主要有生物滤池、生物转盘和活性污泥法等。厌氧生物法则相反，在处理废水时要求水中的溶解氧尽量的少。在此条件下厌氧微生物才活跃，它能通过发酵作用将有机物逐级分解为 CO_2 和甲烷等。厌氧法主要用于处理污泥，近年来也用于高浓度的废水处理。

为了直接有效地进行生物处理，必须创造微生物能够生存繁殖的条件。因此，除废水中要有足够的氧量和作为微生物食料的有机物外，还必须控制水的 pH 值（一般 pH 值为 6 ~ 9）和水温（适宜温度为 20 ~ 40℃），并再提供一些微生物生存所需的无机元素，特别是氧和磷。

下面介绍常用的生物滤池和生物转盘。

（1）生物滤池　在一个装有滤料（常用砾石、碎石、碎瓷环等）的过滤池中，已经过沉淀处理的废水通过布水器，均匀分布至滤池表面，再从表面覆盖着微生物黏膜的滤料中渗滤，通过进入池底的集水沟排出池外。生物黏膜层的厚度一般为 0.1 ~ 2.0mm，它由好氧层和厌氧层组成（当生物膜较厚时，在靠近滤料处由于氧气不足生成一薄层厌氧层），如图 14-7 所示。

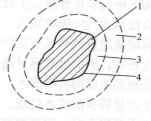

图 14-7　生物滤池中的
好氧层与厌氧层
1—滤料　2—好氧层
3—厌氧层
4—黏膜层（0.1 ~ 0.2μm）

在好氧层中发生生物好氧过程：即生物黏膜上的好氧微生物在氧的参与下，以废水中的有机物为食料，并通过自身的生命活动，将部分有机物氧化分解为无机物（CO_2、H_2O 等）。氧化过程中放出的能量，一部分供给微生物生长活动的需要，另一部分有机物则用来合成新的黏膜物质，如图 14-8 所示。

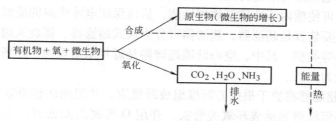

图 14-8　有机物的好氧分解图

在厌氧层中通过厌氧微生物的活动，将部分有机物分解为有机酸、甲烷、硫化氢等。这些产物有的不稳定，有的有臭味，将影响出水水质。当生物膜越厚，而废水中有机物浓度较高，供给的氧量不足时，厌氧层将越厚，厌氧产物也越多，净化效果就会降低。

生物滤池中，由于微生物的死亡、老化及其他一些因素，生物膜将从滤料表面上剥落下来，所以在整个工作过程中，生物膜并非不变的，而是在不断更新。也由于这一点，在生物滤池后要经过沉淀池来保证出水水质，如图 14-9 所示。

常用的生物滤池的形式为池床式，池内所装的滤料的颗粒大小对滤池的影响很大。近年来，开始用波纹形塑料板合在一起或用多孔筛状板作为滤料，来

图 14-9　生物滤池净化水流程

代替以前的碎石等。这样可使滤料的表面积和空隙率得到改善，从而提高滤池的处理能力。同时，由于塑料质轻，也为生物滤池的结构形式改变创造了条件。

（2）生物转盘　生物转盘又称浸没式生物滤池，其工作原理与生物滤池相同，如图 14-10 所示。它是由一排塑料圆盘被平行架设在一个中心旋转轴上而组成的转盘，转盘直径为

$\phi 2 \sim \phi 3m$。转盘装于充满废水的水池中，盘上黏附一层生物膜。转盘的一部分浸没在水中，盘上的生物膜从废水中吸附有机物而获得营养进行生物分解。随着转盘的转动，转出水面的生物膜则从大气中吸收所需要的氧气，如此反复循环，可使废水中的有机物在好氧微生物作用下得到氧化分解。生物转盘上的生物膜能周期性地交替运动于空气和废水之间，微生物能直接从大气中吸收氧气，使生化过程更有利地进行。转盘上生物膜的表面积大，也不会因滤料堵塞而造成通风不良产生厌氧层生物膜，因而处理容量高，可用于处理高浓度的有机废水。目前常用于水量较少的废水处理，因为当处理水量很大时，需要很多转盘，使投资及运转费用相应地增加。

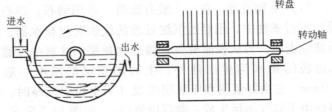

图 14-10　生物转盘

2. 膜分离法

膜分离法是借助外来压力，利用半透膜实现溶液分离的方法。它包括超滤法、反渗透法和电渗析法三种，目前电泳涂装主要采用超滤装置。

（1）电泳涂装中的超滤系统　在电泳涂装中安置超滤系统可起两方面作用：一是回收带走的涂料，消除电泳漆对水的污染；二是提取电泳槽中的低相对分子质量的污垢杂质，如不需要的盐类等，可使槽内漆液恢复物理性能，从而保证电泳涂膜的质量。

超滤系统的主要装置是超滤器，超滤器可分为板式超滤器、螺旋式超滤器、管式超滤器和空心纤维超滤器等类型。其中，空心纤维超滤器是近年来出现的一种新型超滤器，管式超滤器在我国应用较为广泛。

1）空心纤维超滤器将数千根空心纤维组成纤维束，并用网络包裹置于保护圆筒内，空心纤维的两端用环氧树脂黏结成环氧关管头，并用 O 形密封圈密封。工作时，漆液从超滤器的一端进入纤维的空心部分，透过液从纤维壁处透过并集聚在保护圆筒内，再从圆筒侧壁的排出口流出，浓缩液则从另一端排出。超滤器使用一段时间后，透过率明显下降时，可采用反冲洗法或循环法再生。为防止霉菌，可在反冲洗水中加入 5×10^{-6}（质量分数）的次氯酸钠。

2）管式超滤器是由支撑管和半透膜所组成的。根据超滤元件的连接方式，管式超滤器可分为串联、并联和串并联相结合的方式。

串联方式流量小，较少用；并联方式（也称为管束超滤器）将数十条超滤元件并联在一起，结构紧凑，占地面积小，透水量较大，但要求水泵流量较大。

根据超滤元件成膜的方式，管式超滤器又可分为内刮膜和外刮膜两种。内刮膜是将半透膜刮在支承管的内壁，使用时漆液在管内流动，透过液从管外流出，而不需要套管。外刮膜是将半渗透膜刮在支承管的外壁，使用时将元件置于套管内，漆液从套管中的环形间歇流过，透过液从元件管内流出。用外刮膜元件组成的超滤器，具有使用性能好，制造、维修方便的特点。

目前，国内采用的内刮膜超滤器管的内径为 $\phi 12mm$、$\phi 18mm$；外刮膜的外径为 $\phi 22mm$，管的长度为 1m 左右。

半透膜支承体的材料有聚氯乙烯微孔烧结管、黏结砂体管、玻璃纤维管等，其中聚氯乙烯烧结管制造使用性能良好。

半透膜是用高分子电解质复合体或醋酸纤维素等制成的具有各向异性的超微细小孔膜和透过性膜，膜的厚度为 130 ~ 260μm，致密层厚度为 0.1μm 左右，膜的孔径一般为 1 ~ 10nm，目前，醋酸纤维素膜应用较为普遍。半透膜的结构如图 14-11 所示。

超滤系统中，漆液循环一般采用单级离心泵，压力不超过 0.5MPa。超滤装置与电泳涂漆设备连接方式有多种：如独立组装形式，就是超滤系统和电泳槽的搅拌系统组合在一起；馈给-泄流组装形式，就是在超滤系统中另外设置超滤循环泵，使漆液在管中馈给循环以增大超滤装置的供液量。

从废水处理的角度来说，在阴极电泳涂漆施工中，超滤装置与电泳后的工件清洗组成半封闭或全封闭系统基本无废水排出（只在阳极系统中，有少量废水排出）。带清洗管的全封闭型超滤系统如图 14-12 所示。

（2）电渗析法　电渗析法是 20 世纪 70 年代在离子交换技术基础上发展起来的，目前用它来处理工业废水的工作已取得不少进展，并引起了人们的重视。电渗析原理如图 14-13 所示。

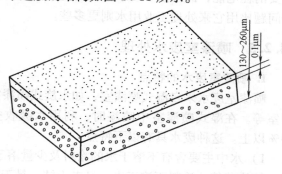

图 14-11　半透膜的结构

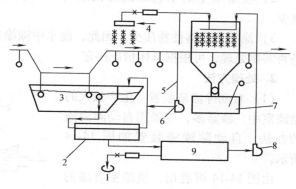

图 14-12　带清洗管的全封闭型超滤系统
1—下水道　2—超滤装置　3—漆槽　4—预漂洗　5—漆回收
6、8—泵　7—带出漆收集器　9—滤液储槽

水中离子状态存在的杂质在电场作用下，正、负离子分别向阴、阳两极移动。在两极间有若干对离子交换膜，由于阳膜只允许通过正离子，阴膜只允许通过负离子，所以正离子在移动过程中能透过阳膜而不能通过阴膜，负离子则相反。

具有选择透过性的离子交换膜是电渗析器的关键部件，其性能好坏直接影响到净水效果及能量消耗。离子交换膜是由离子交换树脂制成的薄膜，可看成是一种聚电介质。树脂上的可交换活性基团在水中电离成电荷符号不同的两部分：电离的活性基团和可交换离子。可

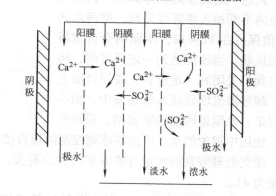

图 14-13　电渗析原理

交换离子进入溶液中，电离的活性基团仍在膜上。对阳膜来说，带正电荷的可交换离子进入溶液，则使阳膜带负电，它对正离子有静电吸引力，因而在外加直流电场作用下，溶液中的正离子将受到吸引而透过，负离子则受到排斥而不能透过；对阴膜则正好相反，这种性质称

为选择透过性。电渗析就是利用了这种特性。

电渗析法的主要特点是，它省去了普通离子交换法所需的再生过程，设备比较简单；但是要消耗电能，而且由于废水水质的复杂性，所以用来处理工业废水时，所要考虑而待解决的问题比用它来处理工业用水则更多些。

14.2.5　喷漆室废水处理

1. 喷漆室废水的特点

喷漆室废水来自湿式喷漆室，如水旋式喷漆室、流涂式喷漆室、水帘式喷漆室和无泵喷漆室等。在湿式喷漆室中喷漆时，利用水吸收空气中的漆雾，水旋式喷漆室可吸收漆雾 99% 以上。这种废水具有以下特点：

1）水中主要含有不溶于水的涂料及少量溶于水的漆基、颜料及游离的有机酸等，如醇类、锌铬黄等。涂料不溶于水，又未干结，易于聚集，可使之与水分离而除去。

2）喷漆室中的水将漆渣分离后可循环使用。因此，这种废水的量少，处理工作量也少。

3）涂料中水溶性物质少。因此，废水中除涂料外，其他杂质很少。除去涂料后的废水是否需要处理，可根据具体情况决定。

2. 处理方法

（1）自动除漆渣装置　生产量大的喷漆室中，漆雾多，应采用自动除漆渣的办法。自动除漆渣装置如图 14-14 所示。

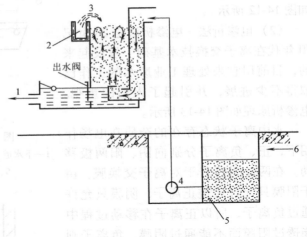

图 14-14　自动除漆渣装置
1—泵回喷漆室　2—收集器　3—漆泥
4—泵　5—污水池　6—来自喷漆室的污水

由图 14-14 可看出，喷漆室含漆的污水自然流入地下污水池内，然后由泥泵打入漆渣处理装置。污水使自下部压入，到达一定高度则保持静止，因在污水池内不断加入漆雾凝聚剂，使污水的 pH 值保持在 11～12，漆泥则会自然凝聚成块状。当漆泥达到一定厚度时，将出口阀门关闭到一定位置，漆泥自动上浮，越过溢流堰而流入收集袋中，由小车运走；水则返回喷漆室底槽，循环使用。使用中损失的水，可由浮球阀控制液位自动补充。

漆泥处理装置的水量与喷漆室的大小有关，对于宽 5m、高 5m 的喷漆室，每秒每米需水量为 4L。

（2）人工除漆渣装置　在生产量较低或资金缺乏的情况下，也采用人工除渣装置，即污水流入地下污水池（深 3～4m，由过滤网隔成两部分），经过滤网，漆泥在凝聚剂的作用下凝结成块，到达一定程度时，人工捞出。过滤后的水用泵泵回喷漆室底槽，循环使用。

14.2.6　涂装溶剂废气处理

1. 溶剂废气的来源及特点

一般溶剂型涂料中有机溶剂的质量分数为 40% ~ 80%。涂料成膜过程是溶剂全部挥发的过程，因此废气来自涂料成膜过程，主要是喷漆室、流平室和烘干室。其排出气体中的有害物质是苯类、酯类、酮类、醇类、醚类、汽油溶剂及带有恶臭的胺类和醛类等。废气来源不同，其成分和含量均有差异，见表 14-7。

表 14-7　废气的成分及含量

设　　备		成分及含量	
		主要成分	含量（质量分数，×10^{-4}%）
喷漆室型式及总排风量	水幕式，5800m³/min	有机溶剂，涂料颗粒（21 ~ 200μm）	连续成批生产：90 ~ 180 间隔小批量：30 ~ 60
烘干室型式及总排风量	液化气直火炉，800m³/min	溶剂，热分解生成物，反应生成物，烟气	50 ~ 80
流平室型式及总排风量	强制换气，250m³/min	溶剂	60 ~ 90

2. 废气处理方法

由表 14-7 可以看出，涂料施工时废气中有害成分比较低，应根据具体情况选择不同的处理方法。其方法有：直接燃烧法、催化燃烧法、吸收法、活性炭吸附法等。

（1）直接燃烧法　直接燃烧法是将喷涂室及烘干室中产生的废气引入燃烧室，直接与火焰接触燃烧，把废气中的可燃成分燃烧分解的一种方法。该方法又分为不加辅助燃料和加辅助燃料两种燃烧类型。前者的废气中可燃污染物浓度高、热值大，仅靠燃烧废气即可维持燃烧温度（高于800℃）；后者是废气中可燃污染物浓度低、热值小，必须加辅助燃料才能维持燃烧温度（600~800℃）。直接燃烧法均可烧掉可燃污染物和悬浮的碳粒及烟雾状有机物。直接燃烧法的烟道气温很高，可以采用废热锅炉利用余热。直接燃烧法管理容易，维护简单，可靠性高。但需要的处理温度高，耗费燃料多。对于热源为天然气、煤气或油的烘干室，直接将废气通至炉内燃烧最适宜。

（2）催化燃烧法　催化燃烧法是利用催化剂使废气中的有机溶剂蒸气发生激烈氧化燃烧，生成水和二氧化碳，从而达到除去废气中有害物的方法。

催化燃烧的基本流程与实例如图 14-15 所示。废气经过预热，使其温度上升至燃烧温度后（一般为 150~200℃）进入催化床层，进行催化燃烧。起燃温度随废气的成分、浓度、催化剂的特性和空速等因素而改变，其最佳值由试验得出，催化燃烧后温度值可以通过热力学计算来确定。为了提高催化剂的使用寿命，其操作温度不宜超过 500℃。

常用的催化剂为铂、钯等金属，通常制成各种形状，如金属球式或网状催化剂；将金属铂或钯使用电镀或化学浸渍沉淀方法，附着在镍铬合金丝或合金带的表面上，再搓成球状或编成网状；制成颗粒状催化剂；使用多孔性载体（骨架氧化铝），在载体上浸铂、浸钯或浸氧化物；还有蜂窝状催化剂，这是一种 Pt/Al$_2$O$_3$ 型催化剂，采用耐热陶瓷制成蜂窝状载体，在其表面涂上一层 V-Al$_2$O$_3$ 后，再浸铂或钯，然后用砖砌等办法组成催化床层。

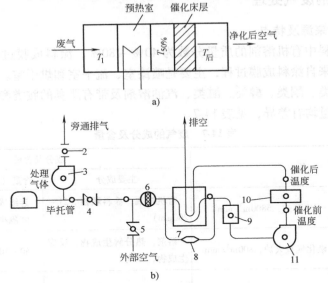

图 14-15　催化燃烧的基本流程与实例

a）基本流程

T_1—废气温度（℃）　　$T_{50\%}$—起燃温度（℃）　　$T_后$—催化燃烧后的净化气体温度（℃）

b）应用实例流程

1—烘干室　2—平衡风门　3—旁通风机　4—风量调节风门　5—空气进口风门

6—过滤器　7—换热器　8—热交换器旁通风门　9—预热室　10—催化室　11—风机

催化燃烧需要一定的条件，即一定的温度和燃烧净化的时间，见表 14-8。

表 14-8　催化燃烧时间和温度

工作参数	直接燃烧法	催化燃烧法
燃烧温度/℃	600 ~ 800	200 ~ 350
燃烧法	在火焰中停留燃烧	通过催化层燃烧
接触时间/s	0.5 ~ 0.3	0.05 ~ 0.2

催化燃烧除具备一定的温度和时间外，还应明确工程所提出的工艺要求，如排气的成分、浓度、温度，单位时间排气量，生产设备运转情况，所需要的净化率，采用的热源，热量回收方法，经济效果等。此外，废气中不应含有使催化剂中毒的元素，如磷、砷、铋、锑、汞、锌、铅、锡等，否则会造成催化剂中毒而失去活性。

（3）活性炭吸附法　它是利用活性炭作为吸附剂，把气体中的有害物质在活性炭庞大的固相表面进行吸附浓缩，从而达到净化废气的目的。它是在固相—气相间界面发生的物理过程。气体和固体接触，容易吸附在固体表面，这就是吸附性。具有吸附性的固体有：活性炭、活性氧化铝、沸石、活性土、分子筛等。在这些物质中，活性炭的比表面积最大（达 700 ~ 1500m^2/g），表面上有无数小孔，是多孔物质。其吸附量和脱附效率也居首位，并且来源广泛，价格相对较低，使用寿命长。因此，活性炭得到广泛应用。

活性炭有粒状和粉状之分，粒状活性炭通风阻力小，单位质量的面积为 $1500m^2/g$，使用性能优于粉状活性炭。

在工业上，利用活性炭作为吸附剂进行吸附的方法有固定层法、流动层法和接触过滤法。但在气相条件下，用活性炭进行废气处理时，由于活性炭磨耗和粉化程度小，用固定层吸附方法是最适宜的。固定层吸附法的装置类型和特点如图 14-16 和表 14-9 所示。

常用的吸附装置中，圆筒式的圆筒直径一般为 $\phi 1 \sim \phi 2m$。而垂直吸附罐的高度与直径大体相等，活性炭层高度为 $150 \sim 180cm$。水平吸附罐的高约为直径的 $4 \sim 5$ 倍，活性炭层高度为 $30 \sim 80cm$，处理气体的表面速度为 $30cm/s$，最大流速约为 $60cm/s$。当活性炭吸附达到饱和时就需要再生。再生方法有：蒸气脱附、惰性气体加热脱附、减压脱附、高温燃烧脱附和电脱附等。国内涂装行业中，多采用蒸气脱附方法。

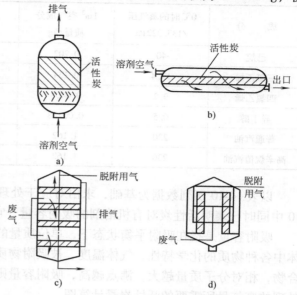

图 14-16　固定层吸附的装置类型
a) 垂直吸附型　b) 水平吸附型　c) 多段型　d) 圆筒型

表 14-9　固定层吸附法装置的特点

吸附装置类型	特　　点	处理风量/（m³/min）
垂直式吸附型	构造简单，适合小风量、高浓度的废气治理	10 ~ 700
水平式吸附型	需要一定的安装面积，适合大风量、高浓度的废气治理	200 ~ 2000
多段型	构造复杂，适合大风量、低浓度的废气治理	60 ~ 1500
圆筒型	在一定安装面积中，通风面积大，适合中等风量、低浓度废气治理	

活性炭的需要量见表 14-10。这是将含有机溶剂的废气在 0℃下凝缩，再按 0℃下的饱和蒸气浓度的废气通过活性炭层，在完全吸附的情况下，算出处理 $1m^3$ 废气所需要的活性炭量。

表 14-10　活性炭的需要量

成　　分	0℃时的蒸气压/133.322Pa	1m³ 空气成分质量/kg	吸附容量/(kg/kg)	1m³ 空气所需活性炭量/kg	活性炭量/L
苯	10	0.0458	0.24	0.19	0.38
甲苯	5.5	0.0297	0.29	0.10	0.20
二甲苯	2	0.125	0.34	0.039	0.078
甲醇	26	0.048	0.25	0.19	0.38
乙酸甲酯	20	0.103	0.38	0.27	0.54
丙酮	75	0.026	0.32	0.079	0.158
甲乙酮	25	0.106	0.32	0.33	0.66

（续）

成　　分	0℃时的蒸气压 /133.322Pa	1m³ 空气成分 质量/kg	吸附容量 /(kg/kg)	1m³ 空气所需 活性炭量/kg	活性 炭量/L
己烷	40	0.202	0.29	0.70	1.40
三氯乙烯	17.4	0.134	0.49	0.27	0.54
四氯乙烯	9.2	0.0408	0.58	0.07	0.14
异丁醇	0.5	0.00258	0.17	0.02	0.04
普通汽油	230	1.162	0.25	4.65	1.30
高辛烷值汽油	230	1.162	0.31	3.74	7.49

以表 14-10 所列数据为基础，求出对应于处理废气量所需要的活性炭量的关系。表 14-10 中同时已表明活性炭对有机溶剂的吸附容量，它是反映活性炭吸附能力的重要参数。

吸附容量是指在吸附平衡状态下，单位质量的活性炭所吸附的物质质量。吸附容量因气体中各种物质的化学特性、气体温度、被吸附物质在气体中的浓度不同而不同。对于同族化合物，相对分子质量越大，沸点越高，吸附容量则越大，图 14-17 所示为常见有机溶剂对应处理的废气量所需要的活性炭量计算图。

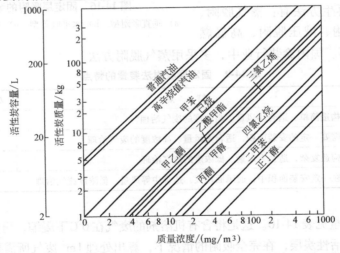

图 14-17　常见有机溶剂对应处理的废气量所需要的活性炭量计算图

（4）吸收法

1）吸收原理。吸收法是净化气态污染物最常用的方法。它主要是利用气体中有害物质能与某些液体或悬浮物发生物理或化学变化，从而使有害物质从气体中分离出来的一种方法。一般是用液体吸收剂处理混合气体。吸收过程要想顺利进行，可通过选择吸收剂与改善流体流动状况等方法提高气相总传质系数，以达到提高吸收速度的目的。

为增加吸收推动力，可以通过降低吸收温度、提高吸收压力、采用化学吸收等措施实现。另外，改进吸收设备结构、加强气液分散特性可增大气液接触面积，从而提高吸收速度。

2）吸收剂与吸收范围。用来吸收气体的物质称为吸收剂。一般要求吸收剂的吸收速度快，不挥发，化学稳定性好，不腐蚀吸收设备，黏度低，无臭、无毒，不燃烧，易于分离，来源广，价格低。

吸收剂依据其与被吸收剂的物质是否起化学反应，分为物理性吸收和化学性吸收两大类。

物理性吸收剂有：水、油类、活性炭悬浮液等。甲醇、乙醇、丁醇、醚类，以及二氧化硫、硫化氢、氯化氢、氨等气体，采用水为吸收剂时所需设备简单，成本低，吸收效率也比较高，故而被广泛应用。用水吸收喷漆室废气的流程如图 14-18 所示。水旋式喷漆室的结构即充分利用这个原理，使漆雾在喷漆室底部的动力管内被强大的水流所吸收。

油类吸收剂多用柴油、机油及邻苯二甲酸丁酯等，用以吸收不溶于水的非极性有机溶剂，如苯、甲苯、二甲苯、汽油等。

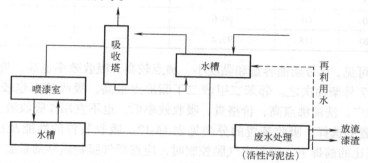

图 14-18　用水吸收喷漆室废气的流程

活性炭悬浮液可以吸收硫化氢、甲醇等。

常用的化学吸收剂有碱液、酸液、氧化剂液等。

碱液吸收剂多用消石灰、碳酸钠、烧碱等。它能吸收酸性气体，如硫化氢、有机酸和二氧化硫，也可吸收甲醇。

酸液吸收剂常采用硫酸、盐酸，主要吸收碱性物质，如氨和有机胺等。

氧化剂吸收液吸收剂可用次氯酸钠、高锰酸钾、过氧化氢、次溴酸钠、重铬酸钾、亚硫酸钠或钾等，它可吸收甲醇、乙醛、硫化氢、甲醇等。

几种吸收剂对甲苯的吸收效果见表 14-11。

表 14-11　几种吸收剂对甲苯的吸收效果

吸收液	甲苯含量/(mg/m)			吸收液物理性质		
	处理前	处理后	净化效率 η（%）	密度/（kg/m³）	黏度/10^{-3}Pa	沸点/℃
0 号柴油	772	60	92.2	—	3 ~ 8	249
	911	45	95.2	—		—
	932	48	94.8	—		—
	1760	52	97.0	—		—
7 号柴油	208	24	85	—	6 ~ 8	268
	472	53	88.8	—		—
	702	72	90.5	—		—
	105	66	93.5	—	—	—

（续）

吸收液	甲苯含量/(mg/m)			吸收液物理性质		
	处理前	处理后	净化效率 η（%）	密度/（kg/m³）	黏度/10⁻³Pa	沸点/℃
洗油	360	108	70.2	0.98	—	270
	773	182	76.5	—	—	—
	1153	232	79.7	—	—	—
	1712	392	77.7	—	—	—
邻苯二甲酸二丁酯	220	30	86.4	0.94	—	318
	413	40	90.3	—	—	—
	640	60	90.6	—	—	—
	2320	118	95.2	—	—	318

由表 14-11 可见，0 号柴油容量和黏度小，沸点较高，吸收效率也高，价格低，货源广，可用作吸收剂。7 号柴油次之。邻苯二甲酸二丁酯沸点最高，吸收效率也较高，但价格贵，货源缺，不易推广。洗油沸点高，价格贵，吸收效率低，也不宜用作吸收液。

3）吸收装置的选择。吸收装置的分类见表 14-12，吸收装置的性能及比较见表 14-13。在符合必要液气比的前提下，吸收由气膜控制时，应选择气膜物质移动系数大的装置；若用液膜控制时，应选择液膜物质移动系数大的装置。一般化学吸收时，考虑以气膜控制为好。

表 14-12　吸收装置的分类

装 置 名 称	气液分散类型	气膜物质移动系数	液膜物质移动系数
添料塔	液相分散型	中	中
流涂塔		小	小
旋风洗涤器		中	小
文氏管洗涤器		大	中
水力过滤器		中	中
泡罩踏	气相分散型	小	中
喷射洗涤器		中	中
气泡塔		小	大
气泡搅拌槽		中	大

表 14-13　吸收装置的性能及比较

装置名称	气 体			粉 尘			粉 尘		液滴	雾粒	烟
	有害气体		吸收时有化学反应	液气比/(h/m³)	空塔速度/(m/s)	阻力损失/9.8Pa	>5μm		<5μm	>10μm	>10μm	<1μm
	溶解度大	溶解度大					低浓度	高浓度				
填料塔（逆流）	○	○	○	—	—	—	○	×	×	△	○	×
填料塔（顺流）	▲	△	○	1~10	0.3~1.0	50mm H₂O/m 高塔	○	×	×	△	○	×
填料塔（交叉流）	○	△	○	—	—	—	○	×	×	△	○	×

（续）

装置名称	气　体			粉　尘			粉　尘				液滴	雾粒	烟
	有害气体		吸收时有化学反应	液气比/(h/m³)	空塔速度/(m/s)	阻力损失/9.8Pa	>5μm		<5μm	>10μm	>10μm	<1μm	
	溶解度大	溶解度大					低浓度	高浓度					
旋风洗涤器	△	×	▲	0.5~5	1~3	50~300	▲	▲	×	△×	○	×	
文氏管洗涤器	△	×	△	0.3~1.2	300~100(喷口)	300~900	○	○	○	○	○	×	
喷淋塔	△	×	△	0.1~1.0	0.2~1.0	20~90	▲	▲	×	−	▲	×	
喷射洗涤器	△	×	△	10~100	20~50(喷口)	0~200	○	○	○	○	○	▲	

注：×—不合适；○—$\eta=95\%~99\%$；▲—$\eta=85\%~95\%$；△—$\eta=75\%~85\%$。

洗涤吸收法吸收治理溶剂废气的工艺流程如图 14-19 所示。

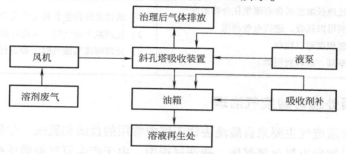

图 14-19　洗涤吸收法吸收治理溶剂废气的工艺流程

根据上述流程制成图 14-20 所示的斜孔塔成套废气治理装置。主要技术参数为：斜孔塔塔径 $\phi800mm$，塔高 5m；斜孔塔层数：斜孔塔板 5 层，旋流塔板 1 层，板间距 300mm；风机风量 4060m³/h，功率 7.5kW；油泵流量 6~14m³/h，功率 1.5kW；工作温度 <45℃，工作压力 >0.05MPa；吸收剂：0 号柴油；处理废气量：2000~4000m³/h；处理二甲苯最大浓度 2250mg/m³；气液比 1:1~1:2.25；净化效率 80% 以上。成套废气治理装置用于烘干室和静电喷漆室排出含二甲苯的混合废气治理，经生产使用和卫生防疫站实测表明，处理后与处理前相比较，多次实测净化率都在 79% 以上。

（5）废气处理方法的比较　上述四种废气处理方法的比较见表 14-14。

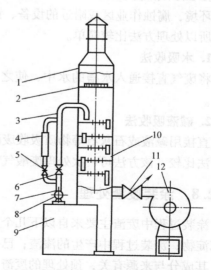

图 14-20　斜孔塔成套废气治理装置
1—塔体　2—旋流截板　3—管道　4—流量计
5、6—闸阀　7—阀　8—泵　9—液箱
10—斜孔塔板　11—风量调节阀　12—风机

表 14-14　四种废气处理方法的比较

方法	优　点	缺　点
直接燃烧法	1）燃烧效率高，管理容易 2）仅烧嘴需经常维护，维护简单 3）不需要对废气进行预处理，不稳定因素少，可靠性高	1）处理温度高，燃料费用大 2）燃烧装置、燃烧室、热回收装置等设备造价高 3）处理像喷漆室这样低浓度、大风量原废气不经济
催化燃烧法	1）与直接燃烧法相比，能在低温下氧化分解，燃烧消耗少 2）占地面积少	1）催化剂成本高，要考虑催化剂的使用寿命 2）需进行预处理，除去灰尘、烟雾等使催化剂中毒的物质
吸收法	1）以水为吸收剂时，设备费用低，不燃，运行安全，适用于喷漆室废气处理 2）以柴油等材料为吸收剂时，吸收效率比较高，适用范围扩大，不受涂料品种限制	1）必要时对产生的废水进行二次处理，并受涂料品种限制 2）设备和运行费用增加
活性炭吸附法	1）可处理低浓度的含有碳氢化合物的废气 2）溶剂可以回收，进行有效利用 3）处理程度可以控制 4）效率高，运转费用低	1）活性炭的再生和补充要花费较大的费用 2）处理烘干废气时，要进行除尘冷却处理 3）处理喷漆室废气时，要进行除漆雾的预处理

14.2.7　涂装预处理含酸废气治理

涂装预处理含酸废气主要来自酸洗去锈工序中常用的盐酸和硫酸。盐酸属挥发性酸，浓度大或温度高时易挥发出氯化氢气体，酸洗过程中，由于产生氢气而形成酸雾。硫酸不易挥发，但也形成酸雾。因此，含酸废气的成分主要是氯化氢酸雾或硫酸酸雾，直接排向大气会污染环境，腐蚀作业区或附近的设备、钢结构厂房和混凝土制品等。酸雾或氯化氢均易溶于水，所以处理方法比较简单。

1. 水吸收法

将废气直接通入水槽的水中，使之成为废酸水，然后采用含酸废水处理方法进行二次处理。

2. 碱液吸收法

直接用碱液或石灰石等物质吸收废酸气，使水溶液的 pH 值达到排放标准后排放。与水吸收法比较，该方法可一次处理废酸气，但不能回收酸液。

14.2.8　涂装废渣处理

涂装过程中废渣主要来自以下几个方面：涂装预处理工序中产生的沉淀物，如磷化槽中的沉淀物；涂装过程中产生的漆渣；已变质或干结的涂料，以及废水处理过程中产生的沉渣等。其成分与来源有关，预处理的废渣主要是不溶于水的金属盐类，而废涂料则是树脂、颜料及其他助剂等。

对于废渣中有害物质的容许含量及处理方法，各国都有明确的规定。废渣处理采用燃烧法和掩埋法，前者应用于有机物废渣，对于含铅、汞、铬、镉等有毒废渣，掩埋坑的四壁应防止渗漏，以免渗出而污染水源。表 14-15 列出了日本掩埋有毒废渣的检验标准，供读者参考。

表 14-15　日本掩埋有毒废渣的检验标准

序号	有害物质名称	根据溶解析出试验而制定原浓度标准
1	烷基水银化合物	不允许检测出
2	水银及其化合物	不允许检测出水银
3	镉及其化合物	每升检测液镉在 0.3mg 以下
4	铅及其化合物	每升检测液铅在 3mg 以下
5	有机磷化合物	每升检测液有机磷化合物在 1mg 以下
6	砷及其化合物	每升检测液砷在 1.5mg 以下
7	六价铬化合物	每升检测液 Cr^{6+} 在 1.5mg 以下
8	氰化物	每升检测液氰化物在 1mg 以下

附录 涂料涂装相关标准目录

序号	标 准 号	标 准 名 称
1	CB/T 1203—1989	鱼雷用防护蜡通用技术条件
2	GA/T 298—2001	道路标线涂料
3	GB/T 191—2008	包装储运图示标志
4	GB/T 1720—1979	漆膜附着力测定法
5	GB/T 1721—2008	清漆、清油及稀释剂外观和透明度测定法
6	GB/T 1722—1992	清漆、清油及稀释剂颜色测定法
7	GB/T 1723—1993	涂料粘度测定法
8	GB/T 1724—1989	涂料细度测定法
9	GB/T 1725—2007	色漆、清漆和塑料 不挥发物含量的测定
10	GB/T 1726—1989	涂料遮盖力测定法
11	GB/T 1727—1992	漆膜一般制备法
12	GB/T 1728—1989	漆膜、腻子膜干燥时间测定法
13	GB/T 1730—2007	色漆和清漆 摆杆阻尼试验
14	GB/T 1731—1993	漆膜柔韧性测定法
15	GB/T 1732—1993	漆膜耐冲击性测定法
16	GB/T 1733—1993	漆膜耐水性测定法
17	GB/T 1735—2009	色漆和清漆 耐热性的测定
18	GB/T 1740—2007	漆膜耐湿热性测定法
19	GB/T 1741—2007	漆膜耐霉菌测定法
20	GB/T 1747.2—2008	色漆和清漆 颜料含量的测定 第2部分：灰化法
21	GB/T 1748—1989	腻子膜柔韧性测定法
22	GB/T 1749—1989	厚漆、腻子稠度测定法
23	GB/T 1762—1980	漆膜回粘性测定法
24	GB/T 1765—1989	测定耐湿热、耐盐雾、耐候性（人工加速）的漆膜制备法
25	GB/T 1766—2008	色漆和清漆 涂层老化的评级方法
26	GB/T 1768—2006	色漆和清漆 耐磨性的测定 旋转橡胶砂轮法
27	GB/T 1770—2008	涂膜、腻子膜打磨性测定法
28	GB/T 1771—2007	色漆和清漆 耐中性盐雾性能的测定
29	GB/T 1865—2009	色漆和清漆 人工气候老化和人工辐射暴露（滤过的氙弧辐射）
30	GB/T 1981.1—2007	电气绝缘用漆 第1部分：定义和一般要求
31	GB/T 1981.2—2009	电气绝缘用漆 第2部分：试验方法
32	GB/T 1981.3—2009	电气绝缘用漆 第3部分：热固化浸渍漆通用规范

（续）

序号	标　准　号	标准名称
33	GB/T 2705—2003	涂料产品分类和命名
34	GB/T 3181—2008	漆膜颜色标准
35	GB/T 3186—2006	色漆、清漆和色漆与清漆用原材料取样
36	GB/T 4653—1984	红外辐射涂料通过技术条件
37	GB/T 5009.68—2003	食品容器内壁过氯乙烯涂料卫生标准的分析方法
38	GB/T 5009.69—2008	食品罐头内壁环氧酚醛涂料卫生标准的分析方法
39	GB/T 5009.70—2003	食品容器内壁聚酰胺环氧树脂涂料卫生标准的分析方法
40	GB/T 5009.80—2003	食品容器内壁聚四氟乙烯涂料卫生标准的分析方法
41	GB/T 5206—2015	色漆和清漆　术语和定义
42	GB/T 5208—2008	闪点的测定　快速平衡闭杯法
43	GB/T 5209—1985	色漆和清漆　耐水性的测定　浸水法
44	GB/T 5210—2006	色漆和清漆拉开法附着力试验
45	GB 5369—2008	船用饮水舱涂料通用技术条件
46	GB/T 5370—2007	防污漆样板浅海浸泡试验方法
47	GB 6514—2008	涂装作业安全规程　涂漆工艺安全及其通风净化
48	GB/T 6739—2006	色漆和清漆　铅笔法测定漆膜硬度
49	GB/T 6742—2007	色漆和清漆　弯曲试验（圆柱轴）
50	GB/T 6743—2008	塑料用聚酯树脂、色漆和清漆用漆基　部分酸值和总酸值的测定
51	GB/T 6744—2008	色漆和清漆用漆基　皂化值的测定　滴定法
52	GB/T 6745—2008	船壳漆
53	GB/T 6746—2008	船用油舱漆
54	GB/T 6747—2008	船用车间底漆
55	GB/T 6748—2008	船用防锈漆
56	GB/T 6749—1997	漆膜颜色表示方法
57	GB/T 6750—2007	色漆和清漆　密度的测定　比重瓶法
58	GB/T 6751—2007	色漆和清漆和塑料　不挥发物含量的测定
59	GB/T 6753.1—2007	色漆、清漆和印刷油墨　研磨细度的测定
60	GB/T 6753.2—1986	涂料表面干燥试验　小玻璃球法
61	GB/T 6753.3—1986	涂料贮存稳定性试验方法
62	GB/T 6753.4—1998	色漆和清漆　用流出杯测定流出时间
63	GB/T 6753.5—1986	涂料及有关产品闪光测定法　闭口杯平衡法
64	GB/T 6753.6—1986	涂料产品的大面积刷涂试验
65	GB/T 6807—2001	钢铁工件涂漆前磷化处理技术条件
66	GB/T 6822—2014	船体防污防锈漆体系
67	GB/T 6823—2008	船舶压载舱漆
68	GB/T 6824—2008	船底防污漆铜离子渗出率测定法

（续）

序号	标　准　号	标　准　名　称
69	GB/T 6825—2008	船底防污漆有机锡单体渗出率测定法
70	GB/T 7105—1986	食品容器过氯乙烯内壁涂料卫生标准
71	GB/T 7691—2003	涂装作业安全规程　安全管理通则
72	GB/T 7692—2012	涂装作业安全规程　涂漆前处理工艺安全及其通风净化
73	GB/T 7788—2007	船舶及海洋工程阳极屏涂料通用技术条件
74	GB/T 7789—2007	船底防污漆防污性能动态试验方法
75	GB/T 7790—2008	色漆和清漆　暴露在海水中的涂层耐阴极剥离性能的测定
76	GB/T 7791—2014	防污漆降阻性能试验方法
77	GB/T 8264—2008	涂装技术术语
78	GB/T 8771—2007	铅笔涂层中可溶性素最大限量
79	GB/T 8923.1—2011	涂覆涂料前钢材表面处理　表面清洁度的目视评定　第1部分：未涂覆过的钢材表面和全面清除原有涂层后的钢材表面的锈蚀等级和处理等级
80	GB/T 8923—1988	涂装前钢材表面锈蚀等级和除锈等级
81	GB/T 9260—2008	船用水线漆
82	GB/T 9261—2008	甲板漆
83	GB/T 9262—2008	船用货舱漆
84	GB/T 9263—1988	防滑甲板漆防滑性的测定
85	GB/T 9264—2012	色漆和清漆　抗流挂性评定
86	GB/T 9265—2009	建筑涂料　涂层耐碱性的测定
87	GB/T 9266—2009	建筑涂料　涂层耐洗刷性的测定
88	GB/T 9267—2008	涂料用乳液和涂料、塑料用聚合物分散体　白点温度和最低成膜温度的测定
89	GB/T 9268—2008	乳胶漆耐冻融性的测定
90	GB/T 9269—2009	建筑涂料粘度的测定　斯托默粘度计法
91	GB/T 9271—2008	色漆和清漆　标准试板
92	GB/T 9272—2007	色漆和清漆　通过测量干涂层密度测定涂料的不挥发物体积分数
93	GB/T 9273—1988	漆膜无印痕试验
94	GB/T 9274—1988	色漆和清漆　耐液体介质的测定
95	GB/T 9275—2008	色漆和清漆　巴克霍尔兹压痕试验
96	GB/T 9276—1996	涂层自然气候曝露试验方法
97	GB/T 9278—2008	涂料式样状态调节和试验的温湿度
98	GB/T 9279.1—2015	色漆和清漆　耐划痕性的测定　第1部分：负荷恒定法
99	GB/T 9280—2008	色漆和清漆　耐码垛性试验
100	GB/T 9281.1—2008	透明液体　加氏颜色等级评定颜色　第1部分：目视法
101	GB/T 9282.1—2008	透明液体　以铂-钴等级评定颜色　第1部分：目视法
102	GB/T 9283—2008	用溶剂馏程的测定
103	GB/T 9284.1—2015	色漆和清漆用漆基　软化点的测定　第1部分：环球法

（续）

序号	标　准　号	标　准　名　称
104	GB/T 9286—1998	色漆和清漆　漆膜的划格试验
105	GB/T 9680—1988	食品容器漆酚涂料卫生标准
106	GB/T 9682—1988	食品罐头内壁脱模涂料卫生标准
107	GB/T 9686—2012	食品安全国家标准　内壁环氧聚酰胺树脂涂料
108	GB/T 9750—1998	涂料产品包装标志
109	GB/T 9751.1—2008	色漆和清漆　用旋转黏度计测定黏度　第1部分：以高剪切速率操作的锥板黏度计
110	GB/T 9753—2007	色漆和清漆　杯突试验
111	GB/T 9754—2007	色漆和清漆　不含金属颜色的色漆漆膜之20°、60°和85°镜面光泽的测定
112	GB/T 9755—2014	合成树脂乳液外墙涂料
113	GB/T 9756—2009	合成树脂乳液内墙涂料
114	GB/T 9757—2001	溶剂型外墙涂料
115	GB/T 9758.1—1988	色漆和清漆　"可溶性"金属含量的测定　第1部分：铅含量的测定　火焰原子吸收光谱法和双硫腙分光光度法
116	GB/T 9758.2—1988	色漆和清漆　"可溶性"金属含量的测定　第2部分：锑含量的测定　火焰原子吸收光谱法和若丹明B分光光度法
117	GB/T 9758.3—1988	色漆和清漆　"可溶性"金属含量的测定　第3部分：钡含量的测定　火焰原子吸收光谱法
118	GB/T 9758.4—1988	色漆和清漆　"可溶性"金属含量的测定　第4部分：镉含量的测定　火焰原子吸收光谱法和极谱法
119	GB/T 9758.5—1988	色漆和清漆　"可溶性"金属含量的测定　第5部分：液体色漆的颜料部分或粉末状色漆中六价铬含量的测定　二苯卡巴肼分光光度法
120	GB/T 9758.6—1988	色漆和清漆　"可溶性"金属含量的测定　第6部分：色漆的液体部分中铬总含量的测定　火焰原子吸收光谱法
121	GB/T 9758.7—1988	色漆和清漆　"可溶性"金属含量的测定　第7部分：色漆的颜料部分和水可稀释漆的液体部分的汞含量的测定　火焰原子吸收光谱法
122	GB/T 9760—1988	色漆和清漆　液体或粉末状色漆中酸萃取物的制备
123	GB/T 9761—2008	色漆和清漆　色漆的目视比色
124	GB/T 9779—2015	复层建筑涂料
125	GB/T 9780—2013	建筑涂料涂层耐沾污性试验方法
126	GB/T 9792—2003	金属材料上的转化膜　单位面积上膜层质量的测定　重量法
127	GB/T 9969—2008	工业产品使用说明书　总则
128	GB/T 10834—2008	船舶漆耐盐水性的测定　盐水和热盐水浸泡法
129	GB/T 11185—2009	色漆和清漆　弯曲试验（锥形轴）
130	GB/T 11186.1—1989	漆膜颜色的测量方法　第一部分：原理
131	GB/T 11186.2—1989	漆膜颜色的测量方法　第一部分：颜色测量
132	GB/T 11186.3—1989	漆膜颜色的测量方法　第一部分：色差计算

（续）

序号	标 准 号	标 准 名 称
133	GB/T 11376—1997	金属的磷酸盐转化膜
134	GB/T 11676—2012	有机硅防粘涂料
135	GB/T 11678—1989	食品容器内壁聚四氟乙烯涂料卫生标准
136	GB/T 11942—1989	彩色建筑涂料色度测量方法
137	GB/T 12367—2006	涂装作业安全规程　静电喷漆工艺安全
138	GB/T 12441—2005	饰面型防火涂料
139	GB/T 12612—2005	多功能钢铁表面处理液通用技术条件
140	GB 12942—2006	涂装作业安全规程　有限空间作业安全技术要求
141	GB/T 12989—1991	色漆和清漆　术语词条对照表
142	GB/T 13288.2—2011	涂覆涂料前钢材表面处理　喷射清理后的钢材表面粗糙度特性　第2部分：磨料喷射清理后钢材表面粗糙度等级的测定方法　比较样块法
143	GB/T 13452.1—1992	色漆和清漆　总铅含量的测定　火焰原子吸收光谱法
144	GB/T 13452.2—2008	色漆和清漆　漆膜厚度的测定
145	GB/T 13452.3—1992	色漆和清漆　遮盖力的测定　第1部分：适于白色和浅色漆的 Kubelka-Munk 法
146	GB/T 13452.4—2008	色漆和清漆　钢铁表面上涂膜的耐丝状腐蚀试验
147	GB/T 13491—1992	涂料产品包装通则
148	GB/T 13492—1992	各色汽车用面漆
149	GB/T 13493—1992	汽车用底漆
150	GB/T 13893—2008	色漆和清漆　耐湿性的测定　连续冷凝法
151	GB/T 14441—2008	涂装作业安全规程　术语
152	GB 14443—2007	涂装作业安全规程涂层烘干室安全技术规定
153	GB 14444—2006	涂装作业安全规程喷漆室安全技术规定
154	GB/T 14522—2008	机械工业产品用塑料、涂料、橡胶材料人工气候老化试验方法　荧光紫外灯
155	GB/T 14616—2008	机舱舱底涂料通用技术条件
156	GB 14773—2007	涂装作业安全规程　静电喷枪及其辅助装置安全技术条件
157	GB 14907—2002	钢结构防火涂料
158	GB 15258—2009	化学品安全标签编写规定
159	GB 15607—2008	涂装作业安全规程　粉末静电喷涂工艺安全
160	GB/T 15957—1995	大气环境腐蚀性分析
161	GB/T 16168—1996	海洋结构物大气段用涂料加速试验方法
162	GB/T 16359—1996	放射性发光涂料的放射卫生防护标准
163	GB/T 16777—2008	建筑防水涂料试验方法
164	GB/T 16906—1997	石油罐导静电涂料电阻率测定法
165	GB/T 17306—2008	包装　消费者的需求
166	GB/T 17371—2008	硅酸盐复合绝热涂料
167	GB 17750—2012	涂装作业安全规程浸涂工艺安全

（续）

序号	标 准 号	标 准 名 称
168	GB 18070—2000	油漆厂卫生防护距离标准
169	GB/T 18178—2000	水性涂料涂装体系选择通则
170	GB/T 18446—2009	色漆和清漆用漆基　异氰酸酯树脂中二异氰酸酯单体的测定
171	GB 18581—2009	室内装饰装修材料　溶剂型木器涂料中有害物质限量
172	GB 18582—2008	室内装饰装修材料　内墙涂料中有害物质限量
173	GB/T 18593—2010	熔融结合环氧粉末涂料的防腐蚀涂装
174	GB/T 18922—2008	建筑颜色的表示方法
175	GB/T 19250—2013	聚氨酯防水涂料
176	GB/T 20623—2006	建筑涂料用乳液
177	GB/T 20624.1—2006	色漆和清漆快速变形（耐冲击性）试验第1部分：落锤试验（大面积冲头）
178	GB/T 20624.2—2006	色漆和清漆快速变形（耐冲击性）试验第2部分：落锤试验（小面积冲头）
179	GB/T 21090—2007	可调色乳胶基础漆
180	GB/T 21782.7—2008	粉末涂料　第7部分：烘烤时质量损失的测定法
181	GB/T 23994—2009	与人体接触的消费产品用涂料中特定有害元素限量
182	GB/T 23995—2009	室内装饰装修用溶剂型醇酸木器涂料
183	GB/T 23996—2009	室内装饰装修用溶剂型金属板涂料
184	GB/T 23997—2009	室内装饰装修用溶剂型聚氨酯木器涂料
185	GB/T 23998—2009	室内装饰装修用溶剂型硝基木器涂料
186	GB/T 23999—2009	室内装饰装修用水性木器涂料
187	GB/T 24100—2009	X、γ辐射屏蔽涂料
188	GB/T 24147—2009	水性紫外光（UV）固化树脂　水溶性不饱和聚酯丙烯酸酯树脂
189	GB 24408—2009	建筑用外墙涂料中有害物质限量
190	GB 24409—2009	汽车涂料中有害物质限量
191	GB 24410—2009	室内装饰装修材料　水性木器涂料中有害物质限量
192	GB 24613—2009	玩具用涂料中有害物质限量
193	GB/T 25249—2010	氨基醇酸树脂涂料
194	GB/T 25251—2010	醇酸树脂涂料
195	GB/T 25252—2010	酚醛树脂防锈涂料
196	GB/T 25258—2010	过氯乙烯树脂防腐涂料
197	GB/T 25259—2010	过氯乙烯树脂涂料
198	GB/T 25261—2010	建筑用反射隔热涂料
199	GB/T 25263—2010	氯化橡胶防腐涂料
200	GB/T 25264—2010	溶剂型丙烯酸树脂涂料
201	GB/T 25271—2010	硝基涂料
202	GB/T 25272—2010	硝基涂料防潮剂
203	GB/T 27806—2011	环氧沥青防腐涂料

（续）

序号	标 准 号	标 准 名 称
204	GB/T 27807—2011	聚酯粉末涂料用固化剂
205	GB/T 27808—2011	热固性粉末涂料用饱和聚酯树脂
206	GB/T 27809—2011	热固性粉末涂料用双酚 A 型环氧树脂
207	GB/T 27811—2011	室内装饰装修用天然树脂木器涂料
208	GB/T 28699—2012	钢结构防护涂装通用技术条件
209	GB/T 30191—2013	外墙光催化自洁涂覆材料
210	GB/T 30648.5—2015	色漆和清漆　耐液体性的测定　第 5 部分：采用具有温度梯度的烘箱法
211	GB/T 30789.1—2015	色漆和清漆　涂层老化的评价　缺陷的数量和大小以及外观均匀变化程度的标识　第 1 部分：总则和标识体系
212	GB/T 30789.2—2014	色漆和清漆　涂层老化的评价　缺陷的数量和大小以及外观均匀变化程度的标识：第 2 部分：起泡等级的评定
213	GB/T 30789.3—2014	色漆和清漆　涂层老化的评价　缺陷的数量和大小以及外观均匀变化程度的标识　第 3 部分：生锈等级的评定
214	GB/T 30789.5—2015	色漆和清漆　涂层老化的评价　缺陷的数量和大小以及外观均匀变化程度的标识　第 5 部分：剥落等级的评定
215	GB/T 30789.6—2015	色漆和清漆　涂层老化的评价　缺陷的数量和大小以及外观均匀变化程度的标识　第 6 部分：胶带法评定粉化等级
216	GB/T 30789.7—2015	色漆和清漆　涂层老化的评价　缺陷的数量和大小以及外观均匀变化程度的标识　第 7 部分：天鹅绒布法评定粉化等级
217	GB/T 30789.8—2015	色漆和清漆　涂层老化的评价　缺陷的数量和大小以及外观均匀变化程度的标识　第 8 部分：划线或其它人造缺陷周边剥离和腐蚀等级的评定
218	GB/T 30790.1—2014	色漆和清漆　防护涂料体系对钢结构的防腐蚀保护　第 1 部分：总则
219	GB/T 30790.2—2014	色漆和清漆　防护涂料体系对钢结构的防腐蚀保护　第 2 部分：环境分类
220	GB/T 30790.3—2014	色漆和清漆　防护涂料体系对钢结构的防腐蚀保护　第 3 部分：设计依据
221	GB/T 30790.4—2014	色漆和清漆　防护涂料体系对钢结构的防腐蚀保护　第 4 部分：表面类型和表面处理
222	GB/T 30790.5—2014	色漆和清漆　防护涂料体系对钢结构的防腐蚀保护　第 5 部分：防护涂料体系
223	GB/T 30790.6—2014	色漆和清漆　防护涂料体系对钢结构的防腐蚀保护　第 6 部分：实验室性能测试方法
224	GB/T 30790.7—2014	色漆和清漆　防护涂料体系对钢结构的防腐蚀保护　第 7 部分：涂装的实施和管理
225	GB/T 30790.8—2014	色漆和清漆　防护涂料体系对钢结构的防腐蚀保护　第 8 部分：新建和维护技术规格书的制定
226	GB/T 30791—2014	色漆和清漆　T 弯试验
227	GB 30981—2014	建筑钢结构防腐涂料中有害物质限量
228	GB/T 31409—2015	船舶防污漆总铜含量测定法
229	GB/T 31411—2015	船舶防污漆磨蚀率测定法
230	GB/T 31412—2015	色漆和清漆用漆基　羟值的测定　滴定法
231	GB/T 31413—2015	色漆和清漆用漆基　脂松香的鉴定　气相色谱分析法

（续）

序号	标 准 号	标 准 名 称
232	GB/T 31414—2015	水性涂料　表面活性剂的测定　烷基酚聚氧乙烯醚
233	GB/T 31415—2015	色漆和清漆　海上建筑及相关结构用防护涂料体系性能要求
234	GB/T 31416—2015	色漆和清漆　多组分涂料体系适用期的测定　样品制备和状态调节及试验指南
235	GB/T 31586.1—2015	防护涂料体系对钢结构的防腐蚀保护　涂层附着力/内聚力（破坏强度）的评定和验收准则　第1部分：拉开法试验
236	GB/T 31586.2—2015	防护涂料体系对钢结构的防腐蚀保护　涂层附着力/内聚力（破坏强度）的评定和验收准则　第2部分：划格试验和划叉试验
237	GB/T 31588.1—2015	色漆和清漆　耐循环腐蚀环境的测定　第1部分：湿（盐雾）/干燥/湿气
238	GB/T 31591—2015	色漆和清漆　耐擦伤性的测定
239	GB/T 31815—2015	建筑外表面用自清洁涂料
240	GB/T 31817—2015	风力发电设施防护涂装技术规范
241	GB/T 31820—2015	原油油船货油舱漆
242	GB 50108—2008	地下工程防水技术规范
243	GB 50207—2012	屋面工程质量验收规范（选录）
244	GB 50210—2001	建筑装饰装修工程质量验收规范（选录）
245	GB 50212—2014	建筑防腐蚀工程施工
246	GB 50224—2010	建筑防腐蚀工程施工质量验收规范
247	GB 50327—2001	住宅装饰装修工程施工规范（选录）
248	GBZ 119—2006	放射性发光涂料卫生防护
249	HG/T 2003—1991	电子元件漆
250	HG/T 2004—1991	水泥地板用漆
251	HG/T 2005—1991	电冰箱用磁漆
252	HG/T 2006—2006	热固性粉末涂料
253	HG/T 2009—1991	C06-1 铁红醇酸底漆
254	HG/T 2237—1991	A01-1、A01-2 氨基烘干清漆
255	HG/T 2238—1991	F01-1 酚醛清漆
256	HG/T 2239—2012	环氧酯底漆
257	HG/T 2240—2012	潮（湿）气固化聚氨酯涂料（单组分）
258	HG/T 2243—1991	机床面漆
259	HG/T 2244—1991	机床底漆
260	HG/T 2245—2012	硝基铅笔漆
261	HG/T 2276—1996	涂料用催干剂
262	HG/T 2277—1992	各色硝基外用磁漆
263	HG/T 2454—2014	溶剂型聚氨酯涂料（双组分）
264	HG/T 2458—1993	涂料产品检验、运输和贮存通则
265	HG/T 2593—1994	丙烯酸清漆

（续）

序号	标准号	标准名称
266	HG/T 2594—1994	各色氨基烘干磁漆
267	HG/T 2595—1994	锌黄、铁红过氯乙烯底漆
268	HG/T 2596—1994	各色过氯乙烯磁漆
269	HG/T 2661—1995	氯磺化聚乙烯防腐涂料（双组分）
270	HG/T 2881—1997	脱漆剂脱漆效率测定法
271	HG/T 2882—1997	催干剂的催干性能测定法
272	HG/T 2997—1997	蒙布涂漆后重量增加测定法
273	HG/T 2998—1997	涂布漆涂刷性测定法
274	HG/T 2999—1997	蒙布涂漆后收缩率测定法
275	HG/T 3000—1997	蒙布涂漆后抗张强度增加测定法
276	HG/T 3330—2012	绝缘漆漆膜击穿强度测定法
277	HG/T 3331—2012	绝缘漆漆膜体积电阻系数和表面电阻系数测定法
278	HG/T 3332—1980	耐电弧漆耐电弧性测定法
279	HG/T 3333—1989	铝及其合金底材电泳漆膜制备法
280	HG/T 3334—2012	电泳涂料通用试验方法
281	HG/T 3335—1985	电泳漆电导率测定法
282	HG/T 3336—1977	电泳漆泳透力测定法
283	HG/T 3337—1977	电泳漆库伦效率测定法
284	HG/T 3338—1985	电泳漆沉积量测定法
285	HG/T 3339—1989	电泳漆泳透力测定法（钢管法）
286	HG/T 3343—1985	漆膜耐油性测定法
287	HG/T 3344—2012	漆膜吸水率测定法
288	HG/T 3347—2013	乙烯磷化底漆（双组分）
289	HG/T 3349—2003	E04-1 各色酚醛磁漆
290	HG/T 3352—2003	各色醇酸腻子
291	HG/T 3353—1987	A16-51 各色氨基烘干锤纹漆
292	HG/T 3354—2003	各色环氧酯腻子
293	HG/T 3355—2003	各色硝基底漆
294	HG/T 3356—2003	各色硝基腻子
295	HG/T 3357—2003	各色过氯乙烯腻子
296	HG/T 3358—1987	G52-31 各色过氯乙烯防腐漆
297	HG/T 3362—2003	铝粉有机硅烘干耐热漆（双组分）
298	HG/T 3366—2003	各色环氧酯烘干电泳漆
299	HG/T 3369—2003	云铁酚醛防锈漆
300	HG/T 3371—2012	氨基烘干绝缘漆
301	HG/T 3372—2012	醇酸烘干绝缘漆

（续）

序号	标 准 号	标 准 名 称
302	HG/T 3375—2003	有机硅烘干绝缘漆
303	HG/T 3655—2012	紫外线（UV）固化木器漆
304	HG/T 3656—1999	钢结构桥梁漆
305	HG/T 3668—2009	富锌底漆
306	HG/T 3793—2005	热熔型氟树脂（PVDF）涂料
307	HG/T 3829—2006	地坪涂料
308	HG/T 3830—2006	卷材涂料
309	HG/T 3831—2006	喷涂聚脲防护材料
310	HG/T 3832—2006	自行车用面漆
311	HG/T 3833—2006	自行车用底漆
312	HG/T 3855—2006	绝缘漆漆膜制备法
313	HG/T 3856—2006	绝缘漆漆膜吸水率测定法
314	HG/T 3857—2006	绝缘漆漆膜耐油性测定法
315	HG/T 3858—2006	稀释剂、防潮剂水分测定法
316	HG/T 3859—2006	稀释剂、防潮剂白化性测定法
317	HG/T 3860—2006	稀释剂、防潮剂挥发性测定法
318	HG/T 3861—2006	稀释剂、防潮剂胶凝数测定法
319	HG/T 3950—2007	抗菌涂料
320	HG/T 3952—2007	阴极电泳涂料
321	HG/T 4104—2009	建筑用水性氟涂料
322	HG/T 4109—2009	负离子功能涂料
323	HG/T 4561—2013	不饱和聚酯腻子
324	HG/T 4562—2013	不可逆示温涂料
325	HG/T 4563—2013	不粘涂料
326	HG/T 4564—2013	低表面处理容忍性环氧涂料
327	HG/T 4565—2013	锅炉及辅助设备耐高温涂料
328	HG/T 4566—2013	环氧树脂底漆
329	HG/T 4567—2013	建筑用弹性中涂漆
330	HG/T 4568—2013	氯醚防腐涂料
331	HG/T 4569—2013	石油及石油产品储运设备用导静电涂料
332	HG/T 4570—2013	汽车用水性涂料
333	HJ/T 414—2007	环境标志产品技术要求 室内装饰装修用溶剂型木器涂料
334	HJ/T 457—2009	环境标志产品技术要求 防水涂料
335	JB/T 875—1999	醇酸晾干覆盖漆
336	JB/T 904—1999	油性硅钢片漆
337	JB/T 1544—2015	电气绝缘浸渍漆和漆布快速热老化试验方法 热重点斜法

（续）

序号	标 准 号	标 准 名 称
338	JB/T 3078—2015	电气绝缘用漆 有机硅浸渍漆
339	JB/T 5673—2015	农林拖拉机及机具涂漆通用技术条件
340	JB/T 6978—2016	涂装前表面准备——酸洗
341	JB/T 7094—1993	改性聚酯浸渍漆
342	JB/T 7095—1993	亚胺环氧浸渍漆
343	JB/T 7504—1994	静电喷涂装置技术条件
344	JB/T 7599.1—2013	漆包绕组线绝缘漆 第1部分：一般规定
345	JB/T 7599.2—2013	漆包绕组线绝缘漆 第2部分：120级缩醛漆包线漆
346	JB/T 7599.3—2013	漆包绕组线绝缘漆 第3部分：130级聚酯漆包线漆
347	JB/T 7599.4—2013	漆包绕组线绝缘漆 第4部分：130级聚氨酯漆包线漆
348	JB/T 7599.5—2013	漆包绕组线绝缘漆 第5部分：155级聚酯漆包线漆
349	JB/T 7599.6—2013	漆包绕组线绝缘漆 第6部分：180级聚酯亚胺漆包线漆
350	JB/T 7599.7—2013	漆包绕组线绝缘漆 第7部分：200级聚酰胺酰亚胺漆包线漆
351	JB/T 7599.8—2013	漆包绕组线绝缘漆 第8部分：240级芳族聚酰亚胺漆包线漆
352	JB/T 7771—1995	环氧少溶剂浸渍漆
353	JB/T 8424—1996	金属覆盖层和有机涂层天然海水腐蚀试验方法
354	JB/T 8504—1996	氨基醇酸块固化浸渍漆
355	JB/T 9199—2008	防渗涂料 技术条件
356	JB/T 9555—1999	电气绝缘用醇酸磁漆
357	JB/T 9556—2015	电气绝缘用漆 常温固化覆盖漆通用规范
358	JB/T 9557—1999	环氧酯浸渍漆
359	JB/T 10242—2013	阴极电泳涂装通用技术规范
360	JB/T 10581—2006	化学转化膜 铝及铝合金上漂洗和不漂洗铬酸盐转化膜
361	JB/T 11617—2013	塑料涂装通用技术条件
362	JB/T 12273—2015	阴极电泳涂膜制备实验装置技术条件
363	JC/T 408—2005	水乳型沥青防水涂料
364	JC/T 423—1991	水溶性内墙涂料
365	JC/T 674—1997	聚氯乙烯弹性防水涂料
366	JC/T 852—1999	溶剂型橡胶沥青防水涂料
367	JC/T 864—2008	聚合物乳液建筑防水涂料
368	JG/T 23—2001	建筑涂料 涂层试板的制备
369	JG/T 24—2000	合成树脂乳液沙壁状建筑涂料
370	JG/T 25—1999	建筑涂料 涂层耐冻融循环性测定法
371	JG/T 26—2002	外墙无机建筑涂料
372	JG/T 210—2007	建筑内外墙用底漆
373	JG/T 298—2010	建筑室内用腻子

（续）

序号	标 准 号	标 准 名 称
374	JG/T 304—2011	建筑用防涂鸦抗粘贴涂料
375	JG/T 3003—1993	多彩内墙涂料
376	JG/T 3045.1—1998	铝合金门窗型材粉末静电喷涂涂层技术条件
377	JG/T 3045.2—1998	钢门窗粉末静电喷涂涂层技术条件
378	LY/T 1740—2008	木器用不饱和聚酯漆
379	QB/T 1218—1991	自行车油漆技术条件
380	QB/T 1551—1992	灯具油漆涂层
381	QB/T 1552—1992	照明灯具反射器油漆涂层技术条件
382	QB/T 1896—1993	自行车粉末涂装技术条件
383	QB/T 1950—2013	家具表面漆膜耐盐浴测定法
384	QB/T 2002.2—1994	皮革五金配件　表面喷涂层技术条件
385	QB/T 2121—2014	童车涂层通用技术条件
386	QB/T 2183—1995	自行车电泳涂装技术条件
387	QB/T 2268—1996	计时仪器外观件涂饰通用技术条件　钟金属外观件漆层
388	QB/T 2359—2008	玩具表面涂层技术条件
389	QB/T 2496—2000	保温瓶喷涂漆车间安全技术规范
390	QB/T 2624—2012	单张纸胶印油墨
391	SJ/T 11294—2003	防静电地坪涂料通用规范
392	SN/T 1545—2005	进出口溶剂型涂料中苯系物和游离二异氰酸酯类单体的同时测定方法　气相色谱法
393	SZJG 48—2014	建筑装饰装修涂料与胶粘剂有害物质限量
394	TB/T 1527—2011	铁路钢桥保护涂装及涂料供货技术条件
395	TB/T 2393—2001	铁路机车车辆用面漆
396	TB/T 2707—1996	铁路货车用厚浆型醇酸漆技术条件
397	TB/T 2879.1—1998	铁路机车车辆　涂料及涂装　第1部分：涂料供货技术条件
398	TB/T 2879.2—1998	铁路机车车辆　涂料及涂装　第2部分：涂料检验方法
399	TB/T 2879.3—1998	铁路机车车辆　涂料及涂装　第3部分：金属和非金属材料表面处理技术条件
400	TB/T 2879.4—1998	铁路机车车辆　涂料及涂装　第4部分：货车防护和涂装技术条件
401	TB/T 2879.5—1998	铁路机车车辆　涂料及涂装　第5部分：客车和牵引动力车的防护和涂装技术条件
402	TB/T 2879.6—1998	铁路机车车辆　涂料及涂装　第6部分：涂装质量检查和验收规程
403	TB/T 2932—1998	铁路机车车辆　阻尼涂料　供货技术条件
404	TB/T 2965—2011	铁路混凝土桥面防水层技术条件

参 考 文 献

[1] 林鸣玉. 涂装工程[M]. 北京：机械工业出版社，2014.

[2] 傅绍燕. 涂装工艺与车间设计手册[M]. 北京：机械工业出版社，2013.

[3] 郑顺兴. 涂料与涂装原理[M]. 北京：化学工业出版社，2013.

[4] 王锡春. 汽车涂装工艺技术[M]. 北京：化学工业出版社，2005.

[5] 叶扬祥，潘肇基. 涂装技术应用手册[M]. 北京：机械工业出版社，2001.

[6] 冯立明. 涂装工艺与设备[M]. 北京：化学工业出版社，2013.

[7] 王锡春. 涂装车间设计手册[M]. 北京：化学工业出版社，2013.

[8] 曾晋，陈燕舞. 涂料和涂装安全与环保[M]. 北京：化学工业出版社，2012.

[9] 欧玉春，童忠良. 汽车涂料涂装技术[M]. 北京：化学工业出版社，2010.

[10] 宋华. 电泳涂装技术[M]. 北京：化学工业出版社，2009.

[11] 周义编. 电泳涂装新工艺[M]. 北京：地质出版社，1999.

[12] 厄特尔 G. 聚氨酯手册[M]. 北京：中国石化出版社，1992.

[13] 李绍雄，刘益军. 聚氨酯树脂及其应用[M]. 北京：化学工业出版社，2002.

[14] 孙雅文，杨焕奇. 锆系硅烷复合薄膜工艺在摩托车油箱涂装前处理上的应用[J]. 电镀与涂饰，2016，35(2)：93-97.

[15] 郑福斌，苏和，梁炳华. 锆化前处理工艺的应用研究[J]. 现代涂料与涂装，2016，19(4)：15-18.

[16] 陈春成，王雪康. 氟锆酸盐纳米转化膜技术[J]. 电镀与环保，2013，33(4)：34-36.

[17] Dalmoro V, Dos Santos J H Z, Alemán C, et al. An assessment of the corrosion protection of AA2024-T3 treated with vinyltrimethoxysilane/(3-glycidyloxypropyl) trimethoxysilane[J]. Corrosion Science, 2015, 92：200-208.

[18] Rahal C, Masmoudi M, Abdelmouleh M, et al. An environmentally friendly film formed on copper：Characterization and corrosion protection[J]. Progress in Organic Coatings, 2015, 78：90-95.

[19] Song J, Van Ooij W J. Bonding and corrosion protection mechanisms of γ-APS and BTSE silane films on aluminum substrates[J]. Journal of Adhesion Science and Technology, 2003, 17(16)：2191-2221.

[20] 王文忠. 常温磷化工艺技术漫谈[J]. 电镀与环保，2017，37(3)：60-61.

[21] 黄晓梅，李鹏飞，金少兵. 含钙高温锰系磷化膜性能的研究[J]. 电镀与环保，2017，37(2)：36-39.

[22] 蒯珊，张创优，李晓东，等. 晶态磷化工艺与阴极电泳技术的配套性研究[J]. 材料保护，2017，50(3)：43-46.

[23] 李勇，陈小平，王向东，等. 后处理工艺对磷化膜耐蚀性的影响[J]. 材料保护，2016，49(10)：49-52.

[24] Wu F, Liu X, Xiao Xin. Corrosion Resistance and Characterization Studies of Calcium Series Chemical Conversion Film via Green Pretreatment on Magnesium Alloy[J]. Anti-Corrosion Methods and Materials, 2016, 63(6)：508-512.

[25] 石荣满，刘书国. 管道补口及异型管件防腐新工艺[J]. 上海涂料，2005，43(6)：10-12.

[26] 吴柏明. 滚动式刷涂笔的研制[J]. 电刷镀技术，1998(3)：22.

[27] 崔保. 浓相输送管道防腐耐磨剂刷涂专机[J]. 有色冶金节能，2004，21(4)：59-60.

[28] 余取民，黎成勇，杨宁. 清洁型刷涂铁系磷化液研究[J]. 表面技术，2005，34(4)：65-66.

[29] 张伟明. 氰凝在地下防水工程中的应用[J]. 南通职业大学学报，2000，14(2)：79-80.

[30] 刘天佑，沈国亮. 刷涂耐磨材料解决引风机叶轮磨损问题[J]. 河南电力，1997(3)：31.

[31] 程先德，李明孝，等. 刷涂消光补伤工艺研究[J]. 中国皮革，1991，20(4)：34-37.

[32] 冯莉，卢经扬. 洗煤厂车间内涂刷涂料的开发与应用[J]. 江苏煤炭，1998(4)：41-42.

[33] 宋金良. 在顶盖蒙皮上刷涂双组分密封胶新工艺[J]. 客车技术与研究，1996，18(3)：165-166.

[34] S Matsumoto, N Fujimoto, M Teranishi, et al. A brush coating skill training system for manufacturing education at Japanese elementary and junior high schools[J]. Artificial Life & Robotics, 2016, 21(1)：69-78.

[35] 罗时律，权金宝. 油漆涂装车间厂房通风设计中的问题与措施[J]. 科学与财富，2013(4)：212.

[36] 聂爽，张文军. 运用流涂法和刷涂法提升铸件外观质量[J]. 现代铸铁，2016(3)：82-87.

[37] 刘丹，王俊胜，林贵德，等. 木材用水性膨胀饰面型防火涂料阻燃及烟气特性[J]. 消防科学与技术，2017，36(2)：237-241.

[38] 罗俊君，梁斌，杨岳森. 一种刷涂型木器漆面修色涂装工艺介绍[J]. 建筑工程技术与设计，2015(6)：17-25.

[39] 许春花. 胶刷在汽车制造涂装工艺中的应用[J]. 现代涂料与涂装，2016，19(11)：65-67.

[40] 陈伟军，储乐平，仲继彬，等. 衬管及涂层重塑新技术在设备接管上的应用[J]. 涂料工业，2016，46(7)：65-68.

[41] 王丽莉，王克成. 橡胶履带芯金粘合工艺及其脱胶分析[J]. 橡胶科技，2015(5)：34-40.

[42] 武怀明，李长春，相政乐，等. 3LPE/PP 防腐管管端涂层处理新工艺[J]. 石化技术，2015(2)：38，78.

[43] 张蕾，沙响玲，张念，等. 导电防腐蚀涂料性能及其影响因素[J]. 腐蚀与防护，2015，36(10)：978-981.

[44] 宋成. 汽车车身涂装设备及分析[J]. 环球市场，2016(36)：137.

[45] 徐腾，崔芳兰. 装饰胶合板及薄木的阻燃处理工艺[J]. 林产工业. 2002，29(2)：41-42.

[46] 伍华东，廖洪军. 橡胶减震制品的金属表面处理研究[J]. 中国橡胶. 2004，20(20)：25-27.

[47] 张玲兰. 快速换色辊涂机系统设计[J]. 制造业自动化，2004(4)：73-76.

[48] 柴淑玲. 龟裂效应革的辊涂涂饰研究[J]. 中国皮革，2001(5)：33-34.

[49] 陆勇，等. 热镀铝锌带钢化学后处理探讨[J]. 表面技术，2005(3)：68-70.

[50] 夏卫民. 上光技术的现状与发展趋势的探讨[J]. 印刷世界，2005(2)：15-17.

[51] 赵伯元. 锂离子电池极片涂布技术和设备研究[J]. 电池，2000(2)：56-58.

[52] 苏春海. 环氧聚酯水性涂料的制备与涂装[J]. 现代涂料与涂装，2003(1)：21-23.

[53] 杨超英，刘安心. 高耐蚀性环氧浸漆在汽车底盘件上的应用[J]. 材料保护，2004，37(9)：49-51.

[54] 万众，初广成. 高性能低 VOC 水性环氧聚酯浸涂漆[J]. 中国涂料，2002(5)：36-38.

[55] 邱波峡. 底盘浸漆水溶性环氧酯漆生产线的施工总结[J]. 现代涂料与涂装，2000(6)：30-32.

[56] 钱瑞林. 车架浸漆涂装工艺[J]. 现代涂料与涂装，1995(2)：13-14.

[57] 徐步智，刘淑荣. 刀具的二硫化钼浸涂处理[J]. 金属热处理，1997(6)：23-24.

[58] 杨必暖. 东风汽车涂装中的节能和环保[J]. 涂料工业，1998(2)：33.

[59] 唐小斌，吴俊岭. 工业卷钉用防腐蚀涂料及其在涂装线中的应用[J]. 涂料工业，1999(8)：28-29.

[60] 张浩. 环氧聚酯水性浸涂漆施工应用[J]. 涂料工业，1998(1)：27-29.

[61] 段国发，赵强. 某特种弹头涂双色工艺研究及应用[J]. 表面技术，2004，33(5)：63-65.

[62] 张京生，梁炜. 农用车涂装生产线的技术改造[J]. 涂料工业，2000(4)：9-11.

[63] 张加锋，刘金玉. 汽车底盘零件水溶性环氧聚酯漆浸涂工艺[J]. 现代涂料与涂装，1999(3)：26-27.

[64] 张加锋，刘金玉. 汽车底盘水溶性环氧聚酯漆浸涂工艺[J]. 材料保护，1999，32(7)：22-23.

[65] 邱波峡，陈史清. 汽车底盘用水溶性环氧酯漆浸涂工艺[J]. 涂料工业，1998(3)：30-31.

[66] 王金明. 水溶性环氧聚酯浸涂漆在客车车架涂装中的应用[J]. 涂料工业，1999(8)：23-24.

[67] 朱玉萍，卢伟. 水性丙烯酸浸漆的性能及应用[J]. 汽车工艺与材料. 2001(2)：25-28.

[68] 唐立新，王艳华. 原纸单面浸渍树脂渗透能力对胶纸的影响[J]. 林业科技，1997，22(4)：48-49.

[69] 邱波峡. 金属浸塑涂装技术[J]. 上海涂料，2002(4)：21-22.

[70] 李正仁，等. 交通隔离栅的粉末流动浸塑[J]. 塑料科技，2000(5)：13-14.

[71] 范利卫，胡全新，黄静华，等. 浅析履带浸涂质量影响因素[J]. 现代涂料与涂装，2014(11)：71-72.

[72] 林祖盛. ABB 机器人在铸造组芯整体浸涂上的应用[J]. 科技经济导刊，2016(33)：74-75.

[73] 修亚茹，于安军，施茜，等. 静电涂油防腐工艺的应用研究[J]. 重型汽车，2017(1)：35-36，38.

[74] 奂祥. 水性木器涂料施工方式浅论[J]. 中国涂料，2013，28(6)：39-43.

[75] 束卫洪，张东，陈健. 高黏合强度 PVC 涂塑钢丝研制[J]. 金属制品，2015，41(5)：25-27，46.

[76] 陈莉，包晟. 冷芯盒砂芯用粉状水基浸涂涂料研制[J]. 金属加工(热加工)，2015(7)：56-58.

[77] 达好平，张南，张树强，等. 2 种防腐工艺技术在长庆油田的应用[J]. 现代涂料与涂装，2012，15(4)：26-28.

[78] 花东栓. 水性浸涂漆的应用[J]. 中国涂料，2014，29(5)：66-69.

[79] KT Dinh, RH Nealey, JG Matta. Immersion coating system[J]. Organizational Behavior and Human Decision Processes, 2001, 93(2)：155-168.

[80] E Huttunen-Saarivirta. Observations on the uniformity of immersion tin coatings on copper[J]. Surface & Coatings Technology, 2002, 160(2)：288-294.

[81] Geoffrey Swain, A C Anil, Robert E Baier, et al. Biofouling and barnacle adhesion data for fouling-release coatings subjected to static immersion at seven marine sites[J]. Biofouling, 2000, 16(2)：331-344.

[82] JN Murray, HP Hack. Testing Organic Architectural Coatings in ASTM Synthetic Seawater Immersion Conditions Using EIS[J]. Corrosion -Houston Tx, 1992, 48(8)：671-685.

[83] TC Rangel, AF Michels, F Horowitz. Superomniphobic and easily repairable coatings on copper substrates based on simple immersion or spray processes[J]. Langmuir the Acs Journal of Surfaces & Colloids, 2015, 31(11)：3465-72.

[84] F Singer, M Schlesak, C Mebert. Corrosion properties of polydopamine coatings formed in one-step immersion process on magnesium[J]. Acs Applied Materials & Interfaces, 2015, 7(48)：26758.

[85] J Qi, T Hashimoto, G Thompson. Influence of water immersion post-treatment parameters on trivalent chromium conversion coatings formed on AA2024-T351 alloy[J]. Journal of the Electrochemical Society, 2016, 163(5).

[86] 滕雨，江应，曹平祥. 中密度纤维板的实色 UV 辊涂工艺分析[J]. 木材工业，2015，29(3)：39-42.

[87] MS Chandio, MF Webster. Numerical simulation for viscous free-surface flows for reverse roller-coating[J]. International Journal of Numerical Methods for Heat Fluid Flow, 2002, 12(4)：434-457.

[88] 薛辉. 辊涂机改进设计研究[J]. 中国新技术新产品，2016(12)：61-62.

[89] 陈效党，徐兆会，刘希玉，等. UV 辊涂机操作技术[J]，2016，43(11)：45-49，62.

[90] 吕万良. 聚氨酯涂漆辊配方与用浇注机生产低硬度浇注型聚氨酯胶辊工艺[J]. 2015，44(15)：148-149，152.

[91] 谷云庆，赵刚，于伟波，等. 非光滑表面加工机器人建模及热辊压工艺研究[J]. 2015，34(3)：221-228.

[92] 张兰芝. 电机冲片涂聚酯亚胺硅钢片绝缘漆新工艺[J]. 防爆电机，2015，50(1)：45-46.

[93] 王伟. 三辊涂敷工艺技术的突破与应用[J]. 科技视界，2014(18)：251.

[94] 吉宜军，范正春. 聚氨酯细纱胶辊的应用与研究[J]. 纺织器材，2017，44(3)：170-173，179.

[95] 陈朝阳. 静电空气辅助型无气喷涂——高涂覆率的理想组合[J]. 材料保护, 2004, 37(3): 53-54.

[96] 宋骏, 等. 自泳漆工艺在客车表处理上的升级使用[J]. 城市车辆, 2004(3): 44-45.

[97] 倪晓雪, 等. 新型自泳涂料后处理剂及工艺的研究[J]. 材料保护, 2004, 37(9): 21-22.

[98] 於宁, 等. YSN06 水性自泳漆的开发与应用[J]. 上海涂料, 2002, 40(5): 23-24.

[99] 赵兴建, 等. 自泳涂装工艺及应用[J]. 材料保护, 2005, 38(3): 67-68.

[100] 田福迅, 李敏风. 水性建筑钢结构涂料及涂装技术的发展态势[J]. 中国涂料, 2016, 31(8): 25-29.

[101] 彭开勋. 探讨建筑工程中轻钢结构的防腐及防火技术[J]. 城市建设理论研究(电子版), 2015 (15): 964-965.

[102] 张瑞珠, 卢伟, 范书婷. 喷涂弹性聚氨酯作为海底输油管道保温材料的性能研究[J]. 功能材料 2015, 46(5): 05072-05074.

[103] 王玉农, 苗华涛, 史爱华. 塑料酒瓶盖喷涂工艺探索[J]. 涂料工业, 2016, 46(11): 68-70.

[104] 朱文凯, 吴燕于, 成宁. 天然生漆改性及其适用于家具喷涂工艺的展望[J]. 涂料工业, 2016, 46 (10): 83-87.

[105] 韩磊. PE 防腐钢管喷涂工艺成型技术研究[J]. 城市建设理论研究(电子版), 2012(3).

[106] 杨娟, 申小敏. 保险杠套色分色槽面向制造的结构设计规范[J]. 装备制造技术, 2017(3): 36-39.

[107] 艾琦. 车桥涂装线及机器人自动涂装改造设计[D]. 济南: 齐鲁工业大学, 2015.

[108] 魏博伦. 低温等离子体联合表面酸化 TiO$_2$ 催化剂降解油漆废气的研究[D]. 杭州: 浙江大学, 2015.

[109] 刘启东, 黄金涛, 王冠, 等. 电饭煲内胆不粘喷涂工艺参数的水平优选实验研究[J]. 日用电器, 2017(3): 48-52.

[110] 梁国, 李壮志, 颜飞, 等. 电弧喷涂技术应用研究进展[J]. 新技术新工艺, 2015(2): 129-133.

[111] 刘紫微. 飞机马桶盆特氟龙涂层喷涂工艺介绍[J]. 长沙航空职业技术学院学报, 2015, 15(1): 35-38, 46.

[112] 李红英, 伊善科, 郑先军, 等. 高速铁路用道砟胶性能及应用研究[J]. 聚氨酯工业, 2013, 28 (1): 26-28.

[113] 姚帛军, 刘博. 高粘度氟碳油漆喷涂工艺的研究[C]//第四届广东铝加工技术国际研讨会论文集. 2013.

[114] 曹玉满. 航空紧固件自动喷涂机控制系统的开发[D]. 重庆: 重庆大学, 2013.

[115] 华青松, 朱炜. 混合喷涂工艺在柴油机喷涂上的应用[J]. 涂料工业, 2015, 45(2): 64-68.

[116] 张瑞珠, 刘晓东, 严大考, 等. 聚氨酯喷涂工艺参数对涂层性能的影响[J]. 聚氨酯工业, 2014, 29(1): 39-41.

[117] 丁立群, 王慧翠, 钱叶苗, 等. 空气喷涂工艺及常见漆膜问题分析[C]//海洋化工研究院有限公司第六届学术研讨会论文集. 2014.

[118] 陈利萍, 王占兴, 成洪峰, 等. 轮胎模具特氟龙涂料喷涂工艺及效果[J]. 橡胶科技, 2013, 11 (4): 27-30.

[119] 袁东, 汪伟, 王宝宝. 喷涂薄型 SPUA-M200 慢速聚脲工艺技术研究[J]. 中国涂料, 2015, 30 (10): 71-74, 76.

[120] 尹璇, 叶志敏. 喷涂工艺的环保要求及清洁生产发展方向[J]. 城市建设理论研究(电子版), 2012 (19).

[121] 李铖. 喷涂工艺关键控制点及 SQE 对喷涂供应商的监控要点[J]. 商品与质量, 2017, (16): 290, 293.

[122] 张羽生, 王聚恒, 刘见祥. 喷涂聚脲用于屋面防水的技术研究[J]. 科技风, 2015(21): 57.

［123］ 林惠，罗羽冲，刘琪，等. 汽车保险杠的喷涂工艺［J］. 装备制造技术，2012(8)：94-95，97.

［124］ 王锡春，宋华，宫金宝. 汽车车身中涂·面漆喷涂工艺技术（一）［J］. 中国涂料，2016，31(4)：54-57.

［125］ 王锡春，宋华，宫金宝. 汽车车身中涂·面漆喷涂工艺技术（二）［J］. 中国涂料，2016，31(5)：26-29，63.

［126］ 周磊，王云飞，华云. 汽车空腔防锈蜡喷涂工艺［J］. 电镀与涂饰，2013，32(5)：71-73.

［127］ 胡盼，姚帛军. 浅谈底漆喷涂工艺对喷涂生产的影响［C］//第五届广东铝加工技术国际研讨会论文集. 2014.

［128］ 胡帅，葛明坤，万德俊，等. 浅谈喷涂设备与喷涂工艺［J］. 现代涂料与涂装，2015，18(1)：38-40.

［129］ 王雷刚，陶德雨，潘恺驰. 浅谈汽车保险杠喷涂工艺调试［J］. 现代涂料与涂装，2017，20(3)：39-42.

［130］ 许成伟，林晓泽. 浅谈汽车涂装双色车身喷涂工艺［J］. 现代涂料与涂装，2016，19(7)：43-45.

［131］ 牛艳奇. 液压支架结构件抛丸喷涂工艺参数研究［J］. 煤矿机械，2015，36(4)：157-159.

［132］ 赖家财. 一种新的汽车保险杠喷涂套色工艺的优化设计［J］. 企业科技与发展，2014(16)：24-25.

［133］ 张洪强. 自动喷涂机外接压力罐喷涂工艺［J］. 现代涂料与涂装，2015，18(1)：36-37，40.

［134］ 黄微波，等. 喷涂聚脲弹性体技术［J］. 聚氨酯工业，1999，14(4)：7-11.

［135］ 吕平，等. 喷涂聚脲技术［J］. 化学建材，2000，16(3)：36-38.

［136］ 王宝柱，等. 喷涂聚脲超重防腐涂层的应用［J］. 聚氨酯工业，2004，19(6)：30-33.

［137］ 徐德喜，等. SPUA-403 喷涂聚脲材料的研制及其在泡沫材料保护中的应用［J］. 弹性体，2000，10(4)：45-49.

［138］ 阳月元. 钢材酸碱防护新技术——喷涂聚脲技术探讨［J］. 城市建筑，2014(26)：209-210.

［139］ 杨保国，李海波，李乐晨. 喷涂聚脲弹性体技术的研发［J］. 煤炭科技，2010(1)：49-51.

［140］ 陈酒昌. 喷涂聚脲技术在国内外的发展［J］. 上海涂料，2009(11)：21-24.

［141］ 李金梅. 大庆油田防腐保温技术现状及存在问题［J］. 防腐保温技术，2003，11(4)：40-41.

［142］ 盛茂桂，邓桂芹. 新型聚氨酯涂料生产技术与应用［M］. 广州：广东科技出版社，2001.

［143］ 张昱斐. 粉末涂料在汽车工业中的应用［J］. 涂料工业，2000(4)：30-33.

［144］ 刘夏林. 粉末静电涂装涂膜弊病分析及对策［J］. 涂料工业，1999(9)：27-29.

［145］ 黄骏，田正兴. 粉末涂装缺陷的影响因素与防治措施［J］. 材料保护，1998，31(12)：23-24.

［146］ 陈小雷. 粉末涂装缩孔的控制［J］. 表面技术，2001，30(6)：34-36.

［147］ 沈立. 粉末涂装作业事故隐患与对策［J］. 材料保护，1999，32(10)：40-41.

［148］ 章春明. 粉末涂料在汽车涂装中的应用［J］. 机械管理开发，2002(1)：55-56.

［149］ 侯猛. 粉末静电喷涂工艺［J］. 现代涂料与涂装，2004(2)：32-34.

［150］ 于瀛浩. 粉末静电喷涂在冰箱涂装中的应用［J］. 现代涂料与涂装，2002(5)：31-34.

［151］ 周师岳. MDF 粉末涂装技术［J］. 涂料技术与文摘，2016，37(3)：37-40.

［152］ 康惠春，王建军，王云飞，等. 粉末涂料涂装在农机行业的应用研究［J］. 涂料工业，2017，47(2)：46-52.

［153］ 王坤发，顾广新，王帅，等. 粉末涂料在工程机械的应用［J］. 现代涂料与涂装，2013，16(5)：23-25，52.

［154］ 王戈. 粉末涂装安全事故分析［C］//2014 年中国粉末涂料与涂装行业年会论文集. 2014.

［155］ 李强，孙同明. 粉末涂装铝型材铬化处理后放置时间的探讨［C］//2014 年中国粉末涂料与涂装行业年会论文集. 2014.

［156］ 蔡宝良. 粉末涂装生产线调试及解决方案 Ⅰ. 缩孔［J］. 现代涂料与涂装，2014，17(12)：31-33.

[157] 蔡宝良，蔡莉．粉末涂装生产线调试及解决方案Ⅱ．涂层表面颗粒[J]．现代涂料与涂装，2015，18(4)：69-72．

[158] 林凌，陈锡勇，陈智巧，等．粉末涂装中钢材升温速率与固化条件设定的研究[J]．现代涂料与涂装，2016，19(5)：28-29，36．

[159] 李正仁，赵领昌．给排水钢管的粉末涂装[C]//2014年中国粉末涂料与涂装行业年会论文集．2014．

[160] 李正仁，李锐．给排水钢管的粉末涂装[J]．现代涂料与涂装，2015，18(4)：53-56．

[161] 王春杰．工程机械行业粉末涂装最优化与智能化研究[J]．现代机械，2014(5)：16-18．

[162] 杨玉敏．家电行业粉末涂装生产线[J]．涂料技术与文摘，2015，36(3)：27-35．

[163] 胡鹏．践行行业发展规划开展专业技能培训——2012年采暖散热器粉末涂装技术培训班[J]．中国建筑金属结构，2012(5)：48-49．

[164] 李正仁，李锐．交通护栏的粉末涂装[J]．现代涂料与涂装，2016，19(12)：54-61，69．

[165] 马健．铝型材粉末涂装的质量控制和管理[C]//第四届广东铝加工技术国际研讨会论文集．2013．

[166] 陈卫东，李穗平．某型摩托车箱盖涂装缺陷及前处理工艺试验分析[J]．机械工程与自动化，2012(4)：109-110．

[167] 程为华，傅昌勇，陈星星，等．浅谈粉末静电喷涂工艺及常见缺陷防治[J]．现代涂料与涂装，2013，16(1)：29-31，38．

[168] 李强，孙同明．浅谈建筑铝型材粉末喷涂缺陷及返工处理措施[C]//2014年中国粉末涂料与涂装行业年会论文集．2014．

[169] 齐恩亮，王大利．浅谈静电粉末涂装加工工艺、缺陷成因及预防措施[C]//第四届广东铝加工技术国际研讨会论文集．2013．

[170] 黄金．浅谈铝合金轮毂双色涂装技术研究[J]．探索科学，2016(5)：159．

[171] 宫金宝，台洪波，高成勇，等．商用车贮气筒涂装工艺技术研究[C]//2015年中国汽车工程学会涂装技术分会学术年会论文集．2015．

[172] 杨景军，饶竹贵，王炼，等．探讨涂装厂开展粉末涂料粒度检验的必要性[C]//第四届广东铝加工技术国际研讨会论文集．2013．

[173] 乔磊，宋笑先．唐山西站钢结构涂装技术[J]．建筑工程技术与设计，2014(17)：123，21．

[174] 夏升旺，徐效亮，张勇．钻铤螺纹表面聚醚醚酮粉末涂装新工艺的研究[J]．机械制造，2016，54(9)：90-91．

[175] 张泽江．建筑物钢结构防火配套涂装浅谈[J]．消防技术与产品信息，2002(2)：28-30．

[176] 马新，曹端升．钢结构防火涂料喷涂方面的问题[J]．消防技术与产品信息，2002(2)：30．

[177] 王塘，沈志聪．2003年度上海重点工程钢结构的防护涂装[J]．腐蚀与防护，2005，26(2)：80-81．

[178] 吴斌，张凤义．超薄型钢结构防火涂料施工中质量控制[J]．消防技术与产品信息，2003(1)：36-37．

[179] 刘军．防火涂料的现状及发展趋势[J]．消防技术与产品信息，2004(1)：28-31．

[180] 覃文清，李凤．防火涂料施工浅谈[J]．涂料工业，2004，34(10)：43-46．

[181] 张铁城，等．防火涂料在海洋钢结构中的应用[J]．造船技术，1995(8)：38-41．

[182] 徐晓楠，陈爱平．防火涂料在油气管道和储罐中的应用[J]．油气储运，2004，23(11)：53-56．

[183] 何春儒，李铁强．钢结构的防腐与防火[J]．山西建筑，2004，30(22)：25．

[184] 邓宏勃．钢结构的防火及防火涂料的涂装[J]．石油化工腐蚀与防护，1998(3)：44．

[185] 黄兵．公路长隧道涂装工程与隧道结构防火的思考[J]．西部探矿工程，2005(1)：219-220．

[186] 叶章基，孙祖信．舰船舱室水性防火涂料体系的研究[J]．材料开发与应用，2002，17(3)：29-32．

[187] 叶建荣，王新冠. 浅析钢结构防火涂装工程的质量通病及防治方法[J]. 建筑施工，2004，26(4)：39，350.

[188] 周红升，陈方东. 隧道防火技术与防火涂料的研究[J]. 铁道标准设计，2004(11)：63-64.

[189] 徐峰. 我国功能性建筑涂料的应用与发展[J]. 现代涂料与涂装，2003(2)：12-15.

[190] 倪建春，梁海. 钢结构防火涂料的应用与施工要点[J]. 涂料技术与文摘，2004，25(2)：17-19.

[191] 罗才平. 超薄型钢结构防火涂料在施工中的漆病成因及防治对策[J]. 现代涂料与涂装，2003(1)：46-47.

[192] 倪建春，归小平. 浅谈防火涂料在隧道等地下工程中的应用期[J]. 涂料工业，2003，33(5)：42-44.

[193] 覃文清，李风. 材料表面涂层防火阻燃技术[M]. 北京：化学工业出版社，2004.

[194] 徐晓楠，周政懋. 防火涂料[M]. 北京：化学工业出版社，2004.

[195] 吴炜俊. YAMAL 海洋平台钢结构防火涂料的涂装施工[J]. 电镀与涂饰，2015，34(22)：1299-1302.

[196] 程道彬. 薄型钢结构防火涂料配方设计及施工工艺的研究[J]. 涂料技术与文摘，2013，34(10)：10-13.

[197] 陈德鸿. 超薄膨胀型钢结构防火涂料涂装工法[J]. 中国高新技术企业，2014(15)：61-63.

[198] 张禾. 大型汽车厂涂装车间厂房建筑高度与建筑消防[C]//2013 年中国汽车工程学会涂装技术分会学术年会论文集. 2013.

[199] 史少甫. 钢结构的涂装及防火施工[J]. 城市建设理论研究(电子版)，2012(5).

[200] 闫小彩，随灿. 钢结构防腐防火涂装检测探析[J]. 城市建设理论研究(电子版)，2014(10).

[201] 杨锋. 钢结构防火涂料与防腐涂料施工的区别[J]. 中国涂料，2014，29(8)：66-69.

[202] 高鹏. 钢结构防火涂装工程的质量通病及防治[J]. 城市建设理论研究(电子版)，2013(1).

[203] 钟宏伟，朱纪委，王月波，等. 钢结构防火涂装检测方法研究[J]. 科学与财富，2013(3)：37.

[204] 韩建宁，都元江. 钢结构施工技术在高层建筑中的应用[J]. 城市建设理论研究(电子版)，2013(20).

[205] 张晓东. 钢结构涂装施工工艺及质量控制研究[J]. 科技创新与应用，2012(4)：174.

[206] 彭博，高敬民，李鸿岩，等. 高分子基材表面用阻燃涂料研究进展[J]. 现代涂料与涂装，2013，16(11)：20-26.

[207] 戴惠新，郑云昊，朱亚军，等. 轨道车辆车体底架用防火涂层介绍[J]. 现代涂料与涂装，2015，18(1)：33-35.

[208] 李连惠. 绿色建筑引领及建筑涂料多元化发展[J]. 涂料技术与文摘，2013，34(10)：5-9.

[209] 胡百九，张捷，顾宇昕，等. 膨胀型钢结构防火粉末涂料的研制[J]. 涂料工业，2013，43(6)：66-74.

[210] 何艳丽. 汽车生产企业涂装作业防火防爆分析[J]. 安全，2015，36(4)：24-27.

[211] 黎栋. 浅谈钢结构防腐与防火涂装施工及其质量控制[J]. 城市建设理论研究(电子版)，2012(9).

[212] 范国栋，李敏风. 我国重防腐涂料发展特点的分析[J]. 上海涂料，2012，50(7)：51-57.

[213] 侯峰，魏云波，赵旭，等. 受振动影响的钢结构防火涂装应用技术[J]. 钢结构，2012，27(7)：70-73，54.

[214] 李敏风. 我国建筑钢结构涂料与涂装发展状况分析[J]. 上海染料，2016，44(6)：1-5.

[215] 吉业. 以某通用整车涂装车间为例谈涂装车间的建筑消防设计[J]. 上海建设科技，2016(2)：5-6，13.